도시지역 유해대기오염물질(HAPs) 모니터링

국립환경과학원

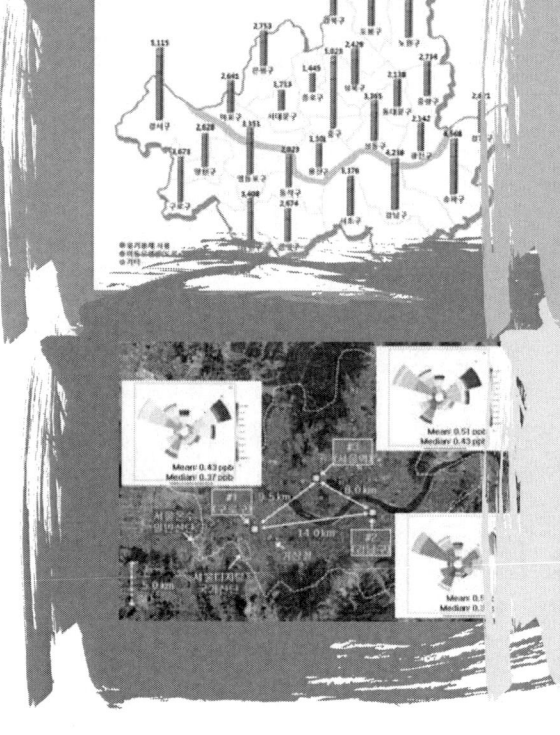
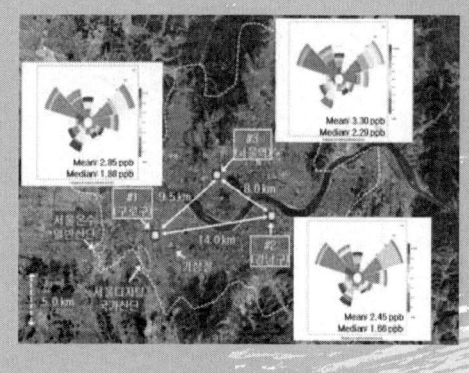
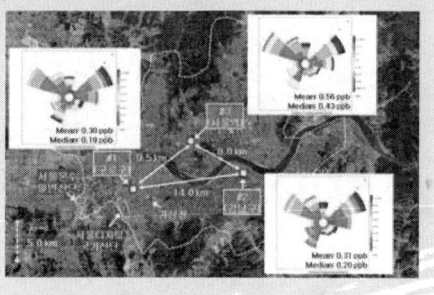

요 약 문

본 조사연구에서는 서울특별시의 3개 측정 지점에서 총 30일(10일씩 3회)에 걸쳐 증기상 HAPs와 입자상 HAPs의 두 그룹으로 나누어 총 130여종의 HAPs를 측정하였다. 증기상 HAPs에는 과업지정 필수 측정 물질 26개를 포함한 총 66개의 VOC 물질이 포함되며 VOCs와는 별도로 카보닐화합물 15종을 분석하였다. 입자상 HAPs에는 10여종의 중금속과 36종의 PAH 그룹이 포함된다. 이와는 별도로 개별물질은 아니지만 먼지 중의 EC(원소성 카본)과 OC(유기성 카본)을 분석하여 입자상오염물질의 발생원과 거동 해석의 보조 자료로 활용하였다.

서울시내 3개 지점에서 측정한 결과 VOC 그룹에서는 톨루엔이 4.79 ppb로서 가장 높았고 다음으로 에틸아세테이트, m,p-자일렌, 에틸벤젠 순이었다. 국가대기환경기준 항목인 벤젠은 평균농도 0.48 ppb로 환경기준농도 약 1.5 ppb의 1/3 수준 이하였다. 측정지점별 농도경향을 보면, 벤젠의 경우 강남구와 서울역이 비슷하였고 구로구가 상대적으로 낮았다. 반면에 특정대기유해물질의 하나인 트리클로로에틸렌의 경우 사업장이 많은 구로구에서 높게 나타났는데 이는 일부 소규모 사업장에서 트리클로로에틸렌이 사용되고 있는 것으로 판단된다. 국내·외 타 지역과 농도를 비교한 결과 톨루엔, 에틸벤젠, m,p-자일렌 등은 일부 대규모 산단지역을 제외하고는 서울지역 VOC 농도는 상대적으로 높은 수준이었다. 따라서 본 연구의 VOC 측정결과를 미루어 볼 때 서울지역 VOC 농도는 개선이 요구되는 수준이라고 할 수 있다.

서울지역의 카보닐화합물 평균농도는 폼알데히드와 아세트알데히드의 경우 서울역이 구로구와 강남구에 비해 높았다. 반면에 산업체 유기용제 사용과 관련이 있는 아세톤의 경우 구로구가 타 지점 보다 높았다. 본 연구 서울지역의 카보닐화합물 농도를 국내 타 지역 및 국외 주요도시의 카보닐화합물 농도와 비교한 결과 서울은 이탈리아 로마와 미국 뉴욕, 그리고 캐나다 온타리오의 카보닐화합물 농도에 비해 높았다. 따라서 서울의 카보닐화합물은 선진국 농도와 비교하였을 때 관리가 필요한 농도 수준이다.

서울지역 PAH 농도는 평균농도 측면에서 구로구와 강남구가 유사하였고, 서울역이 약간 낮게 나타났다. 관심사가 높은 벤조(a)파이렌의 평균농도는 구로구와 강남구가 각각 0.60 ng/m^3 로 비슷하였고 서울역이 0.51 ng/m^{3}이었다. 그러나 서울역과 다른 지점간의 차이는 5% 수준에서 유의적인 의미는 아닌 것으로 나타났다. 계절별 PAH 농도는 11월(가을)과 2월(겨울)이 월등히 높고 8월(여름)은 매우 낮은 전형적인 동고하저형으로 나타났으며 이는 PAH물질의 발생원이 화석연료의 연소와 밀접한 관계가 있다는 점을 시사하며 여름철과 같은 기간(년중 배경농도)에는 자동차(특히 경유차량) 배기가스가 가장 큰 영향을 미치는 것으로 파악된다. 가을과 겨울철 서울지역 외부 (경기도, 중국 혹은 북한 등)에서 발생한 PAH의 유입가능성을 고려하면 PAH 농도 변동은 VOC와 달리 측정지점 인근 배출원의 국지적인 영향을 직접 받기 보다는 동일한 대기유역(air-shed)의 영향을 광역적으로 받고 있는 것으로 판단된다. 또한 비교적 트인 공간인 서울역 부근의 풍속이 다른 지점보다 1.5배 이상 강한 것으로 조사되어 이로 인한 오염물질의 희석효과도 일부 작용했을 것으로 판단된다. 서울지역의 PAH 농도와 국내 타 지역 및 우리나라 유해대기측정망, 그리고 국외 주요 도시의 PAH 농도와 비교한 결과 서울의 PAH 농도는 여전히 개선이 요구되는 농도 수준이었다. 특히 벤조(a)파이렌은 WHO의 1급 발암성물질로 등재된 물질로서 국가대기환경기준을 설정하고 있는 영국의 년간 기준은 0.25 ng/m³이다. 따라서 서울대기 중의 벤조(a)파이렌 농도는 영국의 대기 기준을 초과하는 수준으로서 향후 특별한 관리가 요망되는 주요물질이라고 할 수 있다.

서울지역의 중금속 농도는 전체적으로 보았을 때 세 지점 모두 비슷하게 나타났다. 도로변인 서울역에서는 도로비산먼지의 영향으로 망간과 철이 타 지점에 비해 높았다. 대기환경기준이 설정된 납의 경우 서울지역 전체의 평균농도가 약 0.03 ㎍/m³로 대기환경기준 0.5 ㎍/m³ 보다 1/10이하의 수준이었다. 서울지역 중금속 농도와 국내 타 지역 및 우리나라 대기중금속측정망 농도와 비교한 결과 서울의 중금속 농도는 특이한 양상을 나타내지는 않았다.

서울지역 HAPs 자료 중 발암위해도 자료가 마련된 물질에 대해 위해가중농도를 계산한 결과 폼알데히드, 비소, 벤젠 등이 주요 관리대상물질이며, 인체노출참고농도(RfC)가 마련된 물질에 대해 환경위해도를 구해보면 망간, 아세트알데히드, 폼알데히드, 비소, 납 등이 주요 관리대상물질임을 파악할 수 있다. 과거 산단지역에서 개별물질별 위해성 고려농도를 본 연구의 서울지역과 비교한 결과 서로 유사하였다. 따라서 과거 산단지역 환경대기 중 유해대기오염물질 측정결과를 토대로 도시지역의 모니터링 대상물질을 선정한 것은 실제적이면서 타당성이 있는 것으로 판단된다.

본 연구에서는 서울지역 대기 중에서 유해대기오염물질을 측정하고, 이 농도를 근거로 위해성기여도 평가를 통하여 우선관리가 필요한 물질 15개(포름알데히드, 비소, 벤젠, 아세트알데히드, 망간, 납, 에틸벤젠, 사염화탄소, 벤조(a)파이렌, 카드뮴, 테트라클로로에틸렌, 니켈, 클로로포름, 트리클로로에틸렌, 1,3-부타디엔)을 선정하였다. 본 조사에서는 6가 크롬은 측정하지 않았다. 그러나 6가 크롬은 향후 측정 결과를 바탕으로 주요관리대상물질로 포함할 필요가 있다고 사료된다.

본 연구의 우선관리가 필요한 15개 물질 중에서 서울·인천·경기지역에 대한 PRTR 배출량을 파악해본 결과, 배출량이 가장 많은 것은 트리클로로에틸렌으로 1차 금속제조업과 자동차 트레일러 제조업에서 배출되고 있다. 이들 물질에 대한 배출공정별 기여율을 살펴보면 탈지·세정·표백공정과 대기오염방지시설에서 주로 배출되고 있다. 우선관리 대상물질을 저감하기 위해서는 배출허용기준과 시설관리기준을 이용하여 관리하는 것이 가장 현실적이면서 효과적이다.

도시지역 HAPs 측정지점 선정기준을 표준화한다는 것은 일부 서류를 검토하여 공식화하거나 결정할 수 있는 부분이 아니다. 무엇보다 해당 지역의 특성을 고려한 측정지점으로 선정하기 위해서는 현장을 확인하고 판단해야 한다. 측정지점 선정을 위해서는 우선적으로 기존 측정망 (국가 대기질 측정망)을 고려해야 한다. 이는 장소협조와 전기수급이 용이하기 때문이다. 또한 도시지역 내 인구수, 산단의 풍하방향, 도로 및 항만 인근의 이동오염원을 고려한 측정지점 선정이 필요하다.

본 연구결과 도시 환경대기 중 HAPs 특히, VOC, 카보닐화합물, PAH, 중금속 성분의 상시 관측을 위한 측정방법을 정립하였으며, HAPs 관련 물질의 환경대기 중 농도와 검출 빈도 그리고 독성 측면에서 위해기여도를 평가하여 주요 관리대상물질을 규명하였다. 또한 서울지역의 HAPs 주요 배출원과 배출량을 조사하여 관리방안을 마련에 정보를 제공하였다. 한편, 도시지역에 대한 HAPs 상시 측정지점 선정 기준과 방향을 제시하여 향후 HAPs 모니터링 계획에 활용하고자 하였다.

목 차

제 출 문 ··· i
요 약 문 ·· iii
표 목 차 ·· ix
그림목차 ·· xii
약 어 집 ·· xv

제 1 장 조사연구사업의 개요 ··· 1
   1.1 사업의 배경 ··· 1
   1.2 사업의 필요성 ··· 4
   1.3 사업의 목표 ··· 5
   1.4 사업의 범위 ··· 6

제 2 장 조사대상지역과 연구의 내용 ··· 7
   2.1 조사대상지역의 산업체 현황 ··· 7
   2.2 조사 및 연구내용 ··· 8
      2.2.1 측정지점 ·· 8
      2.2.2 측정기간 ·· 9
      2.2.3 측정항목 및 측정주기 ·· 9
      2.2.4 측정방법 개요 ·· 10
      2.2.5 유해대기오염물질 오염기여도 평가와 배출원 및 배출량 파악 ········ 11
      2.2.6 측정지점 선정 기준 표준화 ·· 11
      2.2.7 향후 연구추진방향 제언 ·· 11
   2.3 사업추진체계 ·· 12

제 3 장 유해대기오염물질 조사 및 측정 방법 ······································ 15
   3.1 측정 지점 및 기간 ··· 15
      3.1.1 시료채취 지점 및 주변상황 ·· 15

3.1.2 계절별 측정기간 및 측정주기 ·· 19
3.1.3 시료채취방법 및 표준절차 ·· 20
3.1.4 측정기간 중 기상개황 ·· 22
3.2 휘발성유기화합물 및 카보닐화합물 측정 ·· 29
   3.2.1 VOC 시료채취방법 ·· 29
   3.2.2 VOC 분석방법 ·· 33
   3.2.3 VOC 측정 정도관리 ·· 37
   3.2.4 카보닐화합물 시료채취방법 ·· 42
   3.2.5 카보닐화합물 추출 및 분석방법 ·· 44
   3.2.6 카보닐화합물 측정 정도관리 ·· 47
3.3 다환방향족탄화수소 측정 ·· 48
   3.3.1 시료채취방법 ·· 48
   3.3.2 PAH 추출 및 농축방법 ·· 52
   3.3.3 PAH 분석방법 ·· 54
   3.3.4 PAH 측정 정도관리 ·· 65
3.4 중금속 측정 ·· 78
   3.4.1 중금속 시료채취방법 ·· 78
   3.4.2 중금속 성분 추출 및 전처리방법 ·· 78
   3.4.3 중금속 성분 분석방법 ·· 82
   3.4.4 중금속 일반 항목 측정 정도관리 ·· 82
3.5 유기성탄소 및 무기성탄소 (OC/EC) 측정 ·· 86
   3.5.1 OC/EC 시료채취방법 ·· 86
   3.5.2 OC/EC 분석방법 ·· 86

제 4 장 유해대기오염물질 측정 결과 및 고찰 ·· 91
4.1 휘발성유기화합물 ·· 91
   4.1.1 VOC의 출현 특성 ·· 91
   4.1.2 측정지점별 VOC 농도 분포 ·· 96
   4.1.3 계절별 VOC 농도 분포 ·· 104
   4.1.4 오전과 오후의 VOC 농도 비교 ·· 104
   4.1.5 지상과 건물 옥상의 VOC 농도 비교 ·· 111
   4.1.6 VOC 일중 농도 비교 ·· 111

4.1.7 기존 VOC 연구사례와의 비교 ··· 115
4.2 카보닐화합물 ·· 119
  4.2.1 카보닐화합물의 출현 특성 ··· 119
  4.2.2 지점별 카보닐화합물 농도 분포 ··· 123
  4.2.3 계절별과 오전·오후 카보닐화합물 농도 분포 ··· 123
  4.2.4 기존 카보닐화합물 연구사례와의 비교 ··· 127
4.3 총부유먼지 ·· 130
  4.3.1 TSP 농도 측정 결과 ·· 130
  4.3.2 TSP 와 PM10 농도의 경향성 분석 ·· 134
4.4 다환방향족탄화수소 ·· 135
  4.4.1 PAH의 출현 특성 ·· 135
  4.4.2 검출빈도 및 전반적인 출현 특성 ··· 136
  4.4.3 지점별 PAH 농도 분포 ·· 143
  4.4.4 계절별 PAH 농도 비교 ·· 150
  4.4.5 기존 연구 사례와의 비교 ··· 153
4.5 중금속 ·· 157
  4.5.1 중금속의 출현 특성 ··· 157
  4.5.2 지점별 중금속 농도 분포 ··· 161
  4.5.3 계절별 중금속 농도 분포 ··· 164
  4.5.4 기존 중금속 연구사례와의 비교 ··· 167
4.6 유기성 탄소 및 무기성 탄소 (OC/EC) ··· 170
4.7 오염장미를 이용한 유해대기오염물질 발생원의 위치 추정 ·· 179

제 5 장 유해대기오염물질 오염기여도 평가 ·· 183
5.1 오염기여도 평가 이론 ·· 183
5.2 오염기여도 평가를 통한 관리대상물질 선정 ·· 193

제 6 장 유해대기오염물질 배출원 및 배출량 조사 ·· 199
6.1 유해대기오염물질 배출량 현황 ·· 199
6.2 우선관리 대상물질의 배출원 파악 ·· 210
6.3 유해대기오염물질 배출원의 관리 ·· 216

제 7 장 측정지점 선정기준 표준화 및 향후 연구추진방향 제언 ··· 223

7.1 도시지역 HAPs 측정지점 선정기준 표준화 ··· 223

7.2 향후 도시지역 HAPs 연구추진방향 제언 ··· 223

제 8 장 요약 및 결론 ··· 227

8.1 연구배경 및 범위 ··· 227

8.2 휘발성유기화합물 측정결과 요약 ··· 227

8.3 카보닐화합물 측정결과 요약 ··· 229

8.4 다환방향족탄화수소 측정결과 요약 ··· 229

8.5 중금속 측정결과 요약 ··· 231

8.6 유기성탄소 및 무기성탄소 측정결과 요약 ··· 231

8.7 오염장미를 이용한 유해대기오염물질 발생원의 위치 추정 ··· 232

8.8 유해대기오염물질 오염기여도 평가결과 요약 ··· 232

8.9 유해대기오염물질 배출원 및 배출량 조사 결과 요약 ··· 233

8.10 측정지점 선정기준 표준화 및 향후 연구추진방향 제언 ··· 234

8.11 본 연구의 활용방안 및 기대효과 ··· 236

참고문헌 ··· 239

참여연구원 ··· 249

부록

1. VOC 측정자료
2. 카보닐화합물 측정자료
3. PAH 측정자료
4. 중금속 측정자료

표 목 차

<표 2.1> 단지별 조성면적 현황 (2011년 12월 기준) ··· 7
<표 2.2> 단지별 가동업체수 현황 (2011년 12월 기준) ··· 7
<표 2.3> 업종별 고용현황 (2011년 12월 기준) ·· 7
<표 2.4> 측정지점 개황 ··· 8
<표 3.1> 본 연구의 HAPs 측정지점 및 주변개황 ··· 15
<표 3.2> 본 연구의 HAPs 측정기간 및 기상개황 ··· 19
<표 3.3> 본 연구에서 사용한 HAPs 항목별 측정방법 및 시료채취 장치 ······· 20
<표 3.4> 2013년 8월 (여름) 측정기간 중 구로구 기상개황 ······························ 23
<표 3.5> 2013년 11월 (가을) 측정기간 중 구로구 기상개황 ···························· 24
<표 3.6> 2014년 2월 (겨울) 측정기간 중 구로구 기상개황 ······························ 26
<표 3.7> 환경부 우선관리대상물질 중 측정대상 휘발성유기화합물 항목 ······· 30
<표 3.8> 흡착관법에 의한 측정 대상 VOC의 종류 및 화학적 특성 ··············· 31
<표 3.9> 흡착관법에 의한 VOC 시료채취용 흡착제의 종류와 특성 ··············· 32
<표 3.10> VOC 시료 채취용 흡착관 전처리 조건 ·· 32
<표 3.11> 흡착관법에 의한 VOC분석에 사용된 자동 열탈착장치 및 GC/MS 운전 조건 35
<표 3.12> 흡착관법에 의한 VOC의 일중 및 일간 분석재현성 평가결과 ······· 39
<표 3.13> 측정 대상 카보닐화합물의 종류 및 화학적 특성 ······························ 42
<표 3.14> 영남대학교의 HPLC/UV 기기사양 및 운전조건. ································ 45
<표 3.15> 카보닐화합물 분석 재현성 ·· 47
<표 3.16> 주요 카보닐화합물의 검출저한계 추정결과 ·· 47
<표 3.17> 각종 유기용매의 물성치와 극성지표 ·· 53
<표 3.18> 측정대상 PAH의 종류 및 화학적 특성 ·· 58
<표 3.19> PAH 분석을 위한 GC/MS 조건 ·· 60
<표 3.20> GC/MS 분석 시 적용한 SIM mode program ····································· 61
<표 3.21> 정량분석에 사용된 IS와 SS 및 이에 따른 분석 대상물질 ············· 62
<표 3.22> High-volume PUF 샘플러간의 시료채취 성능비교 - TSP 농도 측면 ··· 65
<표 3.23> High-volume PUF 샘플러간의 성능비교 - PAH 농도 측면 ·········· 66
<표 3.24> 주요 PAH 물질의 추출 회수율 평가 ·· 68
<표 3.25> 현장 시료에 주입된 대리표준물질의 회수율 ······································ 69
<표 3.26> 실제 시료에 사용된 PAH 표준용액의 감응계수와 체류시간의 재현성 ········· 70

<표 3.27> PAH 분석의 방법검출한계와 기기검출한계 및 정량보고한계에 대한 평가 ····· 74
<표 3.28> SRM 1649a (urban dust)를 이용한 PAH 분석방법 정확성 평가 ·························· 76
<표 3.29> SRM 1649b (urban dust)를 이용한 PAH 분석방법 정확성 평가 ·························· 77
<표 3.30> SRM 1648을 이용한 중금속 분석 방법의 회수율 평가 ··· 84
<표 3.31> SRM 1648을 이용한 중금속 성분 분석의 검출한계 추정 ······································ 85
<표 3.32> TOT 온도 프로그램 ·· 88
<표 4.1> 서울지역 VOC 전체자료의 물질별 검출빈도 및 평균농도 순위 ································ 93
<표 4.2> VOC의 측정지점별 검출빈도 - 전체자료 ··· 98
<표 4.3> 주요 VOC의 측정지점별 농도 - 전체자료 ··· 100
<표 4.4> VOC의 측정지점별 평균 농도 순위 - 전체자료 ·· 100
<표 4.5> 2013년 8월 (여름) 주요 VOC의 측정지점별 농도 ·· 101
<표 4.6> 2013년 8월 (여름) VOC의 측정지점별 평균 농도 순위 ·· 101
<표 4.7> 2013년 11월 (가을) 주요 VOC의 측정지점별 농도 ·· 102
<표 4.8> 2013년 11월 (가을) VOC의 측정지점별 평균 농도 순위 ·· 102
<표 4.9> 2014년 2월 (겨울) 주요 VOC의 측정지점별 농도 ·· 103
<표 4.10> 2014년 2월 (겨울) VOC의 측정지점별 평균 농도 순위 ·· 103
<표 4.11> 국가 유해대기물질측정망 VOC자료와 농도비교 ·· 118
<표 4.12> 국외 VOC 자료와 본연구 자료의 비교 ·· 118
<표 4.13> 서울지역 카보닐화합물 측정지점별 농도 - 전체자료 ··· 120
<표 4.14> 2013년 8월 (여름) 카보닐화합물 계절별 농도) ·· 120
<표 4.15> 2013년 11월 (가을) 카보닐화합물 계절별 농도 ·· 121
<표 4.16> 2014년 2월 (겨울) 카보닐화합물 계절별 농도 ·· 121
<표 4.17> 국외 카보닐화합물 자료와 본연구 자료의 비교 ·· 127
<표 4.18> 2013년 8월 측정지점별 TSP 및 PM10 농도 ·· 130
<표 4.19> 2013년 11월 측정지점별 TSP 및 PM10 농도 ·· 132
<표 4.20> 2014년 2월 측정지점별 TSP 및 PM10 농도 ·· 133
<표 4.21> 서울지역 입자상 PAH의 측정지점별 검출빈도 - 전체자료 ···································· 138
<표 4.22> 서울지역 입자상 PAH의 측정지점별 평균농도 순위 - 전체자료 ···························· 139
<표 4.23> 2013년 8월 (여름) 입자상 PAH의 측정지점별 평균농도 순위 ······························· 140
<표 4.24> 2013년 11월 (가을) 입자상 PAH의 측정지점별 평균농도 순위 ····························· 141
<표 4.25> 2014년 2월 (겨울) 입자상 PAH의 측정지점별 평균농도 순위 ······························· 142
<표 4.26> 서울지역 입자상 PAH의 측정지점별 농도 - 전체자료 ·· 146
<표 4.27> 2013년 8월 (여름)의 측정지점별 입자상 PAH 농도 ·· 147

<표 4.28> 2013년 11월 (가을)의 측정지점별 입자상 PAH 농도 ·················· 148
<표 4.29> 2014년 2월 (겨울)의 측정지점별 입자상 PAH 농도 ·················· 149
<표 4.30> 국가 유해대기물질측정망 PAH자료와 농도비교 ························ 156
<표 4.31> 국외 PAH 자료와 본연구 자료의 비교 ···································· 156
<표 4.32> 서울지역 (전체) 측정지점별 중금속 농도 ································ 159
<표 4.33> 서울지역 8월 (여름) 측정지점별 중금속 농도 ·························· 159
<표 4.34> 서울지역 11월 (가을) 측정지점별 중금속 농도 ························ 160
<표 4.35> 서울지역 2월 (겨울) 측정지점별 중금속 농도 ·························· 160
<표 4.36> 국가 대기중금속측정망의 중금속 자료와 농도비교 ··················· 169
<표 4.37> 측정지점별 OC, EC와 TC 농도 ·· 170
<표 4.38> 국내·외 미세입자 중 OC와 EC농도 비교 ·································· 178
<표 5.1> 국가산단 조사연구의 VOC관련 독성정보 ··································· 190
<표 5.2> 국가산단 조사연구의 PAH 독성정보 ·· 191
<표 5.3> 국가산단 조사연구의 중금속관련 독성정보 ································ 192
<표 5.4> 국가산단 조사연구의 카보닐화합물관련 독성정보 ······················ 192
<표 5.5> 서울지역의 HAPs 측정농도, 위해가중농도, 환경위해도 순 ········ 194
<표 5.6> 지역별 주요 HAPs 위해가중농도 순위 (발암) ···························· 197
<표 5.7> 지역별 주요 HAPs 환경위해도 순위 (비발암) ···························· 198
<표 6.1> 2011년도 유해화학물질의 매체별 배출량(전국) ························· 200
<표 6.2> 2011년도 유해화학물질의 종류별 배출량(전국) ························· 201
<표 6.3> 서울지역의 화학물질 배출량(PRTR자료, 2011기준) ···················· 202
<표 6.4> PRTR(2011) 자료에 근거한 서울지역의 특정대기유해물질의 대기배출량 ········ 202
<표 6.5> 인천지역의 화학물질 배출량(PRTR자료, 2011기준) ···················· 203
<표 6.6> 경기지역(부천시 등 13개 지역)의 화학물질 배출량(PRTR자료, 2011기준) ······· 204
<표 6.7> 서울지역의 휘발성유기화합물질 배출량(CAPSS자료, 2011기준) ···· 207
<표 6.8> 인천지역의 휘발성유기화합물질 배출량(CAPSS자료, 2011기준) ···· 208
<표 6.9> 경기지역의 휘발성유기화합물질 배출량(CAPSS자료, 2011기준) ···· 209
<표 6.10> 국내 특정대기유해물질 지정현황 ·· 211
<표 6.11> 서울지역의 우선관리 대상물질 (안) ·· 212
<표 6.12> 서울·인천·경기(일부)지역의 우선관리물질의 업종별 기여율(PRTR, 2011년) ···· 213
<표 6.13> 서울·인천·경기(일부)지역의 우선관리물질의 공정별 기여율(PRTR, 2011년) ···· 213
<표 6.14> 특정대기유해물질 및 관리우선순위물질의 배출허용기준 ·········· 217

그림목차

<그림 2.1> 조사대상지점. ··· 8
<그림 2.2> 본 연구사업의 추진체계. ·· 12
<그림 2.3> 본 연구사업의 참여연구원 역할 분담체계. ··············· 13
<그림 3.1> 시료 채취지점의 위치. ··· 15
<그림 3.2> #1 (구로구) 측정지점 주변상황. ································· 16
<그림 3.3> #2 (강남구) 측정지점 주변상황. ································· 17
<그림 3.4> #3 (서울역) 측정지점 주변상황. ································· 18
<그림 3.5> 측정 기간 중 각 측정 지점의 풍향 분포. ················· 28
<그림 3.6> VOC 시료 채취용 흡착관 구성 개략도. ···················· 32
<그림 3.7> VOC 표준혼합가스를 이용한 흡착관 표준시료 제조 장치. ······ 34
<그림 3.8> VOC 흡착관 액상 표준시료 제조 장치. ···················· 34
<그림 3.9> VOC 표준시료 및 실제시료의 GC/MS 크로마토그램 일례. ······ 36
<그림 3.10> 서로 다른 농도의 VOC 표준용액에 대한 검량선. ··· 40
<그림 3.11> 2,4-DNPH 카트리지와 오존스크러버. ······················ 43
<그림 3.12> 2,4-DNPH 유도체 추출장치. ····································· 44
<그림 3.13> 카보닐화합물 분석용 HPLC 시스템. ······················· 45
<그림 3.14> 카보닐화합물 표준시료와 현장시료에 대한 크로마토그램 일례. ······ 46
<그림 3.15> 본 연구에서 사용한 시료 채취용 샘플러 개략도. ······ 49
<그림 3.16> 시료채취용 석영섬유필터의 전처리. ························· 50
<그림 3.17> 석영섬유필터에 채취된 시료 중 해당 물질별 분취면적. ······ 52
<그림 3.18> PAH 시료의 추출, 농축 및 분석 순서 개략도. ····· 55
<그림 3.19> PAH 시료의 추출 및 농축과정. ······························· 56
<그림 3.20> 측정 대상 주요 PAH의 구조식. ······························· 59
<그림 3.21> Scan 모드로 분석한 PAH의 GC/MS 크로마토그램 일례. ······ 63
<그림 3.22> SIM 모드로 분석한 PAH의 GC/MS 크로마토그램 일례. ······ 64
<그림 3.23> High-volume PUF 샘플러간의 시료채취 성능 비교. ······ 65
<그림 3.24> 서로 다른 농도의 PAH 표준용액에 대한 검량선 (I). ······ 71
<그림 3.25> 서로 다른 농도의 PAH 표준용액에 대한 검량선 (II). ······ 72
<그림 3.26> 부유먼지에 함유된 중금속성분의 추출과정 개략도. ······ 79

<그림 3.27> TSP에 함유된 중금속 성분의 추출과정 사진. ·············· 80
<그림 3.28> 중금속 분석에 사용한 ICP/AES 및 운전조건. ·············· 82
<그림 3.29> 탄소성분 분석장치의 개략도. ·············· 87
<그림 3.30> 이산화탄소를 이용한 메탄환원 시스템. ·············· 87
<그림 3.31> TOT 분석방법의 온도 프로그램. ·············· 89
<그림 4.1> 서울지역 VOC 전체자료의 농도 분포. ·············· 94
<그림 4.2> 서울지역 VOC 전체자료의 지점별 농도 분포. ·············· 97
<그림 4.3> 계절별 VOC의 평균농도 비교 (I). ·············· 105
<그림 4.4> 계절별 VOC의 평균농도 비교 (II). ·············· 106
<그림 4.5> 전체자료에 대한 VOC의 오전·오후 평균농도 비교. ·············· 107
<그림 4.6> 2013년 8월 (여름) 측정기간 중 주요 VOC의 오전·오후 평균농도 비교. ····· 108
<그림 4.7> 2013년 11월 (가을) 측정기간 중 주요 VOC의 오전·오후 평균농도 비교. ··· 109
<그림 4.8> 2014년 2월 (겨울) 측정기간 중 주요 VOC의 오전·오후 평균농도 비교. ····· 110
<그림 4.9> 지상과 건물 옥상에서 측정한 VOC 농도 비교. ·············· 112
<그림 4.10> 서울역 측정지점 VOC의 일중변동. ·············· 114
<그림 4.11> 국내 주요 도시별 VOC 농도 비교. ·············· 116
<그림 4.12> 카보닐화합물 전체자료의 누적확률분포. ·············· 122
<그림 4.13> 전체자료에 대한 지점별 카보닐화합물 농도 분포. ·············· 124
<그림 4.14> 전체자료에 대한 계절별 카보닐화합물 농도 비교. ·············· 125
<그림 4.15> 전체자료에 대한 카보닐화합물의 오전·오후 평균농도 비교. ·············· 126
<그림 4.16> 국내 주요 도시별 카보닐화합물 농도 비교. ·············· 128
<그림 4.17> 2013년 8월 측정지점별 TSP 농도 경향성 비교. ·············· 131
<그림 4.18> 2013년 11월 측정지점별 TSP 농도 경향성 비교. ·············· 132
<그림 4.19> 2014년 2월 측정지점별 TSP 농도 경향성 비교. ·············· 133
<그림 4.20> 측정지점별 TSP와 PM10 농도경향 (n=30). ·············· 134
<그림 4.21> 서울지역 측정지점별 PAH 화합물 농도 분포 (I). ·············· 144
<그림 4.22> 서울지역 측정지점별 PAH 화합물 농도 분포 (II). ·············· 145
<그림 4.23> 계절별 입자상 PAH 농도 비교 (I). ·············· 151
<그림 4.24> 계절별 입자상 PAH 농도 비교 (II). ·············· 152
<그림 4.25> 국내 주요 도시별 입자상 PAH 비교. ·············· 154
<그림 4.26> 전체자료에 대한 지점별 중금속 농도 분포 (I). ·············· 162
<그림 4.27> 전체자료에 대한 지점별 중금속 농도 분포 (II). ·············· 163

<그림 4.28> 계절별 중금속 농도비교 (I). ·· 165
<그림 4.29> 계절별 중금속 농도비교 (II). ··· 166
<그림 4.30> 국내 주요 도시별 중금속 농도 비교. ··· 168
<그림 4.31> 측정지점별 OC, EC, 및 TC의 일농도 변화. ································ 171
<그림 4.32> 구로구 측정지점 OC, EC와 formaldehyde, Ozone의 일농도 변화. ············· 172
<그림 4.33> 구로구 측정지점 OC, EC와 PAH, CO의 일농도 변화. ······················ 173
<그림 4.34> 강남구 측정지점 OC, EC와 formaldehyde, Ozone의 일농도 변화. ············· 174
<그림 4.35> 강남구 측정지점 OC, EC와 PAH, CO의 일농도 변화. ······················ 175
<그림 4.36> 서울역 측정지점 OC, EC와 formaldehyde, Ozone의 일농도 변화. ············· 176
<그림 4.37> 서울역 측정지점 OC, EC와 PAH, CO의 일농도 변화. ······················ 177
<그림 4.38> 서울지역 대기 중 benzene의 오염장미. ······································· 179
<그림 4.39> 서울지역 대기 중 methyl tert-butyl ether의 오염장미. ·················· 180
<그림 4.40> 서울지역 대기 중 formaldehyde의 오염장미. ······························· 180
<그림 4.41> 서울지역 대기 중 trichloroethylene의 오염장미. ·························· 181
<그림 4.42> 서울지역 대기 중 naphthalene의 오염장미. ································· 181
<그림 5.1> 우선관리대상물질 선정절차. ·· 183
<그림 5.2> 서울지역 대기 중 VOC 농도분포 (ppb). ······································· 184
<그림 5.3> 서울지역 대기 중 VOC 농도분포 (μg/m3). ·································· 185
<그림 5.4> 서울지역 대기 중 PAH, 중금속 농도분포. ··································· 186
<그림 5.5> 서울지역 대기 중 카보닐화합물 농도분포. ··································· 187
<그림 5.6> 서울지역 주요대상물질의 위해가중농도 (발암). ···························· 195
<그림 5.7> 서울지역 주요대상물질의 환경위해도 (비발암). ···························· 196
<그림 6.1> 서울지역 화학물질 배출사업장의 공간적 분포. ···························· 201
<그림 6.2> 서울지역 VOCs 배출량의 공간적 분포. ······································· 208

약 어 집

- ACGIH : American Conference of Governmental Industrial Hygienists (미국 산업위생가협회)
- ATSDR : Agency for Toxic Substances and Disease Registry (보건성 유독물질 질병등록청)
- AWS : Auto Weather Station (자동기상관측소)
- BBP : Butyl benzyl phthalate (부틸벤질프탈레이트)
- DBP : Dibutyl phthalate (다이부틸프탈레이트)
- DEHP : Di(2-ethyl,hexyl) phthalate (다이2-에틸,헥실-프탈레이트)
- DEP : Diethyl phthalate (다이에틸프탈레이트)
- DMP : Dimethyl phthalate (다이메틸프탈레이트)
- 2,4-DNPH : 2,4-Dinitrophenylhydrazine (2,4-디니트로페닐하이드라진)
- DOP : Di-n-octyl phthalate (다이-n-옥틸프탈레이트)
- DP : Duplicate Precision (중복재현성)
- FID : Flame Ionization Detector (불꽃이온화검출기)
- GC/MS : Gas Chromatograph/Mass Selective Detector (가스크로마토그래프질량분석기)
- HAPs : Hazardous Air Pollutants (유해성대기오염물질)
- HEAST : Health Effects Assessment Summary Tables (건강영향평가 요약표)
- HPLC : High Performance Liquid Chromatograph (고성능 액체 크로마토그래프)
- IARC : International Agency for Research on Cancer (국제암연구소)
- ICP/AES : Inductively Coupled Plasma/Atomic Emission Spectroscopy (유도결합플라즈마분광광도계)
- IDL : Instrumental Detection Limit (기기검출한계)
- IS : Internal Standard (내부표준물질)
- LADD : Life Average Daily Dose (일일평균인체노출량)
- LDL : Lower Detection Limit (검출저한계)
- MDL : Method Detection Limit (방법검출한계)
- MFC : Mass Flow Controller (질량유량조절계)
- MTBE : Methyl tert-butyl ether (메틸터트부틸에테르)
- PAH : Polycyclic Aromatic Hydrocarbon (다환방향족탄화수소)
- PBTs : Persistent Bioaccumulative Toxic Substances (잔류성, 생물농축성 및 유독성 물질)
- ppb : part per billion (십억분율)
- ppm : part per million (백만분율)

- PPRTV : Provisional Peer Reviewed Toxicity Values
- PUF : Poly Urethane Foam (폴리우레탄폼)
- QA : Quality Assurance (정도보증)
- QC : Quality Control (정도관리)
- QDL : Quantitative Detection Limit (정량보고한계)
- RF : Response Factor (감응계수)
- RSD : Relative Standard Deviation (상대표준편차)
- RT : Retention Time (체류시간)
- SD : Standard Deviation (표준편차)
- SF : Slope Factor (경사도 인자)
- SIM : Selective Ion Monitoring (선택이온검출)
- SOP : Standard Operating Procedure (표준조작절차)
- SS : Surrogate Standard (대리표준물질)
- TRI : Toxic Released Inventory (유해화학물질조사 프로그램)
- TSP : Total Suspended Particle (총부유먼지)
- URF : Unit Risk (단위위해도)
- U.S. EPA : United States Environmental Protection Agency (미국 환경청)
- UV : Ultra Violet (자외선)
- VOC : Volatile Organic Compounds (휘발성유기화합물)
- VSD : Virtually Safe Dose (실제안전용량)
- WHO : World Health Organization (세계보건기구)

제 1 장 조사연구사업의 개요

1.1 사업의 배경

1.2 사업의 필요성

1.3 사업의 목표

1.4 사업의 범위

제 1 장 조사연구사업의 개요

1.1 사업의 배경

□ 최근의 미국과 일본, 유럽 등 선진국에서의 국가 및 지자체 환경관리 패러다임은 국민들의 '삶의 질' 향상에 대한 욕구를 충족하기 위하여 종래의 매체별 물질농도 관리에서 나아가 보건학적 총괄 위해성 저감 차원으로 변하고 있는 추세이다. 이는 실질적으로 국민의 환경보건학적 위해성을 저감하는 통합매체 환경관리 체제로 변하고 있다는 것을 의미한다.

□ 대부분의 유해화학물질은 일단 공기라는 매체를 통하여 수환경이나 토양환경으로 이송된다. 즉, 대기환경은 유해물질이 환경으로 유입되는 일차관문일 뿐만 아니라 공기를 통한 호흡이 인체의 노출경로에서 가장 중요한 부분을 차지하고 있어 상대적으로 다른 매체보다 중요하게 취급되어야 한다. 대기로 배출되어지는 유해물질, 즉 유해성대기오염물질 (Hazardous Air Pollutants, 이하 HAPs)은 토양이나 물 등 다른 매체로 침적·이송되기 전에 호흡을 통하여 인체에 가장 먼저 직접적으로 피해를 줄 수 있으므로 다른 매체의 유해물질보다 **훨씬** 치명적인 영향을 미친다.

□ HAPs에 대한 정의와 대상물질은 나라마다 다르게 규정하고 있어 아직 명확한 개념이 정립된 상태는 아니다. 일본 대기오염방지법에서는 HAPs를 '저 농도에서도 장기적인 섭취에 의해 건강에 영향을 미칠 우려가 있는 물질'로 규정하고 있으며, OECD는 '인간 건강과 식물 또는 동물에 위해를 주는 특성 (독성 또는 잔류성 등)을 가진 대기 중의 미량의 가스상, 에어로졸, 또는 입자상 오염물질'로 규정하고 있다. 미국은 90년대 이전까지는 TAPs (Toxic Air Pollutant)과 HAPs의 용어를 혼용하였으나 1990년 개정된 공기청정법 (Clean Air Act)의 112조에서 규정된 191종 (현재 187종으로 조정)의 구체적인 물질에 대하여 특별히 HAPs라는 용어를 법률적 의미로 적용하고, TAPs은 대기 중 독성물질 전반을 칭하는 보다 광범위한 개념으로 사용하고 있다. 우리나라는 대기오염물질 중 사람의 건강과 재산이나 동식물의 생육 (生育)에 직접 또는 간접으로 위해를 끼칠 우려가 있는 대기오염물질로서 특정대기유해물질 35종 및 환경부에서 내부적으로 선정한 우선관리물질 48종 등을 포함하는 총 53종의 물질에 대해서 유해대기오염물질로 범위를 확대·지정하고 있다.

□ HAPs의 경우 일반 대기오염물질과 달리 '유해성'이라는 수식어를 굳이 사용하는데는 몇 가지 이유가 있다. 첫째, HAPs는 대기환경에서 낮은 농도에서도 장기간 노출될 경우 심각한 건강피해를 유발할 수 있는 물질, 즉 대부분 비역치 오염물질 (non-threshold pollutants)이 많이 포함된다. 둘째, HAPs는 유전독성을 가진 오염물질로 인간에게 암, 기형, 신경장애, 돌연변이 등을 유발 할 수 있다. 마지막으로 대부분의 HAPs는 환경잔류성 (persistency), 생체농축성 (bio-accumulation),과 독성 (toxicity)을 가지는 물질들이 많다.

□ 국내의 수도권 및 광역대도시 인근에 산재된 공단에서 배출된 각종 HAPs는 대기 중으로 확산되어 공단 주변의 주거지역으로 유입될 우려가 있으나 아직까지 이에 대한 구체적인 현황 파악 및 대책이 마련되고 있지 않다. 지난 9월 27일 발생한 구미산단의 불화수소유출 사건이 전형적인 사례로서 결과적으로 인명손실과 상상을 초월할 정도의 막대한 규모의 피해를 유발한 바 있다. 불화수소는 분명 불소화합물의 하나로서 환경보전법 제정 당시부터 우리나라 특정대기유해물질 목록에 포함된 항목이었으나 환경대기를 대상으로는 30여 년간 측정된 사례가 없었다. 따라서 산단지역 뿐만 아니라 대규모 노출집단이 있는 대도시를 대상으로 유해대기오염물질 배출현황을 파악하고 이들 지역에서 배출되는 HAPs의 환경대기 중 농도를 측정으로써, 지역 주민의 건강을 보호하기 위한 근본적인 대책 수립은 국가안전관리차원에서 가장 필수적이고 기본적인 과업이라고 할 수 있다.

□ HAPs의 위해성 평가를 위한 선결조건은 무엇보다 신뢰성 있는 노출량 자료가 마련되어야 한다. 또한 모니터링을 통한 신뢰성 있는 자료 수집을 위해서는 먼저 측정에 대한 보편화된 방법론이 확립되어 있어야 한다. 그러나 아직 HAPs의 범주에 포함되는 많은 종류의 물질에 대한 측정 방법이 국내뿐만 아니라 국외 선진국의 경우에도 완전히 정립되어 있지는 않은 실정이다. 따라서 HAPs의 측정기술개발 역시 매우 중요한 과제로 인식되고 있다.

□ 우리나라에서는 아직 HAPs에 관한 연구가 선진외국에 비하여 매우 미진한 편이며 일부 오염우심지역에서의 현황 파악 단계에 머무르고 있다. 환경관리의 첫 단계가 현황파악이므로 이는 반드시 필요한 단계이다. 환경부에서는 특정유해대기오염측정망 사업의 일환으로 1990년대부터 도시와 산단지역에서 매달 정기적으로 중금속을 측정하고 있으며 2000년대부터는 VOCs와 PAHs 등 유해대기오염물질에 대하여 자동방식은 2시간 간격 연속, 수동방식은 월 1회 24시간 시료채취를 통해 측정하고 있다.

□ 환경부 관할의 광화학오염물질 측정망에서도 VOCs를 연속하여 측정하고 있으므로 VOCs 중 일부 HAPs 관련 자료를 얻을 수는 있다. 그러나 광화학측정망의 근본설치 목적은 오존오염예방을 위한 탄화수소계 VOC (대부분은 인체 독성이 없는 물질)의 관측이며 독성이 강한 할로겐화 VOC 등은 누락되어 있으므로 이들 자료를 위해성평가에 바로 대입하여 사용할 수는 없는 한계점과 문제점이 내재되어 있다. 한편, HAPs의 범주에 속하는 다이옥신과 PCBs 등에 대해서는 2007년에 스톡홀름 협약 이행을 위하여 잔류성유기오염물질의 관리에 관한 특별법이 제정되었고 다이옥신 등 POPs의 배출 조사와 함께 2008년부터 대도시, 산업단지 뿐 아니라 배경지역 등 전국 37개 지점에서 연 4회 대기 중 농도를 측정하고 있다.

□ POPs와는 별도로 환경부는 특정대기유해물질 저감대책의 일환으로 환경정책 중장기 계획을 수립하면서 2006년부터 2011년까지 5개년 중장기 로드맵을 작성하고 년차별로 사업을 수행한 바 있다. 본 연구진은 대규모 국가산단의 특정대기유해물질에 대한 조사사업을 국립환경과학원을 통해 시화·반월 (2006~2007년), 여수·광양 (2008년), 울산 (2009년), 구미 (2010년), 대산 (2011년)지역에서 수행하였으며 이들 연구들은 지금까지 국내에서 수행된 HAPs 관련 조사연구로는 가장 종합적이고 방대한 사업으로서 HAPs의 측정 방법 정립 및 위해성 평가와 연계한 관리방안 등을 제시하여 향후 정책 수립에 중요한 정보들을 제공하는 성과를 거둔 바 있다.

□ 이와 같은 대규모 연구조사사업에 대해서는 반드시 사후연구 (follow-up studies)를 통하여 수집된 주요 정보와 자료들에 대한 심층적 통계분석을 통한 요인해석이 반드시 수행되어야 하며, 궁극적으로는 자료저장창고 (Archives)를 만들어 관련 전문가들이 쉽게 활용할 수 있도록 하여야 한다. 아울러 기존 조사 자료를 이용하여 환경부가 확충하고 있는 국가유해대기측정망의 운영계획과 연계하여 향후의 전국적인 HAPs 모니터링 계획의 최적화를 도모할 필요가 있다.

□ 본 연구진은 2011년 국가유해대기오염물질 기본계획 수립 및 배출특성 사업 종합평가 (일명 KTOP Project) 과제를 통하여 HAPs 우선관리 대상물질을 선정하고 제안한 바 있다. 이를 위하여 실질적으로 국민의 환경위해성 저감을 목적으로 하는 가장 실효적인 방법으로 필요하다면 대기환경기준 설정 등 핵심적으로 관리할 물질에 대한 심층적 검토를 수행하였으며, 이때 고려할 사항 중 가장 중요한 인자는 HAPs 물질로서의 환경독성, 측정빈도, 검출농도 및 측정기술의 확보 등 네 가지 측면을 고려하였다.

□ 결과적으로 대기환경 중 HAPs에 국한하여 주요 관리대상 항목으로서 가장 우선적으로 고려할 항목은 VOC 그룹에서는 벤젠과 1,3-뷰타디엔 및 트리클로로에틸렌의 3종, 카보닐그룹에서는 폼알데하이드와 아크로레인의 2종, PAH 그룹에서는 벤조(a)파이렌, 그리고 중금속 그룹에서는 6가 크롬을 Key Toxic 오염물질로 제안하였으며 이에 더하여 초미세먼지 ($PM_{2.5}$)항목이 추가되어 8종의 우선관리대상 HAPs 군을 제안한 바 있다. 이들 항목들은 WHO에서 1급 혹은 2급 발암성 물질로 등재된 유해물질로서 각각 그룹 중 독성 측면에서 대표적인 물질이다.

1.2 사업의 필요성

□ 현재 국내 인구는 약 5,000만 명이며, 국내 광역 대도시에는 거주인구가 대략 서울 1,000만, 부산 350만, 인천 280만, 대구 250만, 대전 150만, 광주 150만, 울산 110만 명이 거주하고 있다. 전체 국토면적에 비해 광역시의 면적은 약 5%정도이나 전체 인구의 약 절반이 광역시에 살고 있다. 따라서 광역시는 매우 인구밀집도가 높아 오염물질에 대한 노출피해인구도 많다. 과거 산업단지의 환경대기 중 HAPs 측정은 배출원이 해당 산업단지로부터의 기인한다는 전제하에 조사연구가 진행되었다면, 금번의 도시대기 연구는 이러한 HAPs로 인한 노출피해인구의 수가 절대적으로 높은 것에 유념하여 조사연구가 진행될 필요가 있다.

□ 광역시마다 상황은 다르지만 서울에는 대부분의 유해산업을 시화반월산단과 같이 서울 외곽지역에 이전하여 현재 구로구 일원에만 한국수출국가산단과 서울온수일반산단이 운영되고 있다. 도시지역의 경우 산업이외의 HAPs 배출경로로서 도로오염원과 가정난방 등이 있으며, 도시외부로부터의 유입이 있다. HAPs는 연료연소와 같은 공정으로 배출되는 것 이외에도 비산배출되는 양도 많다. 다양한 도시지역 HAPs 배출원을 파악하는 것은 PRTR과 같은 배출량 자료로만으로는 부족하다. 따라서 환경대기 중 HAPs 측정결과를 이용한 추정이 불가피하며, 실제 일반대중이 노출되는 농도라는 측면에서도 본 연구의 HAPs 측정결과는 매우 유용한 자료로 사용될 수 있다.

1.3 사업의 목표

□ 본 연구·조사 사업의 일차적 목표는 서울지역에 대한 각종 유해대기오염물질의 출현 및 분포 현황을 파악하고, 이들 물질의 대기 중 농도를 측정하여 오염 특성을 파악하고자 하며, 궁극적으로는 본 과제를 통하여 측정된 자료를 바탕으로 도시지역 주민의 건강을 보호하기 위한 근본적 대책 수립의 기초자료를 마련함에 있다.

□ 아울러 도시지역에 산재한 유해대기오염물질의 배출원과 배출량을 PRTR (과거 TRI), CAPSS와 같은 기존 D/B를 토대로 조사하여 향후 우선관리 대상 물질의 목록 작성 및 수도권 지역 사업장에 대해 주요 물질의 배출공정파악 및 관리방법을 검토하여 과학적이고 현실적인 HAPs 관리방안 마련을 위한 정보를 제공하고자 한다.

□ 나아가 본 연구·조사 사업을 통하여 얻어진 결과를 토대로 주요 유해대기오염물질에 대한 위해성 측면에서의 오염기여도 (우선순위 물질)를 평가하고 이들 물질에 대한 향후 배출량 감축목표를 제안하고자 한다. 또한 지속적인 모니터링 사업의 확대를 위하여 수도권에서의 측정지점 선정을 위한 기준 (인구밀도, 토지용도, 공간분포 등)을 표준화하여 수도권 이외의 광역 대도시 차원에서 유사한 사업이 확대 시행될 수 있는 계획 마련을 위한 주요 정보를 제공하고자 한다.

□ 본 연구는 도시지역 대기에 대한 HAPs 조사의 1차년도 연구로서 제한된 기간과 예산으로 대표적인 D/B를 구축하기에는 무리가 있을 것으로 예상된다. 그러나 기본 연구단계에서 향후 사업의 확대를 예상하여 계속적으로 추진되어야 할 연구 분야를 도출하고, 이를 위한 기본적인 현장조사 매뉴얼 (SOP)를 작성할 정보를 제공하고자 한다.

1.4 사업의 범위

□ 본 연구조사 사업의 공간적 범위와 시간적 범위는 아래와 같다.
- 공간적 범위: 서울시 3개 지점
- 시간적 범위: 2013. 5. 13 ~ 2014. 5. 12 (12개월)

□ 본 연구조사 사업의 내용적 범위는 아래와 같이 요약된다.
- 서울시 내 3개 지점에서 HAPs에 대한 실제 현장 측정 수행
- HAPs의 위해성 기여도 평가 등 측정 자료의 종합적 검토 및 해석
- 서울지역의 HAPs 주요 배출원과 배출량 조사
- 서울지역 HAPs 중 우선관리대상 물질 선정 및 제안
- 본 연구조사에서 획득한 HAPs 측정결과에 대한 DB구축
- 향후 도시지역 HAPs 상시 측정 지점 선정 기준 제시 및 연구 추진방향 제언

제 2 장 조사대상지역과 연구의 내용

2.1 조사대상지역의 산업체 현황
2.2 조사 및 연구내용
2.3 사업추진체계

제 2 장 조사대상지역과 연구의 내용

2.1 조사대상지역의 산업체 현황

□ 본 연구의 조사대상지역인 서울지역은 1개의 국가산업단지와 2개의 일반산업단지가 있다. 한국수출산업국가산업단지는 서울시 구로구 구로동과 금천구 가산동 일원에 있으며, 서울온수일반산업단지는 서울시 구로구 온수동과 경기도 부천시 원미구 역곡동 일원에 있다. 한편 서울시 강서구 가양동 일원에 마곡일반산업단지를 조성 중에 있다. 서울지역에는 대부분의 유해물질을 취급하는 산업을 시화반월산단과 같이 서울외곽으로 이전하여 구로구에만 국가산단과 일반산단이 존재한다.

<표 2.1> 단지별 조성면적 현황 (2011년 12월 기준)

구 분 (면적, 천 ㎡)	관리면적	분양대상면적	분양면적	분양율
한국수출 국가산단	1,982	1,650	1,650	100%
서울온수 일반산단	158	124	124	100%

<표 2.2> 단지별 가동업체수 현황 (2011년 12월 기준)

구 분 (개사)	계	음식료	섬유의복	목재종이	석유화학	비금속	철강	기계	전기전자	운송장비	기타	비제조
한국수출 국가산단	8,895	12	219	120	110	9	10	330	1,311	20	70	6,684
서울온수 일반산단	155	1	-	2	-	-	2	137	3	5	5	-

<표 2.3> 업종별 고용현황 (2011년 12월 기준)

구 분 (명)	계	음식료	섬유의복	목재종이	석유화학	비금속	철강	기계	전기전자	운송장비	기타	비제조
한국수출 국가산단	142,280	412	9,204	4,490	2,594	90	234	6,293	28,215	915	1,384	88,449
서울온수 일반산단	1,883	9	-	29	-	-	40	1,380	167	110	148	-

2.2 조사 및 연구내용

2.2.1 측정지점

□ 착수보고회를 통한 자문위원들의 조언과 본 연구진의 서울지역 내의 대기질 측정망을 사전 답사를 통하여 서울의 대기질을 대표할 수 있는 3개 측정지점을 선정하였다. #1 (구로구)는 구로고등학교 옥상으로 인근에 주거지역이 발달해 있을 뿐만 아니라 서울 디지털국가산단과 온수일반산단이 구로구에 위치해 있으므로 산단지역의 영향도 일부 고려할 수 있을 것으로 판단하여 측정지점으로 선정되었다. #2 (강남구)는 강남구청 별관 옥상으로 인구밀집도가 높은 대표적인 주거지역이므로 측정지점으로 선정되었다. #3 (서울역)은 서울역 앞 도로변 측정소이며, 서울 내 대부분의 산업이 경기도로 이전하였기에 서울의 대기오염 배출원으로서 차량의 영향을 무시할 수 없어 서울역 도로변 측정소를 측정지점으로 선정하였다.

<표 2.4> 측정지점 개황

측정지점	측정지점 위치 (측정소 코드)	용도지역
#1 (구로구)	서울 구로구 가마산로 27길 45 (측정소 코드: 111221)	주거
#2 (강남구)	서울 강남구 학동로 426 (측정소 코드: 111261)	주거
#3 (서울역)	서울 용산구 한강대로 401-2 (측정소 코드: 111122)	도로변

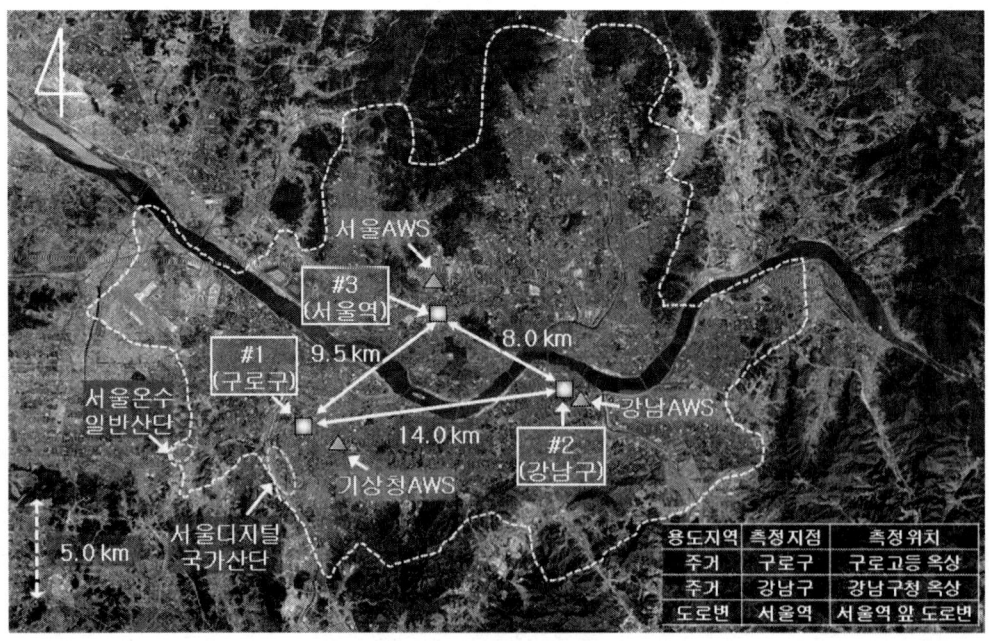

<그림 2.1> 조사대상지점.

2.2.2 측정기간

- 3개 측정지점에서 계절별(여름, 가을, 겨울)로 10일간 연속 측정
- 여름 (8월 중), 가을 (11월 중), 겨울 (2월 중) 측정

2.2.3 측정항목 및 측정주기

가. 휘발성 유기화합물 (밑줄친 항목은 Key Toxic Pollutants)
- 미국 EPA TO-17(고체흡착법)을 적용하여 우선관리대상물질중 휘발성물질 (14개 항목)과 미국 EPA TO-14의 대상물질 중 측정 가능한 물질을 측정함. 또한 가스상 PAH 중 고체 흡착관법으로 측정가능한 물질을 포함함
  benzene, 1,3-butadiene, vinyl chloride, acrylonitrile, dichloromethane, chloroform, trichloroethylene, tetrachloroethylene, 1,2-dichloroethane, carbontetracholoride, vinyl acetate, styrene, ethylbenzene, carbon disulfide, toluene, xylenes(o-, m-, p-), MTBE, naphthalene 등
- 전 측정지점: 계절별 10일간 연속 측정기간 중 1일 2회 (3시간)로 측정함
- 흡착법에 의한 VOC 총 발생 시료수 = (20개/지점 x 3 지점)/계절 x 3계절 = 180개

나. 카보닐화합물 (밑줄친 항목은 Key Toxic Pollutants)
- 필수: formaldehyde, acetaldehyde, acrolein, acetone, methyl ethyl ketone
- 권장: propionaldehyde, crotonaldehyde, butyraldehyde, benzaldehyde 등
- 전 측정지점에서 1일 2회 (오전과 오후 각 2-3시간 시료채취) 측정함
- 카보닐화합물 총 발생 시료수 = (20개/지점 x 3 지점)/계절 x 3계절 = 180개

다. 다환방향족탄화수소 (밑줄친 항목은 Key Toxic Pollutants)
- 아래의 18개 항목의 입자상 PAH를 측정함
  phenanthrene, anthracene, fluoranthene, pyrene, benz(a)anthracene, chrysene, benzo(b)fluoranthene, perlyene, benzo(k)fluoranthene, benzo(e)pyrene, benzo(a)pyrene, benzo(g,h,i)perylene, dibenz(a,h)anthracene, indeno(1,2,3-c,d)pyrene
- 입자상 PAH는 TSP 시료를 대상으로 전 측정지점에서 계절별 10일간 매일 측정하며, 1일 (오전 10시에서 익일 오전 10시) 1회 시료 채취함
  단 #3(서울역) 측정지점의 경우 현장 안전문제로 인해 측정소에 고정되어 있는 샘플러 (4인치 필터용)를 사용함, 여름철은 검출한계로 인해 2일 시료를 합하여 추출 후 분석함
- 입자상 PAH 총 발생시료수 = (10개/지점 x 3지점)/계절 x 3계절 = 90개

라. 중금속

- 아래의 8개 항목을 기본적인 측정 대상 항목으로 선정함

    망간 (Mn), 베릴륨(Be), 카드뮴(Cd), 납(Pb), 코발트(Co), 니켈(Ni), 비소(As), 총 크롬(Cr)
- PAH 시료와 같이 고용량 시료채취기 사용 TSP 시료를 대상으로 함
- 1일 단위로 시료채취 (PAH 시료와 주기 동일), 전 측정지점에서 3계절 측정

    단 #3(서울역) 측정지점의 경우 현장 안전문제로 인해 측정소에 고정되어 있는 샘플러 (4인치 필터용)를 사용함, 여름철은 검출한계로 인해 2일 시료를 합하여 추출 후 분석함
- 총 발생 시료수 = (10개/지점 x 3지점)/계절 x 3계절 = 90개

마. OC/EC

- 미국 NIOSH 방법 5040에 준하는 방법을 사용함
- 석영섬유필터를 PM2.5 채취용 카트리지에 장착 후 Low-volume 중량법 (16.7 L/min)으로 시료를 채취함
- 열광투과 (TOT)법을 이용여 OC/EC를 분석함
- 총 발생 시료수 = (10개/지점 x 3지점)/계절 x 3계절 = 90개

2.2.4 측정방법 개요

- VOC: 미국 EPA의 TO-17방법에 준하여 흡착관 시료채취 및 열탈착/GC/MS로 분석함
- 카보닐화합물: 미국 EPA의 TO-11A 방법을 준용한 DNPH카트리지/HPLC법으로 분석함
- PAH: 미국 EPA의 TO-13A방법을 준용하며 기존 산단조사에서 확립한 방법을 적용함
- 중금속 (일반항목): 미국 EPA Inorganic 측정 방법 (I/O method)에 준함
- OC/EC: 미국 NIOSH 5040 방법을 준용하며 TOT법으로 분석함
- 주요 항목에 대하여 측정 정도관리(QA/QC)를 실시함
- 모든 측정항목은 본 연구진이 국내에서 직접 시료채취와 분석을 수행함

2.2.5 유해대기오염물질 오염기여도 평가와 배출원 및 배출량 파악

- 본 연구팀이 서울지역에서 측정한 HAPs 결과를 토대로 오염기여도 평가결과를 토대로 우선관리대상물질 선정
- 서울지역의 PRTR 자료를 바탕으로 물질별 주요 배출원 및 배출량 파악
- 서울지역의 HAPs에 대한 집중 관리가 필요한 업종 및 사업장 제시
- 서울지역의 사업장에 대해 주요 물질의 배출 공정 파악 및 관리 방법 검토
- 서울지역의 주요 HAPs배출량의 삭감 가능성 검토 및 감축목표 제안

2.2.6 측정지점 선정 기준 표준화

- 도시지역의 지속적인 모니터링 사업 확대를 위해 측정지점 선정을 위한 기준제시
- 접근성 (기존 대기질 측정망, 관공서 옥상 등)
- 노출인구 (주거지역 – 인구수 및 인구밀도 확인)
- 배출실태 (도로변 – 이동오염원 고려, 산단인근 – 고정오염원 고려)
- 자문회의 (전문가, 지역주민, 공무원 관계자)를 통한 의견 수렴

2.2.7 향후 연구추진방향 제언

- 향후 국내 모니터링 대상도시 선정 문제
- 모니터링 우선순위 물질 항목과 주기 결정 문제
- 주요 HAPs 배출원 및 배출량 조사 문제
- 정기적인 HAPs 모니터링 및 위해성 평가 수행 문제
- 향후 행정 목표로서의 대기환경기준 및 배출허용기준 제·개정안 검토 문제

2.3 사업추진체계

☐ 본 사업의 전반적인 추진 체계 및 참여연구원의 역할 분담은 그림과 같다.

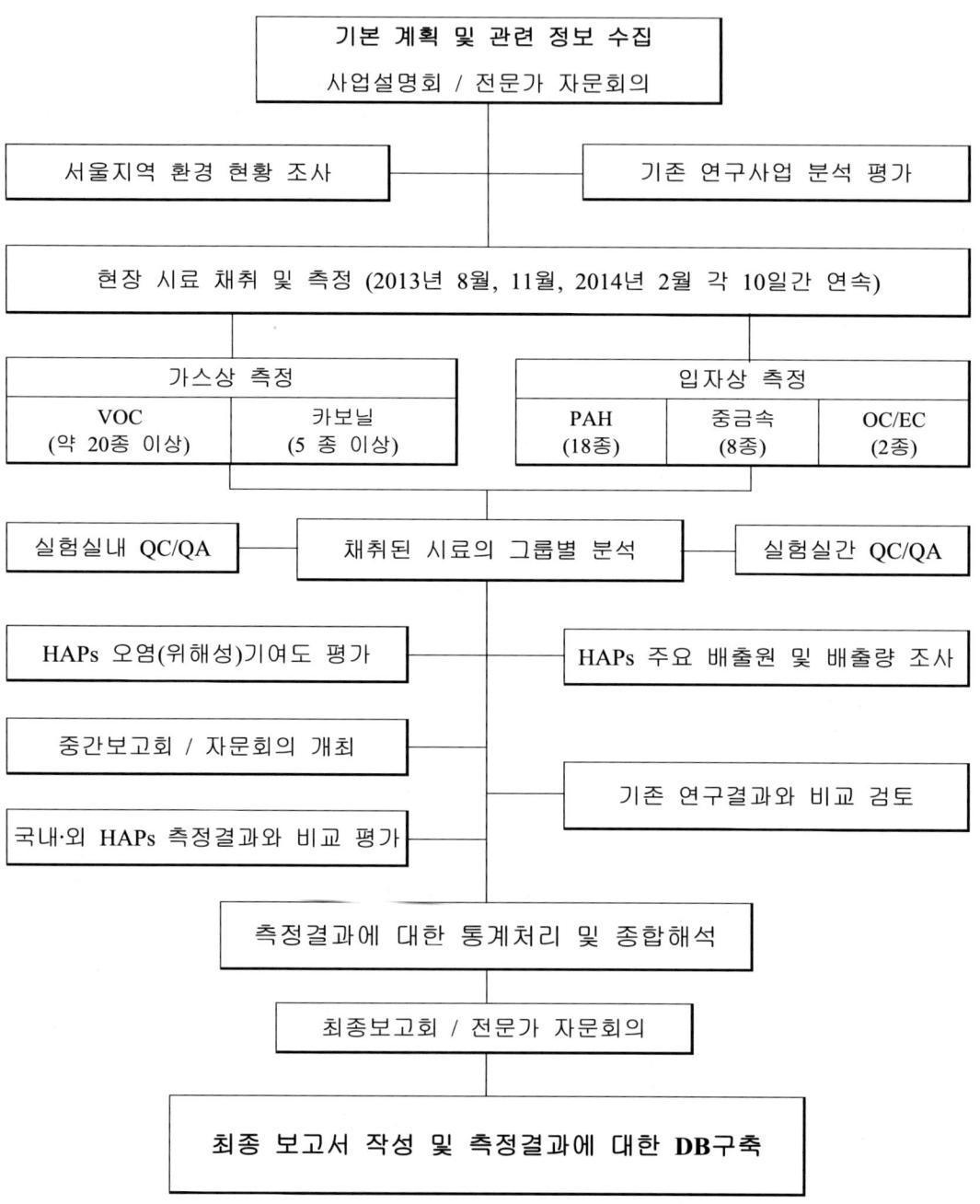

<그림 2.2> 본 연구사업의 추진체계.

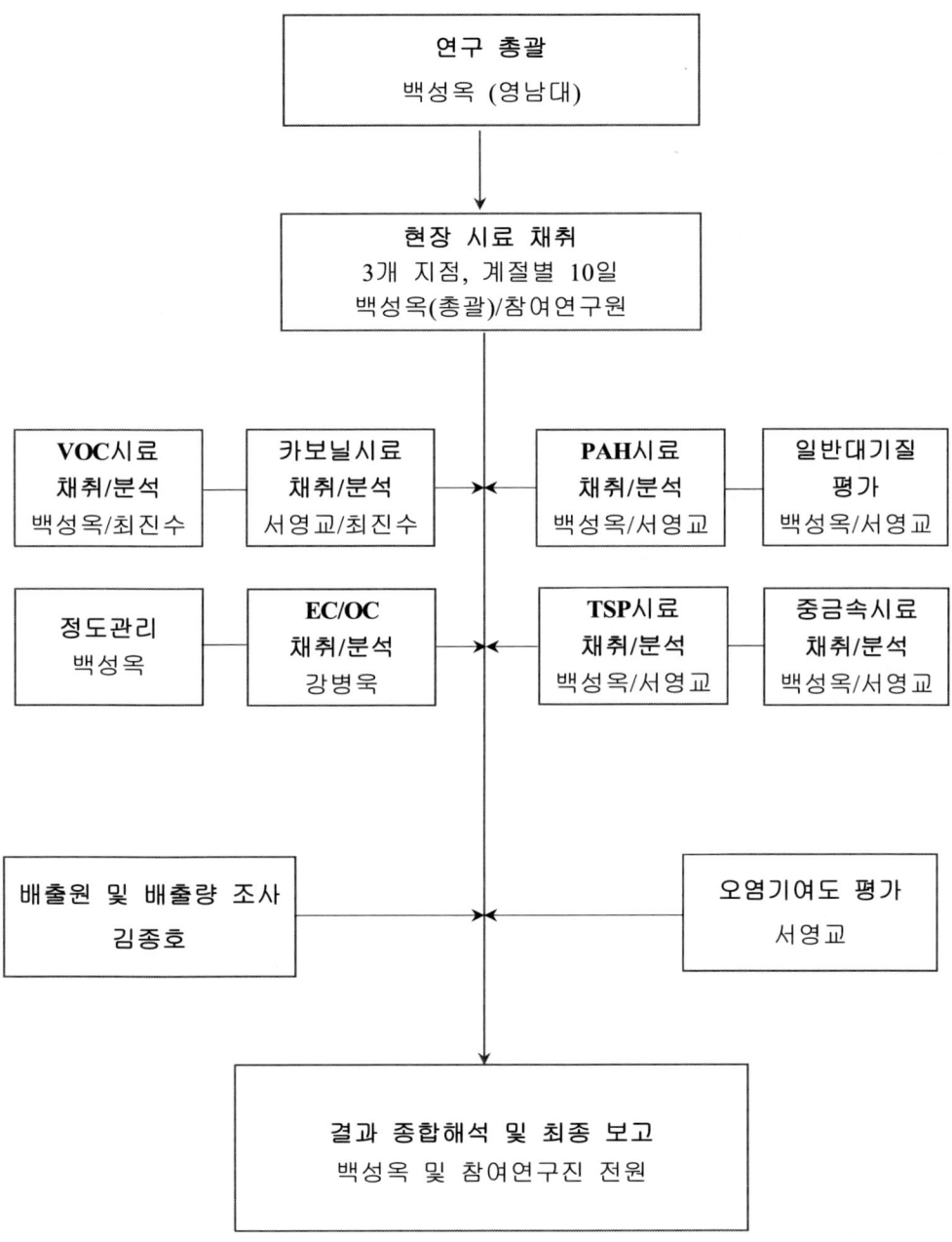

<그림 2.3> 본 연구사업의 참여연구원 역할 분담체계.

제 3 장 유해대기오염물질 조사 및 측정 방법

3.1 측정 지점 및 기간

3.2 휘발성유기화합물 및 카보닐화합물 측정

3.3 다환방향족탄화수소 측정

3.4 중금속 측정

3.5 유기성탄소 및 무기성탄소 (OC/EC) 측정

제 3 장 유해대기오염물질 조사 및 측정 방법

3.1 측정 지점 및 기간

3.1.1 시료채취 지점 및 주변상황

□ 본 연구에서 선정한 측정지점의 위치는 <그림 3.1>에 나타내었다. 측정지점의 주변 상황은 <그림 3.2> ~ <그림 3.4>에 나타내었다. <표 3.1>에는 본 연구의 측정지점 주변개 황을 상세히 기술하였다.

<표 3.1> 본 연구의 HAPs 측정지점 및 주변개황

측정지점	측정지점 위치	용도지역
#1 (구로구)	서울디지털산단과 직선거리로 약 2 km 떨어져 있음 구로고등학교 옥상 (지상 10-12 m) 측정지점 북서쪽 150 m 떨어진 지점에 왕복6차선 도로가 있음, 통행량 보통임	주거
#2 (강남구)	강남구청 별관 옥상 (지상 12-15 m)에 있음, 측정지점 북쪽 70 m 떨어진 지점에 왕복 6차선 도로 있음, 통행량은 많음	주거
#3 (서울역)	서울역 4호선 2번 출구 앞 도로변에 있음 (지상 2 m) 서울역 앞 택시 버스의 통행량이 많고, 측정지점에 타지점에 비해 낮음	도로변

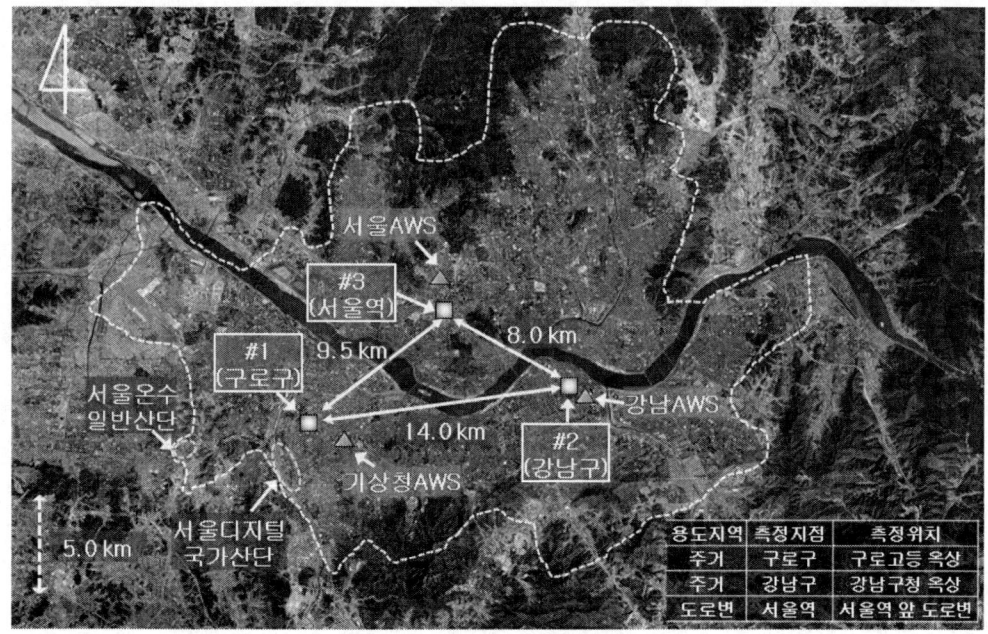

<그림 3.1> 시료 채취지점의 위치.

<그림 3.2> #1 (구로구) 측정지점 주변상황.

<그림 3.3> #2 (강남구) 측정지점 주변상황.

<그림 3.4> #3 (서울역) 측정지점 주변상황.

3.1.2 계절별 측정기간 및 측정주기

가. 측정기간

□ 본 연구에서는 계절별로 각 측정지점마다 10일간 연속 동시 측정하였다. 측정기간과 당시의 대략적인 기상개황은 <표 3.2>에 나타내었다. 계절별 측정 기간은 대체로 계절 특성을 대변할 수 있는 기간을 선정하였으며, 일부 기간에서는 강우일이 1 ~ 2일 정도 포함되었다.

<표 3.2> 본 연구의 HAPs 측정기간 및 기상개황

계 절	측정 기간	기상 개황
여 름	2013년 8월 17일 ~ 8월 27일 (만10일간)	일평균 기온은 22.0 ~ 34.3 ℃였으며, 측정기간 중 강수일이 2일 포함됨
가 을	2013년 11월 12일 ~ 11월 22일 (만10일간)	일평균 기온은 -1.7 ~ 12.4 ℃였으며, 측정기간 중 강수일이 2일 포함됨
겨 울	2014년 2월 4일 ~ 2월 14일 (만10일간)	일평균 기온은 -8.8 ~ 7.4 ℃였으며, 측정기간 중 강수일이 1일 포함됨

나. 측정주기

□ VOC: 전 측정지점에서 계절별 10일간 연속 측정기간 중 1일 2회(2시간 주기)로 측정 흡착법에 의한 VOC 총 발생 시료수 = (20개/지점 x 3 지점)/계절 x 3계절 = 180개
□ 카보닐 화합물: 전 측정지점에서 1일 2회 (오전과 오후 각 2시간 시료채취) 측정 카보닐화합물 총 발생 시료수 = (20개/지점 x 3 지점)/계절 x 3계절 = 180개
□ 입자상 PAH: 전 측정지정에서 1일 단위 (정오 10시에서 익일 정오 10시까지)로 측정 입자상물질 총 발생시료수 = (10개/지점 x 3지점)/계절 x 3계절 = 90개
□ 중금속: 1일 단위로 측정 (총부유먼지 시료와 주기 동일)
□ EC/OC: 저용량-중량법으로 측정, 측정주기는 입자상 PAH와 동일

3.1.3 시료채취방법 및 표준절차

가. 시료채취방법

□ 본 연구의 조사 대상 항목인 VOC와 PAH 및 중금속 측정을 위하여 사용한 시료채취 방법 및 장치는 <표 3.3>에 요약하여 수록하였고, 각 항목의 시료채취 표준절차를 나타냄

<표 3.3> 본 연구에서 사용한 HAPs 항목별 측정방법 및 시료채취 장치

항목	시료채취방법	채취장치 및 매체	채취 유량	채취시간	분석방법
VOC	펌프흡입방식	Low-Vol 샘플러/ Carbograph 2 + Carbograph 1	100 mL/min	3시간	GC/MS
카보닐 화합물	펌프흡입방식	Low-Vol 샘플러/ 2,4-DNPH 카트리지	1 L/min	2시간	HPLC/UV
TSP	블로워흡입방식	High-Vol 샘플러/ 석영섬유필터 (8" × 10")	600 L/min	24시간	중량법
PAH (입자상)	TSP시료 이용	High-Vol 샘플러/ 석영섬유필터 (8" × 10")	TSP와 동일	24시간	GC/MS
중금속	TSP시료 이용	High-Vol 샘플러/ 석영섬유필터 (8" × 10")	TSP와 동일	24시간	ICP/AES
OC/EC	펌프흡입방식	Low-Vol 샘플러/ 석영섬유필터 (직경 4")	16.7 L/min	24시간	TOT법

나. 시료채취준비

□ 측정장소 섭외 (전화, 공문발송) 및 현장 방문 조사
□ 채취위치 선정 및 점검 (전원공급, 보안, 휴일 채취가능 여부 등)
□ 시료채취장치 교정
□ 시료보관용기 및 채취매체 준비 (흡착관 및 필터 전처리, ID부여 등)
□ 시료채취 참여자에 대한 표준시료채취절차 결정 및 교육

다. VOC 시료채취 표준절차

□ 시료채취 매체: 흡착관 (Carbograph 2 + Carbograph 1 TD)
□ 시료채취 시간: 10일간 연속 측정기간 중 1일 2회 (3시간)씩 시료채취
□ 대기시료 채취방법 : 미량공기채취펌프를 사용하여 시료채취
□ 우천 시 발생할지도 모를 수분 유입방지를 위하여 보호 장치를 설치
□ 채취된 흡착관은 냉장상태로 이동·보관

라. 카보닐 화합물 시료채취 표준절차

- 시료채취 매체: 2,4-DNPH 카트리지 (LpDNPH S10L, Supelco Inc., USA)
- 시료채취 시간: 오전, 오후 하루 2개씩 채취 (약 1 L/min의 유량으로 2시간 채취)
- 대기시료 채취방법 : 등속흡인펌프 (SKC, USA)를 사용하며, 해당 펌프는 시료채취 시 채취경과 시간이 표시됨. 유량은 로타메타로 전·후유량을 측정
- 오존 (O_3)으로 인한 방해를 줄이기 위해 시료채취매체 전단에 KI 카트리지를 전단에 장착
- 우천 시 발생할지도 모를 수분 유입방지를 위하여 보호 장치를 설치
- 채취된 카트리지는 냉장상태로 이동·보관

마. TSP (PAH, 중금속 포함) 시료채취 표준절차

- Tisch high-volume PUF 샘플러 사용하며, 석영섬유필터 8" x 10" (QMA filter, Whatman Inc., UK) 를 사용
- 시료채취용 필터는 밀폐용 zipper lock에 넣어서 시료채취장소로 이동
- 시료채취 장비에 필터의 장착 및 탈착 시 오염을 막기 위해 깨끗이 씻은 맨손으로 작업
- 약 600 L/min의 유량으로 24시간 연속 채취
- 꺼낸 필터는 밀폐용 zipper lock에 넣고 밀폐 후 다시 밀폐 운반용기에 보관
- 시료의 운반과정동안 냉매가 들어있는 아이스박스에 넣어서 운반
- 채취된 필터는 -15 ℃로 유지되는 냉동고에 보관

바. 유기성탄소와 무기성탄소 (OC/EC) 시료채취 표준절차

- 시료채취 매체: 직경 47 mm의 석영필터 (Quartz fiber filter, Whatman)
- 시료채취 시간: 1일 1개 채취 (16.7 L/min의 유량으로 24시간 채취)
- 석영필터를 $PM_{2.5}$ 채취용 카트리지에 장착한 후 시료를 채취
- 시료의 운반과정동안 냉매가 들어있는 아이스박스에 넣어서 운반
- 채취된 필터는 페트리디쉬에 밀봉하여 분석을 실시할 때 까지 냉장 보관

3.1.4 측정기간 중 기상개황

□ 기상자료는 서울특별시 동작구 신대방동 (구로구), 강남구 삼성동 (강남구), 종로구 송월동 (서울역)에 있는 자동기상관측소 (Auto Weather Station, 이하 AWS)의 1시간 평균자료를 이용하였다. 측정기간 중 기상개황은 <표 3.4> ~ <표 3.6>에 각 측정 기간별로 요약하여 나타내었다. 표의 통계치는 시료채취 시간과 동일하게 당일 오전 11 : 00 에서 익일 오전 11 : 00 까지의 데이터를 이용하였다.

□ 강수량은 그 기간 중의 누적량으로 나타내었다. 주풍향의 경우 시간별 풍향자료 및 풍속자료를 이용하여 각 측정 지점별로 일간 풍배도를 그려 빈도가 가장 높은 풍향으로 구하였다. 서울 신대방동의 경우 여름 시료채취기간 중 8월 18일 (2.0 mm), 22일 (44.5 mm)의 강수 영향이 있었고, 삼성동의 경우 8월 18일 (2.0 mm), 22일 (49.0 mm)의 강수 영향이 있었으며 마지막으로 송월동의 경우에는 8월 18일 (19.0 mm), 22일 (35.0 mm)의 강수 영향이 있었다. 가을 시료채취기간 중 신대방동의 경우 11월 14일 (5.0 mm), 16일 (7.0 mm)의 강수 영향이 있었고, 삼성동의 경우 11월 14일 (4.0 mm), 16일 (3.0 mm)의 강수 영향이 있었으며 마지막으로 송월동의 경우에는 11월 14일 (3.0 mm), 16일 (3.0 mm)의 강수 영향이 있었다. 마지막 계절인 겨울 시료채취기간 중 신대방동의 경우 2월 8일 (3.0 mm)의 강수 영향이 있었고, 삼성동과 송월동의 경우 2월 8일 (3.5 mm)의 강수 영향이 있었다.

□ 한편, 각 동별로 시료채취기간 전체에 풍향의 빈도 및 풍속을 풍배도로 <그림 3.5>에 나타내었다. 서울특별시 각 3곳의 AWS 자료로 나타낸 풍배도를 살펴보면 여름 8월 신대방동에는 남남서풍이 주풍을 나타내었으며, 삼성동은 서남서풍, 송월동은 서풍이 주풍을 이루고 있다. 가을 11월의 신대방동에는 북서풍이 주풍을 나타내었으며, 삼성동은 서북서풍, 송월동은 서풍이 주풍을 나타내었다. 겨울인 2월은 3곳 모두가 동북동풍이 주풍을 나타내었다.

□ 한강을 중심에 두고 있는 서울지역의 여름 평균풍속은 약 1.5 ~ 2.5 m/sec 정도로 대기오염물질의 정체현상이 있을 것으로 판단된다. 가을 평균풍속 역시 1.5 ~ 2.9 m/sec 정도로 여름과 비슷했다. 겨울 평균풍속도 1.9 ~ 3.0 m/sec 정도를 보였다. 3개 계절 모두 송월동이 2.5 ~ 3.0 m/sec로 상대적으로 빠른 풍속이 나타났으며, 삼성동이 1.7 ~ 2.0 m/sec, 신대방동이 1.5 ~ 1.7 m/sec로 상대적으로 가장 느린 풍속이 나타났다.

<표 3.4a> 2013년 8월 (여름) 측정기간 중 구로구 기상개황 (서울특별시 신대방동 AWS)

일시	기 온 (℃)				풍 속 (m/s)				강수량 (mm)	주풍향
	평균	표준편차	최저	최대	평균	표준편차	최저	최대		
08월 17일	28.6	1.6	26.8	31.5	2.5	0.5	1.6	3.6	0.0	SSW
08월 18일	28.1	1.7	25.2	31.2	1.9	0.9	0.1	3.1	2.0	SW
08월 19일	27.6	2.8	23.7	32.6	1.5	0.8	0.3	2.9	0.0	SSW
08월 20일	28.2	2.6	24.7	31.9	1.5	0.5	0.9	2.5	0.0	E
08월 21일	30.0	2.3	26.2	33.2	1.5	0.5	0.8	2.8	0.0	SSW
08월 22일	28.2	3.6	22.4	32.9	1.6	0.5	0.7	2.4	44.5	SW
08월 23일	25.4	1.9	22.7	29.4	1.4	0.7	0.4	2.8	0.0	SSW
08월 24일	27.2	2.8	23.5	31.4	1.3	0.6	0.5	2.9	0.0	NNW
08월 25일	27.7	2.6	23.8	31.8	1.0	0.7	0.2	2.3	0.0	ENE
08월 26일	27.1	2.6	23.4	31.5	1.4	0.7	0.3	3.2	0.0	SW
Mean	27.8	2.4	24.2	31.7	1.6	0.6	0.6	2.9	46.5*	SSW**

* 측정기간의 총강수량을 나타냄.
** 측정기간 중 빈도가 가장 높은 바람을 나타냄.

<표 3.4b> 2013년 8월 (여름) 측정기간 중 강남구 기상개황 (서울특별시 삼성동 AWS)

일시	기 온 (℃)				풍 속 (m/s)				강수량 (mm)	주풍향
	평균	표준편차	최저	최대	평균	표준편차	최저	최대		
08월 17일	29.3	1.5	27.4	31.8	2.5	0.8	1.0	4.1	0.0	SW
08월 18일	28.9	1.7	25.8	32.2	2.3	1.1	0.4	4.3	2.0	WSW
08월 19일	28.3	3.1	23.7	33.1	1.7	0.9	0.1	3.6	0.0	WSW
08월 20일	28.5	2.6	24.9	32.0	1.8	0.5	0.4	2.7	0.0	ENE
08월 21일	30.8	2.2	27.6	34.3	1.3	0.4	0.5	2.2	0.0	S
08월 22일	28.9	3.3	23.1	32.7	1.6	0.8	0.3	3.0	49.0	W
08월 23일	26.2	1.7	23.3	29.6	1.4	0.7	0.2	2.8	0.0	WSW
08월 24일	27.5	3.2	22.8	32.0	1.3	0.7	0.0	2.5	0.0	ENE
08월 25일	28.0	2.9	23.6	32.1	1.2	0.5	0.3	1.9	0.0	ENE
08월 26일	28.0	2.4	24.7	31.8	1.7	0.7	0.4	3.0	0.0	W
Mean	28.4	2.5	24.7	32.2	1.7	0.7	0.4	3.0	51.0*	WSW**

* 측정기간의 총강수량을 나타냄.
** 측정기간 중 빈도가 가장 높은 바람을 나타냄.

<표 3.4c> 2013년 8월 (여름) 측정기간 중 서울역 기상개황 (서울특별시 송월동 AWS)

일시	기온 (℃)				풍속 (m/s)				강수량 (mm)	주풍향
	평균	표준편차	최저	최대	평균	표준편차	최저	최대		
08월 17일	28.7	1.5	27.2	31.3	4.8	1.1	3.4	7.1	0.0	SW
08월 18일	27.9	1.8	25.7	31.1	3.1	1.3	0.3	4.7	19.0	SW
08월 19일	27.4	3.2	23.1	32.2	2.2	1.2	0.2	3.9	0.0	WNW
08월 20일	27.8	2.8	24.2	32.3	2.5	0.6	1.2	3.6	0.0	ENE
08월 21일	29.4	2.3	26.4	33.6	1.9	1.0	0.0	3.6	0.0	W
08월 22일	28.3	3.0	23.9	32.1	2.6	1.1	0.2	4.3	35.0	W
08월 23일	25.1	1.9	22.0	28.4	2.0	1.2	0.2	4.8	0.0	W
08월 24일	26.7	3.2	22.1	31.4	2.0	1.1	0.0	3.5	0.0	WNW
08월 25일	27.3	3.1	22.9	31.9	1.6	0.7	0.5	3.5	0.0	NE
08월 26일	26.6	3.0	22.5	31.3	2.5	1.2	0.2	4.7	0.0	W
Mean	27.5	2.6	24.0	31.6	2.5	1.0	0.6	4.4	54.0*	W**

* 측정기간의 총강수량을 나타냄
** 측정기간 중 빈도가 가장 높은 바람을 나타냄

<표 3.5a> 2013년 11월 (가을) 측정기간 중 구로구 기상개황 (서울특별시 신대방동 AWS)

일시	기온 (℃)				풍속 (m/s)				강수량 (mm)	주풍향
	평균	표준편차	최저	최대	평균	표준편차	최저	최대		
11월 12일	4.9	2.5	1.0	8.7	1.5	1.0	0.0	4.4	0.0	NW
11월 13일	6.8	2.1	4.5	10.8	0.8	0.4	0.2	1.8	0.0	SSW
11월 14일	8.4	1.2	6.2	10.4	0.9	0.5	0.2	1.9	5.0	NE
11월 15일	8.0	2.8	4.3	12.4	0.8	0.4	0.0	1.9	0.0	SSW
11월 16일	8.9	2.1	6.1	12.4	1.5	0.8	0.2	3.9	7.0	ENE
11월 17일	4.1	2.1	1.5	7.6	2.6	0.7	1.3	4.0	0.0	WNW
11월 18일	1.7	1.4	-0.2	4.3	2.3	0.9	0.0	3.7	0.0	NW
11월 19일	2.0	1.4	0.0	4.2	2.0	0.6	0.8	3.3	0.0	NW
11월 20일	3.3	1.5	0.8	5.4	1.5	0.8	0.3	3.2	0.0	NW
11월 21일	4.0	2.2	0.5	7.4	1.1	0.6	0.3	2.8	0.0	WSW
Mean	5.2	1.9	2.5	8.4	1.5	0.7	0.3	3.1	12.0*	NW**

* 측정기간의 총강수량을 나타냄
** 측정기간 중 빈도가 가장 높은 바람을 나타냄

<표 3.5b> 2013년 11월 (가을) 측정기간 중 강남구 기상개황 (서울특별시 삼성동 AWS)

일시	기 온 (℃)				풍 속 (m/s)				강수량 (mm)	주풍향
	평균	표준편차	최저	최대	평균	표준편차	최저	최대		
11월 12일	4.9	2.2	1.2	8.4	1.6	0.8	0.5	3.8	0.0	ENE
11월 13일	6.5	1.9	4.2	9.8	1.3	0.5	0.6	2.5	0.0	ENE
11월 14일	7.9	1.2	6.3	9.9	1.1	0.4	0.6	1.8	4.0	ENE
11월 15일	7.7	2.6	4.2	11.4	1.2	0.5	0.2	2.7	0.0	ENE
11월 16일	8.4	1.5	6.4	10.8	1.9	1.2	0.4	4.5	3.0	ENE
11월 17일	3.9	2.1	1.2	6.9	3.2	0.6	2.4	4.6	0.0	WNW
11월 18일	1.3	1.3	-0.6	3.5	3.1	0.9	0.0	4.1	0.0	WNW
11월 19일	1.8	1.5	-0.4	4.3	2.7	0.7	1.6	4.1	0.0	WNW
11월 20일	3.4	1.2	1.9	5.3	1.9	0.9	0.9	4.0	0.0	W
11월 21일	4.1	1.8	0.6	6.8	1.8	0.6	0.6	3.0	0.0	W
Mean	5.0	1.7	2.5	7.7	2.0	0.7	0.8	3.5	7.0*	ENE**

* 측정기간의 총강수량을 나타냄

** 측정기간 중 빈도가 가장 높은 바람을 나타냄

<표 3.5c> 2013년 11월 (가을) 측정기간 중 서울역 기상개황 (서울특별시 송월동 AWS)

일시	기 온 (℃)				풍 속 (m/s)				강수량 (mm)	주풍향
	평균	표준편차	최저	최대	평균	표준편차	최저	최대		
11월 12일	3.8	3.0	-0.8	8.4	2.4	1.4	0.5	6.3	0.0	WNW
11월 13일	5.9	2.7	3.2	11.0	1.8	0.7	0.6	3.9	0.0	NE
11월 14일	7.8	1.2	6.0	9.8	2.1	0.6	0.9	2.9	3.0	NE
11월 15일	6.9	3.3	2.5	12.2	1.9	0.9	0.4	4.1	0.0	NE
11월 16일	8.0	2.0	5.5	11.7	3.3	1.5	0.6	6.2	3.0	ENE
11월 17일	3.0	2.4	-0.3	6.8	4.8	0.9	3.0	7.3	0.0	W
11월 18일	0.6	1.8	-1.7	4.0	4.6	1.4	0.0	7.2	0.0	W
11월 19일	0.7	1.8	-1.7	3.7	3.8	1.2	1.5	5.5	0.0	W
11월 20일	2.0	2.2	-1.3	5.7	2.6	1.5	0.7	5.4	0.0	W
11월 21일	3.0	2.6	-0.6	7.1	2.2	1.3	0.3	4.6	0.0	W
Mean	4.2	2.3	1.1	8.0	2.9	1.1	0.9	5.3	6.0*	W**

* 측정기간의 총강수량을 나타냄

** 측정기간 중 빈도가 가장 높은 바람을 나타냄

<표 3.6a> 2014년 2월 (겨울) 측정기간 중 구로구 기상개황 (서울특별시 신대방동 AWS)

일시	기 온 (℃)				풍 속 (m/s)				강수량 (mm)	주풍향
	평균	표준편차	최저	최대	평균	표준편차	최저	최대		
02월 04일	-5.6	1.0	-7.0	-3.7	2.1	0.9	0.7	3.8	0.0	NW
02월 05일	-2.1	1.0	-3.2	0.2	1.2	0.5	0.2	1.9	0.0	NW
02월 06일	1.0	1.5	-0.5	3.9	1.5	0.6	0.5	3.0	0.0	ENE
02월 07일	3.2	2.6	-0.1	7.4	2.4	0.4	1.5	3.4	0.0	ENE
02월 08일	-0.3	1.7	-2.5	2.5	1.7	0.5	0.6	2.8	3.0	NW
02월 09일	-0.7	1.3	-2.4	1.7	1.7	0.4	1.1	2.6	0.0	NW
02월 10일	0.7	2.2	-2.6	3.8	1.7	0.5	0.7	2.5	0.0	ENE
02월 11일	1.7	1.8	-0.7	4.8	1.4	0.5	0.6	2.6	0.0	ENE
02월 12일	2.6	2.1	-0.5	6.3	1.4	0.4	0.6	1.9	0.0	NNW
02월 13일	3.2	2.1	0.5	6.8	1.7	0.5	0.0	2.3	0.0	ENE
Mean	0.4	1.7	-1.9	3.4	1.7	0.5	0.7	2.7	3.0*	ENE**

* 측정기간의 총강수량을 나타냄

** 측정기간 중 빈도가 가장 높은 바람을 나타냄

<표 3.6b> 2014년 2월 (겨울) 측정기간 중 강남구 기상개황 (서울특별시 삼성동 AWS)

일시	기 온 (℃)				풍 속 (m/s)				강수량 (mm)	주풍향
	평균	표준편차	최저	최대	평균	표준편차	최저	최대		
02월 04일	-5.7	0.9	-6.9	-4.0	1.8	0.7	0.7	3.2	0.0	WNW
02월 05일	-2.7	1.0	-5.1	-0.9	1.4	0.5	0.6	2.4	0.0	ENE
02월 06일	0.8	1.3	-0.6	3.0	1.8	0.9	0.5	3.2	0.0	ENE
02월 07일	2.5	2.6	-0.7	6.4	3.2	0.4	2.6	4.2	0.0	ENE
02월 08일	-0.4	1.3	-2.1	1.8	1.8	0.8	0.4	3.4	3.5	ENE
02월 09일	-0.6	1.0	-2.0	1.0	1.5	0.7	0.7	2.9	0.0	NNE
02월 10일	0.2	2.2	-2.9	3.7	2.1	0.5	1.0	3.0	0.0	ENE
02월 11일	1.2	1.7	-1.0	4.2	1.7	0.5	0.9	2.5	0.0	ENE
02월 12일	2.2	1.8	-0.6	5.3	1.4	0.4	0.8	2.3	0.0	ENE
02월 13일	2.6	1.9	0.2	5.5	2.0	0.7	0.0	3.1	0.0	ENE
Mean	0.0	1.6	-2.2	2.6	1.9	0.6	0.8	3.0	3.5*	ENE**

* 측정기간의 총강수량을 나타냄

** 측정기간 중 빈도가 가장 높은 바람을 나타냄

<표 3.6c> 2014년 2월 (겨울) 측정기간 중 서울역 기상개황 (서울특별시 송월동 AWS)

일시	기 온 (℃)				풍 속 (m/s)				강수량 (mm)	주풍향
	평균	표준편차	최저	최대	평균	표준편차	최저	최대		
02월 04일	-6.6	1.5	-8.8	-3.9	2.9	1.4	0.9	5.6	0.0	WNW
02월 05일	-3.2	1.7	-5.2	0.0	1.8	0.9	0.0	3.3	0.0	W
02월 06일	0.2	2.1	-2.2	4.4	3.0	1.3	1.3	5.6	0.0	ENE
02월 07일	2.6	2.8	-0.8	7.2	5.6	0.5	4.7	6.9	0.0	ENE
02월 08일	-0.9	1.9	-3.3	2.0	3.1	1.2	0.8	5.0	3.5	WNW
02월 09일	-1.1	1.3	-2.8	1.4	2.6	0.9	0.8	4.0	0.0	WNW
02월 10일	-0.3	2.5	-3.7	3.8	3.3	1.1	0.9	4.8	0.0	ENE
02월 11일	0.8	2.4	-2.0	5.0	2.7	0.6	1.4	3.7	0.0	ENE
02월 12일	1.2	2.4	-2.0	4.8	1.9	0.8	0.1	3.1	0.0	ENE
02월 13일	2.4	2.5	-0.6	6.5	3.0	1.4	0.0	5.0	0.0	ENE
Mean	-0.5	2.1	-3.1	3.1	3.0	1.0	1.1	4.7	3.5*	ENE**

* 측정기간의 총강수량을 나타냄
** 측정기간 중 빈도가 가장 높은 바람을 나타냄

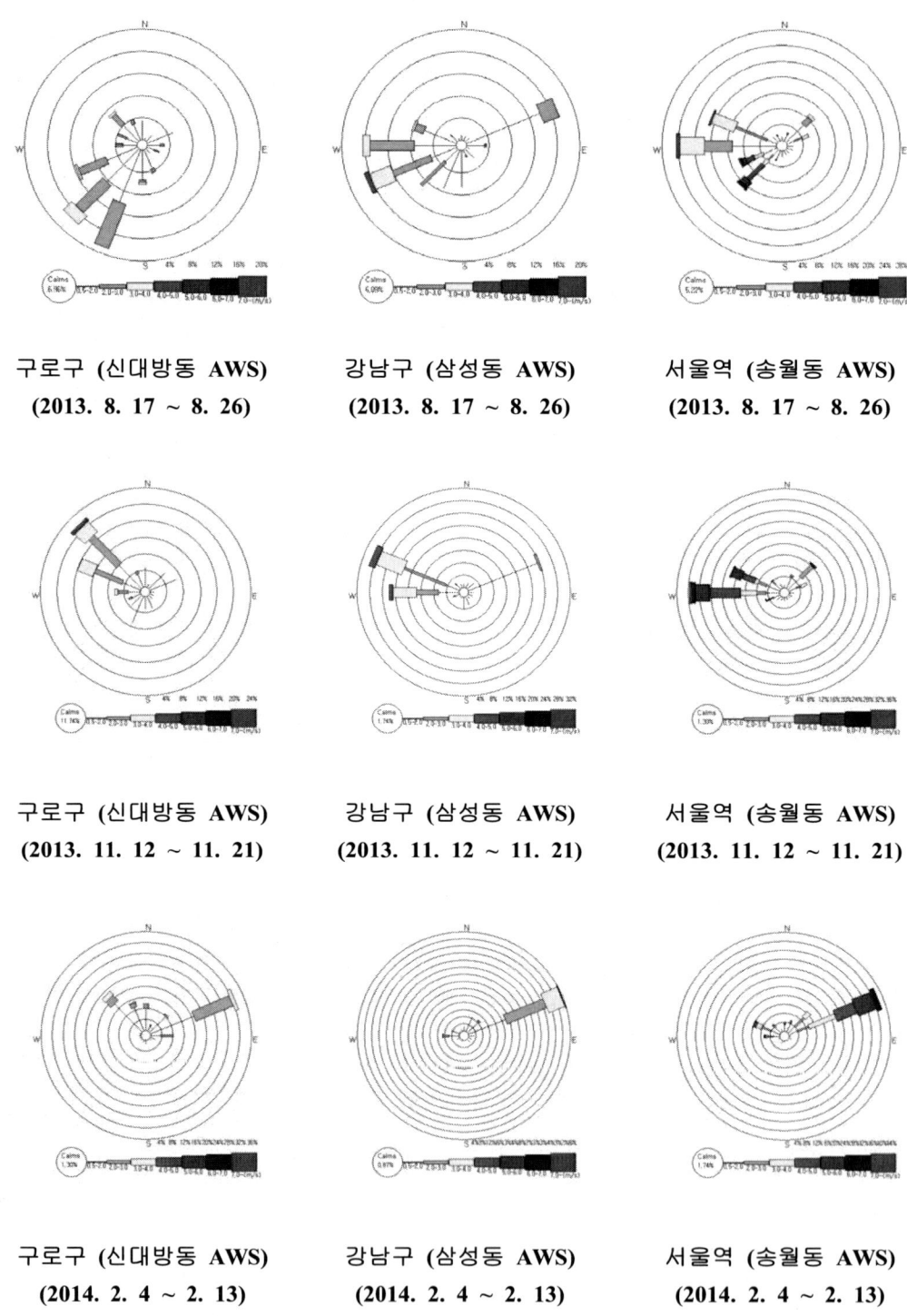

<그림 3.5> 측정 기간 중 각 측정 지점의 풍향 분포 (서울 AWS).

3.2 휘발성유기화합물 및 카보닐화합물 측정

3.2.1 VOC 시료채취방법

가. 측정 대상 물질

□ 흡착관법에 의한 VOC측정에서는 흡착법의 특성상 저분자, 고휘발성의 VOC들을 제외하고, 환경 독성이 높은 방향족과 유기염소계 VOC를 분석대상으로 선정하였다 (표 3.7). VOC의 정성·정량 분석에 사용된 기체상 표준혼합물질은 독성 VOCs 62종 (아크릴로나이트릴 제외)의 물질이 들어 있는 SUPELCO사의 TO-15용 VOCs 표준혼합시료 (공칭 1 ppm)를 사용하였다. 제외된 아크릴로나이트릴 분석에는 VOCs 41종의 물질이 들어있는 SUPELCO사의 TO-14용 VOCs 표준혼합시료 (공칭 1 ppm)를 사용하여 정성·정량 분석하였다.

□ VOC 62종과 VOC 41종에 포함되어 있지 않은 글라이콜 에테르 류 (2-에톡시에틸아세테이트, 2-에톡시에탄올, 2-메톡시에탄올)와 페놀, 아닐린, 에피클로로하이드린, N,N-다이메틸폼아마이드, 나이트로벤젠 (나프탈렌 포함, 이하 기타VOC)의 정성·정량 분석에는 각각의 개별물질 원액을 메탄올로 희석하여 표준용액 (각 물질별 100 ㎍/㎕ 수준)을 제조하여 사용하였다. 나프탈렌은 VOC 13종이 각 2,000 ㎍/mL씩 함유되어 있는 VOC Mix 2 표준혼합액 (EPA VOC Mix 2, Supelco Inc., USA)을 메탄올로 희석하여 표준용액 (100 ㎍/㎕)을 제조하여 사용하였다. 본 연구에 사용한 표준혼합가스에 포함된 63종 (아크릴로나이트릴 포함)과 표준혼합가스에 포함되어 있지 않은 글라이콜 에테르 류와 기타 VOC의 종류 및 화학적 특성 등은 <표 3.8>에 나타내었다. VOC의 순서는 GC 분석시의 체류시간 순서를 따랐다.

나. 시료채취 매체

VOC 시료 채취용 매체로는 대기환경 중에 존재하는 여러 종류의 VOC에 대해 우수한 흡착능과 탈착능을 나타내는 Carbograph 1TD (40/60 mesh, Markes Inc., UK) 280 mg을 스테인레스 스틸 흡착관 (1/4 " × 9 cm, Perkin Elmer, UK)에 충전하여 사용하였다. 이때 주 흡착제 전단에 Carbograph 2TD (40/60 mesh, Markes Inc., UK)와 같은 Carbograph 1TD 보다는 약간 약한 흡착제 120 mg을 이중 충전하여 비교적 휘발성이 낮은 고분자 VOC가 강한 흡착제에 흡착되어 탈착 회수율이 저하되는 현상을 방지하였다.

☐ 본 연구에서 사용한 흡착관은 이미 국내·외에서 많이 사용되어 그 성능이 검증된 방법으로서 특히 독성 VOC의 측정에 매우 보편적으로 이용되고 있다. 본 연구에서 사용한 흡착제의 특성과 흡착관의 구성은 각각 <표 3.9>과 <그림 3.6>에 나타내었다.

☐ 흡착관의 전처리 과정이란 흡착제로 충전된 흡착관을 시료채취에 사용하기 전에 불순물을 제거하는 과정을 의미한다. 본 연구에서는 흡착관 자동 전처리 장치인 TC-20 (Thermal Conditioner, Markers Inc., UK)을 이용하여 고순도 헬륨가스가 분당 80 mL/min으로 흐르는 조건 하에서 온도와 시간을 여러 단계로 설정하여 전처리 과정을 수행하였다. 각 흡착제별 전처리 과정의 최대허용온도 및 전처리 조건은 <표 3.10>와 같다. 모든 흡착관은 전처리 후 1/4″ swagelok 타입의 마개와 PTFE 패럴로 막고, 다시 이중 밀봉을 위해 50 mL 유리바이알에 넣고 septum이 있는 마개로 닫은 후 실온에서 보관하였다.

<표 3.7> 환경부 우선관리대상물질 중 측정대상 휘발성유기화합물 항목

No.	물질명	특정[1]대기	종류[2]	측정대상	No.	물질명	특정대기	종류	측정대상
1	Dioxins	✔	-	-	25	Acrylonitrile	✔	VOC	○
2	PAHs	✔	-	-	26	Acrolein	-	카보닐	-
3	Benzene	✔	VOC	○	27	Aniline	✔	VOC	○
4	Ethylene oxide[3]	✔	VOC	-	28	Di(2-ethylhexyl)phthalate	-	프탈레이트	-
5	1,3-Butadiene	✔	VOC	○	29	Epichlorohydrin[3]	-	VOC	○
6	Vinyl chloride	✔	VOC	○	30	Vinyl acetate	-	VOC	○
7	Dichloromethane	✔	VOC	○	31	Nitrobenzene	-	VOC	○
8	Styrene	✔	VOC	○	32	Dibutyl phthalate	-	프탈레이트	-
9	Tetrachloroethylene	✔	VOC	○	33	Phenol	✔	VOC	○
10	Propylene oxide[3]	✔	VOC	-	34	Cobalt & compounds	-	중금속	-
11	Chloroform	✔	VOC	○	35	Phosgene[3]	-	-	-
12	1,2-Dichloroethane	✔	VOC	○	36	Asbestos (석면함유물질을 포함)	✔	광물질	-
13	Ethylbenzene	✔	VOC	○	37	Chlorine[3]	✔	무기물	-
14	Trichloroethylene	✔	VOC	○	38	Diesel & gasoline exhaust	-	-	-
15	Carbon tetrachloride	✔	VOC	○	39	2-Ethoxyethylacetate	-	VOC	○
16	Beryllium & Compounds	✔	중금속	-	40	Carbon disulfide	-	VOC	○
17	Cadimium & compounds	✔	중금속	-	41	2-Ethoxyethanol	-	VOC	○
18	Chrome[VI] & compounds	✔	중금속	-	42	Hydrazine[3]	✔	VOC	○
19	Arsenic & compounds	✔	중금속	-	43	N,N-Dimethylformamide	-	VOC	○
20	Lead & compounds	✔	중금속	-	44	Acrylamide[3]	-	VOC	-
21	Nickel & compounds	✔	중금속	-	45	Dimethyl sulfate	-	-	-
22	Mercury & compounds	✔	중금속	-	46	2-Methoxyethanol	-	VOC	○
23	Formaldehyde	✔	카보닐	-	47	Methylene diphenyl diisocyanate[3]	-	-	-
24	Acetaldehyde	✔	카보닐	-	48	Toluene diisocyanate (mixture)[3]	-	-	-

1) 특정대기유해물질(35종) 중 30종이 우선관리대상물질에 포함.
2) 종류: 본 연구에서 종류별로 분류하여 측정함. 측정대상: 우선관리대상물질 중 본 연구의 주요대상물질.
　　추가 측정 항목: toluene, xylenes (o-, m-, p-), methyl-tert-butyl ether (MTBE), naphthalene 등.
3) 반응성, 휘발성, 폭발성, 흡착성 등으로 상용방법으로 측정이 불가능한 물질들임.

<표 3.8> 흡착관법에 의한 측정 대상 VOC의 종류 및 화학적 특성

No.	VOC	CAS No.	시성식	1차 특성이온	M.W	끓는점 (℃)	과업지정 여부	표준물질 가스상 62종	표준물질 가스상 41종	표준물질 액상 Mix 1	표준물질 액상 Mix 2
1	Propylene	115-07-1	C_3H_6	41	42.08	-47.4		○			
2	Ethanol	64-17-5	C_2H_6O	45	46.07	78.3		○			
3	Freon12	75-71-8	Cl_2CF_2	85	120.91	-29.79		○	○		
4	Chloromethane	74-87-3	CH_3Cl	50	50.49	-24.2		○	○		
5	Freon114	76-14-2	$F_2ClCClF_2$	85	170.92	3.8		○	○		
6	Vinyl chloride	75-01-4	CH_2CHCl	62	62.5	-13.9	○	○	○		
7	1,3-Butadiene	106-99-0	$CH_2CHCHCH_2$	39	54.09	-4.4	○	○	○		
8	Bromomethane	74-83-9	CH_3Br	94	94.94	3.56		○	○		
9	Chloroethane	75-00-3	C_2H_5Cl	64	64.52	12.3		○			
10	Acetone	67-64-1	$CH_3C(O)CH_3$	43	58.08	56.2		○			
11	2-Propanol	67-63-0	$CH_3CH(OH)CH_3$	45	60.1	82.4		○			
12	Freon11	75-69-4	CCl_3F	101	137.37	23.8		○	○		
13	Acrylonitrile	107-13-1	CH_2CHCN	53	53.06	77.3	○	○			
14	1,1-Dichloroethene	75-35-4	$C_2H_2Cl_2$	61	96.94	31.7		○	○		
15	Methylene chloride	75-09-2	CH_2Cl_2	49	84.93	39.8		○	○		
16	Freon113	76-13-1	CF_2ClCCl_2F	101	187.38	47.6		○	○		
17	Carbon disulfide	75-15-0	CS_2	76	76.13	46.2	○	○			
18	Trans-1,2-dichloroethylene	156-60-5	$C_2H_2Cl_2$	61	96.94	47.5		○			
19	Methyl tert-butyl ether	1634-04-4	$(CH_3)_3COCH_3$	73	88.15	55.2		○			
20	1,1-Dichloroethane	75-34-3	CH_3CHCl_2	63	98.96	57.3		○	○		
21	Vinyl acetate	108-05-4	$CH_3CO_2CHCH_2$	43	86.09	72.3		○			
22	Methyl ethyl ketone	78-93-3	$CH_3CH_2COCH_3$	43	72.11	79.6		○			
23	Cis-1,2-dichloroethylene	156-59-2	$C_2H_2Cl_2$	61	96.94	60.0		○	○		
24	Ethyl acetate	141-78-6	$CH_3CO_2C_2H_5$	43	88.11	77.1		○			
25	Hexane	110-54-3	$CH_3(CH_2)_4CH_3$	57	86.18	69.0		○			
26	Chloroform	67-66-3	$CHCl_3$	83	119.38	61.7	○	○	○		
27	2-Methoxyethanol	109-86-4	$CH_3OC_2H_4OH$	45	76.09	124	○	○		○	
28	Tetrahydrofuran	109-99-9	C_4H_8O	42	72.11	66.0		○			
29	1,2-Dichloroethane	107-06-2	$ClCH_2CH_2Cl$	62	98.96	83.5	○	○	○		
30	1,1,1-Trichloroethane	71-55-6	CH_3CCl_3	97	133.4	74.1		○	○		
31	Benzene	71-43-2	C_6H_6	78	78.11	80.1	○	○	○		○
32	Carbon tetrachloride	56-23-5	CCl_4	117	153.82	76.7		○	○		
33	Cyclohexane	110-82-7	C_6H_{12}	56	84.16	80.7		○			
34	1,2-Dichloropropane	78-87-5	$CH_2CH_2ClCH_2Cl$	63	112.99	96.8		○	○		
35	1,4-Dioxane	123-91-1	$OCH_2CH_2OCH_2CH_2$	88	88.11	101.1		○			
36	Bromodichloromethane	75-27-4	$CHBrCl_2$	83	163.83	90.1		○			
37	Trichloroethylene	79-01-6	$ClCHCCl_2$	95	131.39	86.7	○	○	○		
38	2-Ethoxyethanol	110-80-5	$C4H10O2$	59	90.12	135				○	
39	Epichlorohydrin	106-89-8	$C3H5OCL$	57	92.53	117	○				
40	Heptane	142-82-5	$CH_3(CH_2)_5CH_3$	43	100.2	98.4		○			
41	4-Methyl-2-pentanone	108-10-1	$(CH_3)_2CHCH_2C(O)CH_3$	43	100.16	117.4		○			
42	Cis-1,3-dichloropropene	10061-01-5	$ClCH_2CHCHCl$	75	110.97	104.3		○	○		
43	Trans-1,3-dichloropropene	10061-02-6	$ClCH_2CHCHCl$	75	110.97	112.0		○	○		
44	1,1,2-Trichloroethane	79-00-5	$CH_2ClCHCl_2$	97	133.4	113.8		○	○		
45	N,N-Dimethylformamide	68-12-2	$HOCN(CH3)2$	44	73.10	153	○			○	
46	Toluene	108-88-3	$C_6H_5CH_3$	91	92.14	110.6	○	○	○	○	○
47	Methyl n-butyl ketone	591-78-6	$C_6H_{12}O$	43	100.16	127.0		○			
48	Dibromochloromethane	124-48-1	$ClCHBr_2$	127	208.28	1200		○			
49	1,2-Dibromoethane	106-93-4	$BrCH_2CH_2Br$	107	187.86	131.7		○	○		
50	Tetrachloroethylene	127-18-4	Cl_2CCCl_2	166	165.83	121.1	○	○	○		
51	Chlorobenzene	108-90-7	C_6H_5Cl	112	112.56	130.0		○	○		
52	Ethylbenzene	100-41-4	$CH_3CH_2C_6H_5$	91	106.17	136.2	○	○	○	○	○
53	m-Xylene	108-38-3	C_8H_{10}	91	106.17	139.1	○	○	○	○	○
54	p-Xylene	106-42-3	C_8H_{10}	91	106.17	138.3	○	○	○	○	○
55	2-Ethoxyethylacetate	111-15-9	$C6H12O3$	43	132.16	156.4	○			○	
56	Bromoform	75-25-2	$CHBr_3$	173	252.73	149.5		○			
57	Styrene	100-42-5	C_8H_8	104	104.15	145.2	○	○	○		○
58	1,1,2,2-Tetrachloroethane	79-34-5	$CHCl_2CHCl_2$	83	167.85	146.3		○			
59	o-Xylene	95-47-6	C_8H_{10}	91	106.17	144.0	○	○	○	○	○
60	Phenol	108-95-2	C_6H_6O	94	181.7	181.75	○			○	
61	Aniline	62-53-3	C_6H_7N	93	184	184.4	○			○	
62	4-Ethyltoluene	622-96-8	$CH_3C_6H_4C_2H_5$	105	120.19	162.0		○			
63	1,3,5-Trimethylbenzene	108-67-8	C_9H_{12}	105	120.19	165.0		○	○		
64	1,2,4-Trimethylbenzene	95-63-6	$(CH_3)_3C_6H_3$	105	120.19	169.0		○	○		○
65	Benzyl chloride	100-44-7	$C_6H_5CH_2Cl$	91	126.59	179.3		○			
66	1,3-Dichlorobenzene	541-73-1	$C_6H_4Cl_2$	146	147	173.0		○	○		
67	1,4-Dichlorobenzene	106-46-7	$C_6H_4Cl_2$	146	147	173.4		○	○		
68	1,2-Dichlorobenzene	95-50-1	$C_6H_4Cl_2$	146	147	180.5		○	○		
69	Nitrobenzene	98-95-3	$C6H5NO2$	77	123.11	210	○			○	
70	1,2,4-Trichlorobenzene	120-82-1	$C_6H_3Cl_3$	180	181.45	214.4		○	○		○
71	Naphthalene	91-20-3	$C_{10}H_8$	128	128.17	218.0	○				○
72	Hexachloro-1,3-butadiene	87-68-3	$Cl_2CCClCClCCl_2$	190	260.76	210.0					

주) 과업대상 물질에 대하여 62종 표준물질을 우선적용.   Naphthalene은 PAH 측정대상물질에 포함되어 있음.

<표 3.9> 흡착관법에 의한 VOC 시료채취용 흡착제의 종류와 특성

흡착제	메시 크기	흡착가능범위	최대허용온도 (℃)	비표면적 (m^2/g)	흡착강도
Carbograph 1TD	40/60	(n-C_4) n-C_5 to n-C_{14}	400	100	Medium
Carbograph 2TD	40/60	n-C_8 to n-C_{20}	400	10	Weak

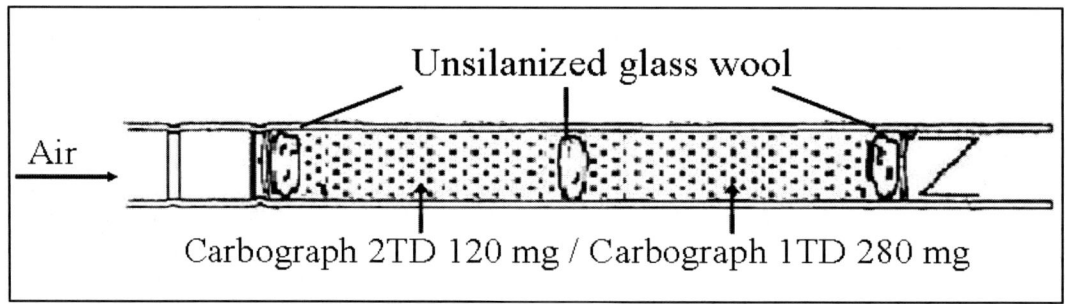

<그림 3.6> VOC 시료 채취용 흡착관 구성 개략도.

<표 3.10> VOC 시료 채취용 흡착관 전처리 조건

흡착제	최대 허용 온도 (℃)	전처리 조건		
		1 차	2 차	3 차
Carbograph 1TD	400	250 ℃ (1 hour)	300 ℃ (1 hour)	350 ℃ (30 min)
Carbograph 2TD	400			

다. 시료채취

□ VOC 시료 채취는 대기공정시험법 및 미국 EPA TO-17 분석방법의 근본 원리와 특성에 준하는 동일한 방법을 채택하여 VOC 현장시료 채취를 수행하였다. VOC 농도는 1일 2회 측정하였고, 계절별로 10일간 집중 측정기간을 정하였다. VOC 시료채취를 위해 FLEC Air pump 1001 (Field and Laboratory Emission Cell, Chematec Inc., Denmark)을 사용하여, 약 150 mL/min의 유량으로 흡착관 1개당 2시간 동안 가동하여 하루에 2개의 시료 (오전, 오후)를 채취함으로써 측정지점 1개 지점 당 계절별로 20개의 시료를 채취하였다.

□ FLEC Air pump 1001의 유량 보정은 현장시료 채취 전에 자체 유량보정 소프트웨어 프로그램을 통하여 보정하여 주었다. FLEC Air pump 1001에는 질량유량조절계 (Mass Flow Controller, 이하 MFC)가 내장되어 있다. 따라서 시료 채취시 변동할 수 있는 유량을 MFC가 모터의 속도를 조절하여 일정유량을 유지할 수 있었다. 샘플러의 가동 시간 표시 모니터에는 펌프가 작동 시작한 순간부터 작동을 종료할 때까지의 시간을 표시해 주어 펌프가 작동한 시간을 확인할 수 있게 해준다.

3.2.2 VOC 분석방법

□ VOCs의 농도 정량을 위하여 <그림 3.7>에 나타낸 바와 같은 자체 제작한 표준시료 함침 장치를 이용하여 표준 혼합가스를 흡착관에 함침 받아 보정용 표준시료 흡착관을 마련하였다. 이때 적절한 농도수준을 조절하기 위하여 유량은 일정하게 유지하면서 함침 시간을 조절하여 흡착되는 표준시료의 양을 조절하였다.

□ 표준시료의 함침 시에는 먼저 dummy 흡착관을 연결한 후에 유량을 적정범위 (대략 20~30 mL/min 범위)로 조정하여 안정화시킨 후, MFC를 이용하여 표준 흡착관에 총 부피가 26 mL가 되도록 (벤젠 기준으로 약 100 ng) 약 1분간 함침 받았다. 표준혼합가스가 함침되는 동안 연결관 벽에 흡착이나 침적으로 인한 손실이 생기지 않도록 가스가 흐르는 동안 전압조절기와 리본히터를 이용하여 연결관을 40 ℃ 이상이 되도록 유지하였다.

□ 용액상의 표준시료를 흡착관에 함침하기 위해 <그림 3.8>에 나타낸 바와 같이 GC의 충전칼럼 시료주입구를 활용하였다. 시료주입구 온도는 300 ℃로 맞추고 운반가스인 헬륨가스를 100 mL/min으로 흘리면서 함침 받을 흡착관을 연결한 후 표준시료 1 ㎕를 함침하고 약 60초간 기다렸다가 흡착관을 분리하여 표준시료용 흡착관으로 사용하였다.

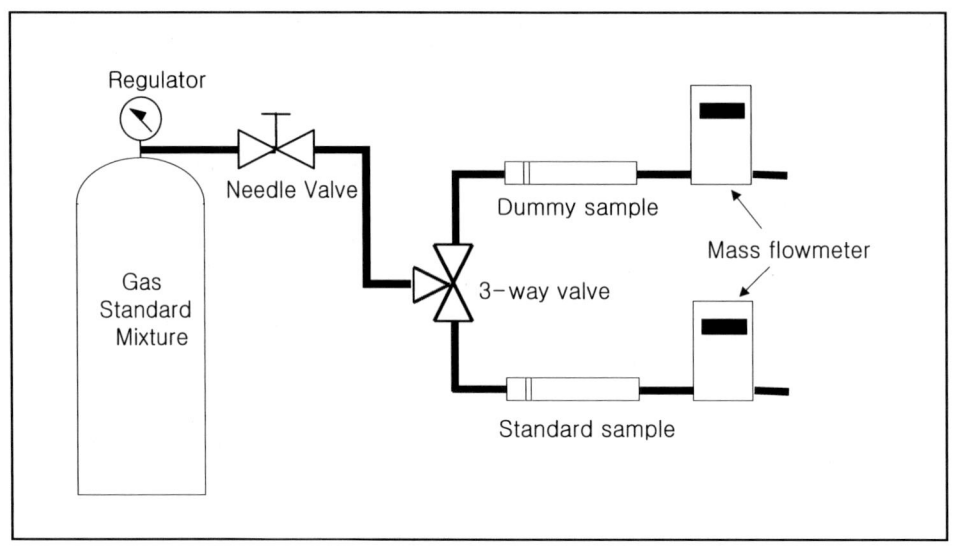

<그림 3.7> VOC 표준혼합가스를 이용한 흡착관 표준시료 제조 장치.

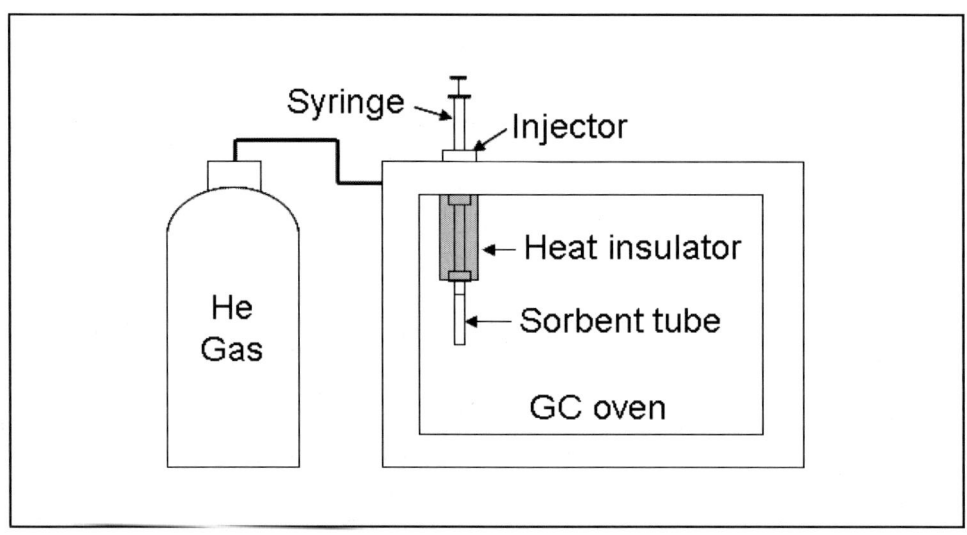

<그림 3.8> VOC 흡착관 액상 표준시료 제조 장치.

□ 표준시료 및 현장시료에 함유된 대기 중 VOC 대상 물질의 분석에는 자동 열탈착 장치 (UNITY/ULTRA, Markes, UK)와 GC칼럼 (Rtx-1, 0.32 mm × 105 m × 1.50 ㎛, RESTEK Inc., USA)으로 직접 연결된 GC/MS (HP 6890/5973, Hewlett Packard, USA)시스템을 사용하였다. 본 연구에서 VOC 시료 분석에 사용된 UNITY/ULTRA와 GC/MS의 운전조건은 <표 3.11>에 나타내었다. 위와 같은 조건에서 분석된 표준시료와 실제 현장시료에 대한 GC/MS 크로마토그램에 대한 일례는 <그림 3.9>에 나타내었다.

□ 열탈착 장치의 운전 조건은 흡착관에 채취된 분석대상 VOC가 1차적으로 300 ℃에서 약 50 mL/min의 유량으로 10분간 열탈착된다 (1차 탈착). 이 때 운반가스는 헬륨가스를 사용한다. 이렇게 탈착된 시료는 다시 -10 ℃의 저온응축트랩에서 농축된 후 약 5초 이내에 320 ℃까지 급속 가열되는 2차 열탈착을 통하여 GC의 분석칼럼으로 주입된다. 열탈착 장치에서 2차 열탈착이 되어 GC로 까지 연결되는 transfer line의 온도는 180 ℃로 유지하여 2차 열탈착 이후 GC로 이동하는 동안에 시료의 손실이 생기지 않도록 하였다. 본 연구에서 사용한 열탈착 장치는 동시에 100개의 시료를 장착하여 연속적으로 시료를 분석할 수 있다.

□ GC/MS의 분석조건은 열탈착 장치로부터 2차 열탈착 되어 시료가 주입이 되는 순간부터 5분 동안 solvent delay를 시켜 초기 저분자 물질의 분석을 최소화 하였으며, 50 ℃에서 10분간 유지를 하고, 5 ℃/min의 온도 증가속도로 250 ℃까지 온도를 서서히 올려주었다. 250 ℃에서 5분 동안 유지를 한 후, post run 5분을 설정하여 측정대상물질이 아닌 고분자의 유입으로 인한 기기의 오염을 줄여주었다. 시료 당 분석 시간은 약 90분 정도가 소요되었다.

<표 3.11> 흡착관법에 의한 VOC분석에 사용된 자동 열탈착장치 및 GC/MS 운전 조건

Thermal desorber (UNITY/ULTRA, Markes, UK)		GC/MSD (HP6890/5973, Hewlett Packard, USA)	
Oven temp.	300 ℃	GC column	Rtx-1 (0.32 mm, 105 m, 1.5 μm)
Desorb time	10 min	Initial temp.	50 ℃ (10 min)
Desorb flow	50 mL/min	Oven ramp rate	5 ℃/min
Cold trap holding time	5 min	Final temp.	250 ℃ (5 min)
Cold trap high temp.	320 ℃	Post run	250 ℃ (5 min)
Cold trap low temp.	-10 ℃	Column flow	1.13 mL/min
Cold trap packing	Tenax TA/Carbopack B	Detector type	Quadropole
Min. pressure	12 psi	Q-pole temp.	150 ℃
Inlet split	No	MS Source temp.	230 ℃
Outlet split	10 mL/min	Mass range	35 ~ 300 amu
Valve and line temp.	180 ℃	Electron energy	70 eV

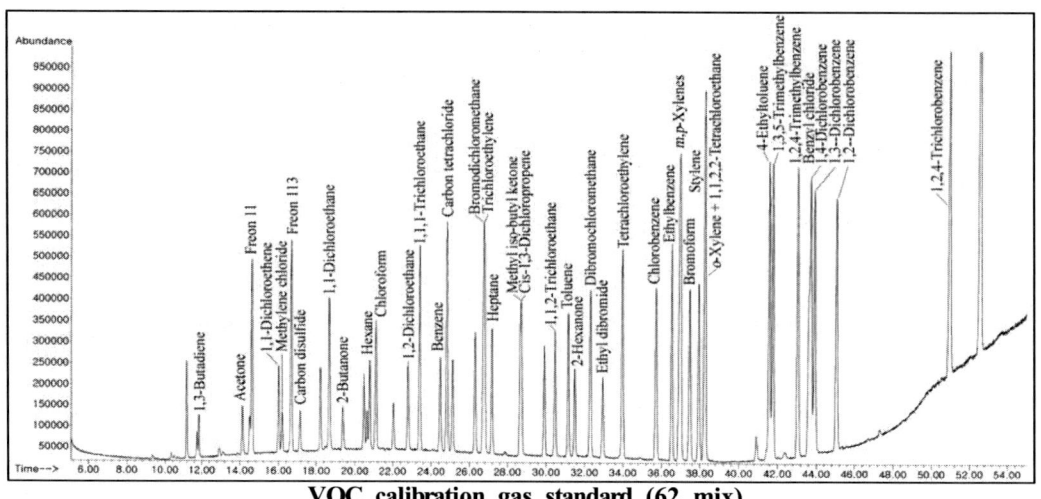
VOC calibration gas standard (62 mix)

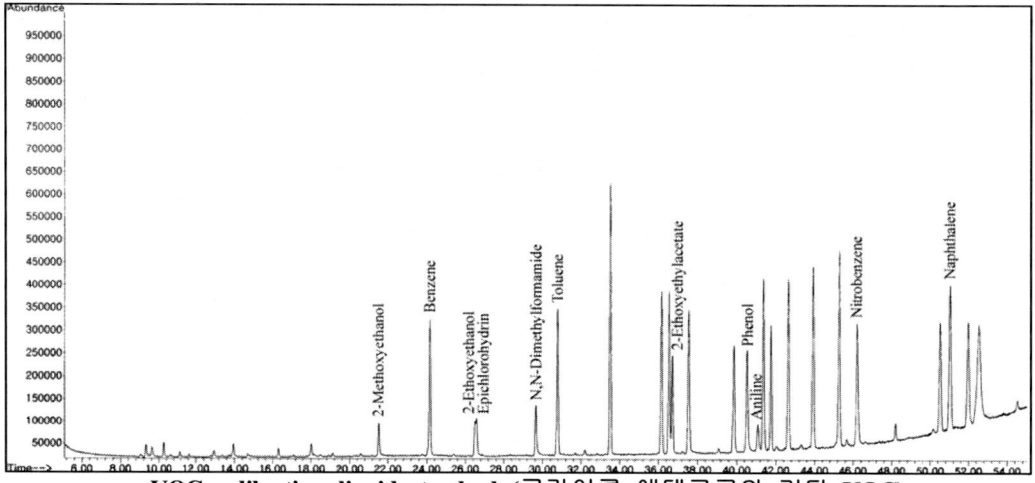
VOC calibration liquid standard (글라이콜 에테르류와 기타 VOC)

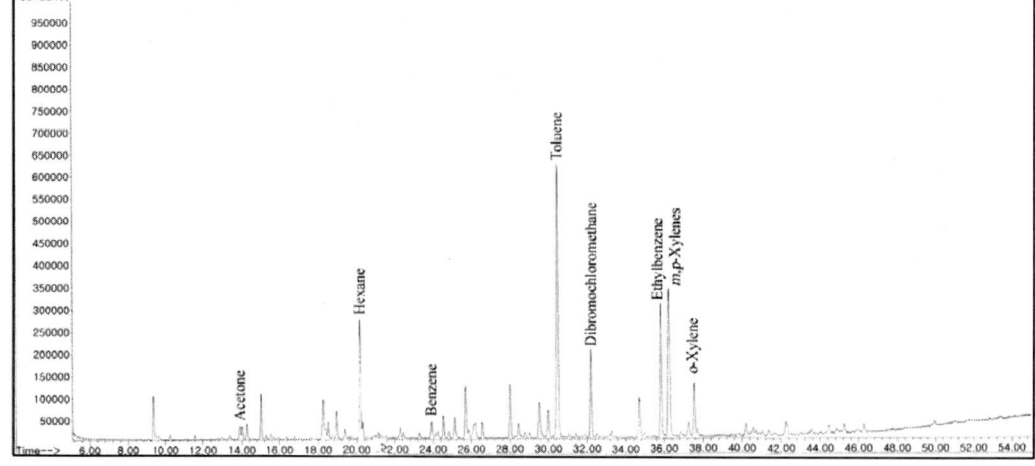
현장시료 분석 일례

<그림 3.9> VOC 표준시료 및 실제시료의 GC/MS 크로마토그램 일례.

3.2.3 VOC 측정 정도관리

□ VOC를 측정함에 있어 자료의 신뢰성 검증이라는 목적을 달성하고 시료채취 및 분석에 사용된 흡착관/열탈착/GC/MSD의 전반적인 성능을 평가하기 위하여 시료의 검출저한계, 재현성 및 실제 현장에서의 중복 시료 채취를 통한 중복재현성, 검량선의 선형성과 상관성을 평가하였다.

□ 일반적으로 특정 물질에 대한 검출저한계 (Lower Detection Limits, 이하 LDL)는 기기검출한계 (Instrumental Detection Limits, 이하 IDL)와 방법검출한계 (Method Detection Limits, 이하 MDL)로 구분하여 추정한다. IDL은 통상적으로 GC 크로마토그램상의 signal 대 noise의 비 (S/N 비)를 기준으로 추정되어지며, 기본적으로 IDL은 GC분석에서 크로마토그램상에 나타나는 피크의 인정기준으로 적용되게 되므로 그 중요성은 매우 크다고 할 수 있다. 그러나 IDL에 의한 검출한계 추정은 분석당사자의 주관적 판단과 GC 운전조건 및 검지기의 감도에 따라 변할 수 있으므로 그 자체로 절대적이라고 할 수 없으며, 상대적인 의미가 크다고 할 수 있다.

□ 반면에 U.S. EPA에 의한 MDL 추정은 99 %의 신뢰도 (1 %의 유의수준)로 분석대상 물질의 최저농도가 영 (zero)과 다르다고 보고할 수 있는 수준으로 정의된다 (U.S. EPA, 1997). MDL의 추정 방법은 보통 IDL의 3 ~ 5 배정도 되는 낮은 농도의 표준물질을 대상으로 최소한 7회 이상의 반복분석을 수행한 후 각 물질의 측정 농도에 대한 표준편차 (s.d)를 이용하여 다음과 같은 식을 이용하여 계산한다 (U.S. EPA, 1997).

$$\text{방법검출한계 (MDL)} = t_{(n-1,\ 0.01)} \times s.d$$

여기서 t (n-1, 0.01)는 자유도 n-1, 1 % 유의수준에서의 student-t 값이며 n은 반복분석횟수를 의미한다. 이와 같이 추정한 MDL이 주는 의미는 실제 분석기기상에서의 상대적인 검출한계가 아닌 분석 과정 전반에 내재된 불확실성을 고려한 검출한계에 대한 정보를 준다는 측면에서 VOC 측정과 같이 여러 단계의 시료처리과정을 거치는 화학분석방법의 정밀성 (sensitivity)평가에 적합한 것으로 알려져 있다.

□ 본 조사연구에서는 저농도 수준의 자료에 대한 신뢰성을 검증하기 위해 각 분석대상 물질의 MDL을 추정하였다. MDL의 추정을 위해 분석대상물질 각 50 ng을 7개의 흡착관에 함침한 후 GC/MSD로 분석하여 얻은 결과를 위의 식을 이용하여 계산하였으며, 그 결과는 <표 3.12>에 나타내었다. 이와 같이 추정된 MDL 값을 기준으로 실제시료에 대한 공기채취량 평균치인 24 L를 채취한 것으로 가정하여 VOC의 농도로 환산하였다.

□ 검출한계를 추정한 결과 대부분의 VOC에 대하여 0.01 ~ 0.06 ppb의 범위로 나타났다. 부피농도로의 환산 시 물질별 분자량이 미치는 영향으로 인해 방향족 탄화수소 보다 유기염소계 물질의 검출한계가 상대적으로 높게 나타나고 있다. 참고로 미국 EPA TO-17에 따르면 MDL값이 0.5 ppb 이내 수준을 유지하도록 권고하고 있다. 본 보고서에서는 개별물질의 검출한계 이하로 나타난 시료의 농도는 일단 N.D로 표기하였다.

□ 본 연구는 GC/MS를 이용한 VOC 분석방법의 재현성을 표준혼합시료 A, B의 감응계수 (Response Factor, 이하 RF)에 대한 상대표준편차 (이하 RSD)로 평가하였다. 표준혼합시료를 이용한 외부보정법에 대한 재현성 평가는 표준물질 100 ng (벤젠기준)을 흡착관에 함침하여 수행하였으며, 일중 7회 분석한 분석재현성을 평가하여 나타냈다. 대부분의 VOC의 분석재현성이 20 % 이내로 나타났으며 미국 EPA TO-17에서 제시하고 있는 권고치 20 %에 만족하는 결과를 보였다.

□ 일반적으로 미국 EPA의 TO-17 (흡착-열탈착에 의한 VOC 공정시험법)에 의하면 시료채취과정의 타당성을 검토하기 위하여 동일한 지점에서 동일한 조건으로 시료를 채취하여 동일한 방법으로 분석된 두 시료는 이론적으로 동일한 결과를 나타내어야 한다고 언급하고 있다. 이 때 두 시료간의 일치성 (혹은 편차)을 중복재현성이라 정의한다. 즉, 중복재현성 = ($|X_1 - X_2|$ / X) × 100 (%), 여기서 X_1은 첫 번째 시료의 측정치, X_2는 두 번째 시료의 측정치, X는 두 시료의 평균값을 나타낸다.

□ 본 연구진은 중복 재현성 평가를 위해서 연구진이 보유하고 있는 3대의 STS-25와 2대의 MTS-32 그리고 FLEC Air pump 1001을 사용하여 5개의 시료를 동시에 영남대학교 교내 사무실에서 5번 채취하여 총 25개의 시료를 동일한 분석방법으로 분석한 결과를 평균중복재현성 (Mean Duplicate Precision, 이하 MDP)으로 각각 평가한 후 5개의 값 중에 최대치를 나타내었다. 전반적으로 벤젠, 톨루엔, 트라이클로로에틸렌 등과 같이 환경적으로 중요한 독성 VOC 물질들은 20 % 이내의 양호한 결과를 보이고 있다. 미국 EPA시험

법에 따르면 중복 재현성은 30 % 이내 수준을 유지하도록 권고하고 있다.

□ 측정대상 VOC 물질에 대해 선형성과 상관성을 평가하기 위해 표준가스의 경우 함침 시간을 다르게 하여 함침 하였으며, 표준용액의 경우 희석율을 다르게 희석하여 제조하였다. 함침량은 benzene 기준으로 25 ng, 50 ng, 100 ng, 200 ng으로, 시료 수는 각각 2 개씩 함침하여 분석하였다. 그 결과는 <그림 3.10>에 수록하였다. R^2값은 대체로 0.99이상이 나와서 선형성과 상관성은 양호한 결과를 얻었다.

<표 3.12> 흡착관법에 의한 VOC의 일중 및 일간 분석재현성 평가결과

No.	Compounds	방법검출한계		분석재현성 (RSD, %)[b]	평균중복재현성 (MDP, %)[c]
		ng	ppb[a]		
1	1,3-Butadiene	1.04	0.02	7	N.D.
2	Ethyl chloride	4.07	0.06	N.D.	N.D.
3	Trichlorofluoromethane	2.34	0.02	7.7	N.D.
4	1,1-Dichloroethene	1.51	0.02	6.1	N.D.
5	Methylene chloride	1.53	0.02	25.8	N.D.
6	Methyl tert-butyl ether	4.03	0.05	6.2	15.05
7	1,1-Dichloroethane	1.75	0.02	5.4	N.D.
8	Methyl ethyl ketone	4.49	0.06	3.7	14.56
9	Chloroform	1.11	0.01	5	14.37
10	1,2-Dichloroethane	1.33	0.01	3.2	6.81
11	1,1,1-Trichloroethane	2.64	0.02	4.2	18.52
12	Benzene	0.85	0.01	4.2	7.47
13	Carbon tetrachloride	2.3	0.02	4.4	17.64
14	1,2-Dichloropropane	1.55	0.01	3.4	12.9
15	Trichloroethylene	1.66	0.01	4.7	11.37
16	Toluene	1.07	0.01	4	8.63
17	Tetrachloroethylene	2.14	0.01	6.5	17.81
18	Chlorobenzene	1.04	0.01	5.9	12.39
19	Ethylbenzene	0.83	0.01	4.6	8.56
20	mp-Xylenes	2.87	0.01	4.7	7.27
21	Styrene	1.38	0.01	5.7	7.1
22	o-Xylene	0.89	0.01	4.8	7.42
23	1,3,5-Trimethylbenzene	2.84	0.02	7.6	7.62
24	1,2,4-Trimethylbenzene	1.48	0.01	8.4	7.69
25	1,2-Dichlorobenzene	1.75	0.01	12.2	N.D.
26	2-Methoxyethanol	–	–	–	16.04
27	2-Ethoxyethanol	–	–	–	12.23
28	N,N-Dimethylformamide	–	–	–	6.39
29	Phenol	–	–	–	12.03
30	Naphthalene	–	–	–	11.05

a) 실제시료에 대한 공기채취량의 평균 (24 L)을 적용함.
b) 일중 표준시료의 10회 분석결과에 대한 상대표준편차.
c) 5개의 샘플러로 5번 시료 채취하여 총 시료 25개에서 5번의 MDP를 구하여 그 중 최대값을 나타냄.

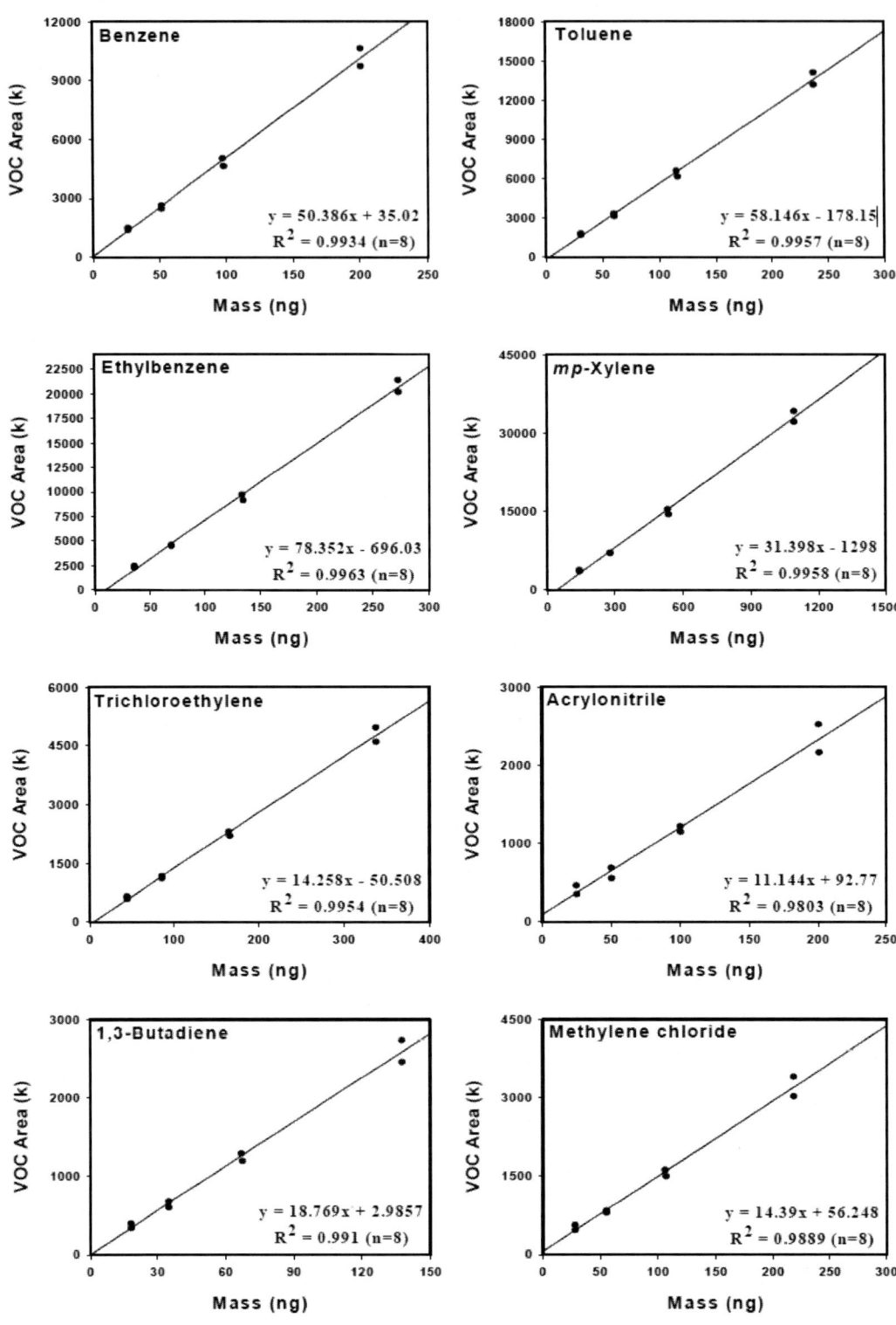

<그림 3.10> 서로 다른 농도의 VOC 표준용액에 대한 검량선.

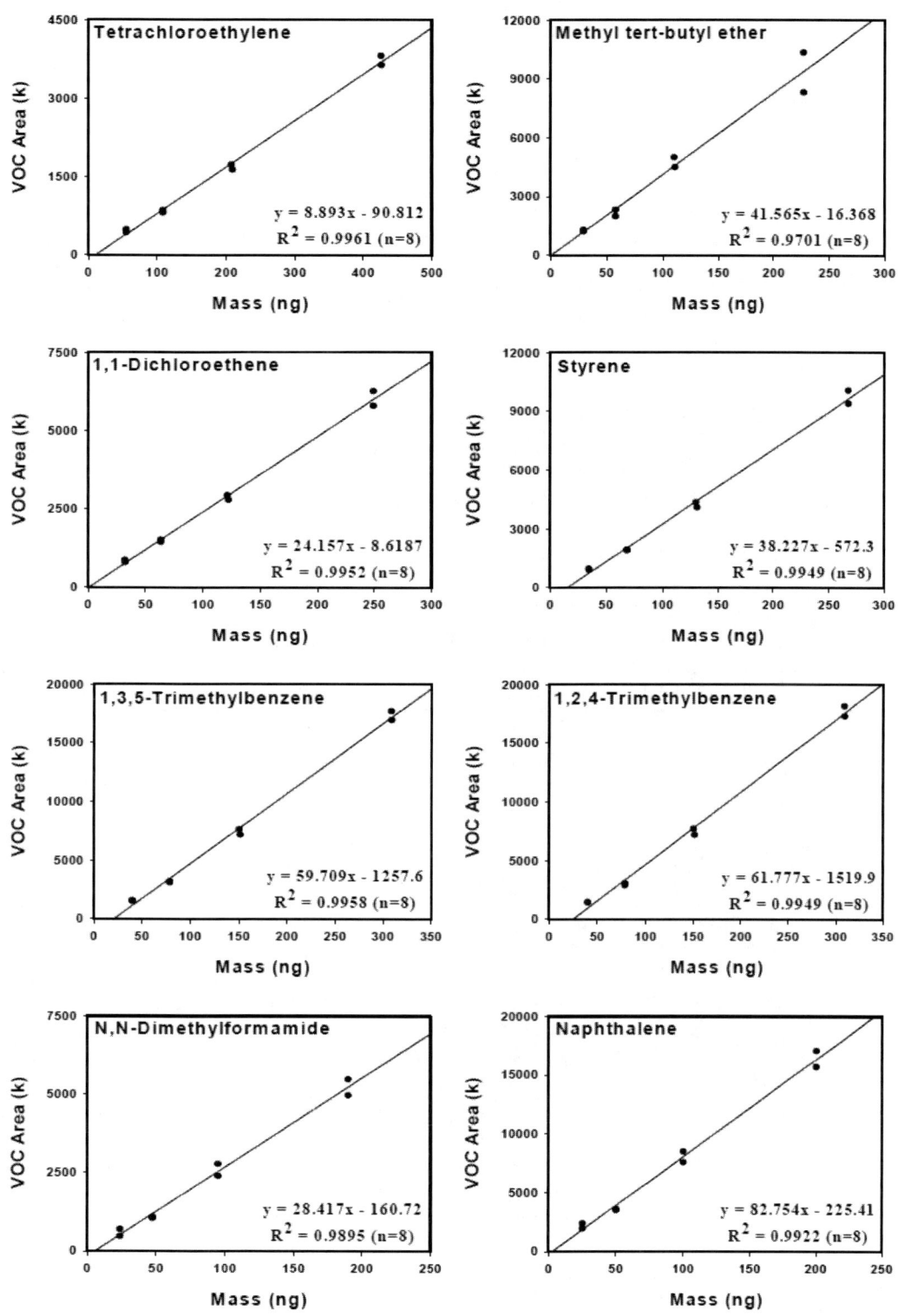

<그림 3.10> 시로 다른 농도의 VOC 표준용액에 대한 검량선 (계속).

3.2.4 카보닐화합물 시료채취방법

가. 카보닐화합물 측정 대상 물질

□ 카보닐화합물이란 알데하이드류와 케톤류를 총칭하는 용어이다. 본 연구에서는 환경대기 중 검출빈도가 높은 폼알데하이드와 아세트알데하이드를 비롯한 총 13종의 카보닐화합물을 측정하였다. 측정 대상 카보닐화합물의 종류와 물성치를 <표 3.13>에 나타내었다.

□ 카보닐화합물의 정성·정량을 위해 Carbonyl - 2,4 - DNPH 혼합표준물질 (Carb Method 1004 DNPH Mix 2, SUPELCO, 30 ㎍/㎖)를 폼알데하이드를 기준으로 약 7.5 ㎍/㎖, 1.875 ㎍/㎖, 0.4687 ㎍/㎖, 0.1171 ㎍/㎖, 0.0292 ㎍/㎖, 0.0073 ㎍/㎖ 의 여섯 단계 농도수준으로 희석하여 사용하였다.

<표 3.13> 측정 대상 카보닐화합물의 종류 및 화학적 특성

번호	카보닐화합물	CAS No.	시성식	분자량	측정대상
1	Formaldehyde	50-00-0	CH_2O	30.03	○
2	Acetaldehyde	75-07-0	CH_3CHO	44.05	○
3	Acetone	67-64-1	CH_3COCH_3	58.08	○
4	Acrolein	107-02-8	CH_2CHCHO	56.06	○
5	Propionaldehyde	123-38-6	CH_3CH_2CHO	58.08	○
6	Crotonaldehyde	123-73-9	$CH_3CHCHCHO$	70.09	○
7	Methyl Ethyl Ketone	78-93-3	$CH_3COCH_2CH_3$	72.11	○
8	Methacrolein	78-85-3	$CH_2C(CH_3)CHO$	70.09	○
9	Butyraldehyde	123-72-8	$CH_3CH_2CH_2CHO$	72.11	○
10	Benzaldehyde	100-52-7	C_6H_5CHO	106.12	○
11	Valeraldehyde	110-62-3	$CH_3(CH_2)_3CHO$	86.13	○
12	m-Tolualdehyde	620-23-5	$CH_3C_6H_4CHO$	120.15	○
13	Hexaldehyde	66-25-1	$CH_3(CH_2)_4CHO$	100.16	○

나. 시료채취

□ 대기 중 카보닐화합물의 시료는 1 cm (i.d) × 2 cm (length)의 폴리프로필렌 튜브에 350 mg의 2,4-DNPH (다이나이트로페놀하이드라진)가 코팅된 실리카가 충전된 카트리지 (LpDNPH S10L, Supelco Inc., USA)를 사용하여 채취하였다 (Sirju et al, 1995). 이때 유량 조절장치가 부착된 시료채취용 펌프 (Air pump, SKC Inc., USA)를 사용하였으며, 바닥으로부터 약 1.5 m의 높이에서 약 0.8 L/min의 유량으로 채취하였다. 채취된 총 유량은 약 96 L 정도가 되도록 하였다.

□ 카보닐화합물은 대기 중 오존에 의하여 시료채취 과정에서 방해를 받게 된다. 따라서 오존의 영향을 배제하기 위하여 1 cm (i.d.) × 2 cm (length) 의 테플론 튜브에 KI 결정을 채운 오존 스크러버 (Ozone Scrubber, Supelco Inc., USA)를 2,4-DNPH-Silica 카트리지 앞에 장착하여 시료를 채취하였으며, 시료채취 시 빛에 의한 영향을 방지하기 위해 알루미늄호일로 카트리지를 감싼 후 시료를 채취하였다. 채취된 시료는 외부공기 및 빛이 차단될 수 있도록 차광봉지에 이중으로 밀봉한 다음 아이스박스에 냉매와 함께 넣어 용출 전까지 냉장 보관 (4 ℃이하)하였다 (Parmar et al, 1990; Arnts and tejada, 1989). <그림 3.11>에는 본 연구에서 사용한 오존스크러버와 2,4-DNPH카트리지의 사진을 나타내었다.

□ 측정기간 중 오전, 오후로 나뉘어 하루에 2개씩 채취하였으며, 3개의 측정지점 전체에서 한 계절 당 약 60개의 시료가 발생하였다. 시료채취 중 강우가 심하거나 대기 중의 수분이 많다고 판단되는 날에는 수분의 영향으로 인한 인공생성물 (artifact) 등이 형성될 수 있기 때문에 유량을 낮추는 등 상황에 따라 적절한 조치를 취하였다.

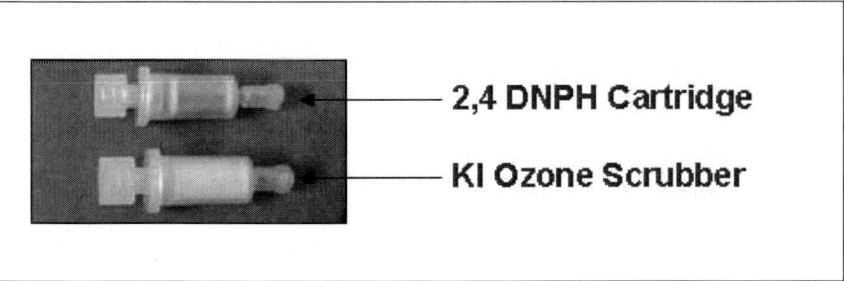

<그림 3.11> 2,4-DNPH 카트리지와 오존스크러버.

3.2.5 카보닐화합물 추출 및 분석방법

□ 2,4-DNPH와 반응하여 형성된 카보닐-DNPH 유도체는 <그림 3.12>에 나와 있는 일회용 주사기와 10 mL 용량의 메스실린더를 이용하여, HPLC 등급의 아세토나이트릴을 3 mL씩 넣어 추출하였다. 추출액은 갈색 바이알에 담은 후 테플론 테이프로 밀봉하여 냉장 보관하였다. 추출시의 오염을 최소화하기 위해 모든 유리 기구는 아세토나이트릴로 세척한 후 60℃에서 건조하여 사용하였으며 유리 기구 및 추출액은 공기 중 노출을 최소화하였다.

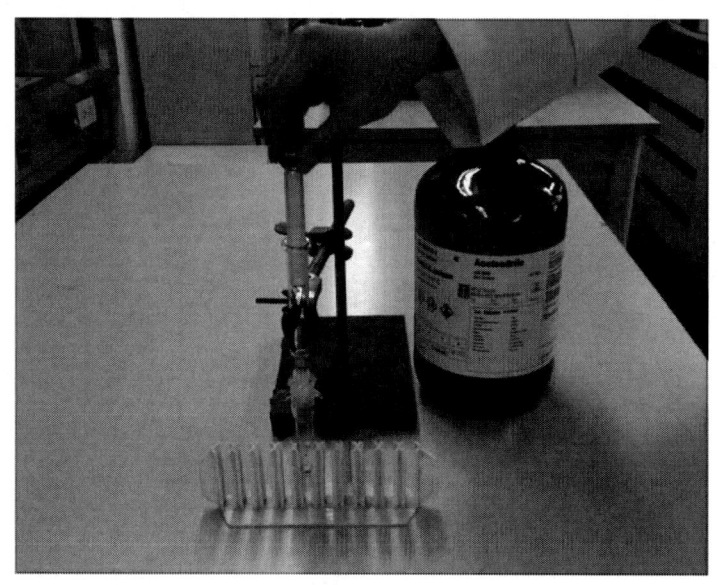

<그림 3.12> 2,4-DNPH 유도체 추출장치.

□ DNPH 유도체 카보닐화합물은 자외선 영역에서 흡광성이 있으며 350 ~ 380 nm에서 최대의 감도를 가지게 되므로 본 연구는 자외선 검출기의 파장을 360 nm에 고정시켜 고성능액체크로마토그래피 (HPLC)를 이용하였다. 본 연구에서 채취된 카보닐화합물 시료는 영남대학교 연구팀에서 추출 및 분석이 이루어졌다. 또한 본 보고서의 결과해석 또한 영남대 연구팀이 수행하였다. 카보닐화합물 분석 시 운전조건을 <표 3.14>에 나타내었고, HPLC 분석 시스템에 관한 전반적인 계통도 및 분석기기를 <그림 3.13>에 나타내었다.

□ 위의 방법대로 분석된 표준시료 및 실제 시료에 대한 HPLC 크로마토그램에 대한 전형적인 일례를 <그림 3.14>에 나타내었다. DNPH 유도체화 된 시료의 경우 파과가 일어나지 않으면 DNPH 피크가 맨 먼저 나옴을 볼 수 있다.

<표 3.14> 영남대학교의 HPLC/UV 기기사양 및 운전조건.

기기 \ 분석그룹	영남대학교
Pump	Shimadzu LC-9A two pumps system
System controller	Shimadzu SCL-6B system controller
Injector	Rheodyne 7125 with 20 $\mu \ell$ sample loop
Analytical column	RESTEK ULTRA C18 (4.6 μm × 150 mm, 5 μm)
Column oven controller	Shimadzu CTO-6A constant temperature controller
Detectors	Shimadzu SPD-6AV UV/VIS detector
Calculation	Personal computer
Mobile phase	A: Acetonitrile 100 (v) B: Water/Acetonitrile/Tetrahydrofuran 50/45/5 (v/v)
Gradient	5 min mobile B 100% 20 min mobile B 40% 20.01 min mobile B 0% 25 min mobile B 0%
Flow rate	1.0 mL/min
Injection volume	20 $\mu \ell$
Detection	Absorbance at 360 nm (UV absorbance = 0.16)

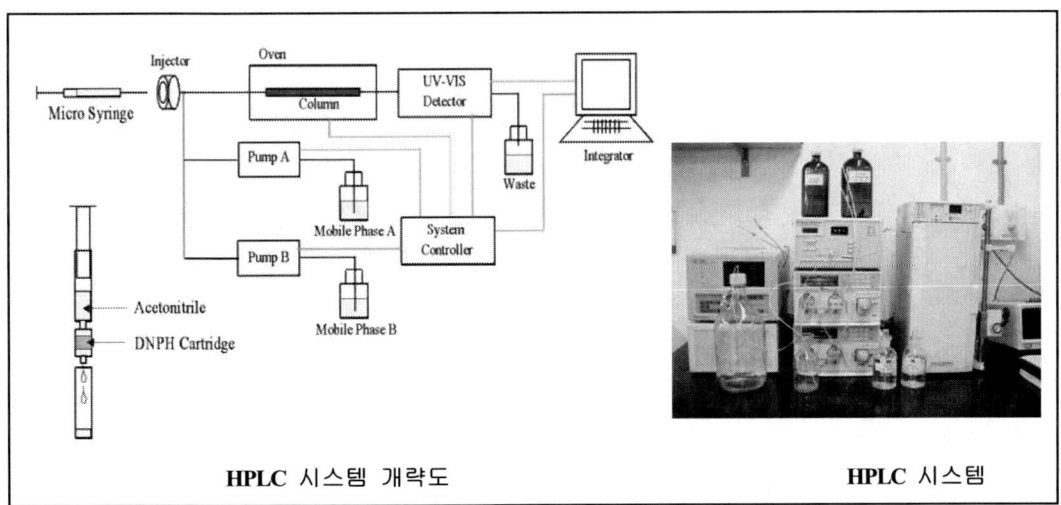

HPLC 시스템 개략도　　　　**HPLC 시스템**

<그림 3.13> 카보닐화합물 분석용 HPLC 시스템.

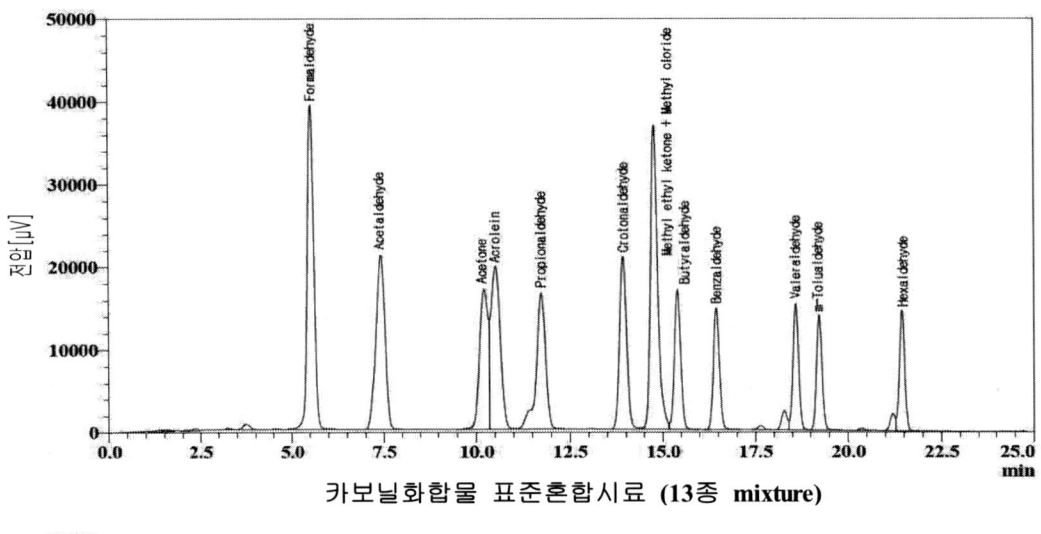
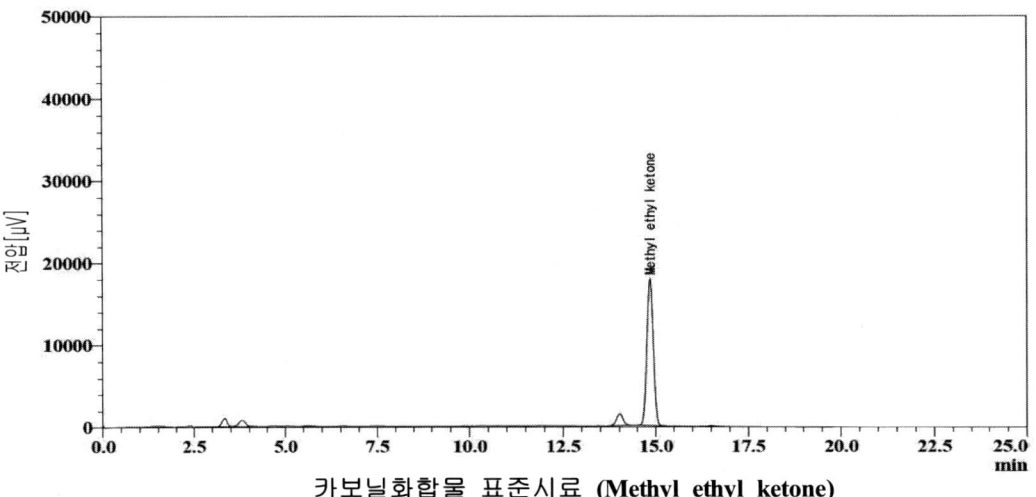
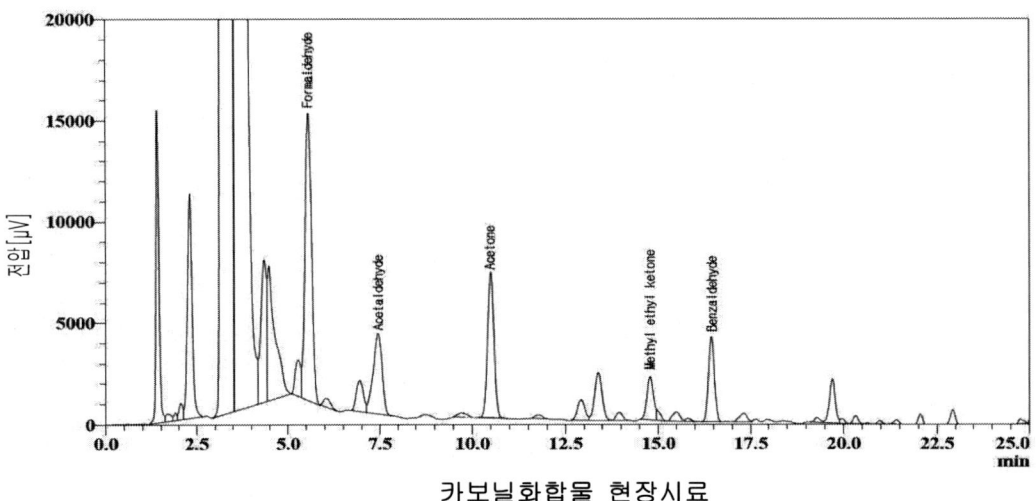

<그림 3.14> 카보닐화합물 표준시료와 현장시료에 대한 크로마토그램 일례.

3.2.6 카보닐화합물 측정 정도관리

□ 카보닐화합물 분석에 사용된 HPLC 분석방법의 재현성을 표준혼합시료의 감응계수에 대한 상대표준편차로 평가하였으며, 그 결과는 <표 3.15>에 요약하였다. 모든 분석대상물질에 대한 감응계수의 상대표준편차는 3 % 이하로 나타나 재현성이 우수한 것으로 나타났다.

<표 3.15> 카보닐화합물 분석 재현성

카보닐화합물	재현성 (%)	카보닐화합물	재현성 (%)
Formaldehyde	1.8	Methacrolein	1.2
Acetaldehyde	1.9	Butyraldehyde	0.8
Acetone + Acrolein	2.1	Benzaldehyde	1.4
Propionaldehyde	2.5	n-Valeraldehyde	0.9
Crotonaldehyde	1.2	m-Tolualdehyde	1.5
Methyl ethyl ketone	1.0	Hexaldehyde	2.8

□ 본 연구에 사용된 HPLC 분석방법에 대한 MDL은 카보닐화합물의 IDL의 3 ~ 5배 되는 낮은 농도 (폼알데하이드 기준 약 0.02 $\mu g/mL$)의 액상표준물질을 10 회 반복 분석한 농도를 VOC에서 설명한 방법과 동일하게 추정하였다. <표 3.16>에 나타낸 바와 같이 각 카보닐화합물의 검출저한계 값은 0.001 ~ 0.002 $\mu g/mL$의 범위로 추정되었으며, 이 값을 실제 공기시료 120 L를 채취한 것으로 가정하여 대기 중 농도로 나타내면 0.02 ~ 0.03 ppb 정도에 해당한다.

□ 통상적으로 검출한계 이하의 농도는 평균치 산출 등과 같은 통계 처리 시에 그 절반 값을 대입하는 경우가 많다. 그러나 본 연구결과의 경우 검출한계이하의 농도에 대하여 모두 0.0 ppb으로 처리하였다.

<표 3.16> 주요 카보닐화합물의 검출저한계 추정결과

카보닐화합물	질량농도 ($\mu g/mL$)	부피농도 (ppb)[a]
Formaldehyde	0.0011	0.031
Acetaldehyde	0.0011	0.021
Acetone + Acrolein	0.0020	0.029
Propionaldehyde	0.0017	0.025
Butyraldehyde	0.0014	0.016

a) 추정된 질량농도에 대하여 흡입된 공기시료의 80 L에 대한 농도로 환산한 경우

3.3 다환방향족탄화수소 측정

3.3.1 시료채취방법

가. 시료채취장치

□ 본 연구에서는 총부유먼지 (Total Suspended Particle, 이하 TSP) 시료를 채취 후 목적에 맞게 일정량을 분취하여 다환방향족탄화수소 (Polycyclic Aromatic Hydrocarbon, 이하 PAH), 일반중금속 성분들을 측정하였다. 특히 PAH는 분석기기 내에서의 분리도 및 추출 회수율 등이 유사하여 동시에 전처리·분석하는 방식을 택하여 분석하였다.

□ 시료채취를 위해 구로구, 강남구에서는 High-volume PUF 샘플러 (TE-PNY1123, Tisch Environmental Inc., USA), 서울역은 서울시 보건환경연구원에서 운영 중인 서울역 도로변 측정소의 PUF 샘플러 (TE-1000, Tisch Environmental Inc., USA)를 이용하였다 (그림 3.15). High-volume PUF 샘플러는 미국 EPA에서 제공하고 있는 독성유기화합물의 측정을 위한 공정시험방법 중 PAH와 PCB, 다이옥신, Pesticide 등 반휘발성 유기화합물의 시료채취에 권장되고 있다 (TO-13A, TO-4A, TO-9A, TO-10A).

□ High-volume PUF 샘플러의 시료채취 유량보정은 시료채취 2일전에 수행하였다. 모든 샘플러에서 마노미터의 액주높이와 유량과의 상관계수가 0.99이상으로 나타나 채취유량 400 ~ 700 L/min 범위에서 선형성이 양호함을 확인하였다. 현장시료 채취 전에 구로구, 강남구 2대의 샘플러의 성능비교 실험을 통해 샘플러간의 차이도 오차 범위 안에 있음을 확인하였다. 본 연구에서는 실제 시료채취 시 구로구, 강남구는 약 600 L/min, 서울역은 약 200 L/min의 유량으로 약 24시간 연속 채취하여 하루에 1개의 시료를 채취함으로써 측정지점 1개 지점 당 계절별로 10개의 시료를 채취하였다.

□ 본 연구에서 사용한 두종류의 샘플러에는 질량유량조절계 (Mass Flow Controller, 이하 MFC)가 있어서 특히 입자상 시료가 채취될수록 시료채취 유량이 감소하는데 MFC가 샘플러 모터의 속도를 자동적으로 증가시켜 일정유량을 유지할 수 있었다. 샘플러의 경과시간 표시기는 실제 샘플러가 작동된 시간이 누적되어 표시되는 장치로서 만약의 경우 기기가 멈추었을 때도 샘플러가 작동한 시간을 추정할 수 있게 해준다.

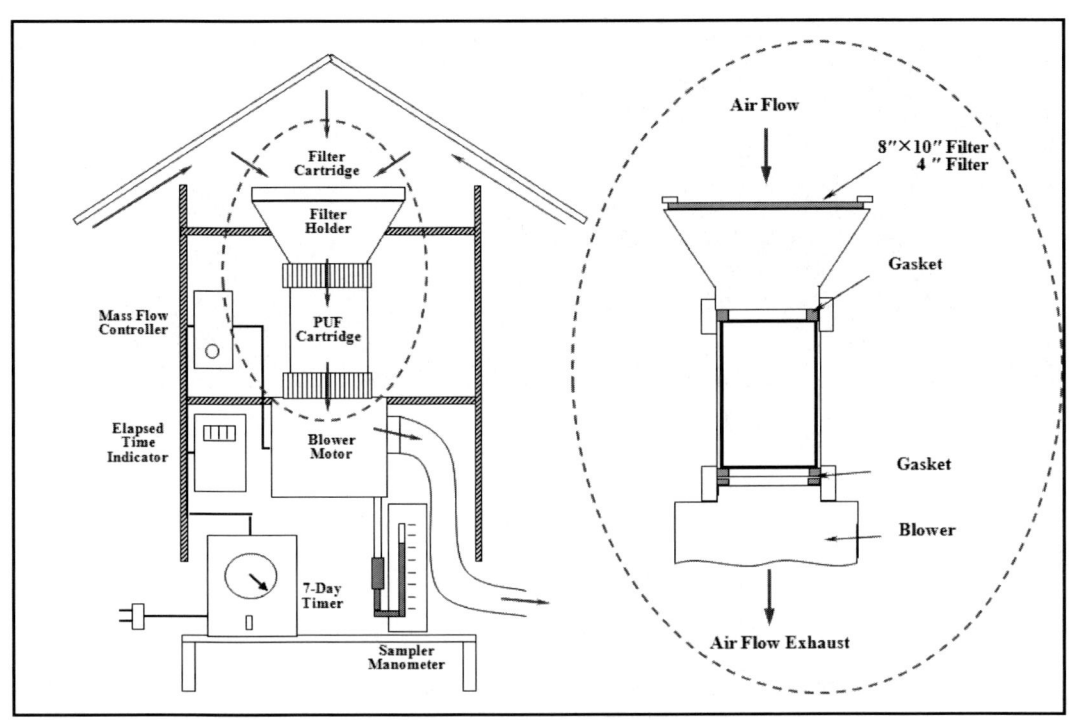

<그림 3.15> 본 연구에서 사용한 시료 채취용 샘플러 개략도.

나. 시료채취매체

□ 시료 채취용 매체로는 구로구, 강남구에는 8" × 10", 서울역은 4" 원형 석영섬유필터 (QMA filter, Whatman Inc., USA)를 사용하였다. 시료채취용 필터는 사용 전에 PAH를 포함한 유기성 불순물을 제거하기 위하여 HPLC 등급의 메탄올 (HPLC grade Methanol, Burdick & Jackson, USA)에 담근 후 초음파 세척기 (PowerSonic 420, 화신테크, Korea)를 이용하여 전처리 하였다.

□ 전처리용 용매를 초음파 추출기에 바로 부어 초음파를 가하는 것은 위험하기 때문에 자체 제작한 스테인레스 수조 (35 cm × 23 cm × 25 cm)와 필터사이의 유격을 두기 위한 판을 사용하여 전처리 하였다. 세척기의 초음파를 최대 강도로 하여 세 시간 동안 가동하였으며 이 후 스테인레스 판과 함께 필터를 통째로 꺼내 약 5분간 용매를 말렸다. 필터에 남아있는 용매를 포함한 유기성분들을 제거하기 위해서 스테인레스 핀셋으로 머플로 (LEF 205P, 대한랩테크, Korea)에 필터를 쌓은 뒤 약 400 ℃ 에서 네 시간동안 열처리 하였다. <그림 3.16>에 전처리 과정의 일부를 나타내었다.

초음파 세척   머플로 열처리

<그림 3.16> 시료채취용 석영섬유필터의 전처리.

□ 네 시간동안 열처리가 끝난 필터는 약 30분 동안 식힌 뒤 20 ± 1 ℃, 45 ± 5 %의 항온·항습조건하의 데시게이터에 넣어 두었다. 데시게이터 내부의 상대습도는 글리세롤 79.9 % (w/w) 수용액을 트레이 용기에 넣어 데시게이터 캐비넷 바닥에 설치함으로써 조절 할 수 있었다 (Jenkins et al., 1996). 데시게이터 내부의 온도와 습도는 온·습도계를 이용하여 수시로 기록하였으며 24시간 동안의 편차는 5 %를 초과하지 않는 것을 확인하였다.

□ 전처리가 끝난 필터는 채취장소 및 채취일이 미리 기록된 zip-lock에 보관이 되는데 zip-lock과 필터의 직접적인 접촉으로 인한 오염 및 필터의 손상을 막기 위하여 모든 필터를 알루미늄 호일로 포장한 뒤에 밀봉시켰다. 포장된 필터들은 시료채취 전까지 구겨지는 것을 방지하기 위하여 케이스에 보관하였다.

다. 시료채취

□ 현장에서의 시료채취시작은 대략 오전 11시에서 11시 30분 사이에 이루어 졌으며 구로구, 강남구는 약 800 m^3, 서울역은 약 300 m^3 정도의 공기를 채취하도록 하였다. 이는 기존의 연구결과 및 각종 문헌들을 참조하여 구한 유량으로서 환경대기 중의 PAH 및 중금속 물질들을 검출하기 위한 적절한 채취용량이라 판단된다. 전날 장착한 시료의 채취가 끝났을 경우 샘플러의 액주 눈금을 각종 특이 사항과 함께 기록하고 샘플러를 정지시켰다. 그리고 필터 카트리지의 케이스를 덮은 뒤 필터가 장착된 채로 탈착시켜 차량이나 건물 내부와 같이 안전한 곳으로 들고 와서 필터를 분리시켰다.

□ 채취가 끝난 시료는 채취면이 마주보도록 반으로 접어 호일 및 zip-lock으로 밀봉한 뒤 냉매가 들어있는 아이스박스에 넣었다. 다음 시료 장착을 위해 깨끗한 비닐장갑을 끼고 zip-lock으로부터 새 필터를 꺼낸 뒤 필터 카트리지에 장착하였다. 필터 카트리지에 케이스를 장착하고 샘플러 까지 이동하였으며 가동 뒤 약 10분 뒤에 유량이 안정화 되었을 때 세팅한 값으로 유량을 조절하였다.

□ 필터에 채취된 먼지시료는 실험실로 옮긴 후 시료의 손실과 오염을 방지하기 위하여 다른 과정을 거치지 않고 zip-lock에 넣어 밀봉된 채로 -18 ℃의 냉동고에서 보관하였다. 구로구, 강남구에서 채취된 시료의 경우 먼저 포집면의 사이즈를 자로 재었으며 작두를 이용하여 1/4 조각으로 4등분하였다. 이중 대각선 방향의 두 조각은 PAH 시료의 추출을 위해 사용되어졌다. 나머지 두 조각 부분은 추후에 중금속 분석을 위해 PAH류 시료가 들어있는 zip-lock에 같이 넣어 냉동 보관 하였다. 그리고 서울역에서 채취된 4" 필터는 지름 3.3 cm 펀칭을 3군데 하여 중금속 시료로 사용하고, 나머지 부분은 PAH 분석에 사용되었다. 서울역 시료는 타 지점 유량의 약 40 % 수준으로 검출한계를 고려하여 2장의 필터를 하나의 시료로 보고, 이틀간의 시료를 같이 분석하였다. 그러므로 PAH, 중금속 각각의 분석시료 수는 구로구 10개, 강남구 10개, 서울역 5개가 된다. 시료에서 각 물질별로 이용되는 분취 면적을 <그림 3.17>에 나타내었다.

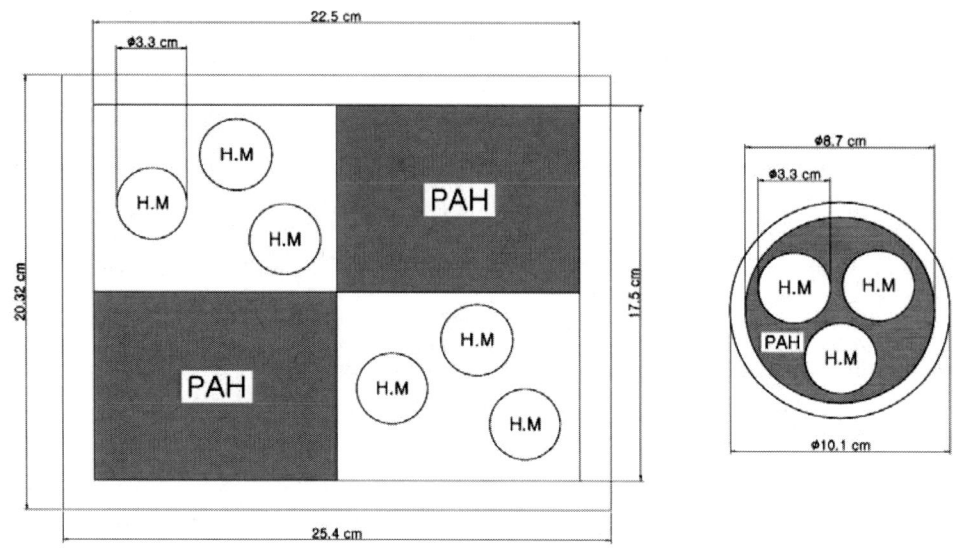

<그림 3.17> 석영섬유필터에 채취된 시료 중 해당 물질별 분취면적.

3.3.2 PAH 추출 및 농축방법

가. 시료 추출방법

□ PAH 분석을 위해 절단된 대각선 방향의 두 필터 조각들을 quartz fiber thimble 에 말아 넣고 10 ㎍/mL 정도의 PAH 대리표준물질 (Z-014J, Accustandard Inc., USA)을 100 ㎕ 주입한 다음 추출용액 (acetone 10 % in hexane) 80 mL 를 주입한다. 이 후 자동 추출장치 (Soxtec, Foss , Swiss)에서 1단계에서 40 분동안 용매 중 145 ℃에서 끓이고 2단계에서는 용매에 혹시 남아 있을 타겟물질을 용매에 녹이기 위해서 rinsing 을 시간당 40 ~ 50 회의 순환율로 140분동안 추출하였다. 시료추출용 용매로 널리 사용되는 헥산은 비극성 용매이며 극성을 조금 높여주기 위해 극성 5.4에 해당하는 아세톤을 부피비로 10 % 첨가한 혼합용매를 사용하였다 (Maddalena et al., 1998). <표 3.17>에는 일반적으로 사용되는 각종 유기 용매의 물성치와 극성 지표값을 나타내었다.

<표 3.17> 각종 유기용매의 물성치와 극성지표

용매	CAS#	시성식	분자량	끓는점(℃)	녹는점(℃)	증기압	극성지표
Hexane	110-54-3	$CH_3(CH_2)_4CH_3$	86.18	69	-95	~132mmHg (20℃)	0.0
Cyclohexane	110-82-7	C_6H_{12}	84.16	80.7	4~7	77mmHg (20℃)	0.0
n-Decane	124-18-5	$CH_3(CH_2)_8CH_3$	142.28	174	-30	1mmHg (16.5℃)	0.3
Octane	111-65-9	$CH_3(CH_2)_6CH_3$	114.23	125~127	-57	11mmHg (20℃)	0.4
Butyl ether	6863-58-7	C_8H_{18}	130.23	121	-	-	1.7
Triethylamine	121-44-8	$(C_2H_5)_3N$	101.19	88.8	-115	51.75mmHg (20℃)	1.8
i-Propyl ether	108-20-3	$((CH_3)_2CH)_2O$	102.18	67.5	-	119mmHg (20℃)	2.2
Toluene	108-88-3	$C_6H_5CH_3$	92.14	110~111	-93	22mmHg (20℃)	2.3
p-Xylene	106-42-3	$C_6H_4(CH_3)_2$	106.17	138	12~13	9mmHg (20℃)	2.4
Benzene	71-43-2	C_6H_6	78.11	80	5.5	74.6mmHg (20℃)	3.0
Benzyl ether	103-50-4	$(C_6H_5CH_2)_2O$	198.26	298	1.5~3.5	-	3.3
Dichloromethane	75-09-2	CH_2Cl_2	84.93	39.8~40	-97	6.83PSI (20℃)	3.4
chloroform	67-66-3	$CHCl_3$	119.38	60.5~61.5	-63	160mmHg (20℃)	3.4
1,2-Dichloroethane	107-06-2	$ClCH_2CH_2Cl$	98.96	83	-35	87mmHg (25℃)	3.7
i-Butyl alcohol	78-83-1	$CH_3(CH_2)_3OH$	74.12	107~108	-108	-	3.9
Tetrahydrofuran	109-99-9	C_4H_8O	72.11	65~67	-108	143mmHg (20℃)	4.2
Ethyl acetate	141-78-6	$CH_3COOC_2H_5$	88.11	76.5~77.5	-84	73mmHg (20℃)	4.3
1-Propanol	71-23-8	$CH_3CH_2CH_2OH$	60.10	97	-127	14.9mmHg (20℃)	4.3
2-Propanol	67-63-0	$(CH_3)_2CHOH$	60.10	82	-89.5	33mmHg (20℃)	4.3
Methyl acetate	79-20-9	CH_3COOCH_3	74.08	57~58	-98	165mmHg (20℃)	4.4
Methyl ethyl ketone	78-93-3	$C_2H_5COCH_3$	72.11	80	-87	71mmHg (20℃)	4.5
Cyclohexanone	108-94-1	$C_6H_{10}(=O)$	98.14	155	-47	3.4mmHg (20℃)	4.5
Nitrobenzene	98-95-3	$C_6H_5NO_2$	123.11	210~211	5~6	0.15mmHg (20℃)	4.5
Benzonitrile	100-47-0	C_6H_5CN	103.12	191	-13	-	4.6
p-Dioxane	123-91-1	$C_4H_8O_2$	88.11	100~102	10~12	27mmHg (20℃)	4.8
Ethanol	64-17-5	CH_3CH_2OH	46.07	78	-114	44.6mmHg (20℃)	5.2
Pyridine	110-86-1	C_5H_5N	79.10	115	-42	20mmHg (25℃)	5.3
Nitroethane	79-24-3	$CH_3CH_2NO_2$	75.07	114~115	-90	15.6mmHg (20℃)	5.3
Acetone	67-64-1	CH_3COCH_3	58.08	56 ℃	-94	184mmHg (20℃)	5.4
Benzyl alcohol	100-51-6	$C_6H_5CH_2OH$	108.14	203~205	-16~13	3.75mmHg (77℃)	5.5
Methoxyethanol	109-86-4	$CH_3OCH_2CH_2OH$	76.09	124~125	-85	6.17mmHg (20℃)	5.7
Acetonitrile	75-05-8	CH_3CN	41.05	81~82	-48	72.8mmHg (20℃)	6.2
Acetic acid	64-19-7	CN_3COOH	60.05	117~118	16.2	-	6.2
Dimethyl formamide	68-12-2	$HCON(CH_3)_2$	73.09	153	-61	2.7mmHg (20℃)	6.4
Dimethyl sulfoxide	67-68-5	$(CH_3)_2SO$	78.13	189	16~19	0.42mmHg (20℃)	6.5
Methanol	67-56-1	CH_3OH	32.04	64.7 ℃	-98	97.8mmHg (20℃)	6.6
Formamide	75-12-7	$HCONH_2$	45.04	210	2~3	0.08mmHg (20℃)	7.3
Water	7732-18-5	H_2O	18.02	100	0	-	9.0
Diethyl Ether	60-29-7	$(CH_3CH_2)_2O$	74.12	34.6	-116	-	-

주) 음영부분은 본 연구에서 시료추출 시 사용한 용매임.

나. 시료 농축방법

□ 시료의 농축을 위하여 자동 농축장치 (RapidVap, Labconco Inc., USA)를 사용하였다. 이 장치는 전기적 가열기로 시료를 데우면서 vortex 기능으로 시료를 흔들어주고 고순도 질소를 시료 위로 분사하여 시료를 신속하게 농축시키는 장치이다. RapidVap은 한번에 8개까지 농축시킬 수 있으며 농축시간은 80 mL 용액을 3 ~ 4 mL 정도로 농축시키는 경우 약 25분 정도 소요되었다.

□ 시료가 3 ~ 4 mL 정도 농축되면 파스퇴르 피펫을 이용하여 무수황산나트륨 카트리지 (Sample Drying Device, Whatman Plc., USA)를 장착한 20 mL 주사기에 옮겨 담고 수분을 제거하였다. 이때 추출 시 사용한 용매를 2 mL 정도 주사기에 넣어 줌으로써 무수황산나트륨 카트리지에 시료가 남는 것을 최소화하였다. 수분이 제거된 시료는 고순도 질소 건조장치가 연결되어 있는 농축튜브에서 최종적으로 0.5 mL 까지 농축하였다.

□ 최종 농축된 시료는 파스퇴르 피펫을 이용하여 바이알에 옮겨 담고 10 ㎍/mL PAH 내부표준물질 (4가지 개별 PAH powder 혼합액, Cambridge Isotope Laboratories, Inc., USA)을 100 ㎕ 주입하였다. <그림 3.18>에는 본 연구에서 적용한 PAH 시료의 추출, 농축 및 분석 순서를 개략적으로 나타내었으며 <그림 3.19>에는 시료의 추출과 농축과정을 사진으로 나타내었다.

3.3.3 PAH 분석방법

가. 측정대상 PAH

□ 본 연구에서는 총 36개 PAH를 측정 대상물질로 선정하였다. 이들 측정대상 PAH의 종류와 화학적 특성 등은 <표 3.18>에 나타내었다. 한편 주요 PAH의 구조식은 <그림 3.20>에 나타내었다. 각 PAH는 이름 앞에는 측정 대상물질의 경우 각각 고유 번호를 부여했다. 이 때 번호는 벤조(ghi)플루오란텐과 사이클로펜타(cd)파이렌, 벤조(b)플루오란텐과 벤조(j)플루오란텐, 다이벤즈(a,h)안트라센과 다이벤즈(a,c)안트라센은 각각 GC에서 분리되지 않으므로 하나의 체류시간으로 표시하였다.

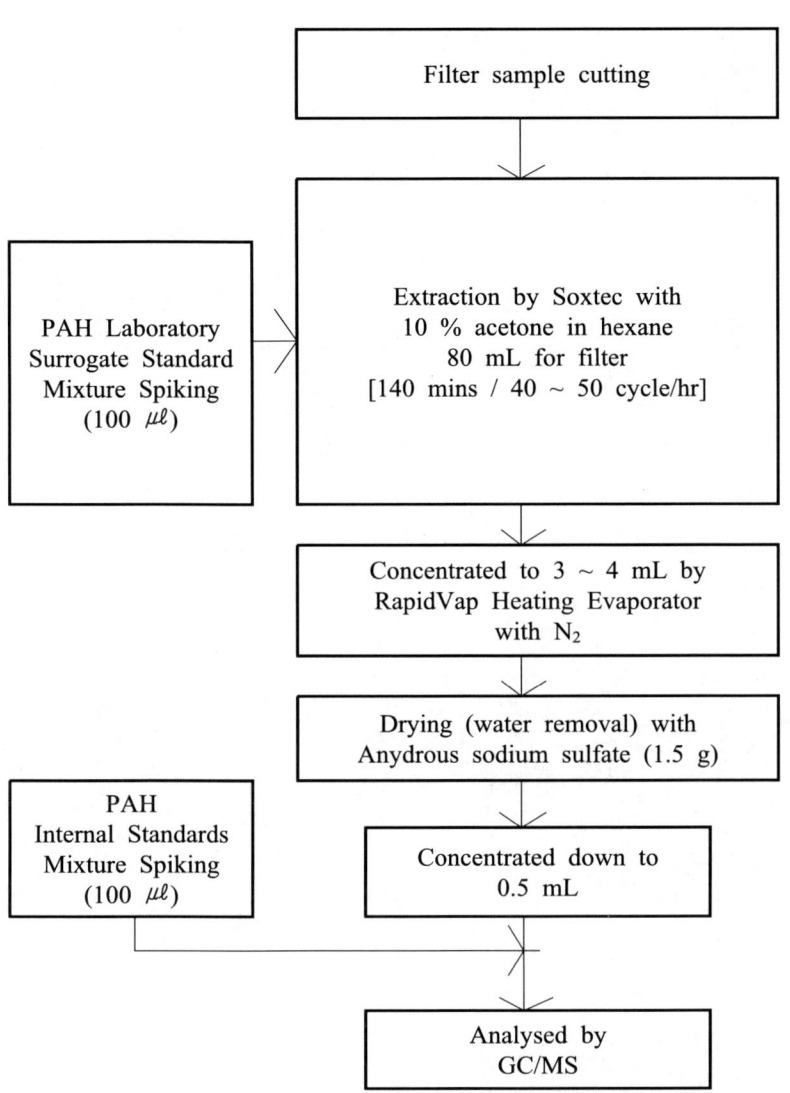

Target	Surrogate Standard Concentration (µg/mL)		Internal Standard Concentration (µg/mL)	
PAH	Naphthalene-d8	11.765	Acenaphthylene-d8	9.996
	Acenaphthene-d10	11.765	Pyrene-d10	9.898
	Phenanthrene-d10	11.765	Benz[a]anthracene-d12	9.996
	Chrysene-d12	11.765	Benzo[a]pyrene-d12	9.800
	Perylene-d12	11.765		

<그림 3.18> PAH 시료의 추출, 농축 및 분석 순서 개략도.

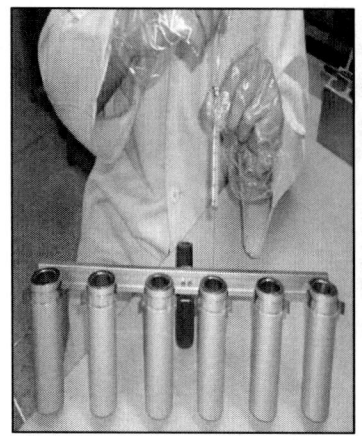  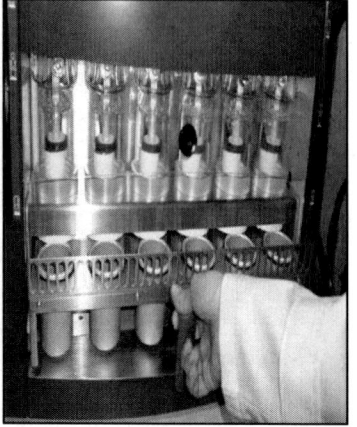

① PAH SS Spiking ② Pouring solvent ③ Soxtec installation

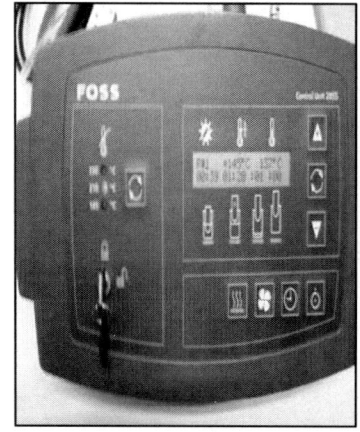 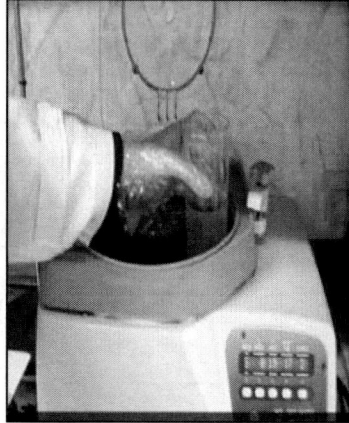 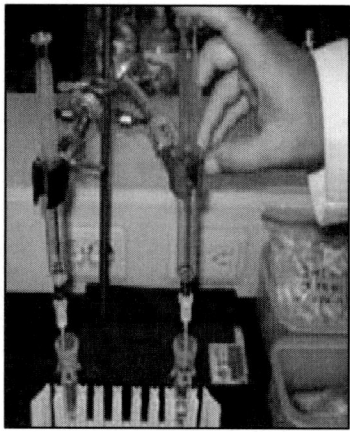

④ Soxtec extraction ⑤ Concentration by RapidVap ⑥ Removing water by Na_2SO_4

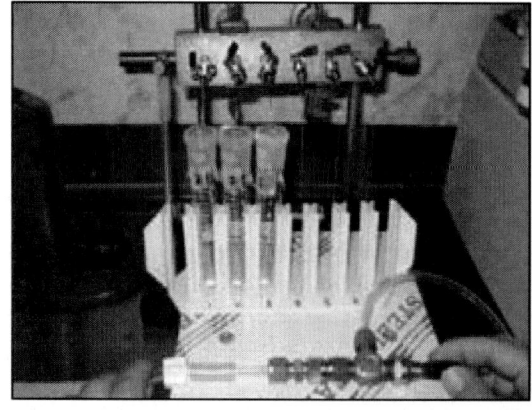 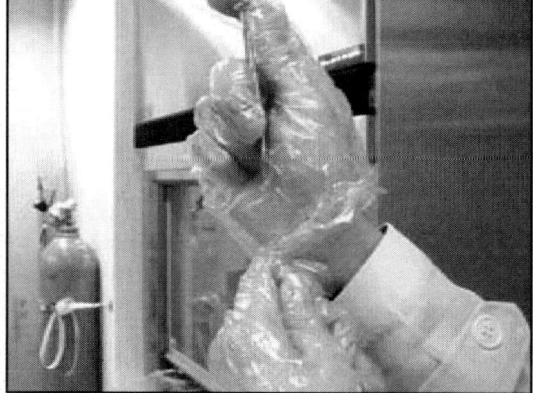

⑦ Concentration by N_2 ⑧ PAH IS Spiking

<그림 3.19> PAH 시료의 추출 및 농축과정.

□ <표 3.18>에 나타낸 농도의 경우 시료정량에 주로 사용한 표준용액의 농도를 표시하였다. 1차 이온은 해당물질의 질량스펙트럼 확인을 통한 정성과 정량에 사용된 이온을 나타내었다. 내부표준물질 (Internal Standard, 이하 IS)과 대리표준물질 (Surrogate Standard, 이하 SS)은 각각 IS, SS로 표시하였다. 여기서 나프탈렌, 아세나프틸렌, 아세나프텐과 같은 저분자 PAH의 경우는 흡착-열탈착 튜브를 이용한 방법으로 측정하였다.

□ PAH의 정량·정성에 사용된 표준물질은 미국 표준시험연구소 (NIST)에서 제공하는 표준참조물질 (Standard Reference Material, 이하 SRM)인 SRM 2260a를 사용하였다. 표준물질로 SRM을 사용한 이유는 공인된 기관에서 농도가 검증된 물질이라는 점 외에도 표준용액 앰플 속에 대상물질의 농도가 10 $\mu g/mL$ 이하의 저 농도로 들어 있어서 분석을 위한 희석의 단계를 줄여주어 궁극적으로 정량오차를 줄일 수 있기 때문이다. SRM 2260a를 정량용 표준물질로 채택한 또 다른 이유는 상업적으로 판매되는 표준용액의 경우 대부분 동일하게 고 농도인데 반하여 본 연구에서 사용한 SRM은 대상물질별 농도의 비가 일반 환경대기 중 먼지에 함유된 PAH 분석대상 물질 간 농도비와 유사함으로 각 대상물질 정량에 적합한 농도로 표준용액을 제조하여 사용할 수 있기 때문이었다.

□ PAH 표준물질로서 NIST의 SRM 2260a 혼합액 이외에도 개별 물질의 정성 및 확인을 위하여 19개 PAH에 대한 각각의 표준물질 (Accustandard, USA)을 구입하여 필요할 경우 GC의 체류시간과 피크 동정 및 확인 목적으로 사용하였다. 한편 본 연구에서는 정량용 표준용액인 SRM 2260a 이외에 개별 PAH powder와 Z-014J를 각각 IS와 SS로 각각 사용하였다. 개별 PAH 표준물질은 아세나프틸렌-d8, 파이렌-d10, 벤즈(a)안트라센-d12, 벤조(a)파이렌-d12을 사용하였으며 Z-014J에는 나프탈렌-d8, 아세나프텐-d10, 페난트렌-d10, 크라이센-d12, 퍼릴렌-d12의 5종 물질이 함유되어 있다.

<표 3.18> 측정대상 PAH의 종류 및 화학적 특성

PAH	Abb.	CAS No.	R.T (min)	Conc. (µg/mL)	Formula	1st Ion	M.W	B.P (℃)	Etc.
Naphthalene-d8	d-Napht	1146-65-2	8.965	0.5882	$C_{10}D_8$	136	136.22	-	SS
1. Naphthalene	Napht	91-20-3	9.003	1.2363	$C_{10}H_8$	128	128.17	218	
2. Biphenyl	Biph	92-52-4	10.936	0.6063	$C_{12}H_{10}$	154	154.21	255	
Acenaphthylene-d8	d-Acnptln	93951-97-4	11.828	0.4998	$C_{12}D_8$	160	160.24	280	IS
3. Acenaphthylene	Acnptln	208-96-8	11.861	0.6763	$C_{12}H_8$	152	152.19	280	
Acenaphthene-d10	d-Acnptn	15067-26-2	12.133	0.5882	$C_{12}D_{10}$	162	164.27	277 ~ 279	SS
4. Acenaphthene	Acnptn	83-32-9	12.203	0.6000	$C_{12}H_{10}$	153	154.21	279	
5. Fluorene	Fluorene	86-73-7	13.323	0.5088	$C_{13}H_{10}$	166	166.22	298	
6. Dibenzothiophene	Dbthph	132-65-0	15.385	0.4750	$C_{12}H_8S$	184	184.26	332~333	
Phenanthrene-d10	d-Phen	1517-22-2	15.646	0.5882	$C_{14}D_{10}$	188	188.29	-	SS
7. Phenanthrene	Phen	85-01-8	15.711	1.2513	$C_{14}H_{10}$	178	178.23	340	
8. Anthracene	Antrcn	120-12-7	15.845	0.4039	$C_{14}H_{10}$	178	178.23	340	
9. 4H-Cyclopenta[d,e,f]phenanthrene	CdefPh	203-64-5	17.316	0.2513	$C_{15}H_{10}$	190	190.24	353	
10. Fluoranthene	Flrth	206-44-0	19.008	0.9000	$C_{16}H_{16}$	202	202.25	384	
Pyrene-d10	d-Pyrene	1718-52-1	19.635	0.4949	$C_{16}D_{10}$	212	212.31	-	IS
11. Pyrene	Pyrene	129-00-0	19.691	0.9676	$C_{16}H_{10}$	202	202.25	360 ~ 404	
12. Benzo[c]phenanthrene	B[c]Ph	195-19-7	22.579	0.4983	$C_{18}H_{12}$	228	228.29	-	
13. Benzo[g,h,i]fluoranthene	BghiF	203-12-3	22.662	0.3691	$C_{18}H_{10}$	226	226.27	-	
14. Cyclopenta[cd]pyrene	CcdP	27208-37-3		0.2118		226	226.27		
Benzo[a]anthracene-d12	d-BaA	1718-53-2	23.149	0.4998	$C_{18}D_{12}$	240	240.36	-	IS
15. Benzo[a]anthracene	BaA	56-55-3	23.217	0.4774	$C_{18}H_{12}$	228	228.29	438	
Chrysene-d12	d-Chry	1719-03-5	23.249	0.5882	$C_{18}D_{12}$	240	240.36	-	SS
16. Triphenylene	Triph	217-59-4	23.279	0.4450	$C_{18}H_{12}$	228	228.29	438	
17. Chrysene	Chry	218-01-9	23.327	0.5000	$C_{18}H_{12}$	228	228.29	448	
18. Benzo[b]fluoranthene	BbF	205-99-2	26.41	0.8500	$C_{20}H_{12}$	252	252.31	481	
19. Benzo[j]fluoranthene	BjF	205-82-3		0.4481		252	252.31	-	
20. Benzo[k]fluoranthene	B[k]F	207-08-9	26.498	0.3724	$C_{20}H_{12}$	252	252.31	480 ~ 491	
21. Benzo[a]fluoranthene	B[a]F	203-33-8	26.752	0.2464	$C_{20}H_{12}$	252	252.31	-	
22. Benzo[e]pyrene	BeP	192-97-2	27.362	0.4931	$C_{20}H_{12}$	252	252.31	493	
Benzo[a]pyrene-d12	d-BaP	63466-71-7	27.461	0.4900	$C_{20}D_{12}$	264	264.38	-	IS
23. Benzo[a]pyrene	BaP	50-32-8	27.551	0.5088	$C_{20}H_{12}$	252	252.31	495	
Perylene-d12	d-Perylene	1520-96-3	27.749	0.5882	$C_{20}D_{12}$	264	264.38	-	SS
24. Perylene	Perylene	198-55-0	27.841	0.4788	$C_{20}H_{12}$	252	252.31	500 ~ 503	
25. Dibenz[a,j]anthracene	D[aj]A	224-41-9	31.722	0.4785	$C_{22}H_{14}$	278	278.35	-	
26. Indeno[1,2,3-cd]pyrene	I123P	193-39-5	32.315	0.6130	$C_{22}H_{12}$	276	276.33	-	
27. Dibenz[a,h]anthracene	DahA	53-70-3	32.343	0.4925	$C_{22}H_{14}$	278	278.35	524	
28. Dibenz[a,c]anthracene	DacA	215-58-7	32.872	0.4908		0.3149	278	278.35	518
29. Benzo[b]chrysene	BbCh	214-17-5			$C_{22}H_{14}$	278	278.35	-	
30. Picene	Picene	213-46-7	33.054	0.3521	$C_{22}H_{14}$	278	278.35	518 ~ 520	
31. Benzo[g,h,i]perylene	BghiP	191-24-2	33.722	0.4425	$C_{22}H_{12}$	276	276.33	>500	
32. Anthanthrene	Anthn	191-26-4	34.473	0.2384	$C_{22}H_{12}$	276	276.33	-	
33. Dibenzo[b,k]fluoranthene	D[bk]F	205-97-0	41.400	0.2439	$C_{24}H_{14}$	302	302.37	-	
34. Dibenzo[a,h]pyrene	DahP	189-64-0	44.326	0.3148	$C_{24}H_{14}$	302	302.37	-	
35. Coronene	Coronene	191-07-1	44.612	0.1780	$C_{24}H_{12}$	300	300.35	525	
36. Dibenzo[a,e]pyrene	DaeP	192-65-4	46.203	0.2463	$C_{24}H_{14}$	302	302.37	-	

주) 4H-CdefPh : 4H-Cyclopenta[def]phenanthrene

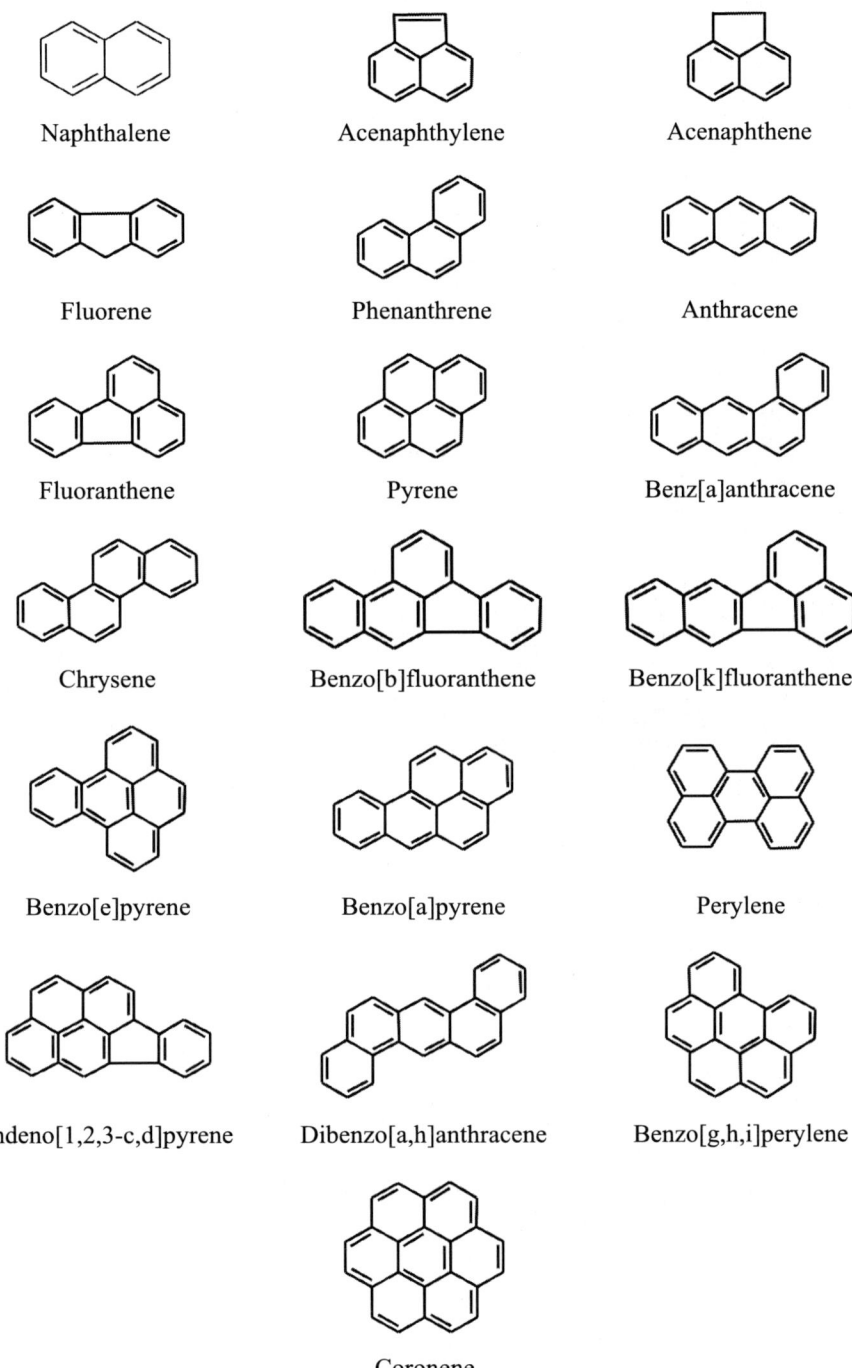

<그림 3.20> 측정 대상 주요 PAH의 구조식.

나. GC/MS 분석방법

□ PAH의 최종 농축액의 분석은 GC/MS (6890N / 5973 inert, Agilent Technologies, USA)를 이용하여 수행하였다. <표 3.19>에는 본 연구에서 PAH 분석을 위해 사용한 GC/MS 조건을 나타내었다. 환경대기 중 PAH 시료의 농도가 낮으므로 시료주입부의 모드는 splitless mode로 하여 시료 2 $\mu\ell$를 주입하였다. 시료주입에는 10 $\mu\ell$ 주사기가 장착되어 있는 액상시료 자동주입장치를 사용하였다.

<표 3.19> PAH 분석을 위한 GC/MS 조건

GC	Agilent Technologies 6890N			
Injector				
Injection Volume	2.0 $\mu\ell$			
Syringe Size	10.0 $\mu\ell$			
Washes				

	Preinjection	Postinjection
Sample	0	
SolventA= Methanol	3	3
SolventB= HX/AT(90/10%)	3	0
Pumps	5	

Inlet	EPC split/splitless			
Mode	Pulsed splitless mode			
Inlet temperature	300 ℃			
Pressure	11 psi			
Purge flow	30.0 mL/min			
Purge time	1.0 min			
Pulse press	30 psi			
Pulse time	0.3 min			
Total flow	34 mL/min			
Gas cover	off			
Gas type	Helium			
Inlet liner	Dual taper liner connect, deactivated, 4-mm id, splitless, part number G1544-80700			
Oven				

Oven ramp	℃/min	Next ℃	Hold min	Total time(min)
Initial		70	1	1
Ramp 1	15	205	0	10
Ramp 2	8	325	15	40

Total run time	40 min
Equilibration time	0.5 min
Oven max temp	340 ℃
Column	J&W Scientific DB-5MS Capillary Column(30 m × 0.25 mm × 1.0 μm)
Flow mode	Constant flow
Flow volume	1.2 mL/min
MSD	Agilent Technologies 5973 inert
Solvent delay	8 min
EM voltage	Run at Autotune voltage = 1465 V(ABS)
Mass range	85 ~ 350 amu
Threshold	150
Sampling	2
Scans/s	5.56
Quadruple temp	180 ℃
Source temp	300 ℃
Transfer line temperature	280 ℃

☐ PAH 시료가 반 휘발성 시료임을 감안하여 충분히 기화할 수 있도록 시료주입구 온도를 300 ℃로 맞추었다. 주입부 liner는 불활성처리가 된 splitless전용 liner를 사용하였다. 오븐 온도는 70 ℃에서 1분간 유지한 후 15 ℃/min 으로 205 ℃까지 올리고 8 ℃/min 으로 325 ℃까지 올린 다음 325 ℃에서 15분간 유지시켰다.

☐ 분석용 칼럼으로는 GC/MS전용 칼럼인 DB-5MS 모세관 칼럼 (30 m × 0.25 mm × 1.0 ㎛, J&W Scientific, USA)을 사용하였다. 칼럼 유량은 GC의 일정 유량 기능을 사용하여 1.2 mL/min 으로 유지하였다. Solvent delay time은 8분으로 설정하였다. MS 검출기의 감도를 높이기 위해 autotuning 후 EM voltage값에서 약 50정도 높여서 분석하였다. 검출기 내 quadrupole 온도와 ion source 온도도 각각 180 ℃, 300 ℃로 일반적인 VOC 분석 시 조건과는 달리 PAH 분석에 적합한 높은 온도를 유지하였다.

☐ 표준시료를 scan 모드로 분석하여 개별 PAH대상물질의 질량스펙트럼을 확인하는 정성작업을 통한 대상물질의 체류시간을 확정하였다. 이를 바탕으로 선택이온검출 (Selective Ion Monitoring, 이하 SIM)모드에 적용할 PAH 그룹을 <표 3.20>과 같이 구성하였으며 이는 기존의 PAH만 분석할 때의 SIM mode program 보다 더 세분화 되어 있다.

<표 3.20> GC/MS 분석 시 적용한 SIM mode program

Group No.	Start time (min)	Ion (numbers)				Dwell time
1	8.0	136 (1)	128 (1)			100
2	10.5	154 (1)				100
3	11.5	160 (1)	152 (1)	162 (1)	153 (1)	50
5	13.0	166 (1)				100
6	15.0	184 (1)	188 (1)	178 (2)		50
8	17.0	190 (1)				100
9	18.5	202 (2)	212 (1)			100
10	22.0	228 (1)	226 (1)			100
11	23.0	240 (2)	228 (3)			100
12	26.0	252 (3)				100
13	27.0	252 (3)	264 (2)			100
14	31.5	278 (4)	276 (3)			100
15	40.0	302 (3)	300 (1)			100

□ GC/MS 분석 후에는 시료추출 전에 주입한 대리표준물질의 회수율을 이용하여 개별 시료의 추출에 의한 손실률을 계산하고 이를 농도보정에 사용하였다. 또한 농축 완료 후 주입한 내부표준물질을 이용하여 기기의 감도변화나 만약의 경우 시료바이알 속의 용매가 휘발하는데서 발생하는 오차 등을 보정할 수 있었다.

□ 본 연구에서 농도 환산과정에서 사용한 내부표준물질과 대리표준물질 및 각 그룹별로 적용된 대상 PAH를 <표 3.21>에 나타내었다. <그림 3.21>과 <그림 3.22>에는 scan mode와 SIM mode로 분석한 GC/MS 크로마토그램의 일례를 나타내었다. Scan모드로 분석한 시료의 경우 칼럼 bleed 및 대상물질이 아닌 성분들의 피크가 나타나는 것을 볼 수 있다. 그러나 SIM 모드로 분석한 시료의 경우는 대상물질만을 나타내 주기 때문에 정성·정량이 훨씬 간편해 보이는 것을 알 수 있다. 실제로 표준물질의 분석결과를 보면 SIM 모드는 scan 모드로 분석할 때 보다 약 2 ~ 3배 정도 높은 감도를 보인다.

<표 3.21> 정량분석에 사용된 IS와 SS 및 이에 따른 분석 대상물질

PAH/Ptl.	SS/IS	Compound	Target Pollutants
PAH	SS	Naphthalene-d8	Naphthalene, Biphenyl
		Acenaphthene-d10	Acenaphthylene, Acenaphthene, Fluorene
		Phenanthrene-d10	Dibenzothiophene, Phenanthrene, Anthracene, 4H-Cyclopenta[def]phenanthrene, Fluoranthene, Pyrene
		Chrysene-d12	Benzo[c]phenanthrene, Cyclopenta[cd]pyrene, Benzo[ghi]fluoranthene, Benz[a]anthracene, Chrysene, Triphenylene
		Perylene-d12	Benzo[b]fluoranthene, Benzo[j]fluoranthene, Benzo[k]fluoranthene, Benzo[a]fluoranthene, Benzo[e]pyrene, Benzo[a]pyrene, Perylene, Indeno[1,2,3-cd]pyrene, Benzo[ghi]perylene, Dibenz[a,h]anthracene, Dibenz[a,c]anthracene, Dibenz[a,j]anthracene, Picene, Benzo[b]chrysene, Anthanthrene, Coronene, Dibenzo[a,h]pyrene, Dibenzo[b,k]fluoranthene, Dibenzo[a,e]pyrene
	IS	Acenaphthylene-d8	Naphthalene-d8(SS), Naphthalene, Biphenyl, Acenaphthylene, Acenaphthene-d10(SS), Acenaphthene, Fluorene
		Pyrene-d10	Dibenzothiophene, Phenanthrene-d10(SS), Phenanthrene, Anthracene 4H-Cyclopenta[def]phenanthrene, Fluoranthene, Pyrene
		Benz[a]anthracene-d12	Benzo[c]phenanthrene, Cyclopenta[cd]pyrene, Benzo[ghi]fluoranthene, Benz[a]anthracene, Chrysene-d12(SS), Chrysene, Triphenylene
		Benzo[a]pyrene-d12	Benzo[b]fluoranthene, Benzo[j]fluoranthene, Benzo[k]fluoranthene, Benzo[a]fluoranthene, Benzo[e]pyrene, Benzo[a]pyrene, Perylene-d12(SS), Perylene, Dibenz[a,j]anthracene, Indeno[1,2,3-cd]pyrene, Dibenz[a,h]anthracene, Dibenz[a,c]anthracene,Benzo[b]chrysene, Picene, Benzo[ghi]perylene, Anthanthrene, Dibenzo[b,k]fluoranthene, Dibenzo[a,h]pyrene, Coronene, Dibenzo[a,e]pyrene

PAH calibration standard

현장시료

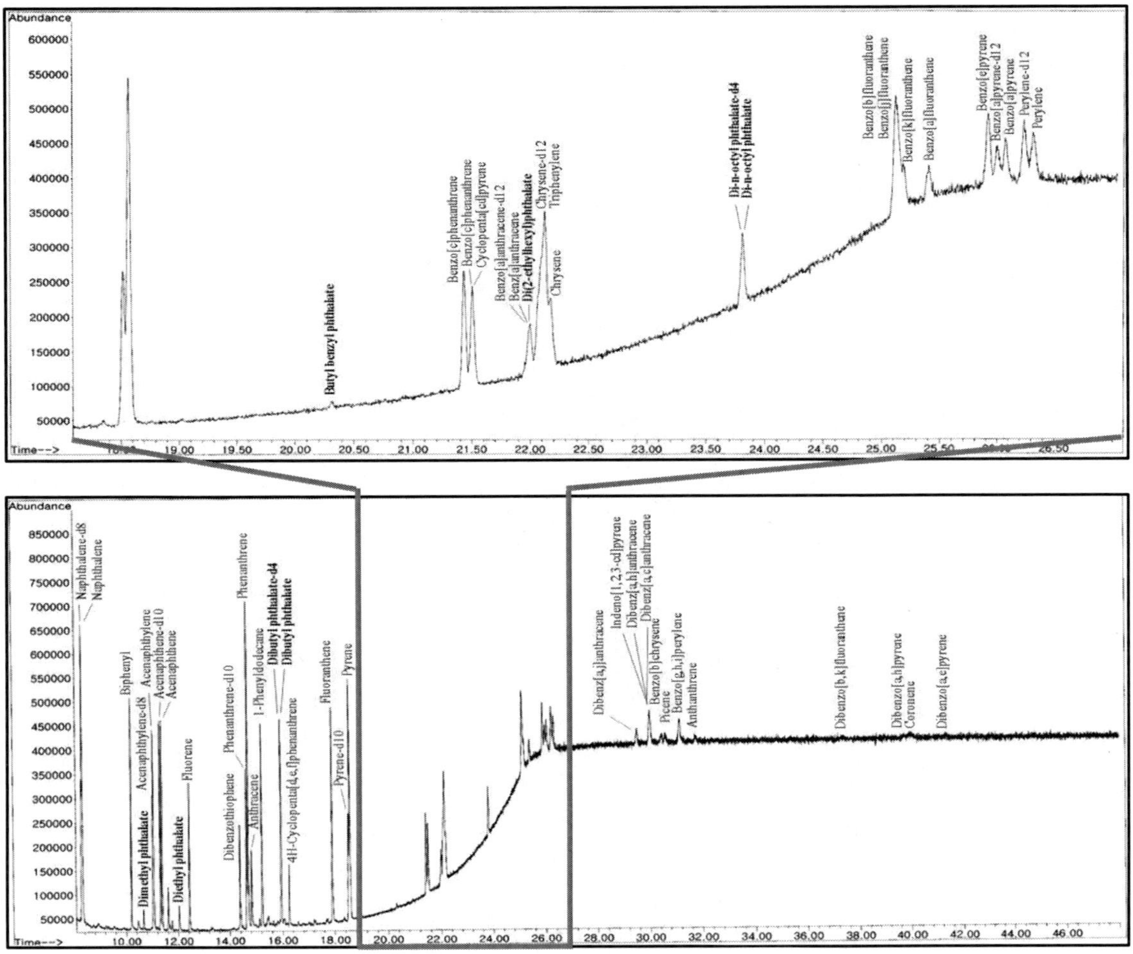

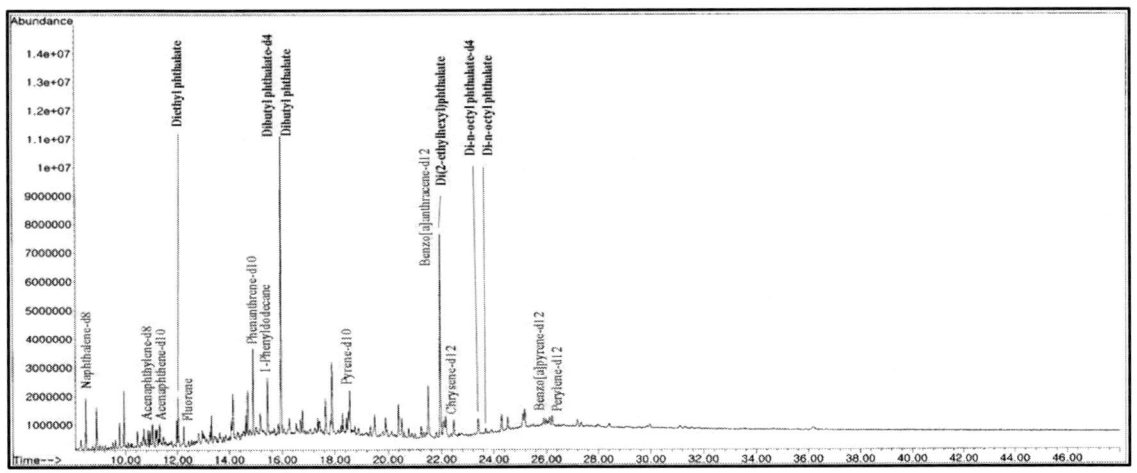

<그림 3.21> Scan 모드로 분석한 PAH의 GC/MS 크로마토그램 일례.

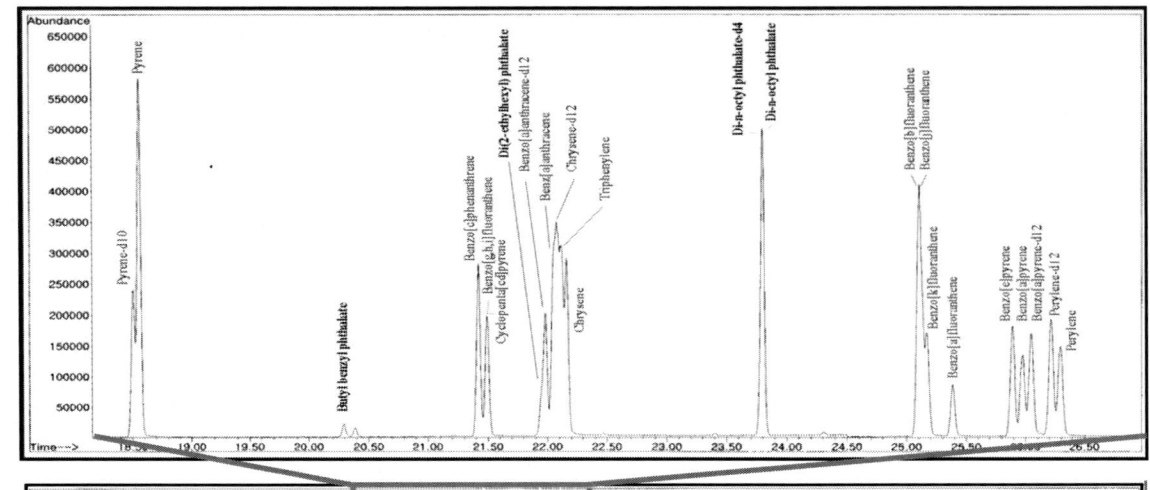

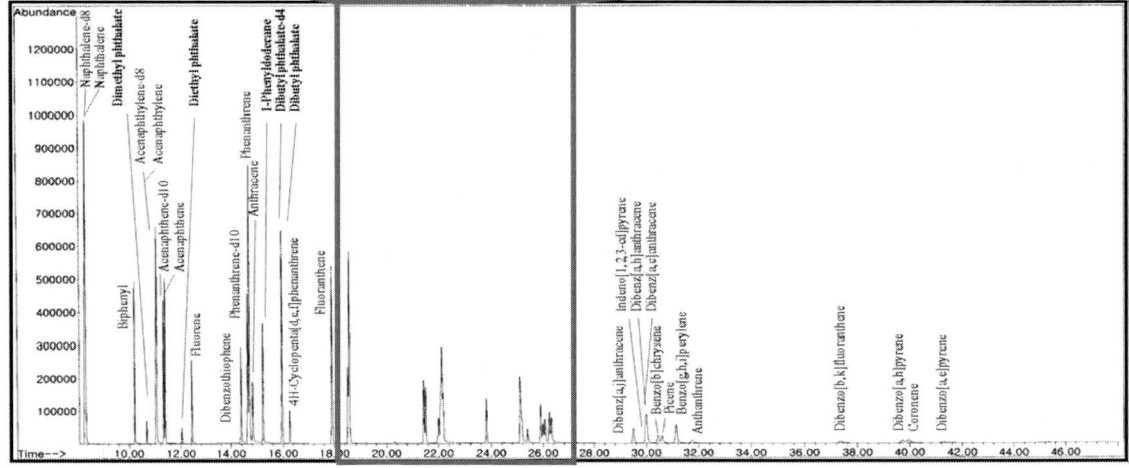

PAH calibration standard

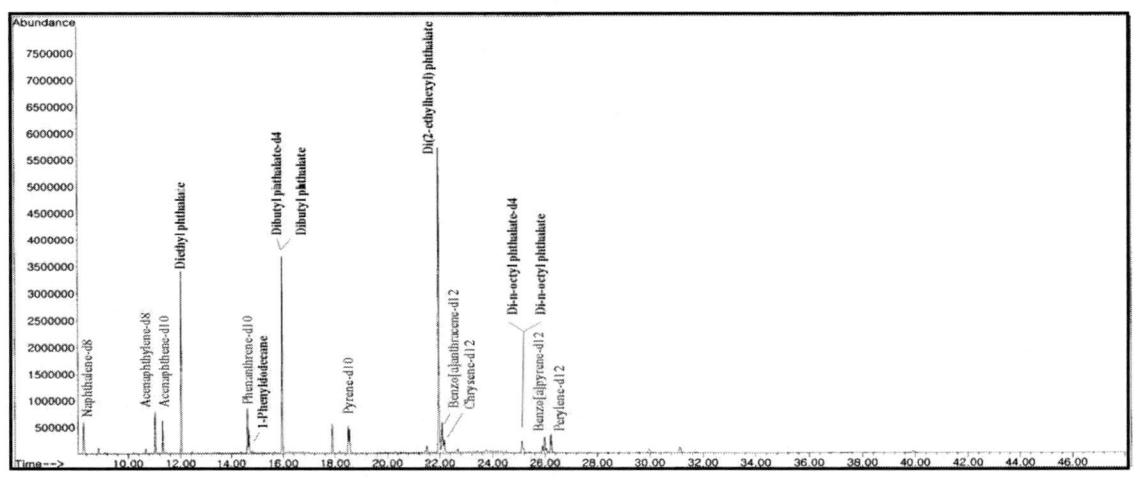

현장시료

<그림 3.22> SIM 모드로 분석한 PAH의 GC/MS 크로마토그램 일례.

3.3.4 PAH 측정 정도관리

가. 샘플러간의 시료채취 성능 비교 평가 - TSP 농도 측면

□ PAH시료채취에 사용된 high-volume PUF 샘플러간의 성능비교 실험은 기존 연구에서 수행된 바 있다. 본 보고서에서는 그 과정과 결과를 간단히 요약하여 나타내었다. 시료채취는 영남대학교 환경공학과 건물 5층 옥상에서 5대의 동일한 샘플러를 이용해 각각 24시간동안 이루어졌다.

□ 시료채취 후 필터시료를 이용하여 TSP 농도를 측정하였으며 필터시료와 PUF 시료를 각각 별도로 추출하여 PAH 성분 분석을 하였다. TSP 농도 비교결과는 <표 3.22>와 <그림 3.23>에 각각 요약하였다. 첫 번째 실험의 TSP 농도에 대한 상대표준편차는 6.9 %로 나타났으며 두 번째 실험의 TSP 농도에 대한 상대표준편차는 9.4 %로 개별 샘플러를 이용한 TSP농도의 재현성은 모두 10 % 이내로 나타나 양호한 것으로 판단된다.

<표 3.22> High-volume PUF 샘플러간의 시료채취 성능비교 - TSP 농도 측면

Date	Smpler No.	A	B	C	D	E	Mean	SD	RSD
Run 1	TSP ($\mu g/m^3$)	71.71	65.64	77.57	78.01	73.34	73.25	5.04	6.9 %
Run 2	TSP ($\mu g/m^3$)	72.33	61.17	56.85	66.37	60.70	63.48	5.99	9.4 %

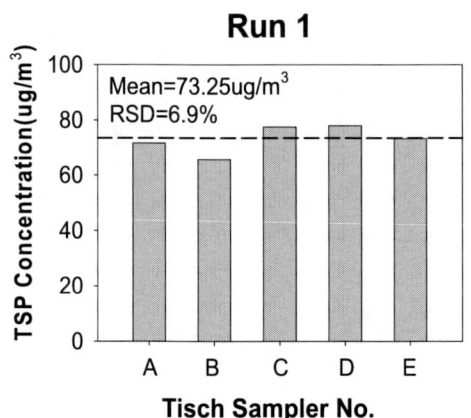 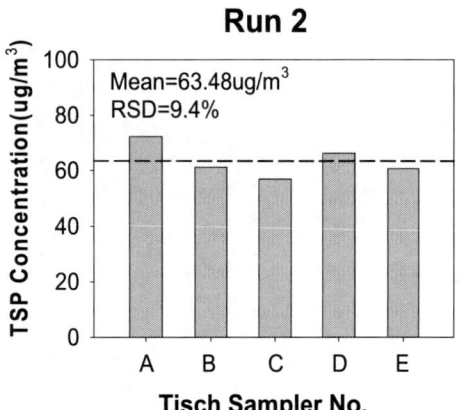

<그림 3.23> High-volume PUF 샘플러간의 시료채취 성능 비교 - TSP 농도 측면.

나. 샘플러간의 시료채취 성능 비교평가 - PAH 농도 측면

□ 샘플러 성능비교를 위한 입자상 및 기체상 시료의 합에 대한 PAH 농도 재현성 결과는 <표 3.23>에 나타내었다. 전반적으로 PAH분석결과는 TSP 농도의 재현성에 비해서는 떨어지는 것으로 나타났다. 특히 PAH 그룹에서 비교적 휘발성이 강하여 기체상으로 분배되는 정도가 심한 저분자 PAH의 경우 재현성이 약 20 ~ 30 %로 나타난 반면 대부분 입자상으로 존재하는 벤젠고리 5개의 벤조(a)파이렌 등은 전반적으로 10 ~ 20 % 범위의 재현성을 나타내고 있다.

<표 3.23> High-volume PUF 샘플러간의 성능비교 – PAH 농도 측면   (단위 : ng/m³)

No.	Compounds	Run 1 (n=5)			Run 2 (n=5)			평균 재현성[b] (%)
		Mean	SD	RSD[a] (%)	Mean	SD	RSD (%)	
1	Naphthalene	1.301	0.288	22.1	8.514	2.993	35.2	28.6
2	Biphenyl	0.861	0.176	20.4	5.503	1.757	31.9	26.2
3	Acenaphthylene	0.065	0.019	29.2	1.209	0.428	35.4	32.3
4	Acenaphthene	0.028	0.010	36.2	0.191	0.058	30.2	33.2
5	Fluorene	0.385	0.126	32.8	2.531	0.865	34.2	33.5
7	Phenanthrene	30.401	2.335	7.7	106.580	44.539	41.8	24.7
8	Anthracene	3.501	0.496	14.2	7.101	2.682	37.8	26.0
9	4H-CdefPh	3.181	0.362	11.4	11.703	5.168	44.2	27.8
10	Fluoranthene	4.053	0.407	10.0	4.543	0.201	4.4	7.2
11	Pyrene	3.371	0.363	10.8	3.714	0.148	4.0	7.4
12	Benzo[c]phenanthrene	0.230	0.016	6.9	0.164	0.067	41.1	24.0
13	B[ghi]F + CcdP	0.682	0.082	12.0	0.672	0.297	44.2	28.1
14	Benz[a]anthracene	0.582	0.056	9.6	0.359	0.114	31.6	20.6
15	Chrysene + Triphenylene	0.882	0.120	13.6	0.785	0.266	33.9	23.8
16	Benzo[b+j]fluoranthene	0.866	0.149	17.2	0.761	0.059	7.8	12.5
17	Benzo[k]fluoranthene	0.200	0.037	18.5	0.181	0.013	7.3	12.9
18	Benzo[a]fluoranthene	0.092	0.014	15.6	0.080	0.010	12.3	14.0
19	Benzo[e]pyrene	0.389	0.066	17.0	0.372	0.029	7.8	12.4
20	Benzo[a]pyrene	0.332	0.063	18.9	0.281	0.018	6.4	12.6
21	Perylene	0.059	0.010	17.8	0.053	0.003	6.3	12.0
22	Dibenz[a,j]anthracene	0.049	0.022	46.4	0.034	0.001	3.9	25.1
23	Indeno[1,2,3-cd]pyrene	0.296	0.100	33.6	0.277	0.017	6.0	19.8
24	Dibenz[a,h+a,c]A	0.096	0.041	43.0	0.073	0.004	5.5	24.2
25	Benzo[b]chrysene	0.046	0.019	41.6	0.036	0.002	6.7	24.1
26	Picene	0.071	0.026	36.3	0.059	0.004	7.2	21.8
27	Benzo[ghi]perylene	0.432	0.204	47.2	0.438	0.030	6.9	27.0
28	Anthanthrene	0.067	0.022	33.1	0.066	0.005	7.4	20.2
29	Coronene	N.D[c]	N.D	-	N.D	N.D	-	-

a) RSD: 상대표준편차 (%) = SD/Mean × 100 ; b) 평균재현성은 두 실험의 RSD 값의 산술평균을 취함.
c) N.D : Not Detected.

□ 한편 농도가 낮아서 측정 불확도가 상대적으로 증가하는 물질들의 재현성은 20 ~ 30 % 범위로 나타남을 알 수 있다. 반면에 농도가 높게 나타나는 플루오란텐과 파이렌 등의 측정 재현성은 10 % 이하로 나타나 샘플러간의 차이로 인한 측정 결과의 오차는 임의 오차의 범주에 있는 것으로 판단된다.

다. PAH 물질의 추출 효율

□ 시료채취 성능 비교 평가와 마찬가지로 본 연구진의 기존 연구결과를 요약하였다. PAH 개별대상물질의 추출에 따른 회수율을 파악하기 위해 PAH 개별물질을 이용하여 각각 1 μg/mL 수준의 동일한 농도의 표준혼합용액을 조제하였다. 이 표준혼합용액 1 mL를 사전에 세척된 필터에 주입하여 실제시료와 동일한 방법으로 PAH를 추출-농축한 후 분석하여 회수율을 구하였다. <표 3.24>에는 본 연구의 PAH 개별대상물질의 추출에 따른 회수율을 나타내었다. 본 연구의 회수율 평균은 80.1 % 이었으며 재현성도 상대표준편차 7 % 이하로 비교적 양호한 결론을 얻었다.

□ 회수율 실험 이외에도 PAH추출이 충분히 이루어졌는지를 파악하기 위해 먼지농도가 높은 날의 시료들을 대상으로 시료를 1차 추출 후에 같은 방법으로 2차 추출하여 별도로 분석한 후 1차 추출 후의 잔존량을 조사하였다. 2차 추출 시료에서는 나프탈렌을 제외하고는 모든 대상물질이 검출한계 이하로 나타났다.

<표 3.24> 주요 PAH 물질의 추출 회수율 평가 (n=6)

No.	PAH	평균 회수율 (%)	표준편차	RSD (%)
1	Naphthalene	70.0	4.9	6.9
2	Acenaphthylene	66.9	3.5	5.2
3	Acenaphthene	74.9	5.0	6.6
4	Fluorene	81.8	3.6	4.3
5	Phenanthrene	61.5	1.7	2.7
6	Anthracene	78.3	1.1	1.4
7	Fluoranthene	80.6	1.6	2.0
8	Pyrene	79.5	1.7	2.2
9	Benz[a]anthracene	82.6	2.2	2.7
10	Chrysene	80.9	3.4	4.2
11	Benzo[b]fluoranthene	87.5	4.1	4.7
12	Benzo[k]fluoranthene	89.5	4.4	4.9
13	Benzo[e]pyrene	83.0	4.4	5.3
14	Benzo[a]pyrene	81.5	0.8	1.0
15	Perylene	78.3	1.1	1.4
16	Indeno[1,2,3-cd]pyrene	93.0	3.4	3.6
17	Dibenz[a,h]A	98.5	3.1	3.2
18	Benzo[ghi]perylene	84.3	4.2	5.0
19	Coronene	69.5	4.3	6.2
	평균	80.1	-	3.9

주) 추출회수율 (%) = (추출 후 질량/추출 전 질량) × 100 (%)

□ <표 3.25>에는 실제 현장 시료에 주입된 대리표준물질 (Surrogate Standard, SS)의 회수율을 나타내었다. 현장 시료에 추출 전 SS를 주입하였고 회수율은 시료의 추출, 농축, 분석과정을 거친 결과이다. SS는 총 다섯 가지의 물질(Naphthalene-d8, Acenaphthene-d10, Phenanthrene-d10, Chrysene-d12, Perylene-d12)을 사용하였으며 각각의 SS 물질 회수율을 총 36종 PAH에 일정 범위로 그룹을 정하여 각 회수율을 적용 시켰다. 4계절 PAH 전체물질에 대한 SS의 회수율은 약 84 ~ 94 %로 나타났다.

<표 3.25> 현장 시료에 주입된 대리표준물질의 회수율 (%)

	PAH	여름 (n=28)	가을 (n=28)	겨울 (n=28)	봄 (n=28)
SS	Naphthalene-d8	65.0	69.9	63.2	74.9
1	Naphthalene	65.0	69.9	63.2	74.9
2	Biphenyl	65.0	69.9	63.2	74.9
3	Acenaphthylene	77.4	78.2	69.8	81.4
SS	Acenaphthene-d10	77.4	78.2	69.8	81.4
4	Acenaphthene	77.4	78.2	69.8	81.4
5	Fluorene	77.4	78.2	69.8	81.4
6	Dibenzothiophene	92.6	91.6	88.9	103.1
SS	Phenanthrene-d10	92.6	91.6	88.9	103.1
7	Phenanthrene	92.6	91.6	88.9	103.1
8	Anthracene	92.6	91.6	88.9	103.1
9	CdefPh	92.6	91.6	88.9	103.1
10	Fluoranthene	92.6	91.6	88.9	103.1
11	Pyrene	92.6	91.6	88.9	103.1
12	Benzo[c]phenanthrene	105.9	107.6	104.0	118.7
13	BghiF+CcdP	105.9	107.6	104.0	118.7
15	Benz[a]anthracene	105.9	107.6	104.0	118.7
SS	Chrysene-d12	105.9	107.6	104.0	118.7
16	Triphenylene	105.9	107.6	104.0	118.7
17	Chrysene	105.9	107.6	104.0	118.7
18,19	Benzo[b+j]fluoranthene	77.7	77.8	81.3	88.0
20	Benzo[k]fluoranthene	77.7	77.8	81.3	88.0
21	Benzo[a]fluoranthene	77.7	77.8	81.3	88.0
22	Benzo[e]pyrene	77.7	77.8	81.3	88.0
23	Benzo[a]pyrene	77.7	77.8	81.3	88.0
SS	Perylene-d12	77.7	77.8	81.3	88.0
24	Perylene	77.7	77.8	81.3	88.0
25	Dibenz[a,j]anthracene	77.7	77.8	81.3	88.0
26	Indeno[1,2,3-cd]pyrene	77.7	77.8	81.3	88.0
27,28	Dibenz[a,h+a,c]anthracene	77.7	77.8	81.3	88.0
29	Benzo[b]chrysene	77.7	77.8	81.3	88.0
30	Picene	77.7	77.8	81.3	88.0
31	Benzo[g,h,i]perylene	77.7	77.8	81.3	88.0
32	Anthanthrene	77.7	77.8	81.3	88.0
33	Dibenzo[b,k]fluoranthene	77.7	77.8	81.3	88.0
34	Dibenzo[a,h]pyrene	77.7	77.8	81.3	88.0
35	Coronene	77.7	77.8	81.3	88.0
36	Dibenzo[a,e]pyrene	77.7	77.8	81.3	88.0
	평 균	83.9	84.5	83.6	93.9

라. 검량선의 선형성 및 재현성 평가

□ <표 3.26>에는 실제 시료정량에 사용되었던 동일 농도의 표준시료를 분석하여 얻은 RF 와 체류시간의 재현성을 나타내었다. PAH의 RF 재현성은 평균적으로 4 ~ 5 % 범위를 보였으며 체류 시간의 재현성이 또한 0.1 % 이하로 재현성은 모두 만족스러운 결과를 얻었다.

□ 한편 측정대상 PAH 물질에 대한 서로 다른 농도의 표준용액에 대한 검량선의 선형성과 상관성을 평가하였으며 그 결과는 <그림 3.24> ~ <그림 3.25>에 수록하였다. R2값은 대체로 0.99이상이 나와서 선형성과 상관성은 양호한 결과를 얻었다.

<표 3.26> 실제 시료에 사용된 PAH 표준용액의 감응계수와 체류시간의 재현성 (n=6)

	PAH	표준용액 감응계수 RSD (%)	표준용액 체류시간 RSD (%)
SS	Naphthalene-d8	3.32	0.07
1	Naphthalene	3.26	0.07
2	Biphenyl	6.44	0.07
IS	Acenaphthylene-d8	0.00	0.07
3	Acenaphthylene	1.81	0.07
SS	Acenaphthene-d10	1.65	0.07
4	Acenaphthene	1.21	0.07
5	Fluorene	3.96	0.07
6	Dibenzothiophene	5.15	0.07
SS	Phenanthrene-d10	4.18	0.07
7	Phenanthrene	4.66	0.07
8	Anthracene	3.16	0.07
9	CdefPh	3.78	0.06
10	Fluoranthene	1.53	0.06
IS	Pyrene-d10	0.00	0.06
11	Pyrene	0.53	0.00
12	Benzo[c]phenanthrene	2.57	0.11
13	BghiF+CcdP	6.51	0.05
SS	Benzo[a]anthracene-d12	0.00	0.05
15	Benz[a]anthracene	2.57	0.10
SS	Chrysene-d12	2.40	0.05
16	Triphenylene	7.32	0.05
17	Chrysene	2.11	0.05
18,19	Benzo[b+j]fluoranthene	1.33	0.05
20	Benzo[k]fluoranthene	4.26	0.05
21	Benzo[a]fluoranthene	0.88	0.05
22	Benzo[e]pyrene	2.44	0.05
IS	Benzo[a]pyrene-d12	0.00	0.06
23	Benzo[a]pyrene	0.89	0.05
SS	Perylene-d12	1.33	0.05
24	Perylene	1.53	0.05
25	Dibenz[a,j]anthracene	4.11	0.07
26	Indeno[1,2,3-cd]pyrene	5.25	0.07
27,28	Dibenz[a,h+a,c]anthracene	4.88	0.06
29	Benzo[b]chrysene	6.87	0.07
30	Picene	6.82	0.07
31	Benzo[g,h,i]perylene	6.06	0.06
32	Anthanthrene	6.92	0.07
33	Dibenzo[b,k]fluoranthene	14.14	0.06
34	Dibenzo[a,h]pyrene	15.08	0.06
35	Coronene	20.29	0.05
36	Dibenzo[a,e]pyrene	17.17	0.05
평 균		**4.49**	**0.06**

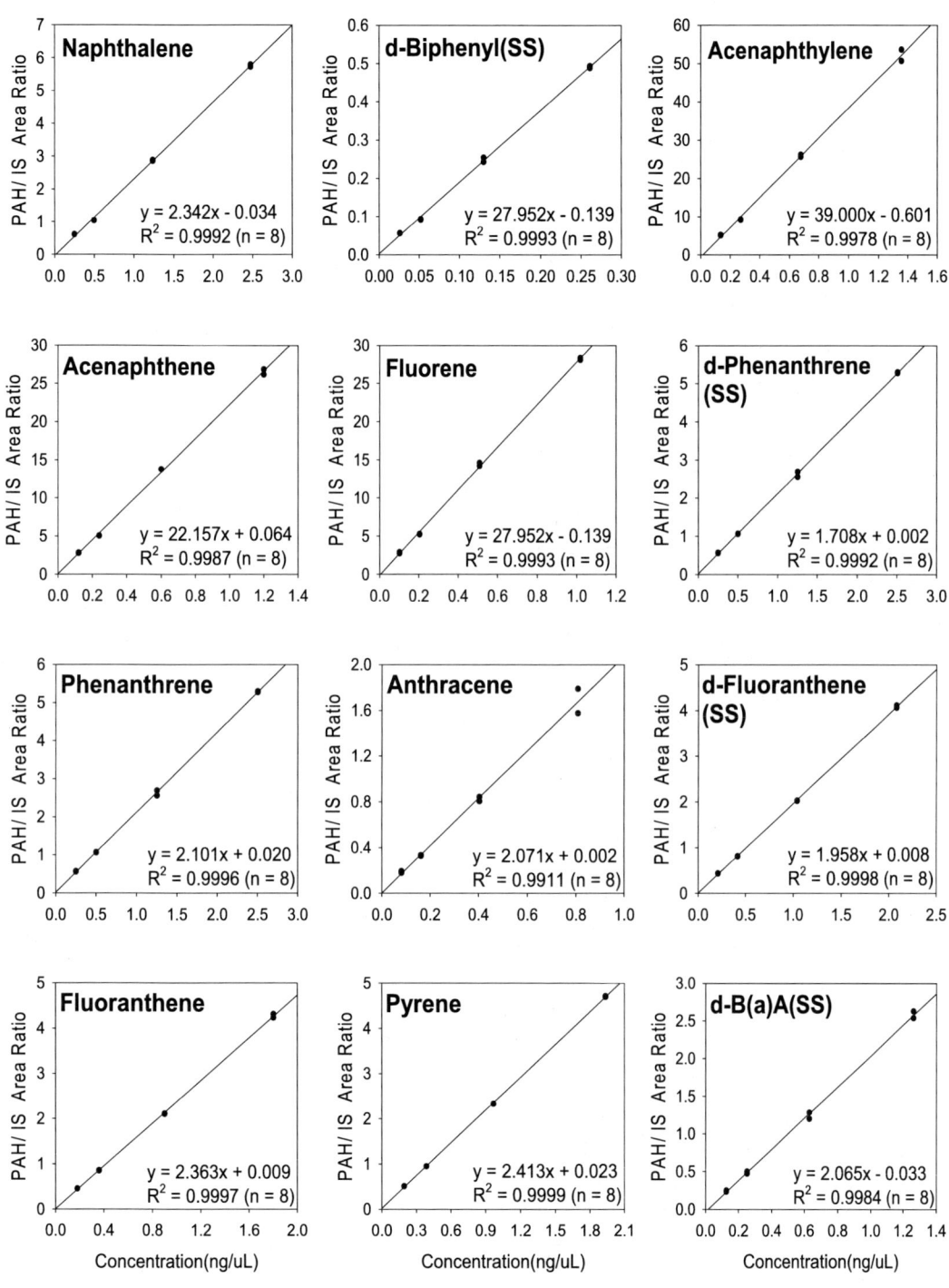

<그림 3.24> 서로 다른 농도의 PAH 표준용액에 대한 검량선 (I).

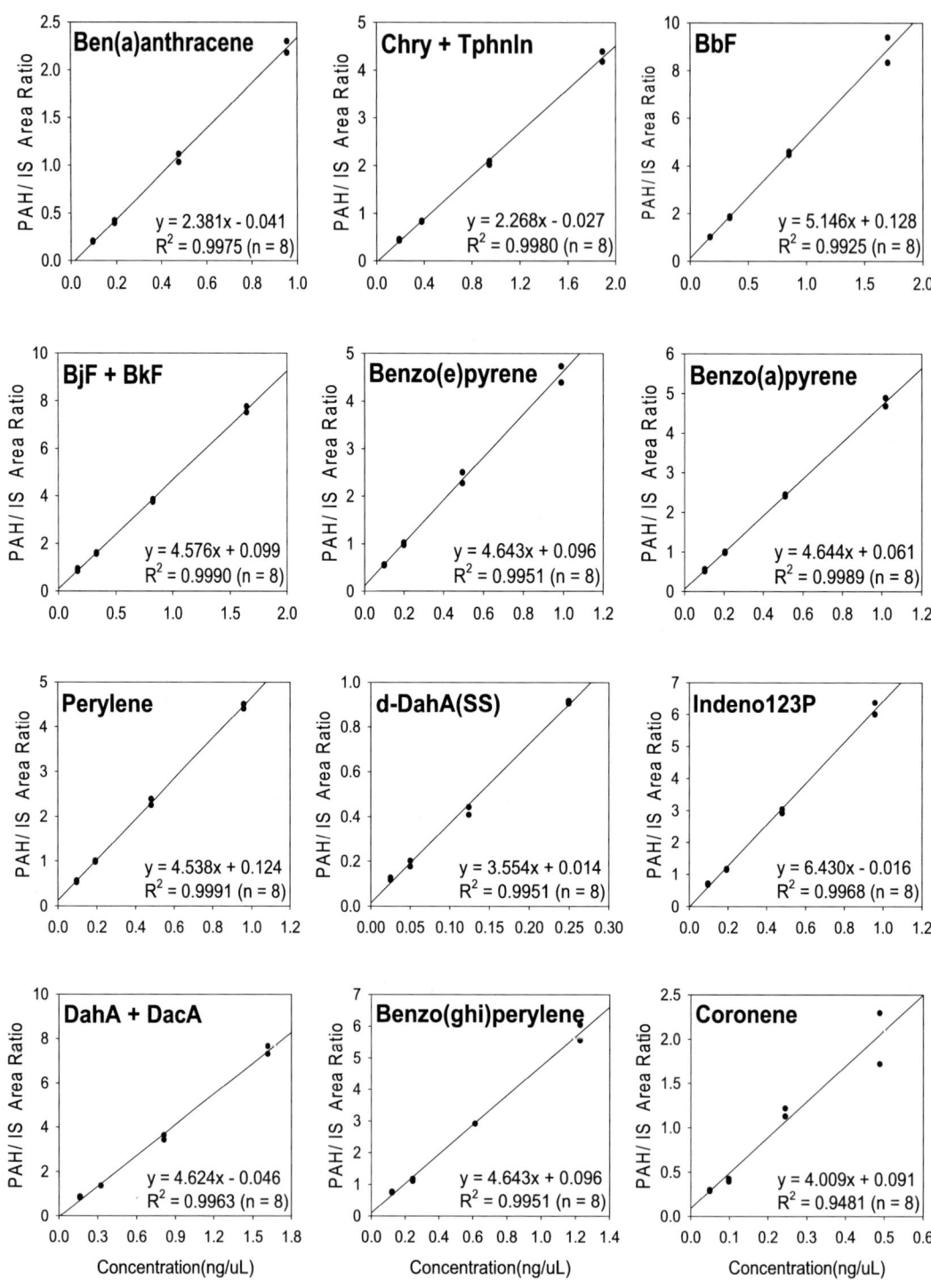

<그림 3.25> 서로 다른 농도의 PAH 표준용액에 대한 검량선 (II).

마. 검출한계 평가

□ 본 연구에서는 저 농도 수준의 자료의 신뢰성을 검증하기 위해 여러 가지 방법으로 각 분석대상물질의 검출한계를 추정하여 <표 3.27>에 나타내었다. MDL은 개별대상물질에 대한 검출 저한계 수준의 낮은 농도 표준물질을 5번 분석하여 얻은 결과를 미국 EPA에서 권장하는 방법으로 계산하여 구하였다 (U.S. EPA, 1990). MDL 추정을 위하여 SRM 1649a를 미량 분취하여 시료와 동일한 방법으로 추출하여 추정한 방법과 낮은 농도의 표준용액을 주입하여 시료와 동일한 방법으로 추정하는 두 가지 방법을 모두 적용하였다. <표 3.27>에 나타낸 IDL은 S/N비 2.5에 해당하는 Area를 이용하여 구하였다. 최종적으로 정량보고한계 (Quantitative Detection Limit, 이하 QDL)은 MDL과 IDL 두 추정치 중 큰 값을 기준으로 그 값에 다시 3배를 곱하여 추정하였다.

□ 미국화학회에서 정의하는 일반적인 분석화학적 검출한계는 공시료를 반복 분석하여 얻어진 결과치의 표준편차를 3배 한 값으로서 이를 LDL로 한다. 그리고 LDL의 3배를 취한 값을 QDL로 정의하고 있다 (ACS, 1980). 그러나 PAH나 중금속 같이 시료의 추출과정과 농축과정이 복잡한 경우에는 단순히 공시료의 분석 결과만을 기준으로 검출한계나 정량한계를 추정하는 것은 적절하지 않을 수 있다 (Glaser et al., 1980).

□ 따라서 본 연구에서와 같이 아주 낮은 농도 (분명히 제로 농도는 아닌)의 시료를 대상으로 실제 시료와 같은 추출과 농축과정을 거친 후 최종적으로 잔류하는 농도가 실제 제로 농도와 유의적으로 차이가 있게 나타날 수 있는 최소한의 농도 수준을 추정하여야 한다. 그리고 이 값을 방법검출한계라 정의한다 (U.S. EPA, 1990).

□ 대기 중 농도 측면으로 구한 QDL (ng/m^3)은 본 연구에서 실제 시료에 적용한 조건 (즉 시료의 최종 농축량을 0.5 mL로, GC의 시료 주입량을 2 $\mu\ell$로, 공기채취 유량을 800 m^3)을 적용하여 추정한 값이다. 벤조(a)파이렌의 경우 대기 중 농도로 환산하여 약 0.036 ng/m^3 까지 측정 가능한 것으로 평가된다.

□ 한편 PAH그룹에서 비교적 고분자에 해당하는 인데노(1,2,3-c,d)파이렌, 다이벤즈(a,h)파이렌과 코로넨 등 분자량이 278보다 큰 물질들은 정량보고 한계값이 0.2 ~ 0.3 ng/m^3 수준인 것으로 나타났다. 이는 고분자 물질의 GC칼럼 내에서의 탈착률이 낮고 감도 또한 분자량이 높을수록 낮은 것에 기인한 것으로 판단된다. 위 결과로 미루어 볼 때 본 보고

서에서 다루는 대부분의 PAH는 농도 측정값 중 0.1 ng/m^{3}이하의 자료들에 대해서 상대적으로 불확도가 크다고 할 수 있다.

<표 3.27> PAH 분석의 방법검출한계와 기기검출한계 및 정량보고한계에 대한 평가

PAH	표준용액을 이용한 IDL 질량 추정치[4] (pg)	SRM 1649a를 이용한 MDL[1] 질량 추정치[2] (pg)	표준용액을 이용한 MDL 질량 추정치[3] (pg)	정량보고한계 QDL 질량 추정치[5] (pg)	정량보고한계 QDL 농도 추정치[6] (ng/m^3) 2 μl injection	
					1 mL 농축	0.5 mL 농축
Naphthalene	17.0	31.0	13.4	93.0	0.058	0.029
Biphenyl	22.7	-	-	68.1	0.043	0.021
Acenaphthylene	21.5	-	49.6	148.8	0.093	0.046
Acenaphthene	33.3	-	70.6	211.9	0.132	0.066
Fluorene	30.3	-	66.6	199.9	0.125	0.062
Dibenzothiophene	21.5	-	-	64.6	0.040	0.020
Phenanthrene	18.6	43.4	62.0	186.0	0.116	0.058
Anthracene	20.6	-	38.2	114.7	0.072	0.036
4H-CdefPh	28.0	-	-	84.0	0.052	0.026
Fluoranthene	17.4	33.4	25.7	100.2	0.063	0.031
Pyrene	16.7	26.7	21.7	80.2	0.050	0.025
Benzo[c]phenanthrene	29.3	-	-	87.9	0.055	0.027
B[ghi]F + CcdP	29.5	-	-	88.5	0.055	0.028
Benz[a]anthracene	23.3	-	22.4	70.0	0.044	0.022
Triphenylene	20.0	16.0	-	60.1	0.038	0.019
Chrysene	22.4		19.5	67.1	0.042	0.021
Benzo[b+j]fluoranthene	27.5	20.4	30.0	90.0	0.056	0.028
Benzo[k]fluoranthene	31.9	-	31.8	95.7	0.060	0.030
Benzo[a]fluoranthene	34.0	-	-	102.0	0.064	0.032
Benzo[e]pyrene	31.1	14.7	36.2	108.5	0.068	0.034
Benzo[a]pyrene	36.5	11.6	38.1	114.4	0.072	0.036
Perylene	36.2	-	31.5	108.5	0.068	0.034
Dibenz[a,j]anthracene	61.8	-	-	185.4	0.116	0.058
Indeno[1,2,3-cd]pyrene	47.6	-	123.5	370.5	0.232	0.116
Dibenz[a,h+a,c]anthracene	10.0	-	33.4	100.3	0.063	0.031
Benzo[b]chrysene	87.5	-	-	262.4	0.164	0.082
Picene	81.4	-	-	244.2	0.153	0.076
Benzo[ghi]perylene	65.1	14.3	37.2	195.4	0.122	0.061
Anthanthrene	95.1	-	-	285.3	0.178	0.089
Dibenzo[b,k]fluoranthene	121.0	-	-	363.0	0.227	0.113
Dibenzo[a,h]pyrene	154.8	-	-	464.4	0.290	0.145
Coronene	107.5	-	15.9	322.5	0.202	0.101
Dibenzo[a,e]pyrene	172.3	-	-	516.9	0.323	0.162

1) MDL : Method Detection Limit, MDL = s.d × t (n-1, 0.01)
2) 1649a urban dust시료 (dust 20 mg/ea, B[a]P기준 50ng/ea) 5개를 추출하고 1 mL로 농축한 후 1 μl injection함.
3) 표준용액시료 (B[a]P기준 약 200 ng) 5개를 추출하고 1 mL로 농축한 후 1 μl injection 함.
4) IDL : Instrumental Detection Limit, S/N = 2.5인 area를 이용하여 구함.
5) QDL : Quantitative Detection Limit, 검출한계 중 가장 큰 값의 3배를 적용.
6) QDL (ng/m^3) : 2 μl injection, 공기유량 800 m^{3}로 가정하여 대기 중 농도로 환산함.

바. SRM을 이용한 PAH 분석 정확도 평가

□ PAH의 추출 및 분석 방법의 정확성을 평가하기 위하여 미국 NIST에서 공급하는 SRM 1649a (urban dust)를 이용하여 실제 시료와 같은 방법을 적용하여 농도를 측정하였으며 그 결과를 SRM 1649a의 검증된 농도 보증값과 비교하여 <표 3.28>에 나타내었다. 정확성 평가 실험은 각 3회의 batch 실험을 일정 간격을 두고 3회 반복하여 총 9회의 실험을 수행하였다. NIST에서 제공하는 urban dust인 SRM 1649b 를 본 연구에서는 새로 구입하여 지난 연구의 PAH 분석 정확도 평가 실험에 이어 추가적인 실험을 하였고 그 결과를 <표 3.29>에 나타내었다.

□ <표 3.28> ~ <표 3.29>에는 모두 20개의 입자상 PAH에 대한 보증값이 제시되어 있으며 나프탈렌 등과 같이 입자상보다 증기상으로 존재하는 농도가 큰 저분자 PAH와 GC의 검출한계가 높은 코로넨은 제시되어 있지 않다. 정확성 평가 결과 PAH 측정물질 중 가장 관심사가 높은 벤조(a)파이렌의 경우 평균상대오차가 14.8 %로써 매우 양호한 결과를 나타내었으며 다이벤즈(a,j)안트라센과 인데노(1,2,3-c,d)파이렌을 제외하고는 모두 30 %이내 (최소 1.8 %에서 최대 25.3 %의 범위)의 정확도를 나타내었다.

□ 다이벤즈(a,j)안트라센은 실험 기간 중 GC column을 직경 0.25 mm을 사용했을 때는 평균상대오차가 27.3 %로 비교적 양호하였으나 이후의 실험에서 직경 0.32 mm인 칼럼으로 교체한 결과 이전에 분리되던 공존물질이 분리되지 않고 같이 용출됨에 따라 특성이온의 간섭효과로 상대적인 정량 정확도가 급격히 떨어진 것으로 조사되었다. 그러나 다이벤즈(a,j)안트라센은 실제 시료에서는 농도가 매우 낮거나 검출되지 않는 빈도가 높을 뿐 아니라 WHO의 IARC나 미국 EPA에서 발암물질로 분류되지 않는 물질로 알려져 있어 그 중요성이 다른 PAH에 비해 떨어지는 물질로 분류된다.

□ 이상과 같은 환경대기 중 PAH 측정에 관한 정도관리 (Quality Control, QC) 및 정도보증 (Quality Assurance, QA) 결과를 종합적으로 고려해 보면 본 연구에서 미국 TO-13A 방법을 기초로 응용 개발한 PAH 분석 방법은 재현성과 정확도 측면에서 매우 만족스러운 성능을 보이고 있다고 판단된다. 몇 가지 문제점은 코로넨과 같은 고분자 PAH의 검출한계가 높아 제대로 정량하지 못한다는 점을 들 수 있다. 따라서 향후 SOP 작성 시에 이 점을 고려하여 상시관측 대상 PAH를 선정하여야 한다고 사료된다.

<표 3.28> SRM 1649a (urban dust)를 이용한 PAH 분석방법 정확성 평가

PAH	보증된 농도 ($\mu g/g$) Mean±95 %CI[a]	분석된 농도 ($\mu g/g$)[b]				상대오차[c] (%) (n=9) Mean ± S.D
		실험#1 (n=3) Mean±S.D	실험#2 (n=3) Mean±S.D	실험#3 (n=3) Mean±S.D	합계 (n=3) Mean±S.D	
Phenanthrene	4.14 ± 0.37	4.37 ± 0.05	4.24 ± 0.05	4.45 ± 0.09	4.36 ± 0.11	5.2 ± 2.6
Anthracene	0.43 ± 0.08	0.54 ± 0.01	0.51 ± 0.01	0.57 ± 0.03	0.54 ± 0.03	25.3 ± 7.3
Fluoranthene	6.45 ± 0.14	6.68 ± 0.14	6.57 ± 0.06	6.76 ± 0.05	6.67 ± 0.12	3.4 ± 1.8
Pyrene	5.29 ± 0.25	5.83 ± 0.71	5.41 ± 0.02	5.50 ± 0.06	5.58 ± 0.40	6.6 ± 6.6
BaA	2.21 ± 0.07	2.84 ± 0.19	2.30 ± 0.07	2.35 ± 0.06	2.50 ± 0.28	13.1 ± 12.5
Triphenylene	1.36 ± 0.05	1.26 ± 0.04	4.37 ± 0.16	4.44 ± 0.07	4.37 ± 0.11	1.8 ± 7.8
Chrysene	3.05 ± 0.06	3.04 ± 0.09				
B[b+j]F[d]	7.95 ± 0.64	6.32 ± 0.62	7.91 ± 0.98	7.66 ± 0.01	7.30 ± 0.94	11.2 ± 8.6
B[k]F	1.91 ± 0.03	0.98 ± 0.13	2.10 ± 0.27	2.01 ± 0.02	1.70 ± 0.56	21.4 ± 22.1
B[a]F	0.41 ± 0.04	0.31 ± 0.03	0.56 ± 0.06	0.45 ± 0.01	0.44 ± 0.11	23.9 ± 14.6
Benzo[e]pyrene	3.09 ± 0.19	2.34 ± 0.25	3.59 ± 0.24	3.46 ± 0.11	3.13 ± 0.62	17.6 ± 8.0
Benzo[a]pyrene	2.51 ± 0.09	1.76 ± 0.16	2.48 ± 0.27	2.36 ± 0.01	2.20 ± 0.37	14.8 ± 11.9
Perylene	0.65 ± 0.08	0.54 ± 0.05	0.73 ± 0.08	0.74 ± 0.01	0.67 ± 0.11	14.4 ± 7.4
D[aj]A	0.31 ± 0.03	0.23 ± 0.03	0.62 ± 0.05	0.79 ± 0.03	0.55 ± 0.25	94.9(27.3)[e]±57.0(10.4)
Indeno123cdP	3.18 ± 0.72	1.61 ± 0.22	2.21 ± 0.21	2.20 ± 0.02	2.00 ± 0.33	37.0 ± 10.5
D[a,c+a,h]A	0.49 ± 0.03	0.43 ± 0.05	0.57 ± 0.06	0.54 ± 0.01	0.51 ± 0.08	13.4 ± 8.6
Benzo[b]chrysene	0.32 ± 0.01	0.35 ± 0.03	0.35 ± 0.04	0.32 ± 0.01	0.34 ± 0.03	8.2 ± 8.3
Picene	0.43 ± 0.02	0.34 ± 0.01	0.44 ± 0.05	0.42 ± 0.01	0.40 ± 0.05	10.2 ± 9.3
BghiP	4.01 ± 0.91	2.95 ± 0.45	3.87 ± 0.33	4.12 ± 0.06	3.65 ± 0.60	12.2 ± 12.3
Anthanthrene	0.45 ± 0.07	0.36 ± 0.05	0.55 ± 0.04	0.47 ± 0.01	0.46 ± 0.09	15.5 ± 11.3

a) 95 %CI : 95 % Confidence interval (모평균에 대한 95 % 신뢰구간)

b) 실험 #1에 사용한 SRM의 추출량은 0.4 g, 0.8 g, 1.2 g; 실험 #2와 #3에 사용한 SRM의 추출량은 각 0.2 g임

c) 상대오차(Relative Error)(%) = (측정치-참값) / 참값 × 100 (%), 여기서 참값은 SRM 1649a의 보증값을 사용함.

d) Benzo[j]fluoranthene은 단지 참고용 농도 (보증치가 아님).

e) 실험 # 1에 사용한 GC Column은 DB-5 (30 m×0.25 mm × 1.0 μm)이며, 실험 #2와 #3의 실험에 사용한 Column은 DB-5 (30 m × 0.32 mm × 1.0 μm)를 사용하였음. 즉 실험 #1과 #2, #3의 분석조건이 달라서 실험 #2와 #3의 경우 간섭이온의 공존 효과가 발생하였음. 괄호 안은 실험 #1만의 상대오차를 나타냄.

<표 3.29> SRM 1649b (urban dust)를 이용한 PAH 분석방법 정확성 평가

PAH	1649b 보증농도(㎍/g) Mean±95% CL[a]	2010 (n=5)[b]		2012 (n=5)[c]	
		평균농도(㎍/g) Mean±S.D	평균회수율(%)	평균농도(㎍/g) Mean±S.D	평균회수율(%)
Phenanthrene	3.94 ± 0.05	3.56 ± 0.42	90	3.78 ± 0.13	96
Anthracene	0.40 ± 0.01	0.46 ± 0.44	114	0.47 ± 0.01	119
Fluoranthene	6.14 ± 0.12	6.09 ± 0.57	99	5.25 ± 0.08	86
Pyrene	4.78 ± 0.03	5.94 ± 0.60	124	4.23 ± 0.11	89
Benz[a]anthracene	2.09 ± 0.05	1.95 ± 0.21	93	1.41 ± 0.05	68
Triphenylene	1.24 ± 0.05	1.06 ± 0.10	85	0.70 ± 0.05	56
Chrysene	3.01 ± 0.04	2.78 ± 0.30	92	2.08 ± 0.04	69
B[b+j]F	7.72 ± 0.28	5.72 ± 0.62	74	6.03 ± 0.06	78
Benzo[k]fluoranthene	1.75 ± 0.08	1.41 ± 0.14	81	1.46 ± 0.03	83
Benzo[a]fluoranthene	0.37 ± 0.03	0.42 ± 0.05	114	0.44 ± 0.03	120
Benzo[e]pyrene	2.97 ± 0.04	2.39 ± 0.26	80	2.46 ± 0.08	83
Benzo[a]pyrene	2.47 ± 0.17	2.07 ± 0.16	84	1.75 ± 0.10	71
Perylene	0.61 ± 0.01	0.44 ± 0.04	72	0.48 ± 0.01	79
D[aj]A	0.32 ± 0.04	0.34 ± 0.04	106	0.30 ± 0.03	94
Indeno[1,2,3-cd]pyrene	2.96 ± 0.17	1.86 ± 0.18	63	1.73 ± 0.10	58
D[a,c+a,h]A	0.50 ± 0.02	0.50 ± 0.06	100	0.53 ± 0.04	106
Benzo[b]chrysene	0.33 ± 0.05	0.32 ± 0.05	97	0.30 ± 0.02	90
Picene	0.39 ± 0.03	0.41 ± 0.08	105	0.36 ± 0.02	92
Benzo[ghi]perylene	3.94 ± 0.05	3.19 ± 0.31	81	1.75 ± 0.03	44
Anthanthrene	0.51 ± 0.01	0.43 ± 0.05	84	0.37 ± 0.04	73

a) 95 %CI : 95 % Confidence interval (모평균에 대한 95 % 신뢰구간).
b) 실험에 사용한 SRM의 추출량은 0.5 g 임.
c) 실험에 사용한 SRM의 추출량은 0.3 g 임.

3.4 중금속 측정

3.4.1 중금속 시료채취방법

　중금속 시료채취를 위해서 먼지시료를 채취하여 분석하였다. 먼지시료 채취를 위해 고용량 샘플러를 사용하였다. 시료채취 방법은 앞서 시료 채취부분에서 상세히 설명하였다. 채취된 먼지 시료 중 먼지농도 측정을 위해 분취된 부분을 제외하고 남은 두 조각의 일부가 경금속 및 중금속 성분 분석에 이용되었다.

　중금속 성분 분석을 위해 분취된 먼지 시료의 면적은 약 52 cm^2으로서 채취된 800 m^3의 공기 시료의 약 1/10에 해당된다. 만일 먼지농도가 100 ㎍/m^3 정도라면 800 m^3의 공기를 통과시켰을 경우에 0.4 g의 먼지시료를 채취하게 되는데 이 중의 1/10인 0.04 g 즉, 40 mg의 시료를 가지고 중금속을 분석하게 되는 것이라 볼 수 있다.

3.4.2 중금속 성분 추출 및 전처리방법

　본 연구에서 사용한 시료여지 중에 함유된 중금속을 포함한 금속성분의 추출과정을 <그림 3.26>에 그 절차를 도식화하고 <그림 3.27>에 실제 실험 사진을 첨부하였다. 중금속 추출은 MILESTONE사의 TERMINAL640 microwave를 사용하였다. 추출용매는 미국 EPA IO-3 method에서 권장한 희석왕수 (5.55 % HNO_3과 16.75 % HCl 혼합용액)를 사용하였다. 희석 왕수는 1,000 mL 용량 플라스크에 초순수 500 mL 정도를 채우고, 진한 질산 55.5 mL와 진한 염산 167.5 mL를 넣은 후 다시 초순수로 표선을 채워 제조하였다.

　Microwave에서 하나의 vessel에 시료 적정 주입한계인 500 mg과, 추후에 분석에 사용할 ICP/AES (Inductively Coupled Plasma/Atomic Emission Spectrometer)에서 최상의 감도를 나타내는 농도 값 (IDL의 약50 ~ 100배)과, 다른 지역에서 분석한 이전자료를 통해 평균적인 중금속 농도를 계산한 값들을 서로 비교해서 가장 적당한 시료주입량을 결정하였다. Vessel에 주입된 먼지를 함유한 필터 시료량이 500 mg이하, 먼지 시료량이 10 ~ 50 mg이 되도록 자른 시료 필터 조각 6개 (필터 한 조각의 면적은 8.553 cm^2)를 주입하여 추출하였다. 참고로 전체 필터에서 먼지 시료가 채취된 면적은 약 400 cm^2, 무게는 약 3.5 g이며, 채취된 먼지의 평균 무게는 각 필터 당 약 100 mg 수준이었다.

□ Microwave 에서 vessel에 주입된 산의 양이 8 mL 이하이면 온도센서가 용액에 닿지 않아 온도 측정이 되지 않으므로 위험하고, 12 mL 이상이면 산이 많아서 시료가 vent 될 가능성이 높아진다. 따라서 본 실험 전에 적정 산의 양인 8 ~ 12 mL사이에서 가장 많은 12 mL를 이용하여 사전실험을 하였다. SRM 1648을 25, 50, 75, 100 mg의 무게로 각각 3회씩 분취하여 추출산 12 mL를 넣고 추출해본 결과 4가지 경우에서 회수율의 유의적 차이가 없어 주입된 산의 양이 부족하지 않음을 확인하였다.

```
┌─────────────────────────┐
│  Filter sample cutting  │   · 원형나이프면적: 8.553 cm² / 조각 × 6 조각 = 51.318cm²
└─────────────────────────┘
            ↓
┌─────────────────────────┐   · 필터 51.318 cm²에 시료 무게 약 50 mg정도가 되게 함
│ Sample pieces into vessel│   · SRM 1648 약 50 mg을 reference로 사용
└─────────────────────────┘
            ↓
┌─────────────────────────┐   · 5.55 % HNO₃ + 16.75 % HCl 혼합산 사용
│  Add acid to PTFE vessel │   · 혼합산을 각 vessel당 12 ml 씩 주입
└─────────────────────────┘
            ↓
┌─────────────────────────┐   · 1단계 10분 동안 200 ℃까지 온도 상승
│    Microwave digestion   │   · 2단계 20분 동안 200 ℃를 유지
└─────────────────────────┘   · 3단계 20분 동안 vent 후 수냉식으로 상온까지 냉각
            ↓
┌──────────────────────────────────┐   · 50 ml centrifuge tube 에 추출액을 조심히 옮겨 담음.
│Extraction solution into centrifuge tube│ · 남은 필터 조각은 테프론 핀셋으로 조심히 옮겨 담음.
└──────────────────────────────────┘
            ↓
┌─────────────────────────┐   · 1단계 30초 동안 3000 rpm까지 가속한다.
│   Operating centrifuge   │   · 2단계 5분 동안 3000 rpm을 유지한다.
└─────────────────────────┘
            ↓
┌─────────────────────────┐
│     ICP/AES analysis     │   · 낮은 농도의 Be(Beryllium)은 ICP-MS로 분석.
└─────────────────────────┘
```

<그림 3.26> 부유먼지에 함유된 중금속성분의 추출과정 개략도.

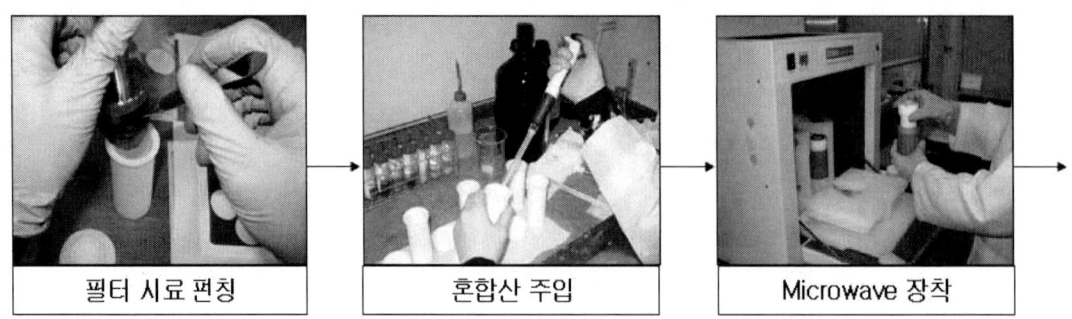

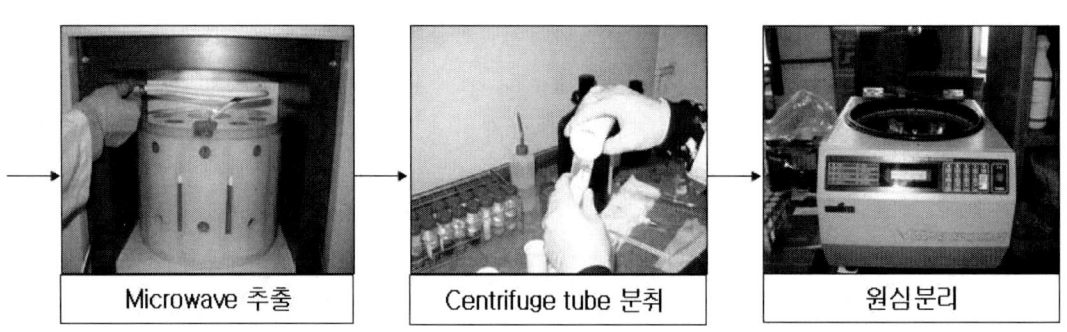

<그림 3.27> TSP에 함유된 중금속 성분의 추출과정 사진.

□ Vessel을 HTC protection shield에 넣고 TFM teflon indicator ring을 끼우고 캡 상단에 HTC safety spring을 놓는다. Safety spring은 vessel 내부가 약 100 bar 이상이 되면 밀려나서 캡이 열리게 되는데, 이렇게 캡이 열리게 되면 TFM ring이 위로 5 mm 정도 올라가면서 ring 중앙에 난 구멍으로 vessel 내부가스가 방출되어 vessel 내부 압력이 떨어지게 된다. 내부 압이 떨어지면 다시 safety spring에 의해 캡이 닫히게 되는데 이때 올라온 TFM ring은 다시 내려가질 않는다. 추출 후 이 TFM ring이 올라가 있다면 시료의 손실을 고려해야 되는데 본 실험에서는 모든 시료의 추출에서 ring이 올라간 경우가 한 번도 없었다.

□ Microwave의 power 설정은 EPA IO-3.1과 MILESTONE TERMINAL640 microwave에서 제공한 자료 중 environment urban dust 부분을 참고 하여 전력, 시간, 온도를 결정하였다. 즉 1,000 W로 1단계에서 10 min동안 200 ℃ 까지 온도를 올리고, 2단계에서 20 min동안 200 ℃를 유지 시킨 후 3단계에서 10 min 동안 vent가 되도록 입력하였다.

□ 추출이 종료된 후 microwave를 vent한 후 HTC protection shield 통째로 꺼내어 흐르는 수돗물에 넣어 냉각 하였다. 이것은 vessel을 열 때 시료가스가 누출되어 생기는 시료의 손실을 최대한 줄이기 위해 상온이하 정도까지 냉각시켜야 되는데, 공냉식으로는 상온까지 식히는데 시간이 많이 소모되고 상온 이하로는 냉각이 어려우므로, 본 실험에서는 수냉식을 선택하였다. 이후 상온까지 냉각된 vessel을 흄 후드로 옮겨 천천히 마개를 연다. 마개를 여는 순서는 닫을 때의 역순이며, 상온 이하라 해도 산 가스 나올 수 있으므로 안전을 위해 흄 후드에서 작업하였다.

□ 추출액은 50 mL 원심분리 시험관에 옮기고 테프론 핀셋으로 필터조각도 같이 옮겼다. 그리고 초순수 4 mL로 vessel에 잔류한 시료를 흔들어 세척 한 후 50 mL 시험관에 다시 부어주고 이 과정을 한 번 더 반복하였다. 추가로 주입한 초순수량이 총 8 mL이므로 최종 추출액의 양은 20 mL 가 된다. 본 실험에서는 자동피펫을 사용해서 초순수 (18.2 MΩ, USE^{ELGA} Inc., England)를 주입했으며, 뚜껑과 vessel 벽면에 추출액이 방울져 있는데 마개를 닫고 손으로 꽉 막은 상태에서 vessel을 바닥에 살짝 두드려 주어 벽면에 붙은 시료 방울들을 최대한 취할 수 있도록 하였다. 또한 문헌상의 중금속의 대기 중 농도를 조사하여 대략적으로 추출액에서의 농도로 역 추정한 값과, 추후 ICP/AES 분석에서 최적감도를 나타내는 농도값을 고려하여 ICP/AES로 분석할 최종용액량을 20 mL로 결정하였다.

□ 본 연구에서는 미국 EPA의 IO-3 방법을 준용하여 부유입자를 여과하는 대신 원심분리기를 이용하여 부유입자를 침전시키는 방법을 택하였다. 원심분리기(VS-5500N, Vision scientific Co., LTD, Korea)에 시료를 장착한 후, 회전수와 시간을 프로그래밍하는데, 이때 입력한 회전수만큼 가속하는데 약 30초정도 소요 되므로 원하는 시간 보다 30초를 더해서 5분 30초로 입력하고 회전수는 3,000 rpm으로 입력한 후 원심분리 하였다.

□ 원심분리 후 상등액 약 6 mL 정도를 ICP분석용 10 mL용기에 조심히 부어 준비한 후 ICP/AES로 분석 전까지 냉장 보관 하였다. 이 때 ICP/AES의 injector cleaning solution (2% HNO_3)의 수위보다 시료의 수위가 낮게 하기 위해 약 5 ~ 7 mL정도를 채워 적당한 상태가 되도록 하였다. 중금속 성분 추출에 사용한 테플론 vessel의 세척을 위해 본 실험에서는 처음 추출 전에 추출산만 12 mL를 넣어 한차례 기기를 작동시켜 vessel을 세척하였으며, 매회 시료 추출 후에는 아세톤을 이용하여 vessel을 세척하고, 초순수로 헹군 후 kim-wipes를 이용하여 닦아서 깨끗이 한 후 재사용하였다.

3.4.3 중금속 성분 분석방법

□ 중금속을 포함하는 미량 원소물질은 <그림 3.28>에 나와 있는 유도결합플라즈마 (ICP)방출 분광광도계 (OPTIMA 3000RL, Perkin Elmer, USA)를 이용하여 과업지시서상 필수 6개 항목 (Be, Cd, Pb, Co, Ni, As)을 포함하여 총 19개 항목에 대하여 분석하였다. 과업지시서상 필수 6개 항목이 아닌 나머지 항목들은 SRM 1648을 이용한 중금속 추출과 분석의 정확도를 평가하기 위한 보조 자료로 활용하였다.

□ ICP/AES 분석 시 검량선을 작성하고, 정량을 하기 위해 multi-standard solution으로 23개 물질이 혼합된 ICP Multi Element Standard Solution Ⅳ CertiPUR® (OC467566, MERCK Inc., Germany)을 사용하였다. 측정대상 물질 중에 혼합표준용액에 포함되어 있지 않은 As, Be, Se, Ti, V는 개별 표준용액을 사용하였다. 검량선 작성용 표준용액의 희석 배수는 문헌에 나타나는 국내 공단지역 중금속 농도 자료를 바탕으로 본 실험에 포함된 측정대상 물질들의 예상 농도범위를 추정하여 제작하였다.

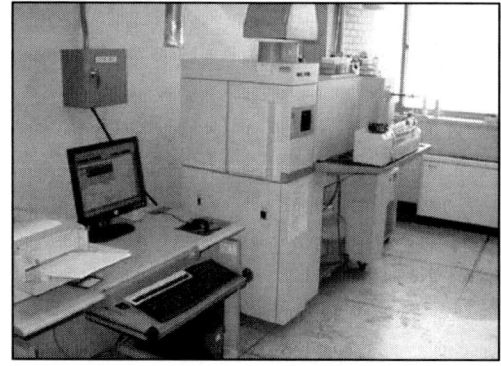

운전 조건	운전 파라메타
Plasma gas flow	15 ℓ/min
Auxiliary gas flow	0.5 ℓ/min
Nebulizer gas flow	0.8 ℓ/min
Sample flow	1.5 ℓ/min
RF generator power	1,300 Watts
RF generator Frequency	40.08 MHz
Recirculating pressure	50 psi
Replicates	3 times

<그림 3.28> 중금속 분석에 사용한 ICP/AES 및 운전조건.

3.4.4 중금속 일반 항목 측정 정도관리

□ 본 연구에서는 먼지 시료에서 추출·분석된 중금속 등 각종 금속성분의 농도를 공시험인 필터 blank값들로 각각 보정하였다. 또한 중금속 성분의 추출 회수율을 결정하고, 전반적인 분석 정확도를 평가하기 위하여 미국 NIST (National Institute of Standards and Technology)에서 공급하는 대기 부유먼지 (Urban Particulate Matter)의 SRM을 사용하여 일련의 정도관리 실험을 수행하였다. SRM 1648 보증서에서는 건조 중량에 대한 각 성분

물질의 함량 농도 (중량농도로서) 값이 제공된다. 본 실험에서는 보증서에 명시한 대로 105 ℃ 에서 8시간 건조한 후 무게를 재어 적정량을 분취하였다.

□ 실험에 사용한 SRM 분취량은 ICP/AES의 최적감도 농도를 고려하여 약 50 mg 시료를 10 개 마련하였으며, 각 시료를 12 mL의 앞서 언급한 희석왕수로 추출 한 후 최종용액의 양을 20 mL로 표정하여 분석하였다. 이와 같은 추출방법은 실제 먼지시료에 적용한 것과 동일한 방법이다. 추출 후 ICP/AES로 중금속과 경금속 주요 성분들의 농도를 결정하였으며, 이들 분석 값과 SRM 1648 보증서에 명시된 값을 비교하여 각각의 회수율을 산정하였다. <표 3.30>에는 10개 시료의 평균회수율과 표준편차 및 타 연구에서의 회수율 실험결과 등을 비교하였다. Be의 경우 SRM 1648에서 값을 제시하지 않은 항목이므로 정확한 회수율을 추정할 수 없었다. 따라서 본 연구에서는 편의상 100 % 추출되는 것으로 간주하였다.

□ <표 3.30>에 나타낸 회수율 실험 결과에서 만약 어느 항목이 100 % 회수율을 나타내게 된다면, 그 성분은 SRM에 대한 분석 상대오차가 0 %라는 의미를 갖게 된다. 본 실험에서는 Cd, Co, Pb, As, V 등 독성이 큰 주요 중금속의 경우 평균 회수율이 90 % 전후로 나타나 분석 정확도는 매우 양호하다고 볼 수 있다. 그러나 Cr의 경우 평균회수율이 22.2 %인 것으로 나타나 다른 성분에 비해 추출이 제대로 이루어지지 않는다는 것을 알 수 있다. Cr에 대한 다른 연구자의 연구결과를 조사해 본 결과, 유수영 등 (2005)이 SRM 1648을 대상으로 ICP/MS를 이용하여 회수율을 평가한 연구에서도 Cr은 31.5 %의 회수율을 나타내는 것으로 보고한 바 있으며, microwave가 아닌 hot plate 상에서의 재래식 추출방법을 사용한 허윤경 (2004)의 연구결과에서는 오히려 이보다 낮은 18 %의 회수율을 보고한 바 있다. 그리고 국립환경과학원의 발주사업으로 본 연구진이 2007년과 2008년에 실험한 결과를 비교해보면 큰 차이가 나지 않는 것을 볼 수 있는데 이는 본 연구과제의 분석 결과가 비교적 정확하다는 것을 의미한다.

□ Cr의 경우 희석왕수나 질산 등을 사용하는 산 추출법으로는 어느 수준 이상의 회수율을 기대하기는 어려운 구조적인 문제점이 있다고 보아진다. 그럼에도 불구하고 본 연구의 실험 결과 Cr은 회수율은 낮으나 그 상대표준편차 (RSD)가 5.9 %로 매우 낮게 나타나 시료에 따른 추출방법의 변동성은 크지 않은 것을 알 수 있다.

<표 3.30> SRM 1648을 이용한 중금속 분석 방법의 회수율 평가

원소성분	SRM 1648 검증농도 ($\mu g/g$)	백성옥(2010) Microwave 추출 SRM 50 mg HNO_3+HCl ICP/AES (n=6) 회수율 (%) Mean ± SD	백성옥(2009) Microwave 추출 SRM 50 mg HNO_3+HCl ICP/AES (n=7) 회수율 (%) Mean ± SD	백성옥(2007) Microwave 추출 SRM 50 mg HNO_3+HCl ICP/AES (n=10) 회수율 (%) Mean ± SD	백성옥(2007) Microwave 추출 SRM 50 mg HNO_3 ICP/AES (n=3) 회수율 (%) Mean ± SD	유수영 등(2005) Microwave 추출 SRM 100 mg HNO_3+HCl ICP/MS (n=5) 회수율 (%) Mean ± SD	허윤경(2004) Hot Plate추출 SRM 100 mg HNO_3+HCl ICP/AES (n=12) 회수율 (%) Mean ± SD
Al*	34200 ±1100***	49.1 ± 5.0	52.8 ± 3.5	60.2 ± 4.3	37.1 ± 1.0	52.9 ± 4.1	34.9 ± 1.8
Fe*	39100 ±1000	81.0 ± 6.0	82.9 ± 1.4	85.7 ± 1.8	71.4 ± 2.0	105.1 ± 3.8	84.9 ± 3.3
K*	10500 ±100	50.3 ± 4.7	65.9 ± 4.5	63.2 ± 4.5	39.5 ± 0.6	68.6 ± 7.6	41.1 ± 1.9
Mg**	8000	82.6 ± 5.7	88.0 ± 2.5	84.1 ± 1.4	70.8 ± 1.8	75.0 ± 12.5	76.2 ± 3.4
Na*	4250 ±20	49.7 ± 3.5	62.7 ± 2.1	54.2 ± 2.3	40.2 ± 1.0	63.5 ± 15.1	46.9 ± 4.4
Cd*	75 ±7	82.8 ± 5.7	96.5 ± 3.1	89.7 ± 6.3	78.4 ± 3.2	113.3 ± 2.7	78.3 ± 2.7
Co**	18	70.2 ± 6.1	102.4 ± 4.6	98.2 ± 29.5	82.6 ± 0.0	83.3 ± 5.6	-
Cr*	403 ±12	23.5 ± 2.1	22.2 ± 1.3	24.8 ± 1.8	27.8 ± 1.8	31.5 ± 7.2	18.0 ± 2.7
Cu*	609 ±27	87.7 ± 6.0	80.2 ± 1.9	92.6 ± 1.7	83.6 ± 3.6	105.9 ± 2.8	94.7 ± 3.4
Mn*	786 ±17	84.8 ± 5.9	82.7 ± 1.8	92.0 ± 1.7	82.0 ± 3.2	110.3 ± 3.9	93.2 ± 3.2
Ni*	82 ±3	84.5 ± 5.6	109.3 ± 4.7	83.5 ± 5.6	70.3 ± 3.0	96.3 ± 11.0	57.1 ± 18.7
Pb*	6550 ±80	97.7 ± 6.3	119.3 ± 5.3	88.8 ± 1.7	77.0 ± 3.3	86.3 ± 3.8	91.4 ± 4.4
Zn*	4760 ±14	79.8 ± 5.5	78.4 ± 1.6	83.6 ± 1.3	71.0 ± 3.5	113.0 ± 7.8	89.9 ± 6.0
As*	115 ±10	81.8 ± 7.2	100.4 ± 5.7	93.5 ± 5.7	79.9 ± 5.4	130.4 ± 4.3	88.1 ± 3.7
Ti**	4000	36.6 ± 4.8	45.3 ± 3.6	45.9 ± 4.6	25.9 ± 0.1	-	17.4 ± 2.5
Be	SRM 1648 에 포함되지 않음							

* SRM 1648에서 검증된 농도 (Certified Value)

** 검증되진 않았으나 참조 목적으로 제시된 농도 (Noncertified Value)

*** 평균 ± 95 % 신뢰 한계

회수율 (%) = Measured value / SRM certified Value × 100 (%)

□ <표 3.31>에는 PAH와 같은 방법으로 추정한 중금속 성분에 대한 방법검출한계와 정량보고한계에 대한 자료를 수록하였다. 본 연구에서 분석한 미량 중금속 성분 (Cd, Co, Cr, Ni, V 등)들은 대기 중 농도로 환산하여 약 0.15 ng/m^3 수준까지는 분석 가능하며, 대략 0.5 ng/m^3 수준까지는 신뢰성 있게 보고할 수 있다고 평가할 수 있다.

<표 3.31> SRM 1648을 이용한 중금속 성분 분석의 검출한계 추정 - ICP/AES 기준

성 분	SRM 1648 5 ㎎ 추출 농도 (mg/L)	분석된 용액 농도 (mg/L) 평균 ± 표준편차 (n=10)	IDL (mg/L)	IDL (ng/m³)	MDL (mg/L)	MDL (ng/m³)	QDL (mg/L)	QDL (ng/m³)
Al	8.550	5.887 ± 0.159	0.005	0.125	0.447	11.182	1.342	33.545
Fe	9.775	8.822 ± 0.151	0.003	0.075	0.426	10.652	1.278	31.955
K	2.625	1.942 ± 0.046	0.07	1.750	0.129	3.222	0.387	9.665
Mg	2.000	1.766 ± 0.032	0.0001	0.003	0.089	2.229	0.267	6.687
Na	1.063	0.618 ± 0.155	0.005	0.125	0.437	10.931	1.312	32.792
Cd	0.019	0.029 ± 0.002	0.002	0.050	0.004	0.110	0.013	0.330
Co	0.005	0.020 ± 0.002	0.003	0.075	0.005	0.127	0.015	0.381
Cr	0.101	0.039 ± 0.002	0.003	0.075	0.005	0.128	0.015	0.383
Cu	0.152	0.152 ± 0.003	0.001	0.025	0.009	0.230	0.028	0.691
Mn	0.197	0.198 ± 0.004	0.0004	0.010	0.011	0.273	0.033	0.818
Ni	0.021	0.033 ± 0.002	0.007	0.175	0.007	0.163	0.020	0.488
Pb	1.638	1.517 ± 0.031	0.04	1.000	0.087	2.168	0.260	6.504
Zn	1.190	1.050 ± 0.021	0.003	0.075	0.059	1.483	0.178	4.449
As	0.029	0.007 ± 0.005	0.02	0.500	0.015	0.372	0.060	1.500
Ti	1.000	0.550 ± 0.019	0.0005	0.013	0.053	1.322	0.159	3.967
V	0.032	0.015 ± 0.001	0.003	0.075	0.003	0.080	0.010	0.241

주) MDL = SD × t (n-1, 0.01), t (9,0.01) = 2.821

IDL = S/N비의 2.5배로 추정함 (기기 제작회사의 권장치를 준용함).

QDL = MDL혹은 IDL 중 큰 값의 3배로 추정함.

대기 중 농도 환산은 공기 채취량 800 m³로 가정함.

3.5 유기성탄소 및 무기성탄소 (OC/EC) 측정

3.5.1 OC/EC 시료채취방법

가. 시료 채취용 여과지의 전처리

나. 시료 채취 방법

□ 탄소 성분 분석을 위한 시료의 채취는 직경 47 mm의 석영여과지 (Quartz fiber filter, Whatman)를 $PM_{2.5}$ 채취용 카트리지에 장착한 후 16.7 L/min의 유량으로 시료를 채취하였다. 시료채취에 사용된 여과지는 시료 채취 전에 여과지에 잔존하는 오염물질(탄소성분)을 제거하기 위하여 650℃에서 3시간 동안 전처리한 후 페트리디쉬에 밀봉하여 사용 전까지 냉장 보관하였다. 채취된 시료의 탄소성분 정량화시 공시험용 여과지의 값을 보정해 주었다. 시료채취가 끝난 필터는 육안 검사를 통하여 여과지의 손상여부를 확인한 후 페트리디쉬에 밀봉하여 분석을 실시할 때 까지 냉장 보관하였다.

3.5.2 OC/EC 분석방법

□ 미세먼지 ($PM_{2.5}$)의 주요 성분으로 알려진 탄소성분을 원소탄소(Elemental carbon, EC)와 유기탄소(Organic carbon, OC)로 분리, 정량하는 분석방법으로는 NIOSH (National Institute of Occupational Safety and Health) 방법 5040에 의한 TOT (Thermal optical transmittance)방법을 이용하여 분석하였다. OC/EC 분석기의 개략도는 <그림 3.29>과 같다.

□ TOT 방법은 OC는 네가지 (OC1, OC2, OC3 그리고 OC4)로, EC는 여섯 가지 (EC1, EC2, EC3, EC4, EC5 그리고 EC6)로 분류된다. 먼저 OC 성분을 헬륨 공기 조건하에서 온도에 따라 분류하여 측정한 후, 2%의 산소와 98%의 헬륨 공기 조건하에서 온도에 따라 EC를 측정한다. OC는 OC1 + OC2 + OC + OC4으로 EC는 EC1 + EC2 + EC3 + EC4 + EC5 + EC6으로 정의된다.

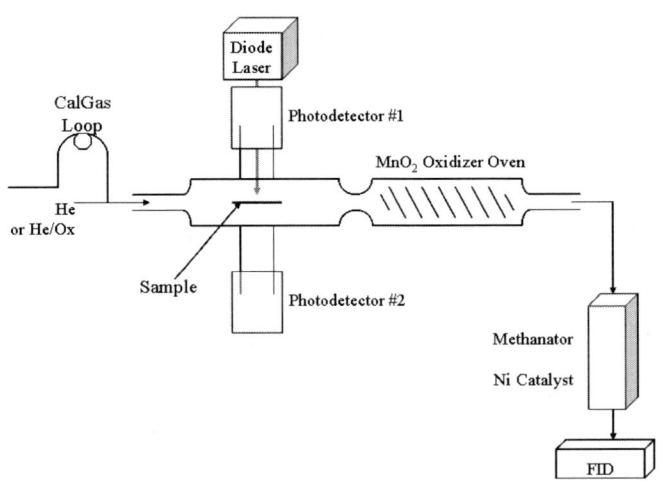

<그림 3.29> 탄소성분 분석장치의 개략도.

□ <그림 3.29>에서 원형으로 펀치된 시료 (1.5 cm^2)는 히터 코일사이에 위치한 quartz glass tube 속으로 밀어 넣는 막대 (servo-controlled push rod)를 이용하여 세라믹 지지대에 놓는다. 온도조절은 시료가 들어있는 오븐부분에서 ± 2℃로 일정하게 유지하며 시료온도는 컴퓨터로 모니터링 한다. He-Ne 레이저로부터 나오는 빛은 필터의 시료 포집부분 쪽으로 조사되며 반사되는 빛과 투과되는 빛을 검출할 수 있도록 photodetector를 배치한다. 탄소분석기는 다음과 같이 작동한다.

(1) 각 온도/대기 조합에 의하여 여과지로부터 탄소성분이 방출됨
(2) 이러한 성분들은 912 ± 5℃ manganese dioxide 촉매 산화에 의해 이산화탄소로 전환
(3) 420 ± 5℃에서 니켈 촉매로 이산화탄소를 메탄으로 환원 (그림 3.30)
(4) FID 검출기를 이용하여 메탄의 양을 정량화

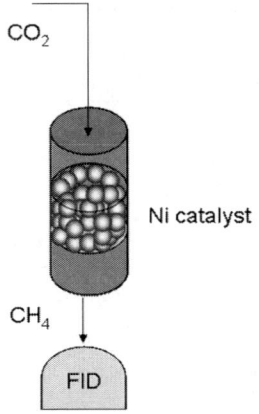

<그림 3.30> 이산화탄소를 이용한 메탄환원 시스템.

□ 유기탄소와 원소탄소의 분석은 Sunset Inc의 OC/EC 분석기를 이용하여 분석하였다. 시료를 분석하기 전에 먼저 OC/EC 분석기 내부를 500℃ 이상으로 유지한 상태에서 헬륨을 10분간 흘리면서 시료가 분석되는 석영관 내부를 청소하였다. 실제 시료 분석에 앞서, 석영여과지를 섭씨 650℃에서 3시간 가열하여 모든 유기 불순물을 석영 여과지로 부터 제거시켜 얻은 공시험용 석영 여과지 (blank quartz filter)를 분석하여 분석기기 기본 성능을 점검하였다. 분석기의 검량선을 점검하기 위해서 2개의 공시험 석영 여과지에 수용액 상의 sucrose를 2단계 농도 (4.2 $\mu g/cm^2$, 42 $\mu g/cm^2$)로 주입한 후 농도를 분석하여 분석기의 선형선을 점검하였다. 검량선의 오차는 5% 이내였다.

□ 분석은 먼저 산소가 없는 헬륨 분위기에서 유기탄소 분석이 진행된다. 분석은 섭씨 70℃에서 시작하고 4개의 다른 온도 단계를 거친 후 870℃에서 마친다. 이 때 증발된 유기탄소는 망간산화촉매에 의해 이산화탄소로 산화되며 다시 니켈촉매로 이산화탄소를 메탄으로 환원시켜 불꽃점화검출기를 통해 탄소의 농도를 측정한다. 이 때 얻은 탄소를 유기탄소라고 부른다. 유기탄소 분석이 끝나면 바로 혼합 기체인 2% 산소 + 98% 헬륨 분위기에서 원소탄소 분석이 시작된다. 원소탄소 분석은 섭씨 625℃에서 시작하여 5개의 다른 온도 단계를 거친 후 870℃에서 마친다. <표 3.32>과 <그림 3.31>에 TOT 온도프로그램을 나타내었다. 여기서 주입된 산소는 원소탄소 연소시키는데 사용되며 이 때 생성된 기체상 유기탄소는 촉매를 거쳐 메탄으로 전환시킨 후 유기탄소 분석과 동일한 방법으로 분석한다. 분석에 사용된 석영 여과지의 크기는 1.5 cm^2이었다. 최종 유기탄소/원소탄소의 값은 단위 cm^2 당 얻은 분석치를 ($\mu g/cm^2$) 실제 석영 여과지에 채취된 면적에 곱해서 얻었다.

<표 3.32> TOT 온도 프로그램

단계	이동상 가스	가동시간 (초)	온도 (℃)
1	헬륨	60	315
2	헬륨	60	475
3	헬륨	60	615
4	헬륨	90	870
	헬륨	오븐 히터 꺼서 오븐 식힘	
5	2%산소, 98%헬륨	45	550
6	2%산소, 98%헬륨	45	625
7	2%산소, 98%헬륨	45	700
8	2%산소, 98%헬륨	45	775
9	2%산소, 98%헬륨	45	850
10	2%산소, 98%헬륨	120	910
	Cal 가스 + 헬륨/산소	외부표준물질로 교정 및 오븐 식힘	

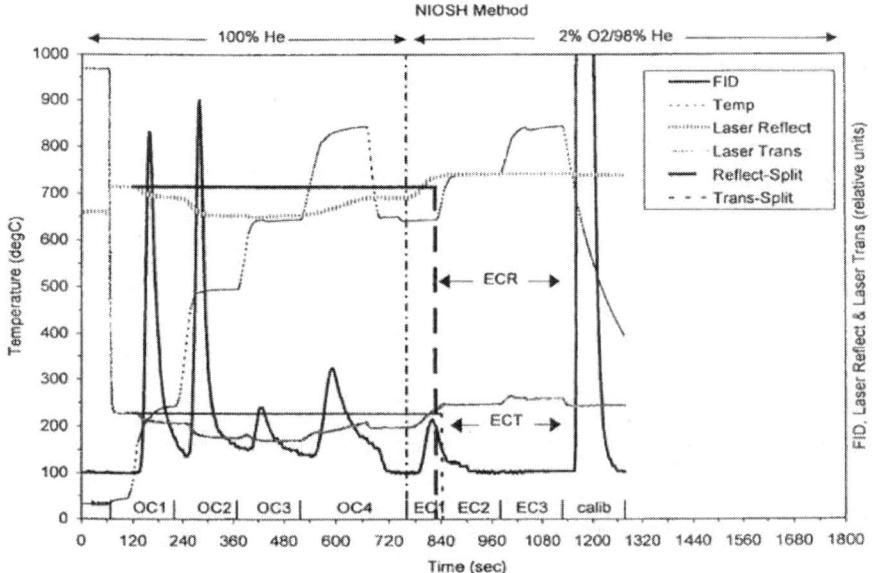

<그림 3.31> TOT 분석방법의 온도 프로그램.

제 4 장 유해대기오염물질 측정 결과 및 고찰

4.1 휘발성유기화합물

4.2 카보닐화합물

4.3 총부유먼지

4.4 다환방향족탄화수소

4.5 중금속

4.6 유기성탄소 및 무기성탄소 (OC/EC)

4.7 오염장미를 이용한 유해대기오염물질 발생원의 위치 추정

제 4 장 유해대기오염물질 측정 결과 및 고찰

4.1 휘발성유기화합물

□ 본 연구에서 VOC의 측정은 미국 EPA TO-Method 17에 준하여 흡착관법으로 수행하였다. 흡착관법에 의한 시료 채취는 서울지역의 구로구, 강남구, 서울역에서 수행하였다. 현장의 VOC 측정을 위하여 FLEC Air pump 1001 (Field and Laboratory Emission Cell, Chematec Inc., Denmark)를 이용해 측정하였다. 흡착관 1개당 9시와 13시에 각 120분간 채취하여 하루에 2개의 시료를 10일간 채취함으로써 한 측정지점 당 계절별로 20개의 시료를 획득하였다. 3개 지점에 3계절 동안 채취한 시료는 총 180개 이다.

4.1.1 VOC의 출현 특성

□ 본 연구에서는 주요 물질 27개를 포함한 총 66개의 VOC 물질을 분석하였다. 이중에서 GC 분석에서 두 물질이 서로 분리되지 않는 *m*-xylene과 *p*-xylene을 하나의 항목으로 간주하고 총 66개의 물질 (부록에 전체자료가 수록됨)에 대하여 검출빈도와 농도를 평가하였다. 이와 같이 대기 중에 존재하는 수많은 VOC 중에서도 검출빈도와 검출농도 측면에서 빈번히 고농도로 나타나는 VOC 개별물질의 종류를 규명함으로써 서울지역의 특성을 고려한 주요 관리 대상 물질을 파악할 수 있다.

□ <표 4.1>에는 서울지역 3개 지점에서 측정된 전체 VOC 자료에 대하여 VOC 개별물질에 대한 검출빈도와 평균농도 측면에서의 순위를 나타내었다. 세 측정지점의 구분 없이 서울지역 전체를 하나의 표본으로 볼 때 toluene, benzene, carbon tetrachloride의 경우 전체 시료에서 100 %의 검출빈도를 보여 서울지역 대기 중에서 상존하는 물질인 것으로 나타났다.

□ 또한 ethylbenzene, *o*-xylene, hexane, heptane, freon 113, cyclohexane, *m,p*-xylenes, 1,2,4-trimethylbenzene, naphthalene, methyl tert-butyl ether, ethyl acetate는 전체 시료에서 95 % 이상의 검출빈도를 보였고 styrene을 비롯하여 methyl isobutyl ketone, 4-ethyltoluene, isoproyl alcohol, 1,3,5-trimethylbenzene, vinyl acetate는 90 % 이상의 시료에서 검출되었다. 전체 66종의 물질 중 26종의 물질이 50 % 이상의 검출빈도를 보였고 10 % 이하의 검출빈도를 나타낸 물질이 19종 이었다. 그 중 하위 7종은 검출한계 이하로 나타났다.

□ 평균농도순위 1위를 나타낸 toluene은 유기용제로 많이 사용될 뿐만 아니라 페인트 등 도료와 자동차 배기가스 등에서도 배출되므로 대기 중에 상존하는 대표적인 VOC 중의 하나이다. Toluene은 평균농도가 4.79 ppb로서 가장 높았고 다음으로 ethyl acetate (1.55 ppb), m,p-xylenes (0.84 ppb), ethylbenzene (0.75 ppb), hexane (0.63 ppb) 순이었다. 국가대기환경기준 항목인 benzene은 국제암연구센터 (IARC), 세계보건기구 (WHO)등에서 규정한 인간에게 확실한 발암성 물질로 분류되어 있으며, 발암성 이외에 중추신경쇠약, 피부자극 뿐만 아니라 대기 중의 O_3 형성을 증진시키는 등 환경과 인체의 두 가지 측면에서 관심이 되는 물질이다. 이번 서울지역에서 측정된 benzene은 평균농도 0.48 ppb 로서 총 66종의 물질 중에서 6위를 차지하였으며 국가대기환경기준인 5 ㎍/㎥보다 비교적 낮은 수준이었다.

□ 전체 66종의 물질 중 16개 물질의 평균농도가 0.1 ppb 이상으로 나타났으며 40개 물질의 평균농도는 0.1 ppb 이하로 비교적 낮은 VOC 농도 분포를 보이고 있다. VOC 중 환경독성이 강하다고 알려져 있는 trichloroethylene의 경우 검출빈도가 81.67 %를 평균농도는 0.18 ppb 차지하여 검출빈도는 높지만 낮은 농도수준을 보였다. Trichloroethylene은 드라이클리닝이나 유지 추출 때 용제로서 사용될 뿐 아니라 살충제, 유기화합물의 합성원료로도 사용된다. VOC 중 세계보건기구에서 발암물질로 분류한 acrylonitrile과 1,3-butadiene의 경우 각각 22.8 %, 5.0 % 검출되었으며 두 물질의 평균농도는 0.02 ppb 이하로 나타났다. Benzene, 1,3-butadiene과 함께 환경보건학적 중요성이 높아 세계보건기구에서 발암 1등급으로 분류하고 있는 물질인 vinyl chloride는 본 조사연구의 결과 모든 측정지점에서 한 번도 검출되지 않은 것으로 나타났다. 세계보건기구에서 발암 2A등급으로 "사람에게 암을 일으킬 수 있는 유력한 물질"로 분류된 물질인 methylene chloride의 경우 검출빈도가 32.2 %로 높은 수준은 아니었으며 평균농도는 0.03 ppb로 낮은 농도수준을 보였다.

□ 자동차 연료첨가제로 알려진 methyl tert-butyl ether는 98.3 %의 검출빈도를 보였는데 이는 서울 내에서의 차량이동이 상당히 많다고 볼 수 있다. Methyl tert-butyl ether 평균농도는 0.39 ppb 이었다. 환경부 우선관리대상물질 중 phenol과 aniline의 경우 phenol은 55 %의 검출빈도와 0.03 ppb의 평균농도를 보인 반면 aniline은 0.6 %의 검출빈도와 0.01 ppb 이하의 평균농도로 검출되었다. 유일하게 일본에서 대기환경기준이 설정되어 있는 tetrachloroethylene의 경우 77.2 %의 검출빈도를 나타냈으며 평균농도는 0.07 ppb 이하였다.

<표 4.1> 서울지역 VOC 전체자료의 물질별 검출빈도 및 평균농도 순위

검출빈도 순위 (자료수 = 180)			평균농도 순위 (자료수 = 180)		
순위	물질명	검출빈도 (%)	순위	물질명	평균농도 (ppb)
1	Toluene	100.00	1	Toluene	4.79
2	Benzene	100.00	2	Ethyl acetate	1.55
3	Carbon tetrachloride	100.00	3	m,p-Xylenes	0.84
4	Ethylbenzene	99.44	4	Ethylbenzene	0.75
5	o-Xylene	99.44	5	Hexane	0.63
6	Hexane	99.44	6	Benzene	0.48
7	Heptane	99.44	7	Isopropyl alcohol	0.41
8	Freon 113	99.44	8	Methyl tert-butyl ether	0.39
9	Cyclohexane	98.89	9	Vinyl acetate	0.33
10	m,p-Xylenes	98.89	10	o-Xylene	0.31
11	1,2,4-Trimethylbenzene	98.89	11	Epichlorohydrin	0.31
12	Naphthalene	98.89	12	Trichloroethylene	0.18
13	Methyl tert-butyl ether	98.33	13	Cyclohexane	0.18
14	Ethyl acetate	95.56	14	Methyl isobutyl ketone	0.16
15	Styrene	93.89	15	Heptane	0.15
16	Methyl isobutyl ketone	93.33	16	1,2,4-Trimethylbenzene	0.11
17	4-Ethyltoluene	92.78	17	Styrene	0.09
18	Isopropyl alcohol	92.22	18	Carbon tetrachloride	0.09
19	1,3,5-Trimethylbenzene	92.22	19	Tetrachloroethylene	0.07
20	Vinyl acetate	90.00	20	Freon 113	0.06
21	Freon11	87.22	21	2-Ethoxyethylacetate	0.04
22	Trichloroethylene	81.67	22	Freon11	0.04
23	Tetrachloroethylene	77.22	23	Naphthalene	0.04
24	Chloroform	71.11	24	4-Ethyltoluene	0.03
25	Chlorobenzene	55.00	25	Phenol	0.03
26	Phenol	55.00	26	Methylene chloride	0.03
27	1,2-Dichloroethane	46.67	27	N,N-Dimethylformamide	0.03
28	1,2-Dichloropropane	45.00	28	1,3,5-Trimethylbenzene	0.03
29	Carbon disulfide	38.33	29	1,2-Dichloropropane	0.03
30	Tetrahydrofuran	36.67	30	2-Ethoxyethanol	0.02
31	2-Ethoxyethylacetate	36.11	31	Tetrahydrofuran	0.02
32	2-Ethoxyethanol	34.44	32	Chloroform	0.02
33	Methylene chloride	32.22	33	1,3-Butadiene	0.02
34	1,4-Dichlorobenzene	30.00	34	1,2-Dichloroethane	0.01
35	1,1,1-Trichloroethane	29.44	35	Chlorobenzene	0.01
36	N,N-Dimethylformamide	23.33	36	Acrylonitrile	< 0.01
37	Acrylonitrile	22.78	37	Carbon disulfide	< 0.01
38	Epichlorohydrin	21.11	38	Chloroethane	< 0.01
39	1,2-Dichlorobenzene	20.00	39	1,2-Dichlorobenzene	< 0.01
40	1,3-Dichlorobenzene	14.44	40	1,4-Dichlorobenzene	< 0.01
41	Bromodichloromethane	10.00	41	Bromodichloromethane	< 0.01
42	1,4-Dioxane	7.78	42	1,1,1-Trichloroethane	< 0.01
43	Chloroethane	5.56	43	1,4-Dioxane	< 0.01
44	1,3-Butadiene	5.00	44	cis-1,2-dichloroethylene	< 0.01
45	Freon114	3.33	45	2-Hexanone	< 0.01
46	1,1-Dichloroethene	3.33	46	1,3-Dichlorobenzene	< 0.01
47	1,1,2,2-Tetrachloroethane	2.78	47	1,1,2,2-Tetrachloroethane	< 0.01
48	cis-1,2-dichloroethylene	2.22	48	Benzyl chloride	< 0.01
49	2-Hexanone	1.67	49	trans-1,2-Dichloroethylene	< 0.01
50	trans-1,2-Dichloroethylene	1.11	50	1,1-Dichloroethene	< 0.01
51	1,1-Dichloroethane	1.11	51	1,2,4-Trichlorobenzene	< 0.01
52	1,1,2-Trichloroethane	1.11	52	Freon114	< 0.01
53	1,2,4-Trichlorobenzene	1.11	53	2-Methoxyethanol	< 0.01
54	2-Methoxyethanol	1.11	54	Aniline	< 0.01
55	Bromoform	0.56	55	Nitrobenzene	< 0.01
56	Benzyl chloride	0.56	56	1,1,2-Trichloroethane	< 0.01
57	Hexachloro-1,3-butadiene	0.56	57	1,1-Dichloroethane	< 0.01
58	Aniline	0.56	58	Hexachloro-1,3-butadiene	< 0.01
59	Nitrobenzene	0.56	59	Bromoform	< 0.01
60	Freon12	N.D	60	Freon12	N.D
61	Vinyl chloride	N.D	61	Vinyl chloride	N.D
62	Bromomethane	N.D	62	Bromomethane	N.D
63	cis-1,3-Dichloropropene	N.D	63	cis-1,3-Dichloropropene	N.D
64	trans-1,3-Dichloropropene	N.D	64	trans-1,3-Dichloropropene	N.D
65	Dibromochloromethane	N.D	65	Dibromochloromethane	N.D
66	1,2-Dibromoethane	N.D	66	1,2-Dibromoethane	N.D

주) 검출한계 (IDL) 이하의 값은 N.D로 표시함, 0.01 ppb 이하는 < 0.01로 표시함. 이하 모든 표에 동일하게 적용함.

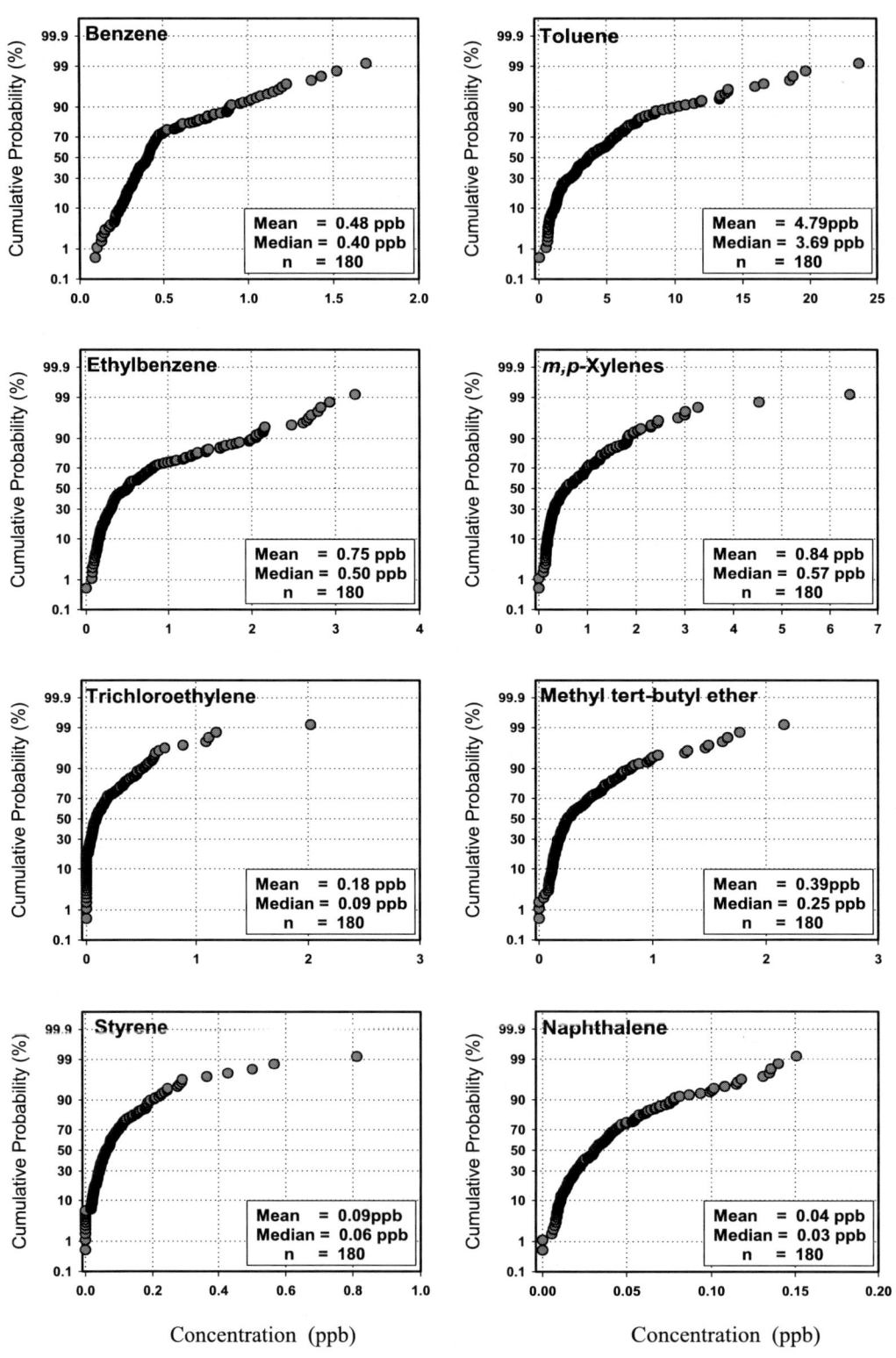

<그림 4.1> 서울지역 VOC 전체자료의 농도 분포.

□ <그림 4.1>에는 주요 VOC에 대하여 서울지역 3개 지점에서 측정된 VOC 전체 농도 자료 (총 자료 수 180개)에 대하여 누적확률분포를 나타내었다. 그림에서 누적확률분포란 전체 자료의 농도를 크기 순서로 배치하여 표현하는 방법으로서 예를 들면 Y축의 95 %에서 읽은 X축의 어떤 물질의 농도가 10 ppb였다면 전체 자료 중에서 10 ppb보다 큰 농도를 나타낸 자료가 5 %라는 의미이다.

□ 누적확률분포 그림에서 알 수 있듯이 VOC들은 직선 또는 곡선의 분포개형을 나타내고 있으며 산술평균치가 중앙값 (50 percentiles)보다 큰 것으로 나타나고 있다. 선형 누적확률분포 그림에서 직선 개형이 나타나면 그 자료들은 일반 정규분포를 따른다는 의미이며 직선에서 벗어날수록 대수정규분포를 따르는 경향이 있다. 이 경우 통계적으로 대표치는 산술평균치 보다는 중앙값 (혹은 기하평균)을 사용하는 것이 바람직하다고 사료된다. 그러나 본 보고서에서는 편의상 산술평균치로서 대표치를 나타내었다.

□ 위와 같은 내용을 요약하면 서울지역 대기 중 검출되는 VOC 중 환경보건학적 중요성이 높은 물질은 benzene, toluene, ethylbenzene, *m,p*-xylenes 등의 BTEX 그룹과 비교적 높은 검출빈도와 평균농도를 나타낸 물질 중 위해성이 높다고 판단되는 trichloroethylene, methyl tert-butyl ether, styrene, naphthalene 등을 들 수 있다. 따라서 본 보고서에서는 이들 8종의 물질에 대하여 대기환경에서의 농도분포 특성을 집중 파악하였다.

4.1.2 측정지점별 VOC 농도 분포

□ 서울지역의 각 측정 지점별 VOC 농도 분포특성을 비교하기 위하여 개별 측정지점별 농도분포를 <그림 4.2>에 누적확률분포로 나타내었다. 주요 물질 8종 중 toluene, methyl tert-butyl ether, naphthalene의 경우 서울역이 타 지점보다 전반적으로 농도가 높았다. 반면에 ethylbenzene의 경우 강남구에서 trichloroethylene의 경우 구로구에서 높았다.

□ 국가 대기환경기준물질인 benzene의 경우 구로구 0.43 ppb, 강남구 0.50 ppb, 서울역 평균농도가 0.51 ppb로 강남구와 서울역이 비슷하였고 구로구가 상대적으로 낮았다. 환경 중 존재하는 benzene은 도시지역의 경우 자동차 배기가스와 연료를 주입할 때 주로 배출되며 산업현장에서의 주요 benzene 배출업종으로는 코크스, 연탄 및 석유 정제품 제조업이나 화학물질 및 화학제품 제조업을 들 수 있다.

□ Toluene의 경우 평균농도는 서울역 5.49 ppb, 강남구 4.52 ppb, 구로구 4.36 ppb로 서울역이 가장 높았다. Ethylbenzene의 평균농도는 강남구 1.08 ppb, 서울역 0.59 ppb, 구로구 0.58 ppb로 강남구가 가장 높았으며 서울역과 구로구는 비슷한 농도수준을 보였다. *m,p*-Xylenes은 강남구 0.93 ppb, 구로구 0.90 ppb, 서울역 0.70 ppb로 강남구와 구로구에서 비슷한 농도수준을 보였다. Naphthalene은 서울역이 0.06 ppb로 가장 높고 구로구와 강남구에서는 0.03 ppb 이하의 농도를 보였다. Naphthalene의 주요 배출업종으로는 코크스, 연탄 및 석유 정제품 제조업이나 화학물질 및 화학제품 제조업을 들 수 있다.

□ 전자 부품 및 영상·통신 장비 제조업 등에서 많이 배출되는 trichloroethylene의 경우 세계보건기구에서 발암 등급 2A으로 "사람에게 암을 일으킬 수 있는 유력한 물질"로 분류된 물질로서 구로구가 0.23 ppb, 서울역 0.16 ppb, 강남구 0.16 ppb으로 구로구에서 다른지점보다 상대적으로 높게 나타났다.

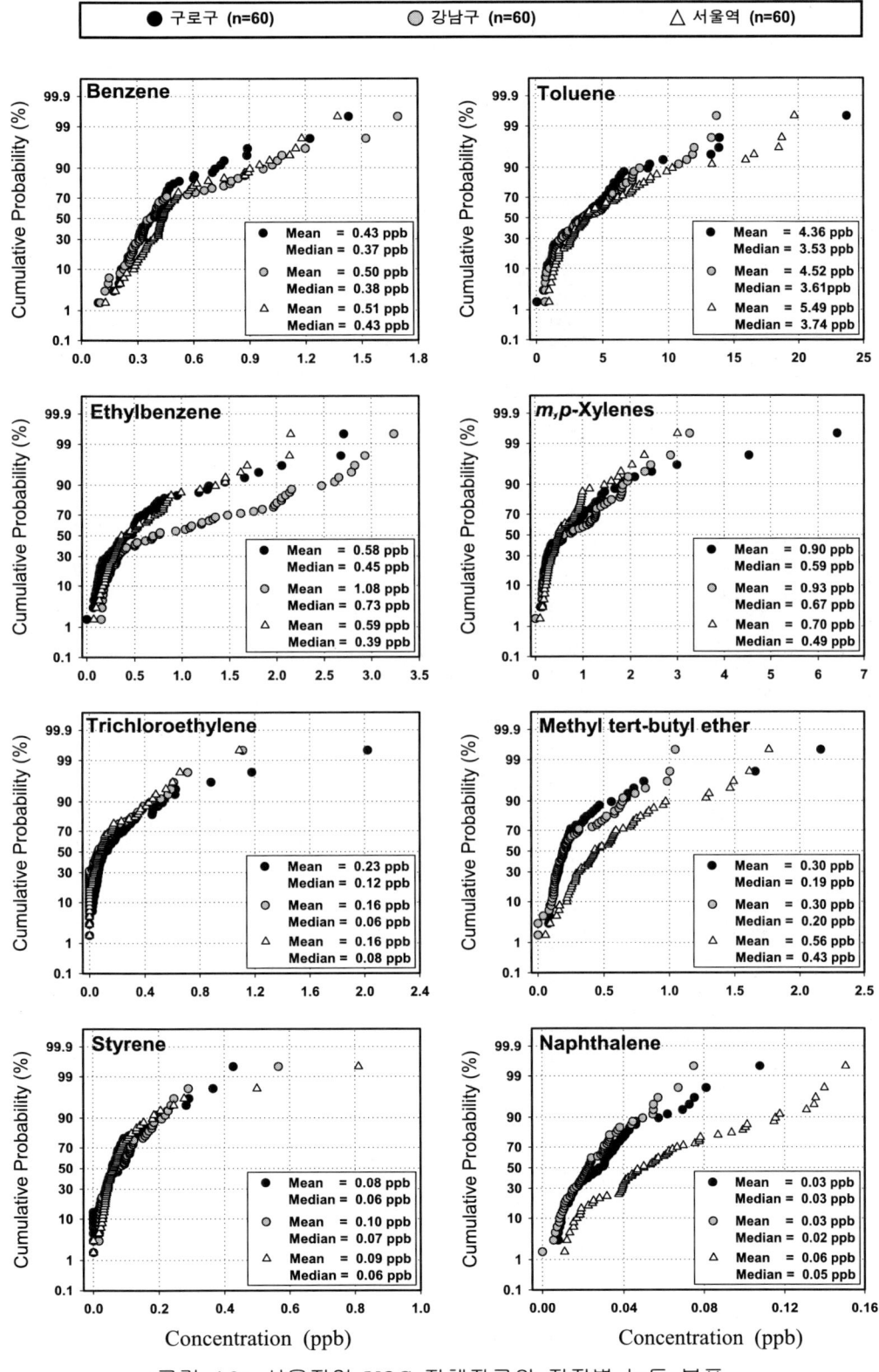

<그림 4.2> 서울지역 VOC 전체자료의 지점별 농도 분포.

<표 4.2> VOC의 측정지점별 검출빈도 - 전체자료

No.	구로구 (n=60)		강남구 (n=60)		서울역 (n=60)	
	물질명	검출빈도(%)	물질명	검출빈도(%)	물질명	검출빈도(%)
1	Toluene	100.00	Toluene	100.00	Toluene	100.00
2	Benzene	100.00	Benzene	100.00	Benzene	100.00
3	Carbon tetrachloride	100.00	Carbon tetrachloride	100.00	Ethylbenzene	100.00
4	Hexane	100.00	Ethylbenzene	100.00	m,p-Xylenes	100.00
5	Cyclohexane	100.00	o-Xylene	100.00	o-Xylene	100.00
6	Heptane	100.00	Freon11	100.00	Carbon tetrachloride	100.00
7	Freon11	100.00	Freon 113	100.00	Methyl tert-butyl ether	100.00
8	Freon 113	100.00	m,p-Xylenes	98.33	Hexane	100.00
9	Methyl tert-butyl ether	98.33	Styrene	98.33	Cyclohexane	100.00
10	Ethylbenzene	98.33	1,2,4-Trimethylbenzene	98.33	Heptane	100.00
11	m,p-Xylenes	98.33	Naphthalene	98.33	4-Ethyltoluene	100.00
12	o-Xylene	98.33	Hexane	98.33	1,3,5-Trimethylbenzene	100.00
13	1,2,4-Trimethylbenzene	98.33	Heptane	98.33	1,2,4-Trimethylbenzene	100.00
14	Naphthalene	98.33	Methyl tert-butyl ether	96.67	Naphthalene	100.00
15	Ethyl acetate	95.00	Ethyl acetate	96.67	Freon 113	98.33
16	Trichloroethylene	95.00	Cyclohexane	96.67	Methyl isobutyl ketone	96.67
17	Isoproyl alcohol	93.33	Vinyl acetate	93.33	Styrene	96.67
18	Vinyl acetate	93.33	Isoproyl alcohol	91.67	Ethyl acetate	95.00
19	Methyl isobutyl ketone	93.33	4-Ethyltoluene	91.67	Isoproyl alcohol	91.67
20	Styrene	86.67	Methyl isobutyl ketone	90.00	Vinyl acetate	83.33
21	4-Ethyltoluene	86.67	1,3,5-Trimethylbenzene	90.00	Trichloroethylene	81.67
22	1,3,5-Trimethylbenzene	86.67	Chloroform	80.00	Tetrachloroethylene	76.67
23	Chloroform	85.00	Tetrachloroethylene	80.00	Phenol	68.33
24	Tetrachloroethylene	75.00	Trichloroethylene	68.33	Chlorobenzene	63.33
25	Chlorobenzene	51.67	1,2-Dichloroethane	55.00	Freon11	61.67
26	Phenol	50.00	Chlorobenzene	50.00	Chloroform	48.33
27	1,2-Dichloroethane	46.67	1,2-Dichloropropane	46.67	1,2-Dichloropropane	46.67
28	Tetrahydrofuran	41.67	Phenol	46.67	1,2-Dichloroethane	38.33
29	1,2-Dichloropropane	41.67	Tetrahydrofuran	41.67	Carbon disulfide	36.67
30	2-Ethoxyethylacetate	40.00	Methylene chloride	40.00	1,4-Dichlorobenzene	35.00
31	Carbon disulfide	38.33	Carbon disulfide	40.00	2-Ethoxyethanol	35.00
32	Methylene chloride	31.67	2-Ethoxyethanol	36.67	2-Ethoxyethylacetate	31.67
33	2-Ethoxyethanol	31.67	2-Ethoxyethylacetate	36.67	1,3-Dichlorobenzene	30.00
34	1,1,1-Trichloroethane	25.00	1,1,1-Trichloroethane	35.00	1,1,1-Trichloroethane	28.33
35	1,4-Dichlorobenzene	23.33	1,4-Dichlorobenzene	31.67	Tetrahydrofuran	26.67
36	Acrylonitrile	21.67	Acrylonitrile	28.33	Methylene chloride	25.00
37	N,N-Dimethylformamide	21.67	N,N-Dimethylformamide	25.00	1,2-Dichlorobenzene	23.33
38	Epichlorohydrin	20.00	Epichlorohydrin	21.67	N,N-Dimethylformamide	23.33
39	1,2-Dichlorobenzene	18.33	1,2-Dichlorobenzene	18.33	Epichlorohydrin	21.67
40	1,3-Dichlorobenzene	8.33	Bromodichloromethane	13.33	Acrylonitrile	18.33
41	Freon114	6.67	1,4-Dioxane	11.67	Chloroethane	16.67
42	1,1-Dichloroethene	6.67	1,3-Butadiene	10.00	Bromodichloromethane	11.67
43	cis-1,2-dichloroethylene	5.00	1,1,2,2-Tetrachloroethane	6.67	1,4-Dioxane	6.67
44	1,4-Dioxane	5.00	1,3-Dichlorobenzene	5.00	1,3-Butadiene	3.33
45	Bromodichloromethane	5.00	1,1,2-Trichloroethane	3.33	Freon114	1.67
46	1,3-Butadiene	1.67	2-Methoxyethanol	3.33	1,1-Dichloroethene	1.67
47	trans-1,2-Dichloroethylene	1.67	Freon114	1.67	trans-1,2-Dichloroethylene	1.67
48	1,1-Dichloroethane	1.67	1,1-Dichloroethene	1.67	2-Hexanone	1.67
49	2-Hexanone	1.67	1,1-Dichloroethane	1.67	Nitrobenzene	1.67
50	Bromoform	1.67	cis-1,2-dichloroethylene	1.67	Freon12	N.D
51	1,1,2,2-Tetrachloroethane	1.67	2-Hexanone	1.67	Vinyl chloride	N.D
52	1,2,4-Trichlorobenzene	1.67	Benzyl chloride	1.67	Bromomethane	N.D
53	Hexachloro-1,3-butadiene	1.67	1,2,4-Trichlorobenzene	1.67	1,1-Dichloroethane	N.D
54	Aniline	1.67	Freon12	N.D	cis-1,2-dichloroethylene	N.D
55	Freon12	N.D	Vinyl chloride	N.D	cis-1,3-Dichloropropene	N.D
56	Vinyl chloride	N.D	Bromomethane	N.D	trans-1,3-Dichloropropene	N.D
57	Bromomethane	N.D	Chloroethane	N.D	1,1,2-Trichloroethane	N.D
58	Chloroethane	N.D	trans-1,2-Dichloroethylene	N.D	Dibromochloromethane	N.D
59	cis-1,3-Dichloropropene	N.D	cis-1,3-Dichloropropene	N.D	1,2-Dibromoethane	N.D
60	trans-1,3-Dichloropropene	N.D	trans-1,3-Dichloropropene	N.D	Bromoform	N.D
61	1,1,2-Trichloroethane	N.D	Dibromochloromethane	N.D	1,1,2,2-Tetrachloroethane	N.D
62	Dibromochloromethane	N.D	1,2-Dibromoethane	N.D	Benzyl chloride	N.D
63	1,2-Dibromoethane	N.D	Bromoform	N.D	1,2,4-Trichlorobenzene	N.D
64	Benzyl chloride	N.D	Hexachloro-1,3-butadiene	N.D	Hexachloro-1,3-butadiene	N.D
65	2-Methoxyethanol	N.D	Aniline	N.D	2-Methoxyethanol	N.D
66	Nitrobenzene	N.D	Nitrobenzene	N.D	Aniline	N.D

□ 서울지역 3개 지점에서 측정한 VOC 농도 자료에 검출빈도 순위를 <표 4.2>에 나타내었다. 3개의 측정지점 중 구로구에서 가장 많은 물질들이 검출되었으며 검출된 물질의 수는 전체 66종의 물질 중 54종으로 나타났다. 다음으로는 강남구가 53종, 서울역이 49종으로 검출되었다.

□ 먼저 BTEX 그룹을 보면 전 지점에서 benzene과 toluene은 검출빈도가 100 %이며 ethylbenzene은 강남구와 서울역에서 m,p-xylenes은 서울역에서만 100 %로 나타났다. 자동차 연료첨가제로 사용되는 methyl tert-butyl ether와 유기용제로 사용되는 hexane의 경우 전 지점에서 검출빈도가 95 % 이상을 나타내 매우 높은 검출빈도를 보였다. 특히 자동차 연료첨가제로 사용되는 methyl tert-butyl ether는 서울역에서 100 %의 검출빈도를 보여 차량에 의한 배출이 다른 지점보다 많다는 것을 보여주는 증거이다. 가장 많은 물질이 검출된 구로구의 경우 90 % 이상 검출빈도를 보이는 물질의 종류가 19종으로 나타났다. Phenol은 서울역 68.33 %, 구로구 50 %, 강남구 46.67 %로 높은 검출빈도를 보였다.

□ 서울지역 전체의 VOC 농도자료에 대한 주요물질 27개를 대상으로 전체자료의 평균 농도와 최댓값 결과를 <표 4.3>에 요약하였다. <표 4.4>에는 본 연구에서 측정한 66개의 물질 전체를 대상으로 평균농도가 높은 (산술평균농도 측면) 순위로 재정리하여 상위 15위 까지 나타내었다. 3지점 계절별 분석 결과는 <표 4.5> ~ <표 4.10>에 나타내었다.

□ 측정지점별 농도 결과를 보면 서울역의 경우 benzene의 평균농도가 0.51 ppb로 나타났으며 최대농도는 1.37 ppb로 나타났다. 유기용제로 사용되는 ethylbenzene, m,p-xylene의 평균농도는 강남구가 다른 지점에 비해 높게 나타났다. Methyl tert-butyl ether의 경우 서울역 (0.56 ppb)이 구로구 (0.30 ppb), 강남구 (0.30 ppb)보다 농도가 약 2배 높음으로서 차량에 의한 배출이 다른 지점보다 많다는 것을 보여주는 증거이다.

<표 4.3> 주요 VOC의 측정지점별 농도 – 전체자료 (단위 : ppb)

No.	VOC Compounds	구로구 (n=60) 평균	구로구 (n=60) 최대	강남구 (n=60) 평균	강남구 (n=60) 최대	서울역 (n=60) 평균	서울역 (n=60) 최대
1	Vinyl chloride	N.D	N.D	N.D	N.D	N.D	N.D
2	1,3-Butadiene	< 0.01	0.03	0.04	1.47	< 0.01	0.13
3	Acrylonitrile	< 0.01	0.04	< 0.01	0.05	< 0.01	0.13
4	Methylene chloride	0.03	0.41	0.03	0.34	0.03	0.32
5	Carbon disulfide	< 0.01	0.06	< 0.01	0.04	0.01	0.25
6	Methyl tert-butyl ether	0.30	2.16	0.30	1.05	0.56	1.77
7	Vinyl acetate	0.30	1.07	0.34	1.91	0.36	0.90
8	Chloroform	0.02	0.08	0.02	0.09	< 0.01	0.07
9	1,2-Dichloroethane	0.01	0.13	0.02	0.12	< 0.01	0.05
10	Benzene	0.43	1.43	0.50	1.69	0.51	1.37
11	Carbon tetrachloride	0.08	0.12	0.09	0.21	0.09	0.16
12	Trichloroethylene	0.23	2.02	0.16	1.11	0.16	1.09
13	Toluene	4.36	23.69	4.52	13.74	5.49	19.70
14	Tetrachloroethylene	0.11	4.11	0.06	0.28	0.03	0.14
15	Ethylbenzene	0.58	2.71	1.08	3.24	0.59	2.15
16	m,p-Xylenes	0.90	6.42	0.93	3.27	0.70	3.01
17	Styrene	0.08	0.43	0.10	0.57	0.09	0.81
18	o-Xylene	0.35	2.43	0.33	1.17	0.26	1.06
19	2-Methoxyethanol	N.D	N.D	< 0.01	0.01	N.D	N.D
20	2-Ethoxyethanol	0.03	0.38	0.02	0.22	0.02	0.13
21	Epichlorohydrin	0.19	2.83	0.31	5.58	0.43	6.47
22	N,N-Dimethylformamide	0.03	0.33	0.02	0.44	0.04	0.35
23	2-Ethoxyethylacetate	0.04	0.70	0.03	0.46	0.05	0.38
24	Phenol	0.02	0.09	0.02	0.08	0.06	0.28
25	Aniline	< 0.01	0.02	N.D	N.D	N.D	N.D
26	Nitrobenzene	N.D	N.D	N.D	N.D	< 0.01	0.01
27	Naphthalene	0.03	0.11	0.03	0.07	0.06	0.15

<표 4.4> VOC의 측정지점별 평균 농도 순위 – 전체자료 (단위 : ppb)

순위	구로구 (n=60) 물질명	구로구 (n=60) 평균	강남구 (n=60) 물질명	강남구 (n=60) 평균	서울역 (n=60) 물질명	서울역 (n=60) 평균
1	Toluene	4.36	Toluene	4.52	Toluene	5.49
2	Ethyl acetate	1.73	Ethyl acetate	1.65	Ethyl acetate	1.25
3	m,p-Xylenes	0.90	Ethylbenzene	1.08	Hexane	0.72
4	Hexane	0.60	m,p-Xylenes	0.93	m,p-Xylenes	0.70
5	Ethylbenzene	0.58	Hexane	0.58	Ethylbenzene	0.59
6	Isoproyl alcohol	0.51	Benzene	0.50	MTBE	0.56
7	Benzene	0.43	Isoproyl alcohol	0.44	Benzene	0.51
8	o-Xylene	0.35	Vinyl acetate	0.34	Epichlorohydrin	0.43
9	Vinyl acetate	0.30	o-Xylene	0.33	Vinyl acetate	0.36
10	MTBE	0.30	Epichlorohydrin	0.31	Isoproyl alcohol	0.28
11	Trichloroethylene	0.23	MTBE	0.30	o-Xylene	0.26
12	Epichlorohydrin	0.19	Cyclohexane	0.17	Cyclohexane	0.23
13	MIBK	0.16	MIBK	0.16	Heptane	0.19
14	Cyclohexane	0.14	Trichloroethylene	0.16	Trichloroethylene	0.16
15	Heptane	0.13	Heptane	0.13	MIBK	0.15

주) MTBE : Methyl tert-butyl ether, MIBK : Methyl isobutyl ketone

<표 4.5> 2013년 8월 (여름) 주요 VOC의 측정지점별 농도 (단위 : ppb)

No.	VOC Compounds	구로구 (n=20)		강남구 (n=20)		서울역 (n=20)	
		평균	최대	평균	최대	평균	최대
1	Vinyl chloride	N.D	N.D	N.D	N.D	N.D	N.D
2	1,3-Butadiene	N.D	N.D	N.D	N.D	N.D	N.D
3	Acrylonitrile	0.02	0.04	0.02	0.05	0.03	0.13
4	Methylene chloride	< 0.01	0.04	< 0.01	0.02	< 0.01	0.02
5	Carbon disulfide	0.01	0.06	< 0.01	0.02	0.03	0.25
6	Methyl tert-butyl ether	0.25	0.56	0.32	0.74	0.69	1.49
7	Vinyl acetate	0.31	0.69	0.31	0.58	0.26	0.75
8	Chloroform	< 0.01	0.02	< 0.01	0.01	0.01	0.07
9	1,2-Dichloroethane	< 0.01	0.03	< 0.01	0.02	< 0.01	0.02
10	Benzene	0.28	0.47	0.27	0.39	0.36	0.59
11	Carbon tetrachloride	0.06	0.08	0.06	0.10	0.07	0.10
12	Trichloroethylene	0.41	2.02	0.18	0.71	0.20	0.60
13	Toluene	3.93	13.91	5.44	7.83	4.16	8.15
14	Tetrachloroethylene	0.24	4.11	0.04	0.14	0.04	0.14
15	Ethylbenzene	0.65	2.06	1.95	3.24	0.70	2.15
16	m,p-Xylenes	0.69	1.68	1.38	2.43	0.77	2.04
17	Styrene	0.13	0.43	0.16	0.57	0.11	0.50
18	o-Xylene	0.28	0.66	0.47	0.87	0.31	0.77
19	2-Methoxyethanol	N.D	N.D	< 0.01	0.01	N.D	N.D
20	2-Ethoxyethanol	0.07	0.38	0.05	0.14	0.06	0.13
21	Epichlorohydrin	N.D	N.D	N.D	N.D	N.D	N.D
22	N,N-Dimethylformamide	0.08	0.33	0.03	0.11	0.08	0.35
23	2-Ethoxyethylacetate	0.05	0.70	< 0.01	0.05	< 0.01	0.02
24	Phenol	0.05	0.09	0.04	0.08	0.07	0.22
25	Aniline	< 0.01	0.02	N.D	N.D	N.D	N.D
26	Nitrobenzene	N.D	N.D	N.D	N.D	N.D	N.D
27	Naphthalene	0.03	0.08	0.03	0.07	0.06	0.13

<표 4.6> 2013년 8월 (여름) VOC의 측정지점별 평균 농도 순위 (단위 : ppb)

순위	구로구 (n=20)		강남구 (n=20)		서울역 (n=20)	
	물질명	평균	물질명	평균	물질명	평균
1	Toluene	3.93	Toluene	5.44	Toluene	4.16
2	Ethyl acetate	1.19	Ethylbenzene	1.95	Ethyl acetate	0.90
3	m,p-Xylenes	0.69	m,p-Xylenes	1.38	m,p-Xylenes	0.77
4	Ethylbenzene	0.65	Ethyl acetate	0.82	Ethylbenzene	0.70
5	Hexane	0.60	o-Xylene	0.47	MTBE	0.69
6	Trichloroethylene	0.41	Hexane	0.33	Hexane	0.56
7	Vinyl acetate	0.31	MTBE	0.32	Benzene	0.36
8	o-Xylene	0.28	Vinyl acetate	0.31	o-Xylene	0.31
9	Benzene	0.28	Benzene	0.27	Vinyl acetate	0.26
10	MTBE	0.25	MIBK	0.18	Trichloroethylene	0.20
11	Tetrachloroethylene	0.24	Trichloroethylene	0.18	Cyclohexane	0.18
12	MIBK	0.22	Styrene	0.16	Heptane	0.17
13	Styrene	0.13	Cyclohexane	0.10	124TMB	0.16
14	Heptane	0.11	Heptane	0.10	MIBK	0.15
15	Cyclohexane	0.11	Isoproyl alcohol	0.09	Styrene	0.11

주) MTBE : Methyl tert-butyl ether, MIBK : Methyl isobutyl ketone, 124TMB : 1,2,4-Trimethylbenzene

<표 4.7> 2013년 11월 (가을) 주요 VOC의 측정지점별 농도 (단위 : ppb)

No.	VOC Compounds	구로구 (n=20)		강남구 (n=20)		서울역 (n=20)	
		평균	최대	평균	최대	평균	최대
1	Vinyl chloride	N.D	N.D	N.D	N.D	N.D	N.D
2	1,3-Butadiene	< 0.01	0.03	< 0.01	0.05	N.D	N.D
3	Acrylonitrile	N.D	N.D	N.D	N.D	N.D	N.D
4	Methylene chloride	0.08	0.41	0.08	0.34	0.08	0.32
5	Carbon disulfide	N.D	N.D	N.D	N.D	N.D	N.D
6	Methyl tert-butyl ether	0.47	2.16	0.41	1.05	0.62	1.77
7	Vinyl acetate	0.32	1.07	0.32	0.88	0.37	0.74
8	Chloroform	0.03	0.08	0.03	0.07	< 0.01	0.03
9	1,2-Dichloroethane	0.03	0.13	0.02	0.12	< 0.01	0.05
10	Benzene	0.54	1.43	0.57	1.20	0.62	1.37
11	Carbon tetrachloride	0.10	0.12	0.09	0.11	0.10	0.11
12	Trichloroethylene	0.20	0.63	0.16	0.61	0.20	1.09
13	Toluene	6.15	23.69	5.47	13.74	7.41	19.70
14	Tetrachloroethylene	0.06	0.26	0.05	0.25	0.03	0.08
15	Ethylbenzene	0.79	2.71	0.93	2.66	0.78	2.14
16	m,p-Xylenes	1.29	6.42	1.05	3.27	0.95	3.01
17	Styrene	0.09	0.37	0.11	0.29	0.13	0.81
18	o-Xylene	0.50	2.43	0.37	1.17	0.35	1.06
19	2-Methoxyethanol	N.D	N.D	N.D	N.D	N.D	N.D
20	2-Ethoxyethanol	N.D	N.D	< 0.01	0.06	N.D	N.D
21	Epichlorohydrin	N.D	N.D	N.D	N.D	N.D	N.D
22	N,N-Dimethylformamide	N.D	N.D	N.D	N.D	N.D	N.D
23	2-Ethoxyethylacetate	N.D	N.D	0.02	0.46	N.D	N.D
24	Phenol	< 0.01	0.02	< 0.01	0.01	0.02	0.26
25	Aniline	N.D	N.D	N.D	N.D	N.D	N.D
26	Nitrobenzene	N.D	N.D	N.D	N.D	N.D	N.D
27	Naphthalene	0.02	0.04	0.02	0.05	0.03	0.09

<표 4.8> 2013년 11월 (가을) VOC의 측정지점별 평균 농도 순위 (단위 : ppb)

순위	구로구 (n=20)		강남구 (n=20)		서울역 (n=20)	
	물질명	평균	물질명	평균	물질명	평균
1	Toluene	6.15	Toluene	5.47	Toluene	7.41
2	Ethyl acetate	3.27	Ethyl acetate	3.00	Ethyl acetate	1.75
3	m,p-Xylenes	1.29	m,p-Xylenes	1.05	Hexane	1.20
4	Hexane	0.90	Ethylbenzene	0.93	m,p-Xylenes	0.95
5	Ethylbenzene	0.79	Hexane	0.93	Ethylbenzene	0.78
6	Benzene	0.54	Benzene	0.57	MTBE	0.62
7	o-Xylene	0.50	MTBE	0.41	Benzene	0.62
8	MTBE	0.47	o-Xylene	0.37	Vinyl acetate	0.37
9	Isoproyl alcohol	0.32	Vinyl acetate	0.32	o-Xylene	0.35
10	Vinyl acetate	0.32	Isoproyl alcohol	0.29	Cyclohexane	0.33
11	Cyclohexane	0.21	Cyclohexane	0.22	Heptane	0.24
12	Trichloroethylene	0.20	MIBK	0.19	Trichloroethylene	0.20
13	Heptane	0.19	Heptane	0.17	MIBK	0.18
14	MIBK	0.18	Trichloroethylene	0.16	124TMB	0.18
15	124TMB	0.14	124TMB	0.11	Isoproyl alcohol	0.15

주) MTBE : Methyl tert-butyl ether, MIBK : Methyl isobutyl ketone, 124TMB : 1,2,4-Trimethylbenzene

<표 4.9> 2014년 2월 (겨울) 주요 VOC의 측정지점별 농도 (단위 : ppb)

No.	VOC Compounds	구로구 (n=20)		강남구 (n=20)		서울역 (n=20)	
		평균	최대	평균	최대	평균	최대
1	Vinyl chloride	N.D	N.D	N.D	N.D	N.D	N.D
2	1,3-Butadiene	N.D	N.D	0.12	1.47	0.01	0.13
3	Acrylonitrile	N.D	N.D	N.D	N.D	N.D	N.D
4	Methylene chloride	N.D	N.D	< 0.01	0.05	N.D	N.D
5	Carbon disulfide	< 0.01	0.04	< 0.01	0.04	< 0.01	0.03
6	Methyl tert-butyl ether	0.18	0.42	0.19	0.65	0.37	0.70
7	Vinyl acetate	0.26	0.71	0.38	1.91	0.44	0.90
8	Chloroform	0.02	0.04	0.03	0.09	< 0.01	0.02
9	1,2-Dichloroethane	< 0.01	0.03	0.03	0.08	< 0.01	0.03
10	Benzene	0.46	0.89	0.65	1.69	0.55	1.12
11	Carbon tetrachloride	0.10	0.12	0.13	0.21	0.10	0.16
12	Trichloroethylene	0.09	0.29	0.14	1.11	0.07	0.18
13	Toluene	3.00	5.87	2.65	11.89	4.90	16.58
14	Tetrachloroethylene	0.04	0.09	0.08	0.28	0.03	0.06
15	Ethylbenzene	0.31	0.67	0.37	1.09	0.30	0.71
16	m,p-Xylenes	0.71	1.86	0.37	1.19	0.37	0.77
17	Styrene	0.03	0.08	0.03	0.07	0.04	0.07
18	o-Xylene	0.27	0.73	0.13	0.42	0.13	0.26
19	2-Methoxyethanol	N.D	N.D	N.D	N.D	N.D	N.D
20	2-Ethoxyethanol	< 0.01	0.05	0.01	0.22	< 0.01	0.03
21	Epichlorohydrin	0.57	2.83	0.92	5.58	1.30	6.47
22	N,N-Dimethylformamide	N.D	N.D	0.02	0.44	0.03	0.33
23	2-Ethoxyethylacetate	0.07	0.22	0.07	0.45	0.15	0.38
24	Phenol	< 0.01	0.02	< 0.01	0.04	0.10	0.28
25	Aniline	N.D	N.D	N.D	N.D	N.D	N.D
26	Nitrobenzene	N.D	N.D	N.D	N.D	< 0.01	0.01
27	Naphthalene	0.04	0.11	0.03	0.07	0.09	0.15

<표 4.10> 2014년 2월 (겨울) VOC의 측정지점별 평균 농도 순위 (단위 : ppb)

순위	구로구 (n=20)		강남구 (n=20)		서울역 (n=20)	
	물질명	평균	물질명	평균	물질명	평균
1	Toluene	3.00	Toluene	2.65	Toluene	4.90
2	Isoproyl alcohol	1.10	Ethyl acetate	1.13	Epichlorohydrin	1.30
3	Ethyl acetate	0.74	Isoproyl alcohol	0.93	Ethyl acetate	1.11
4	m,p-Xylenes	0.71	Epichlorohydrin	0.92	Isoproyl alcohol	0.59
5	Epichlorohydrin	0.57	Benzene	0.65	Benzene	0.55
6	Benzene	0.46	Hexane	0.48	Vinyl acetate	0.44
7	Ethylbenzene	0.31	Vinyl acetate	0.38	Hexane	0.41
8	Hexane	0.29	Ethylbenzene	0.37	m,p-Xylenes	0.37
9	o-Xylene	0.27	m,p-Xylenes	0.37	MTBE	0.37
10	Vinyl acetate	0.26	MTBE	0.19	Ethylbenzene	0.30
11	MTBE	0.18	Cyclohexane	0.18	Cyclohexane	0.18
12	Cyclohexane	0.11	Trichloroethylene	0.14	Heptane	0.17
13	Carbon tetrachloride	0.10	Heptane	0.14	2-Ethoxyethylacetate	0.15
14	Heptane	0.09	o-Xylene	0.13	o-Xylene	0.13
15	Trichloroethylene	0.09	Carbon tetrachloride	0.13	MIBK	0.12

주) MTBE : Methyl tert-butyl ether, MIBK : Methyl isobutyl ketone, 124TMB : 1,2,4-Trimethylbenzene

4.1.3 계절별 VOC 농도 분포

□ 서울지역의 VOC 농도에 대한 계절 변동성 파악이 용이하도록 측정 지점별 자료를 계절별로 구분하여 <그림 4.3> ~ <그림 4.4>에 나타내었다. <그림 4.3> ~ <그림 4.4>에는 benzene, toluene, ethylbenzene, *m,p*-xylenes 등의 BTEX 그룹과 비교적 높은 검출빈도와 평균농도를 나타내는 물질 중 위해성이 높다고 판단되는 trichloroethylene, methyl tert-butyl ether, styrene, naphthalene에 대해서 나타내었다.

□ 본 연구에서 조사한 서울지역의 VOC 농도는 개별물질들 마다 그 양상이 다양하게 나타나고 있다. 이와 같이 개별물질마다 다양한 분포를 나타내는 것은 계절적인 영향보다 특정한 시기에 주변 배출원으로부터 배출되는 오염원에 의한 영향이 크다고 할 수 있다. 주요 VOC 8종의 계절별 평균농도 중 가을과 겨울에 toluene과 benzene이 여름철 보다 높았다. Ethylbenzene은 여름철 강남구에서 가장 높았고 trichloroethylene은 여름철 구로구에서 가장 높았다. 이는 여름철 주풍향이 인근 산단에서 불어오는 것을 고려하면 이해할 수 있다. Naphthalene은 전 지점에서 계절에 따라 비슷한 경향을 보였다.

4.1.4 오전과 오후의 VOC 농도 비교

□ 본 연구에서 VOC는 측정기간 동안 3개 측정지점에서 공통적으로 9시, 13시에 각 120분씩 흡착관법으로 시료를 채취하였다. 계절별로 10일간 측정한 시료들을 오전 (9시)과 오후 (13시) 그룹으로 나누어 각 그룹의 평균과 표준편차를 계산하였고 계절전체자료에 대한 비교를 <그림 4.5>에 나타내었으며 <그림 4.6> ~ <그림 4.8>에는 각 계절별 자료를 오전·오후로 구분하여 비교하였다. 주요 VOC에 대하여 오전과 오후 평균농도를 비교한 결과 거의 모든 물질이 전 지점에서 오전과 오후의 농도가 큰 차이가 없었다.

□ 일반적으로 도시 내 교통밀집지대에서 VOC 농도를 측정한 결과 (김미현 등, 2001)에 의하면 benzene을 포함한 toluene, xylene 등 주요 VOC의 농도는 아침과 저녁 무렵의 출퇴근 시간대에 농도가 상승하고 오후시간대에 농도가 떨어지는 전형적인 낙타 등 모양의 변동양상을 나타낸다고 알려져 있다. 이는 다른 배출원의 영향이 크지 않은 도시지역에서는 자동차 배기가스가 가장 주된 요인으로 작용하고 있다는 점을 의미한다.

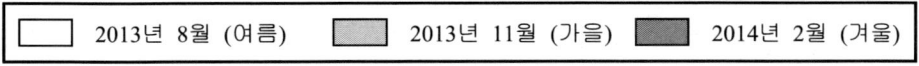
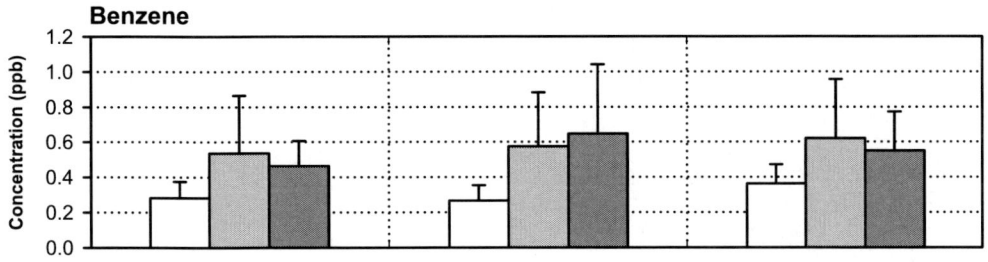
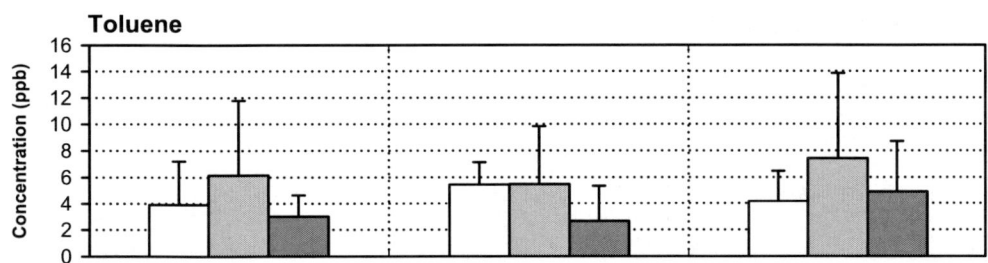
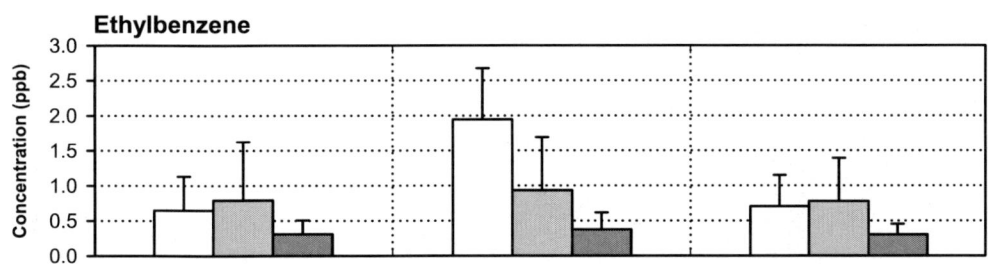
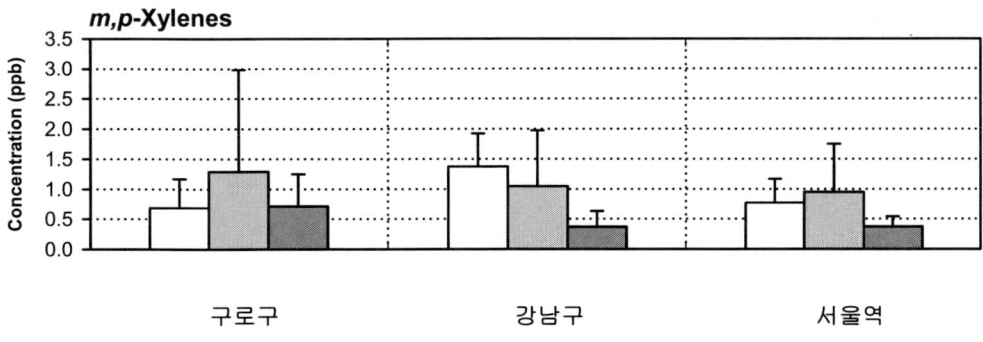

<그림 4.3> 계절별 VOC의 평균농도 비교 (I).

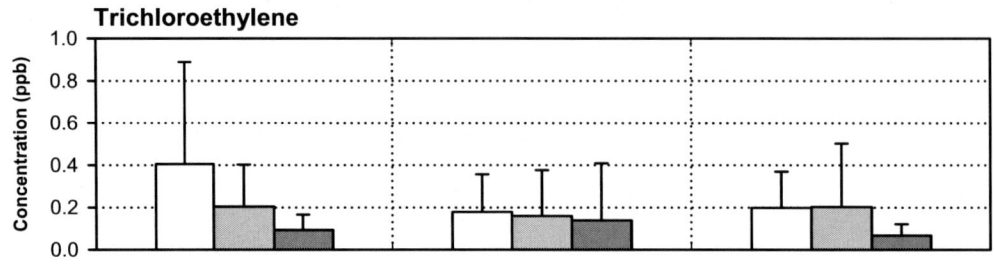
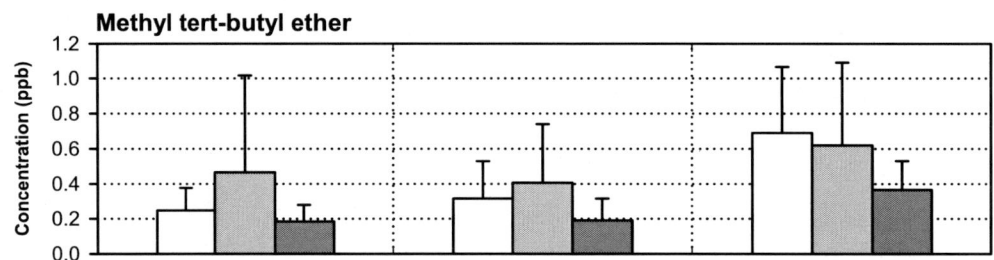
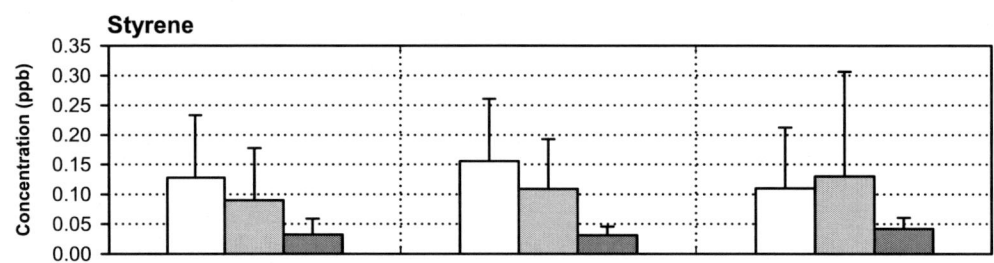
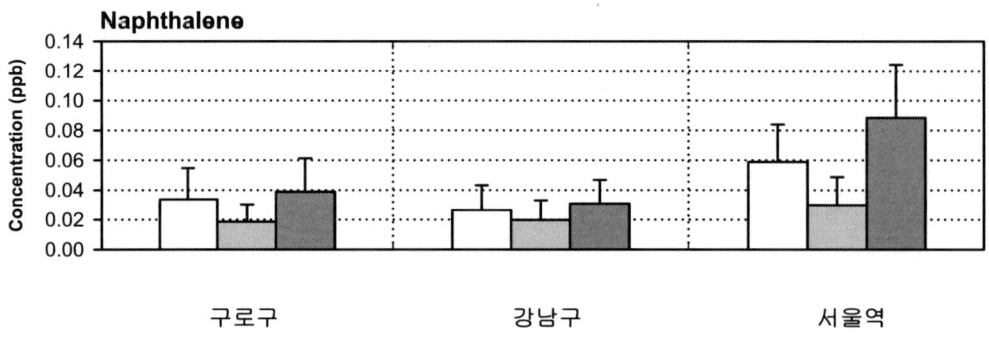

<그림 4.4> 계절별 VOC의 평균농도 비교 (II).

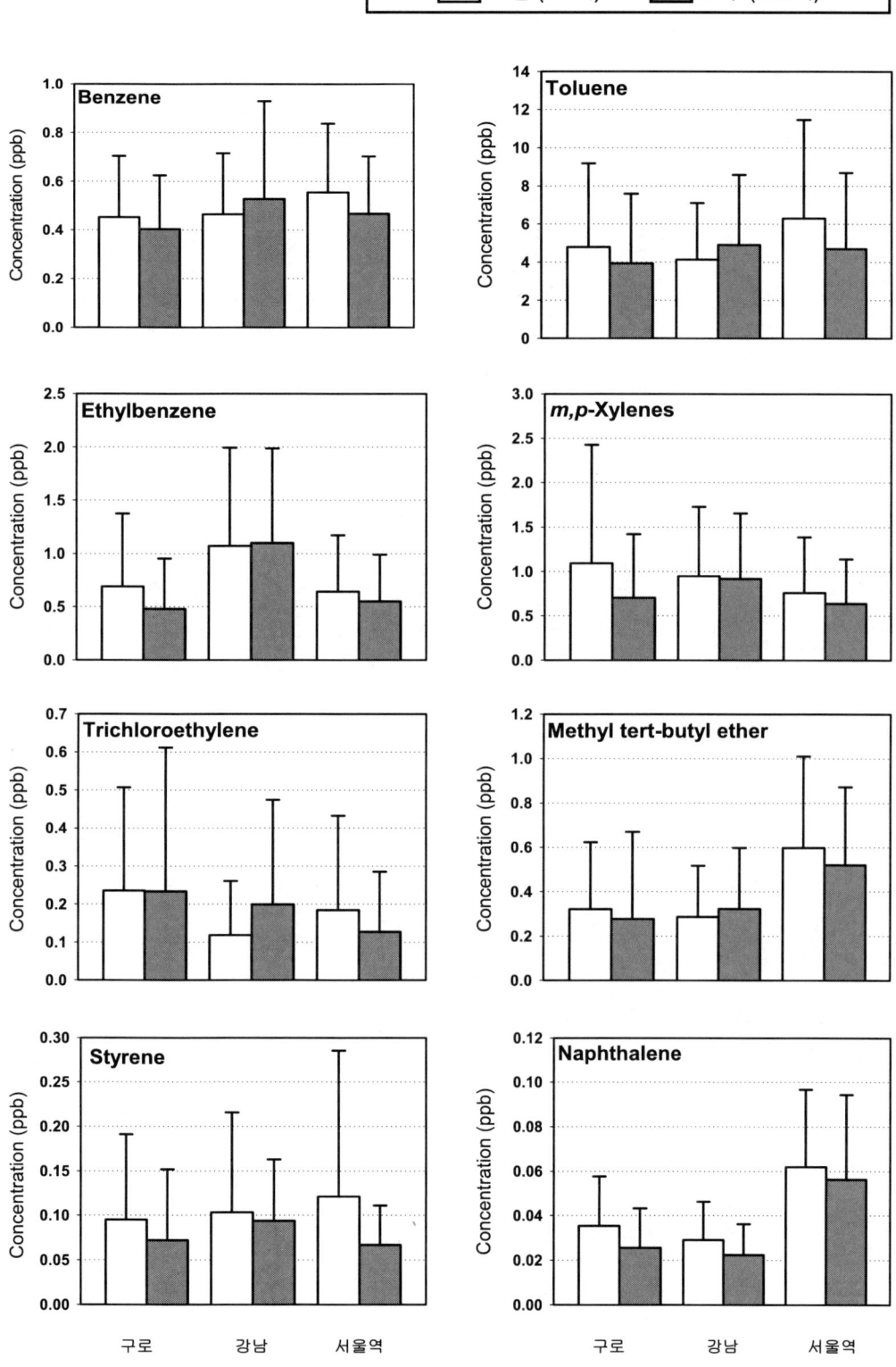

<그림 4.5> 전체자료에 대한 VOC의 오전·오후 평균농도 비교.

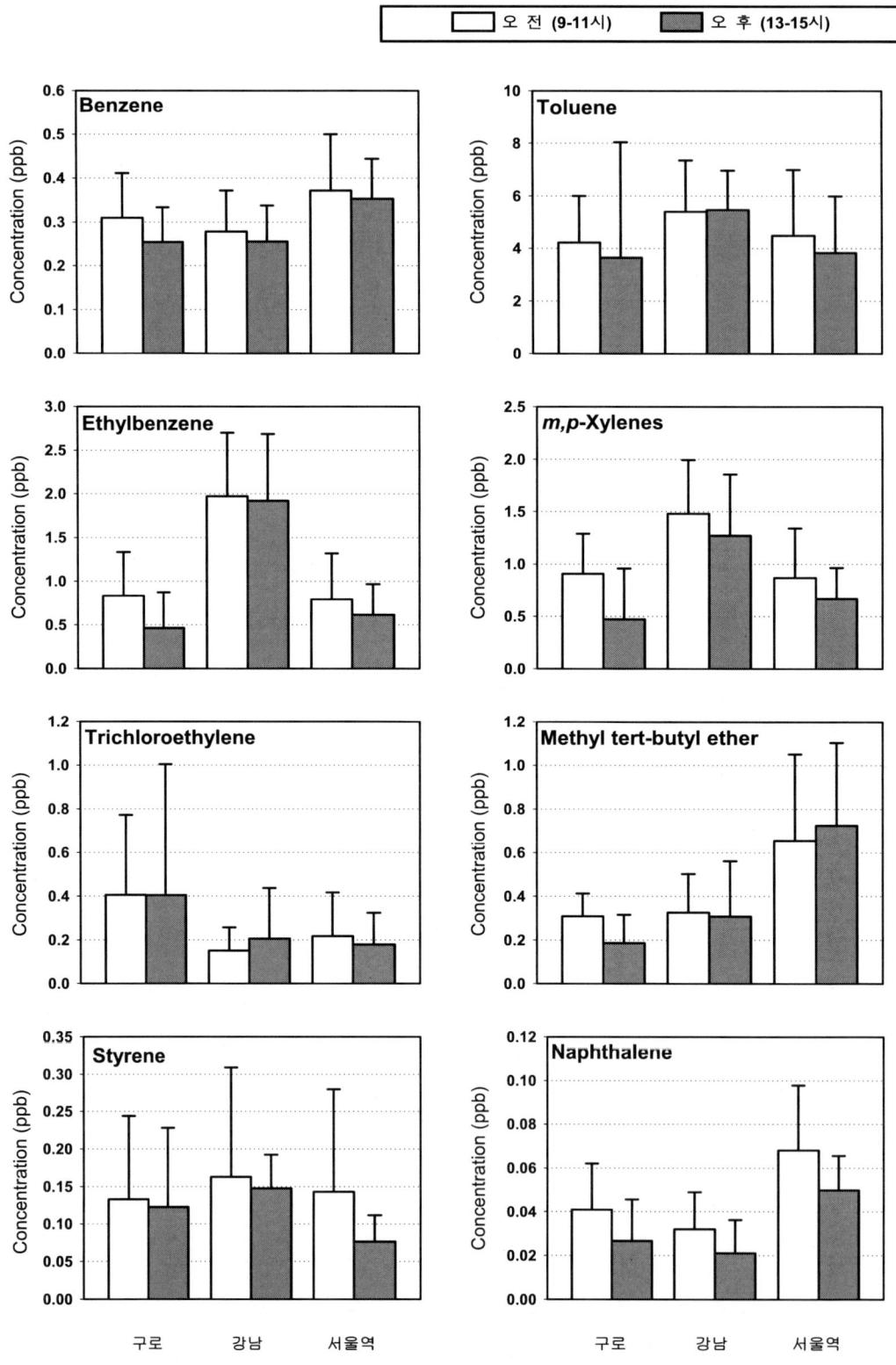

<그림 4.6> 2013년 8월 (여름) 측정기간 중 주요 VOC의 오전·오후 평균농도 비교.

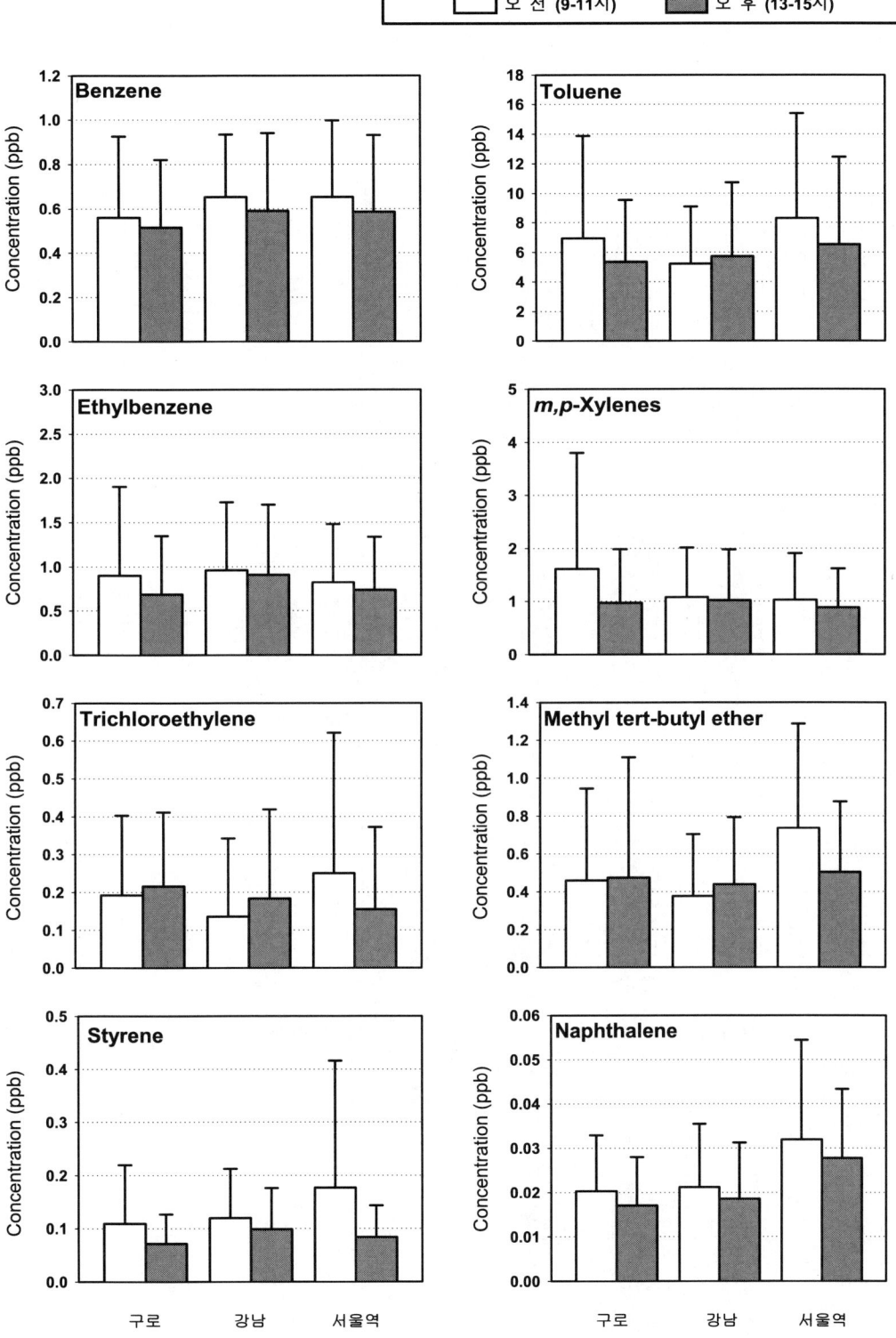

<그림 4.7> 2013년 11월 (가을) 측정기간 중 주요 VOC의 오전·오후 평균농도 비교.

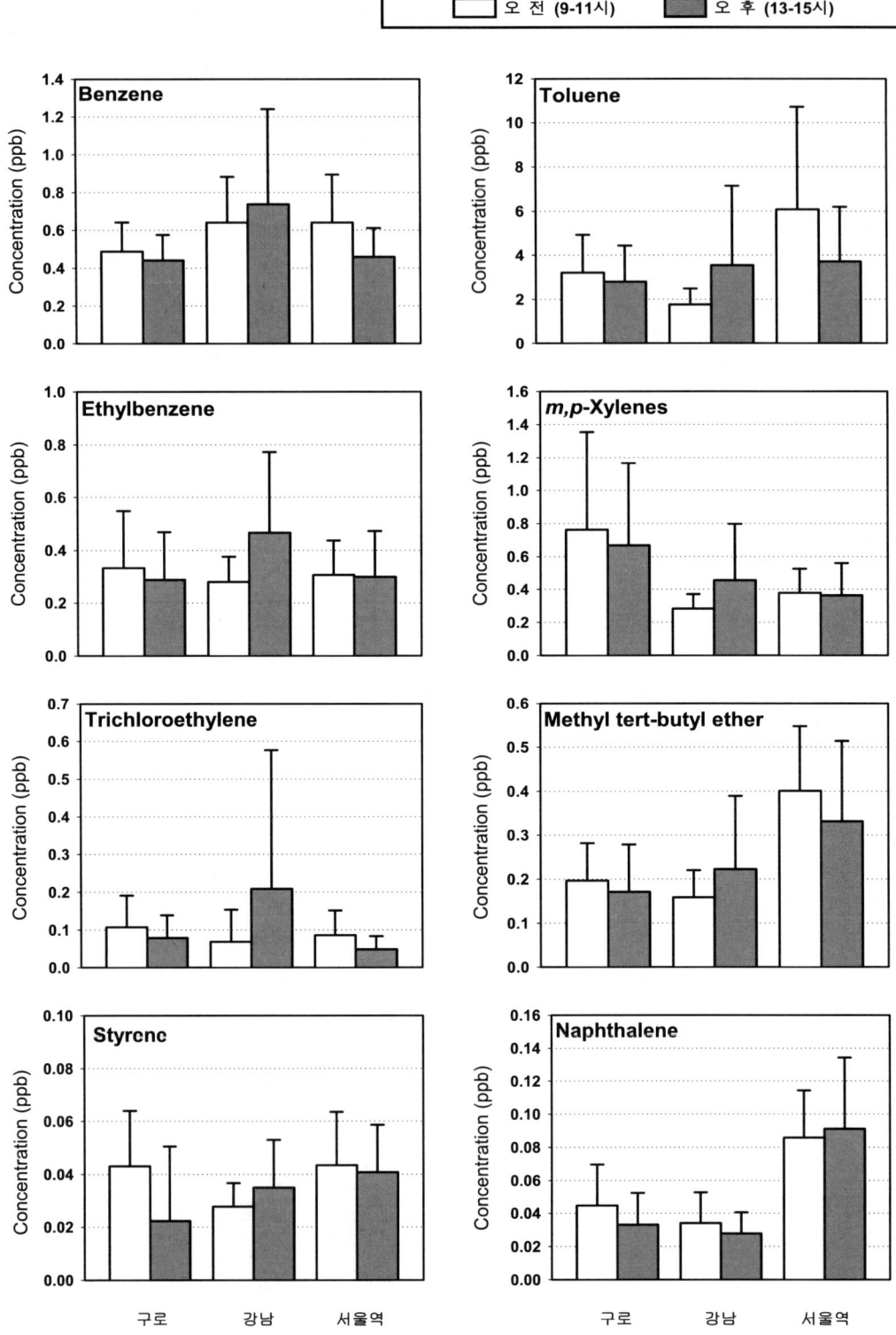

<그림 4.8> 2014년 2월 (겨울) 측정기간 중 주요 VOC의 오전·오후 평균농도 비교.

4.1.5 지상과 건물 옥상의 VOC 농도 비교

□ 본 연구에서 구로구와 강남구 HAPs 측정지점은 환경부의 도시대기 측정소가 있는 건물 옥상이었고, 서울역 HAPs 측정지점은 도로변 측정소이었다. 따라서 2013년 11월 측정기간 중 강남구의 오후 VOC 시료채취 시 지상과 건물 옥상에서 동시에 진행하였다. 물론 강남구 VOC의 주요발생원으로 예상되는 도로변으로부터의 거리는 동일하게 유지한 채 수직으로 지상과 건물옥상에 측정하였음을 밝혀 둔다.

□ 지상과 건물 옥상에서 측정한 VOC결과를 <그림 4.9>에 나타내었다. 일반적으로 건물 옥상이 지상에 비해 풍속도 세고, 차량 배출원에 거리적으로도 가까워 농도가 높을 것으로 예상하였으나 전체적으로 VOC 농도 패턴과 수준이 유사하였고, 평균 농도 측면에서 옥상에서 측정한 VOC 농도가 약간 높게 나타났다. 따라서 VOC는 지상과 대기질 측정소가 있는 건물옥상 (평균 3~4층 건물 높이) 정도의 고도차에서 농도가 매우 유사함을 파악할 수 있었다.

4.1.6 VOC 일중 농도 비교

□ 본 연구에서 VOC 측정은 하루 중 오전과 오후에 측정하여 1일 2개의 자료를 얻었다. 하지만 이는 하루 전체를 측정한 것이 아니므로, 하루 중 농도의 패턴을 파악하여 본 연구의 오전과 오후 측정만으로 충분히 대표성을 가질 수 있는지에 대해 판단해 보았다. 2014년 2월 측정기간 중 1 주일간 서울역 측정지점에서 자동연속 VOC 시료채취 장치를 이용하여 4 시간 간격으로 하루에 6개의 자료를 얻었고, 따라서 총 42개의 자료를 얻었다.

□ 4시간 간격으로 얻어진 자료를 시간대별로 묶어서 평균과 표준편차를 표시하였다 (그림 4.10). 전체적으로 08:00-12:00 시간대와 16:00-20:00 시간대의 농도가 높았다. 이는 출근과 퇴근시간 차량의 증가에 의한 것으로 판단된다. 차량배출과 관계가 없는 trichloroethylene의 경우 08:00-12:00 시간대에 높았는데 이는 주간에 해당물질 사용량 증가에 기인한 것으로 판단되며, naphthalene은 시간대별 농도변동이 거의 없었다. 위 결과를 토대로 본 연구의 오전과 오후 VOC측정결과는 대체로 높은 농도시간에 측정한 것이므로 향후 도시환경관리에 사용될 서울지역 VOC 대푯값으로 문제가 없다고 판단할 수 있다.

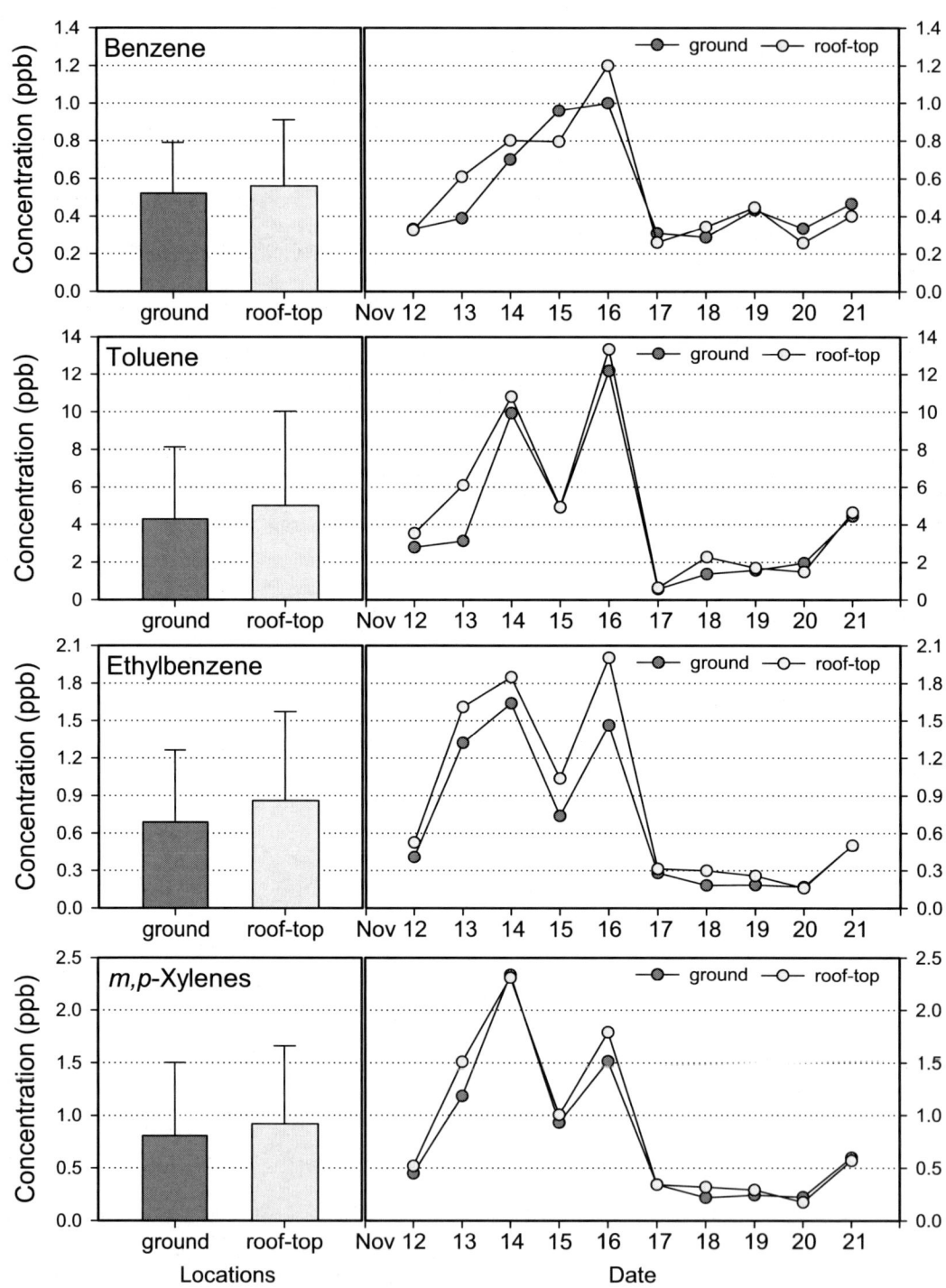

<그림 4.9> 지상과 건물 옥상에서 측정한 VOC 농도 비교.

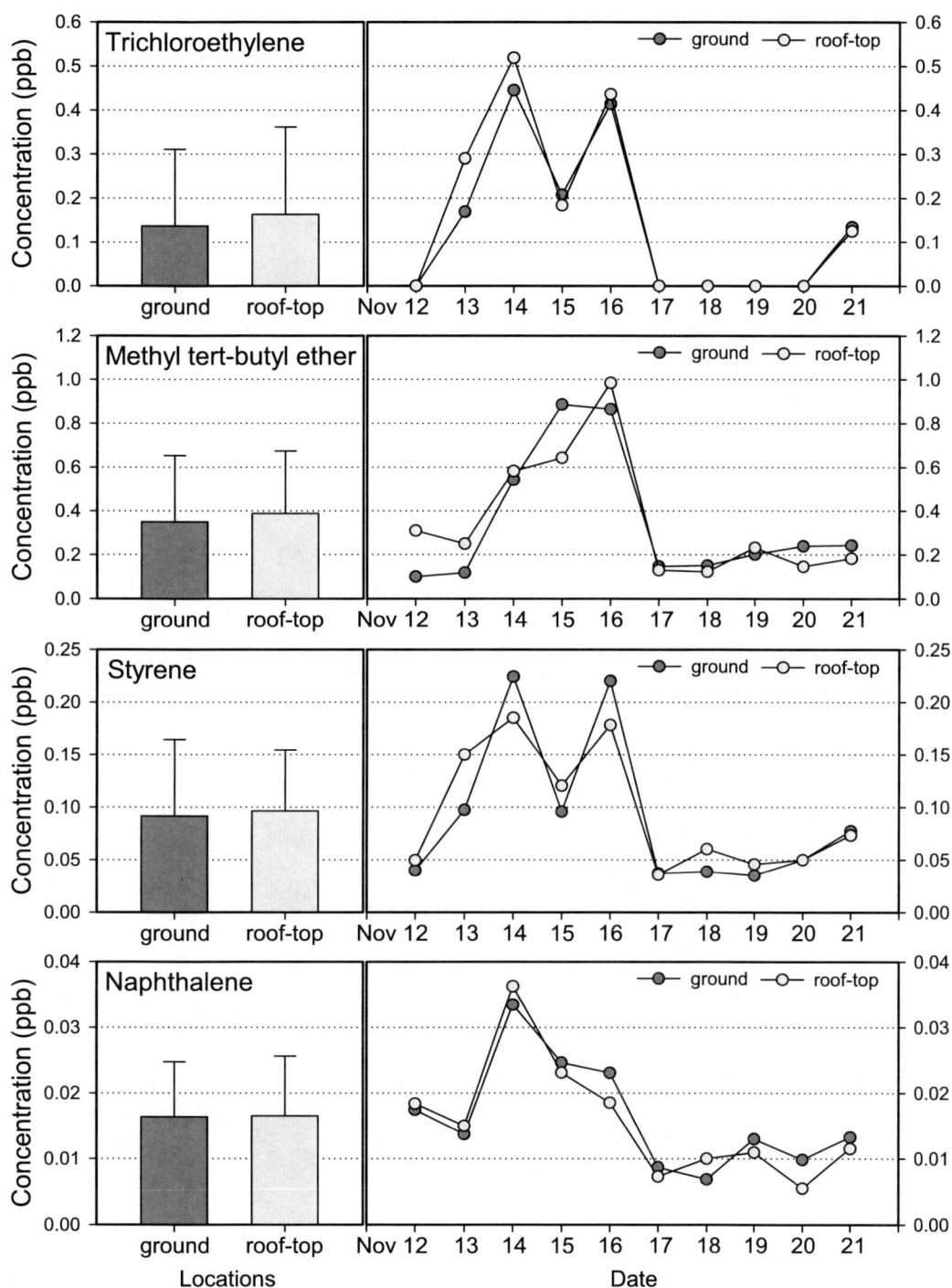

<그림 4.9> 지상과 건물 옥상에서 측정한 VOC 농도 비교 (계속).

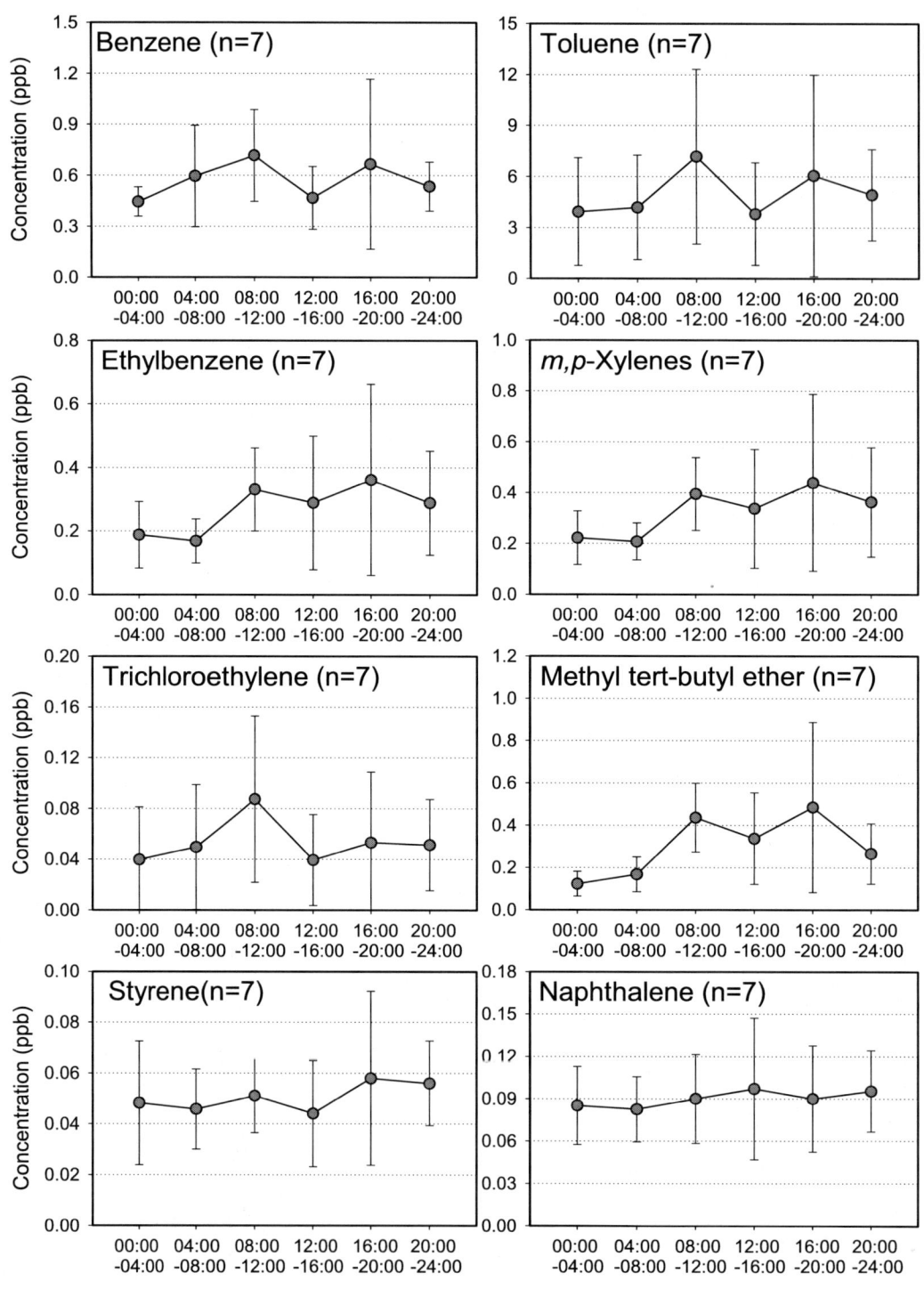

<그림 4.10> 서울역 측정지점 VOC의 일중변동.

4.1.7 기존 VOC 연구사례와의 비교

□ <그림 4.11>에는 기존 연구지역인 국내 도시와의 VOC결과 비교를 막대그래프로 나타내었다. 본 연구의 3계절의 자료를 이용하여 기존 연구지역인 2005년과 2006년 시화·반월지역과 2008년 여수·광양, 대구지역, 2009년 울산지역, 2010년 구미지역, 2011년 대산지역, 2012년 포항지역의 연간자료와 비교하였다.

□ 서울지역의 VOC에 대한 오염도를 상대적으로 평가 해 본 결과 전체적인 농도 수준이 2005년, 2006년의 시화반월연구를 제외하고 타 지역에 비해 비슷하거나 약간 높은 수준이었다. 타 지역과 본 연구의 서울지역 VOC 농도를 비교함으로서 서울 지역에 대한 오염도를 상대적으로 평가할 수 있었다.

□ 대기환경기준 항목인 benzene의 경우 석유산단이 있는 여수, 울산, 대산지역의 농도가 높았다. 산업현장에서의 대기 중 benzene의 주요 배출업종으로는 코크스, 연탄 및 석유정제품 제조업이나 화학물질 및 화학제품 제조업을 들 수 있다. 서울의 benzene 농도는 대구의 농도와 유사하였다.

□ 현재시점에서 구할 수 있는 최신자료인 2012년도 국가 유해대기오염물질 측정망 자료 와 본연구의 자료를 <표 4.11>에 나타내었다. 서울역 도로변 측정지점은 국가 측정망과 본 연구가 동일지점에서 측정한 자료이며, 대체적으로 농도값이 유사하였다. 울산 여천동과 같은 일부산단지역을 제외하고 서울은 국내 타 측정지점 농도와 비교하여 낮지 않았다.

□ 본 연구의 서울지역 VOC 농도와 국외 주요 도시의 VOC농도를 비교하였다 (표 4.12). 본 연구 서울의 benzene농도는 미국 LA와 벨기에 안트워프와 유사하였으나, 프랑스 파리의 농도에 비해 높았다. 서울의 toluene농도는 국외 타도시에 비해 높은 수준이었다. 따라서 기존 연구사례를 종합적으로 판단하여 서울의 인구 밀집도 등을 고려할 때, 서울 지역 VOC는 여전히 개선이 요구되는 농도 수준임을 알 수 있다.

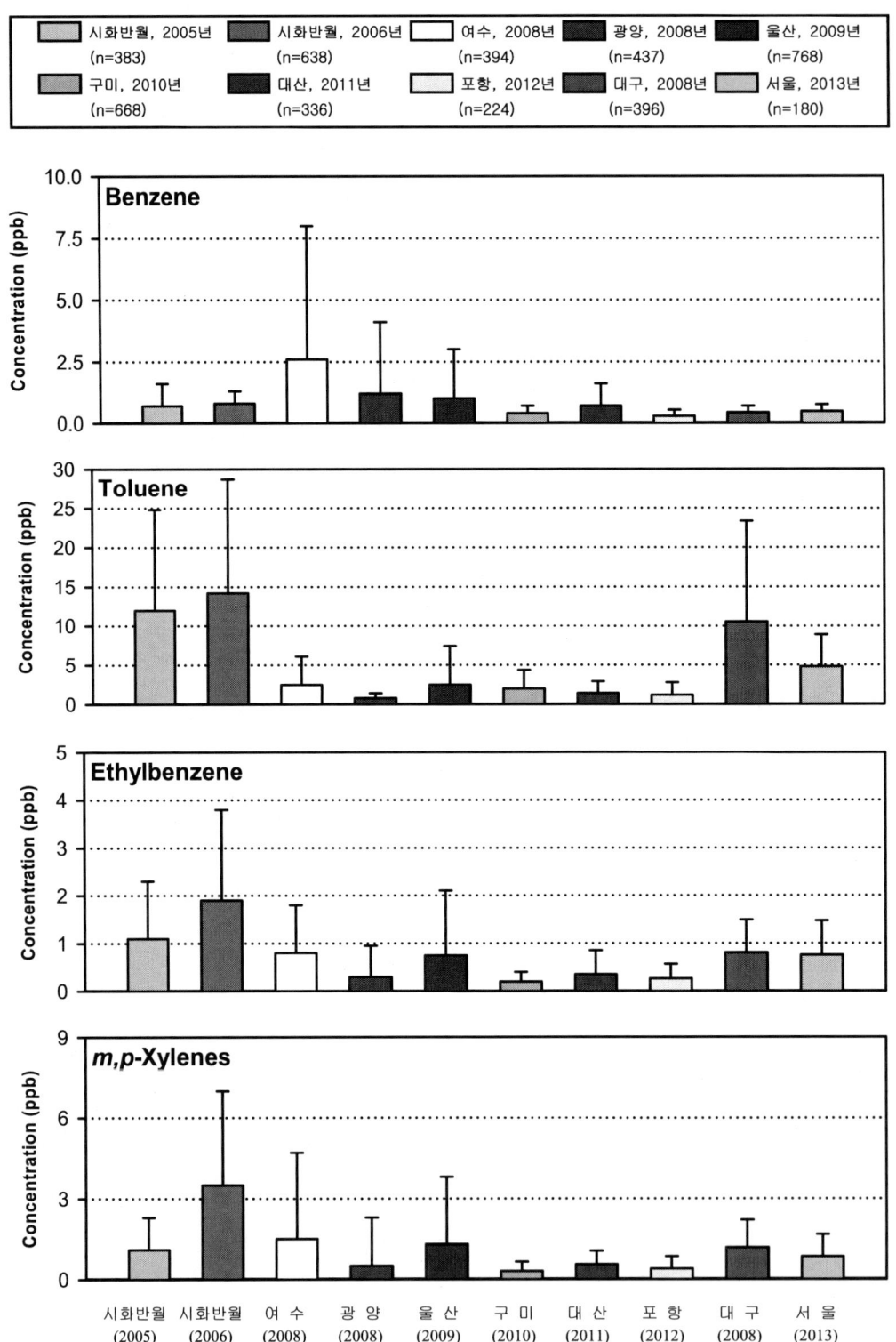

<그림 4.11> 국내 주요 도시별 VOC 농도 비교.

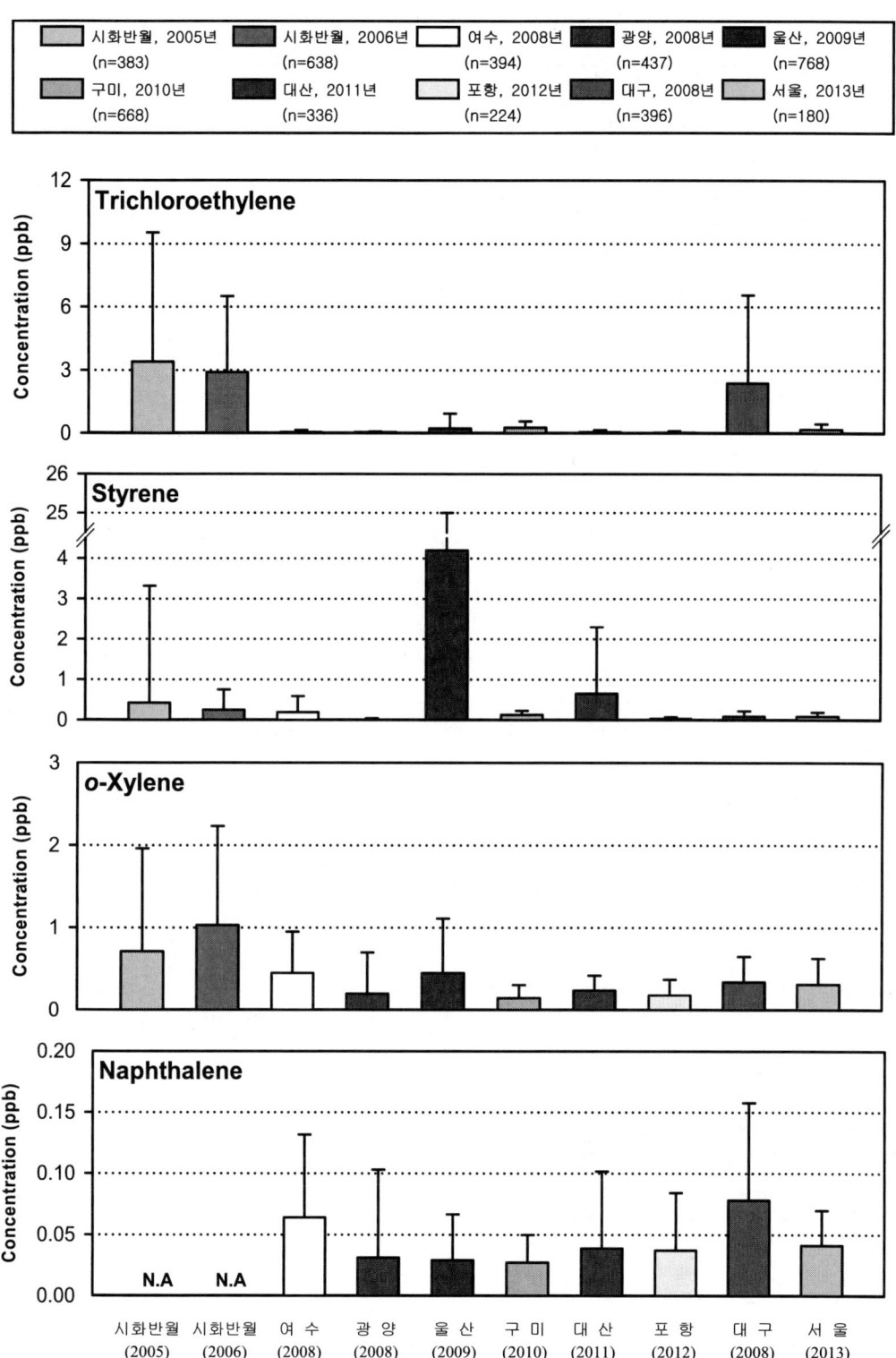

<그림 4.11> 국내 주요 도시별 VOC 농도 비교 (계속).

<표 4.11> 국가 유해대기물질측정망 VOC자료와 농도비교 (단위: ppb)

시도	측정소명	구분	자료수	BZ	Tol	EBZ	mpXYLN	STR	oXYLN	CLFM	111TCE	TRCEL	TTCEL	11DCE	CBTTC	13BTD
서울	구로구 (본연구)	주거	60	0.43	4.36	0.58	0.90	0.08	0.35	0.02	N.D.	0.23	0.11	N.D.	0.08	N.D.
	강남구 (본연구)	주거	60	0.50	4.52	1.08	0.93	0.10	0.33	0.02	N.D.	0.16	0.06	N.D.	0.09	0.04
	서울역 (본연구)	도로변	60	0.51	5.49	0.59	0.70	0.16	0.26	0.01	N.D.	0.16	0.03	N.D.	0.09	N.D.
서울	서울역	도로변	12	0.52	5.12	0.35	0.46	0.01	0.14	0.02	0.01	0.12	0.01	N.D.	0.07	N.D.
	도곡동	주거	12	0.28	1.91	0.27	0.25	0.01	0.10	0.01	N.D.	0.06	0.01	N.D.	0.04	N.D.
	구의동	주거	12	0.39	4.03	0.70	0.45	0.04	0.14	0.06	0.01	0.14	0.03	N.D.	0.08	N.D.
부산	덕천동	주거	12	0.31	3.30	0.75	0.77	0.06	0.25	0.02	N.D.	0.08	0.01	N.D.	0.05	0.05
	연산동	도로변	12	0.35	4.21	0.62	1.12	0.05	0.29	0.03	N.D.	0.14	0.01	N.D.	0.06	0.06
대구	대명동	주거	12	0.41	2.49	0.24	0.29	0.03	0.09	0.04	N.D.	0.10	0.01	0.01	0.05	0.06
	만촌동	주거	12	0.17	2.64	0.45	0.70	0.05	0.26	0.02	N.D.	0.14	N.D.	N.D.	0.04	0.01
인천	석모리 (강화군)	배경	12	0.25	0.20	0.01	0.01	N.D.	N.D.	0.01	N.D.	0.01	N.D.	N.D.	0.05	0.01
	구월동	주거	12	0.53	3.81	0.38	0.45	0.18	0.17	0.04	0.01	0.38	0.02	N.D.	0.10	0.02
	연희동	도로변	12	0.42	2.75	0.24	0.27	0.03	0.08	0.02	0.01	0.13	0.01	N.D.	0.07	0.01
광주	농성동	주거	12	0.12	0.56	0.11	0.12	0.02	0.07	0.02	0.01	0.02	0.01	0.01	0.05	0.02
	하남동	산업	12	0.27	8.14	1.56	1.34	0.31	0.41	0.02	0.01	31.50	0.08	0.01	0.05	0.06
대전	구성동	주거	12	0.17	1.05	0.11	0.10	0.04	0.05	0.06	0.09	0.02	N.D.	0.06	0.03	N.D.
울산	여천동	산단	12	2.56	13.67	8.04	8.93	0.75	2.32	0.21	N.D.	0.05	0.01	0.06	0.13	0.24
	신정동	주거	12	0.13	0.48	0.07	0.05	0.01	0.04	0.02	N.D.	0.01	N.D.	0.02	0.03	N.D.
경기	고천동 (의왕시)	도로변	12	0.30	3.78	0.71	0.86	0.04	0.25	0.02	0.02	0.23	0.02	N.D.	0.06	N.D.
	정왕동 (시흥시)	산단	12	0.41	4.34	0.41	0.47	0.05	0.17	0.05	0.02	0.36	0.02	N.D.	0.08	N.D.
강원	방산면 (양구군)	배경	12	0.30	0.30	0.03	0.04	0.01	0.01	0.01	N.D.	0.01	N.D.	N.D.	0.03	0.02
	석사동 (춘천시)	주거	12	0.55	1.38	0.19	0.30	0.06	0.11	0.02	N.D.	0.03	0.01	N.D.	0.05	0.06
충북	봉명동 (청주시)	주거	12	0.36	3.95	0.47	0.82	0.09	0.29	0.06	0.01	0.13	0.02	N.D.	0.06	0.06
충남	성황동 (천안시)	주거	12	0.51	2.83	0.28	0.44	0.04	0.16	0.02	N.D.	0.06	0.01	N.D.	0.05	0.07
	독곶리 (서산시)	산단	12	0.64	1.94	0.43	1.11	0.19	0.53	0.02	0.01	0.02	N.D.	N.D.	0.05	0.08
	파도리 (태안군)	배경	12	0.20	0.24	0.07	0.08	0.01	0.04	0.01	N.D.	0.01	N.D.	N.D.	0.05	0.01
전북	운암면 (임실군)	배경	12	0.19	0.25	0.05	0.07	0.03	0.02	N.D.	N.D.	0.01	N.D.	N.D.	0.02	0.02
	삼천동 (전주시)	주거	12	0.90	1.25	0.27	0.30	0.08	0.15	0.01	N.D.	0.03	N.D.	N.D.	0.03	0.07
	소룡동 (군산시)	산단	12	0.29	0.58	0.07	0.14	0.02	0.06	0.01	N.D.	0.02	N.D.	N.D.	0.03	0.04
전남	주삼동 (여수시)	주거	12	0.29	1.38	0.19	0.28	0.39	0.10	0.01	N.D.	0.01	N.D.	N.D.	0.04	0.17
	중동 (광양시)	산단	12	0.40	0.86	0.16	0.25	0.03	0.09	0.01	N.D.	0.02	N.D.	N.D.	0.05	0.10
경북	장흥동 (포항시)	산단	12	0.21	1.35	2.32	0.85	0.10	0.25	0.01	N.D.	0.02	N.D.	N.D.	0.03	0.01
경남	명서동 (창원시)	주거	12	0.21	1.84	0.53	0.80	0.08	0.29	0.02	0.01	0.54	0.01	N.D.	0.04	0.02
	봉암동 (창원시)	산단	12	0.20	3.79	1.32	1.43	0.08	0.46	0.02	0.01	0.55	0.01	0.01	0.04	0.03

BZ: benzene, Tol: toluene, EBZ: ethylbenzene, mpXYLN: m,p-Xylenes, STR: Styrene, oXYLN: o-xylene, CLFM: chloroform, 111TCE: 1,1,1-Trichloroethane, TRCEL: trichloroethylene, TTCEL: tetrachloroethylene, 11DCE: 11-Dichloroethane, CBTTC: Carbon tetrachloride, 1,3BTD: 1,3-butadiene

<표 4.12> 국외 VOC 자료와 본연구 자료의 비교 (단위: ppb)

국가	도시	연구기간	Benzene	Toluene	Ethylbenzene	m,p-Xylenes	o-Xylene	참고문헌
Korea	Seoul (구로구)	2013년	0.43	4.36	0.58	0.90	0.35	본 연구 (2013)
Korea	Seoul (강남구)	2013년	0.50	4.52	1.08	0.93	0.33	본 연구 (2013)
Korea	Seoul (서울역)	2013년	0.51	5.49	0.59	0.70	0.26	본 연구 (2013)
France	Paris	2005년 여름	0.44	2.85	0.33	1.05	0.36	Gros et al. (2007)
Belgium	Antwerp	2003년, 2005년	0.67	2.22	0.29	0.67	N.D.	Buczynska et al. (2009)
Mexico	Tijuana	2010년 5-6월	0.39	0.85	-	-	-	Zheng et al. (2013)
USA	Los Angeles	2005년	0.48	1.38	0.21	0.62	0.20	Baker et al. (2008)
USA	Huston	2006년 8-9월	1.81	4.70	-	-	-	Zheng et al. (2013)
Italy	Milan	2004년 1월	1.50	3.72	0.46	1.55	0.56	Meinardi et al. (2008)
China	Beijing	2004년 여름	4.05	4.13	1.20	2.72	0.58	Gros et al. (2007)
China	Beijing	2005년 8월	1.76	3.03	0.98	2.04	0.93	Song et al. (2007)

4.2 카보닐화합물

4.2.1 카보닐화합물의 출현 특성

□ 2,4-DNPH 유도체화법에 의한 카보닐화합물의 측정은 오전 (9시)과 오후 (13시)로 나뉘어 3개 측정지점에서 동시에 이루어졌다. 카보닐화합물의 경우 자동시료채취가 어렵기 때문에 야간 측정은 수행할 수 없었으며 강우로 인해 습도가 높은 날에는 시료채취의 제약이 따랐다. 여름철에 강우일이 있었던 기간 중 전 측정지점에서 각 하루씩 (지점별 2개 시료) 시료채취를 하지 못하였다.

□ 각 대상물질에 대한 서울지역에서 측정한 카보닐화합물 전체 농도자료의 평균농도 및 최대농도를 <표 4.13>에 나타내었다. <표 4.14> ~ <표 4.16>에는 각 대상물질에 대한 계절별 농도자료의 평균농도 및 최대농도를 나타내었다.

□ 전체자료에 대한 지점별 농도를 살펴보면 서울역에서 카보닐화합물이 전체적으로 가장 높게 나타났다. Propionaldehyde, butyraldehyde, valeraldehyde, m-tolualdehyde, hexaldehyde는 구로구와 강남구에서 비슷한 농도수준을 보였다. 가을과 겨울철에는 구로구와 강남구에 비해 서울역이 높은 농도수준을 보였으며 여름철에도 전반적으로 서울역이 가장 높았으나 acetaldehyde, crotonaldehyde, methyl ethyl ketone은 구로구에서 상대적으로 더 높은 농도수준을 나타내었다.

□ <그림 4.12>에는 카보닐화합물 전체자료에 대한 누적확률분포를 나타내었다. 대부분의 카보닐화합물이 선형확률상에서 휜 형태를 나타내어 정규분포를 하지 않았으며 평균이 중앙값에 비해 높게 나타남을 확인할 수 있었다. 서울지역의 카보닐화합물 3계절 평균 농도는 formaldehyde가 2.96 ppb, acetaldehyde가 2.01 ppb, methyl ethyl ketone은 0.70 ppb로 나타났다.

<표 4.13> 서울지역 카보닐화합물 측정지점별 농도 – 전체자료 (단위 : ppb)

No.	카보닐 화합물	구로구 (n=58)		강남구 (n=58)		서울역 (n=58)	
		평균	최대	평균	최대	평균	최대
1	Formaldehyde	2.94	7.23	2.54	6.86	3.41	8.57
2	Acetaldehyde	1.94	3.70	1.79	3.74	2.31	4.08
3	Acetone	5.14	13.21	4.04	12.15	4.82	15.20
4	Acrolein	N.D	N.D	< 0.01	0.07	0.01	0.21
5	Propionaldehyde	0.17	0.37	0.16	0.40	0.26	0.55
6	Crotonaldehyde	0.14	0.50	0.11	0.43	0.16	0.43
7	Methyl ethyl ketone	0.73	2.90	0.59	2.26	0.78	2.50
8	Methacrolein	N.D	N.D	N.D	N.D	N.D	N.D
9	Butyraldehyde	0.18	0.37	0.17	0.17	0.28	0.56
10	Benzaldehyde	5.09	12.97	4.25	4.25	7.96	19.27
11	Valeraldehyde	0.06	0.13	0.05	0.05	0.08	0.18
12	m-Tolualdehyde	0.11	0.21	0.10	0.10	0.19	0.35
13	Hexaldehyde	0.10	0.23	0.10	0.10	0.14	0.25

주) 검출한계 (IDL) 이하의 값은 N.D로 표시함, 0.01 ppb 이하는 < 0.01로 표시함. 이하 모든 표에 동일하게 적용함.

<표 4.14> 2013년 8월 (여름) 카보닐화합물 계절별 농도 (단위 : ppb)

No.	카보닐 화합물	구로구 (n=18)		강남구 (n=18)		서울역 (n=18)	
		평균	최대	평균	최대	평균	최대
1	Formaldehyde	5.31	7.23	4.43	6.86	6.09	8.57
2	Acetaldehyde	2.74	3.70	2.35	3.74	2.62	4.08
3	Acetone	10.19	13.21	7.19	12.15	6.60	15.20
4	Acrolein	N.D	N.D	N.D	N.D	N.D	N.D
5	Propionaldehyde	0.19	0.30	0.18	0.30	0.31	0.55
6	Crotonaldehyde	0.17	0.39	0.13	0.27	0.15	0.39
7	Methyl ethyl ketone	1.03	2.44	0.72	1.37	0.86	1.95
8	Methacrolein	N.D	N.D	N.D	N.D	N.D	N.D
9	Butyraldehyde	0.20	0.37	0.18	0.30	0.18	0.31
10	Benzaldehyde	5.11	12.97	2.07	8.52	5.48	10.46
11	Valeraldehyde	0.08	0.13	0.07	0.14	0.08	0.18
12	m-Tolualdehyde	0.13	0.21	0.12	0.22	0.23	0.35
13	Hexaldehyde	0.09	0.13	0.07	0.11	0.12	0.21

주) 검출한계 (IDL) 이하의 값은 N.D로 표시함, 0.01 ppb 이하는 < 0.01로 표시함. 이하 모든 표에 동일하게 적용함.

<표 4.15> 2013년 11월 (가을) 카보닐화합물 계절별 농도 (단위 : ppb)

No.	카보닐 화합물	구로구 (n=20)		강남구 (n=20)		서울역 (n=20)	
		평균	최대	평균	최대	평균	최대
1	Formaldehyde	2.07	4.21	1.91	4.00	2.37	4.72
2	Acetaldehyde	1.74	2.93	1.64	2.90	2.25	3.61
3	Acetone	3.41	5.74	2.90	4.95	4.46	6.99
4	Acrolein	N.D	N.D	0.01	0.07	0.03	0.21
5	Propionaldehyde	0.17	0.37	0.18	0.40	0.26	0.51
6	Crotonaldehyde	0.16	0.50	0.14	0.43	0.18	0.43
7	Methyl ethyl ketone	0.92	2.90	0.81	2.26	1.01	2.50
8	Methacrolein	N.D	N.D	N.D	N.D	N.D	N.D
9	Butyraldehyde	0.17	0.31	0.17	0.28	0.28	0.47
10	Benzaldehyde	5.03	9.49	5.39	7.66	8.42	15.83
11	Valeraldehyde	0.05	0.11	0.05	0.11	0.08	0.18
12	m-Tolualdehyde	0.09	0.15	0.08	0.14	0.15	0.34
13	Hexaldehyde	0.11	0.21	0.13	0.21	0.14	0.18

주) 검출한계 (IDL) 이하의 값은 N.D로 표시함, 0.01 ppb 이하는 < 0.01로 표시함. 이하 모든 표에 동일하게 적용함.

<표 4.16> 2014년 2월 (겨울) 카보닐화합물 계절별 농도 (단위 : ppb)

No.	카보닐 화합물	구로구 (n=20)		강남구 (n=20)		서울역 (n=20)	
		평균	최대	평균	최대	평균	최대
1	Formaldehyde	1.69	3.33	1.46	2.52	2.04	3.63
2	Acetaldehyde	1.41	2.03	1.43	1.91	2.09	2.89
3	Acetone	2.34	3.14	2.33	3.55	3.59	4.82
4	Acrolein	N.D	N.D	N.D	N.D	< 0.01	0.04
5	Propionaldehyde	0.14	0.25	0.13	0.23	0.23	0.41
6	Crotonaldehyde	0.09	0.22	0.07	0.14	0.14	0.28
7	Methyl ethyl ketone	0.27	0.62	0.25	0.45	0.47	0.78
8	Methacrolein	N.D	N.D	N.D	N.D	N.D	N.D
9	Butyraldehyde	0.17	0.25	0.17	0.22	0.35	0.56
10	Benzaldehyde	5.13	8.23	5.07	9.32	9.73	19.27
11	Valeraldehyde	0.05	0.08	0.04	0.06	0.08	0.17
12	m-Tolualdehyde	0.10	0.13	0.10	0.25	0.18	0.30
13	Hexaldehyde	0.11	0.23	0.10	0.16	0.15	0.25

주) 검출한계 (IDL) 이하의 값은 N.D로 표시함, 0.01 ppb 이하는 < 0.01로 표시함. 이하 모든 표에 동일하게 적용함.

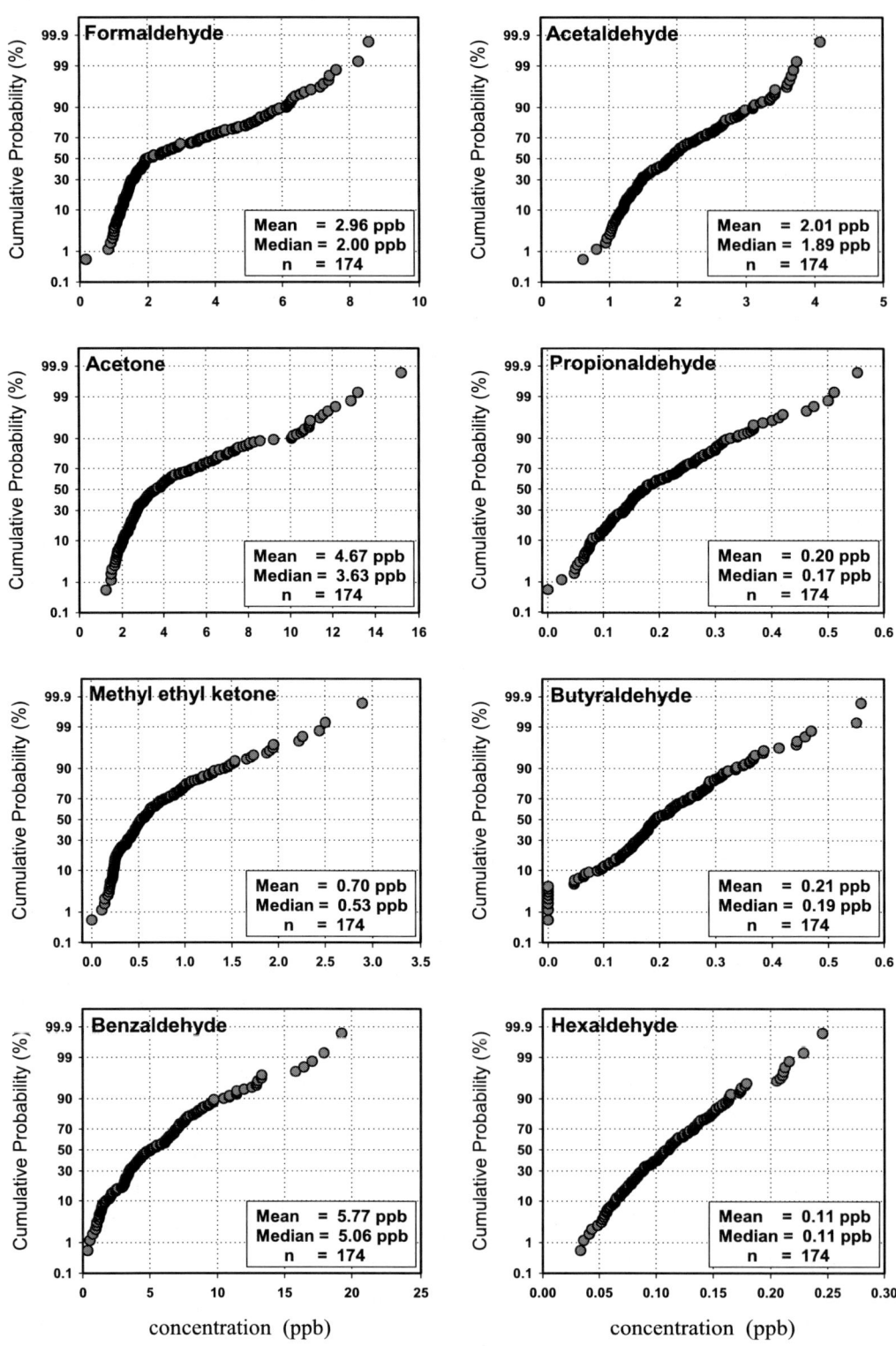

<그림 4.12> 카보닐화합물 전체자료의 누적확률분포.

4.2.2 지점별 카보닐화합물 농도 분포

□ 3개의 지점의 누적확률분포를 <그림 4.13>에 나타내었다. 3계절 10일 동안 측정된 데이터를 나타내었으므로 지점별로 약 60개의 자료를 사용하였다. 특히 측정 대상 물질 중에서도 검출빈도가 높은 편에 속하며 위해성이 큰 물질을 위주로 나타내었다.

□ 누적확률분포는 각 지점별로 농도 순위를 매기고 자료의 개수에 따른 누적확률 수치에 따라 농도를 정렬하여 그린 것이다. 그래프에서 상대적으로 오른쪽에 분포한 그룹일수록 오염도가 높은 것이다. 누적확률그래프의 오른쪽 아래에는 각 측정 지점별로 평균값과 중앙값을 나타내었다. 선형누적확률그래프는 그래프 상에서 직선을 이루면 정규분포를 하는데 일반적으로 대기오염물질은 대수정규분포를 하므로 선형누적확률 그래프상에서 약간 휜 형태로 나타나게 된다.

□ 전반적으로 서울역에서 카보닐화합물의 농도 수준이 높았으며 propionaldehyde, butyraldehyde, benzaldehyde, hexaldehyde는 확연히 다른 지점보다 높은 농도수준을 보였다. 반면에 acetone은 구로구에서 가장 높았다. 대표적인 카보닐 물질인 formaldehyde의 경우 서울역이 3.41 ppb, 구로구 2.94 ppb, 강남구 2.54 ppb로 서울역이 가장 높았고 대표적인 악취물질로서 잘 알려진 acetaldehyde의 경우도 서울역이 2.31 ppb로 높았다.

4.2.3 계절별과 오전·오후 카보닐화합물 농도 분포

□ 앞 절에서는 카보닐화합물의 농도를 지점별로 구분하여 나타내었으며 본 절에서는 지점뿐만 아니라 계절별로 구분하여 설명하고자 한다 (그림 4.14). Formaldehyde와 acetaldehyde는 여름이, 가을과 겨울보다 높았다. 하지만 benzaldehyde는 여름이 가을과 겨울보다 낮았다.

□ Formaldehyde와 같이 1차 오염물질이자 대기 중 광화학반응을 통해 생성되는 2차오염물질의 경우에는 계절간의 비교뿐만 아니라 오전 9시와 오후 1시의 비교도 중요하다고 판단된다. 따라서 하루 2회 각 120분씩 측정한 카보닐화합물에 대한 오전과 오후의 비교 자료를 <그림 4.15>에 나타내었다. 일사량이 많고 온도가 높은 오후의 경우 농도가 더 높을 것이라 예상되었지만 오전과 오후의 농도 차이는 거의 없었다.

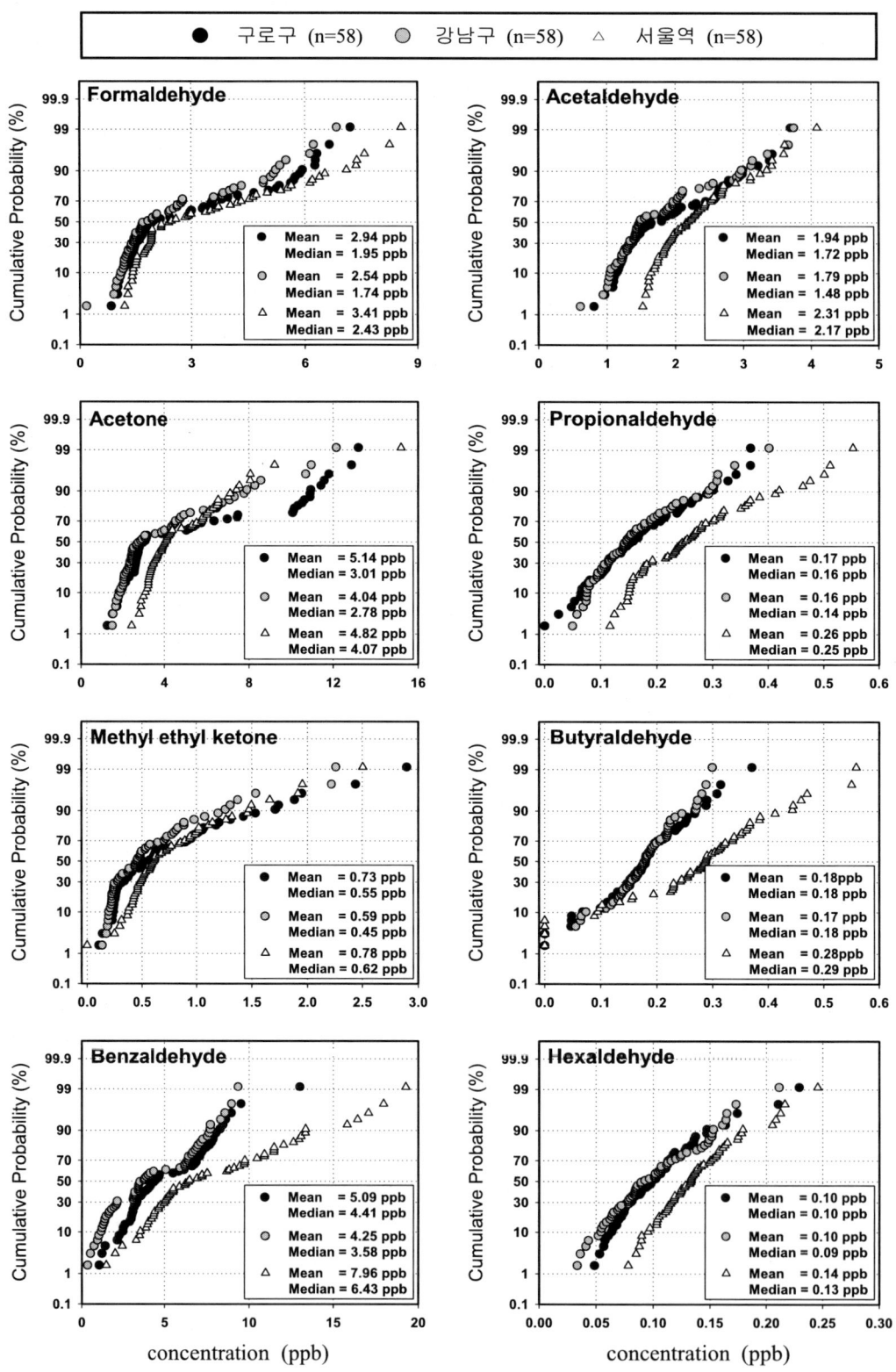

<그림 4.13> 전체자료에 대한 지점별 카보닐화합물 농도 분포.

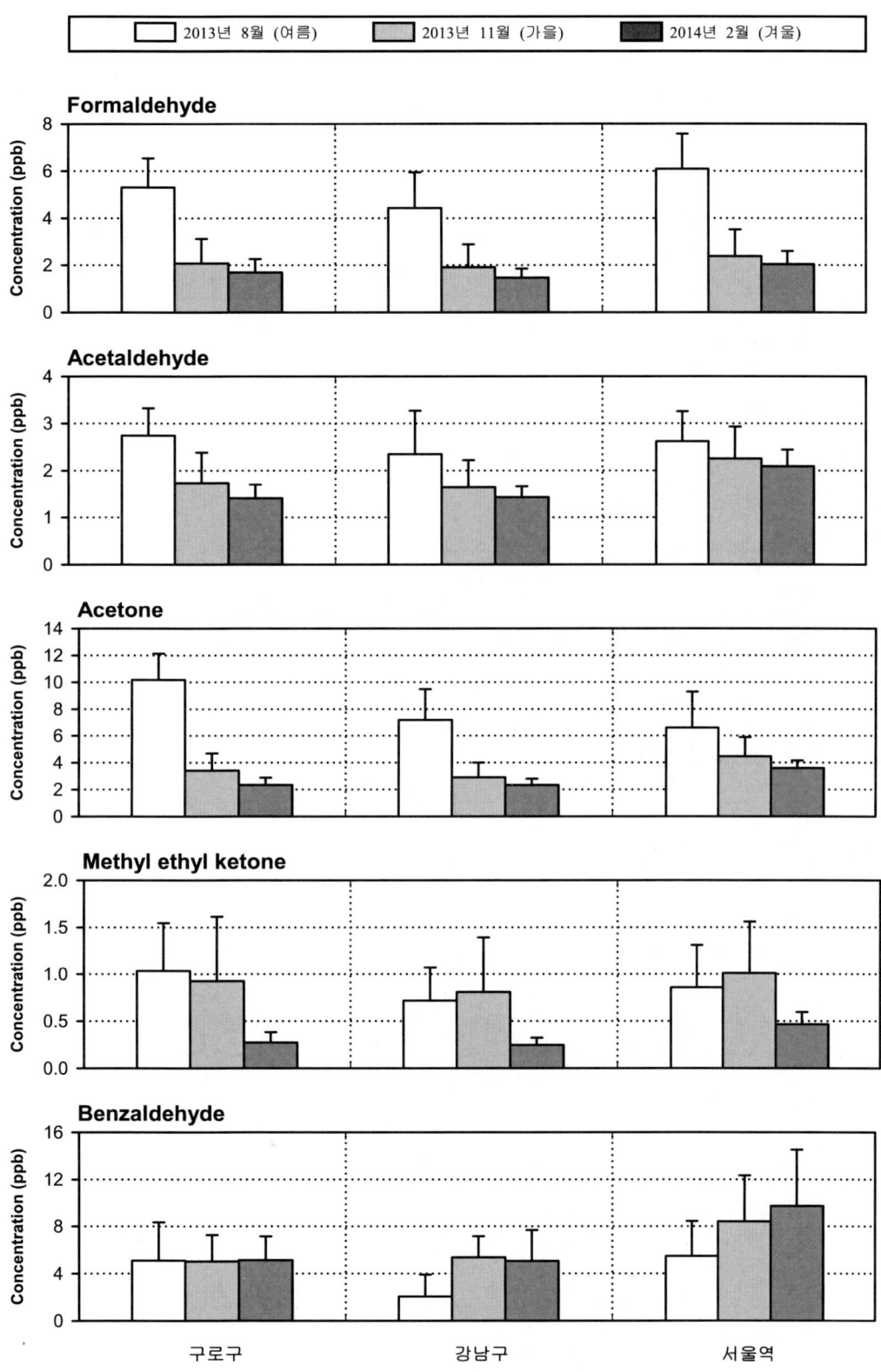

<그림 4.14> 전체자료에 대한 계절별 카보닐화합물 농도 비교.

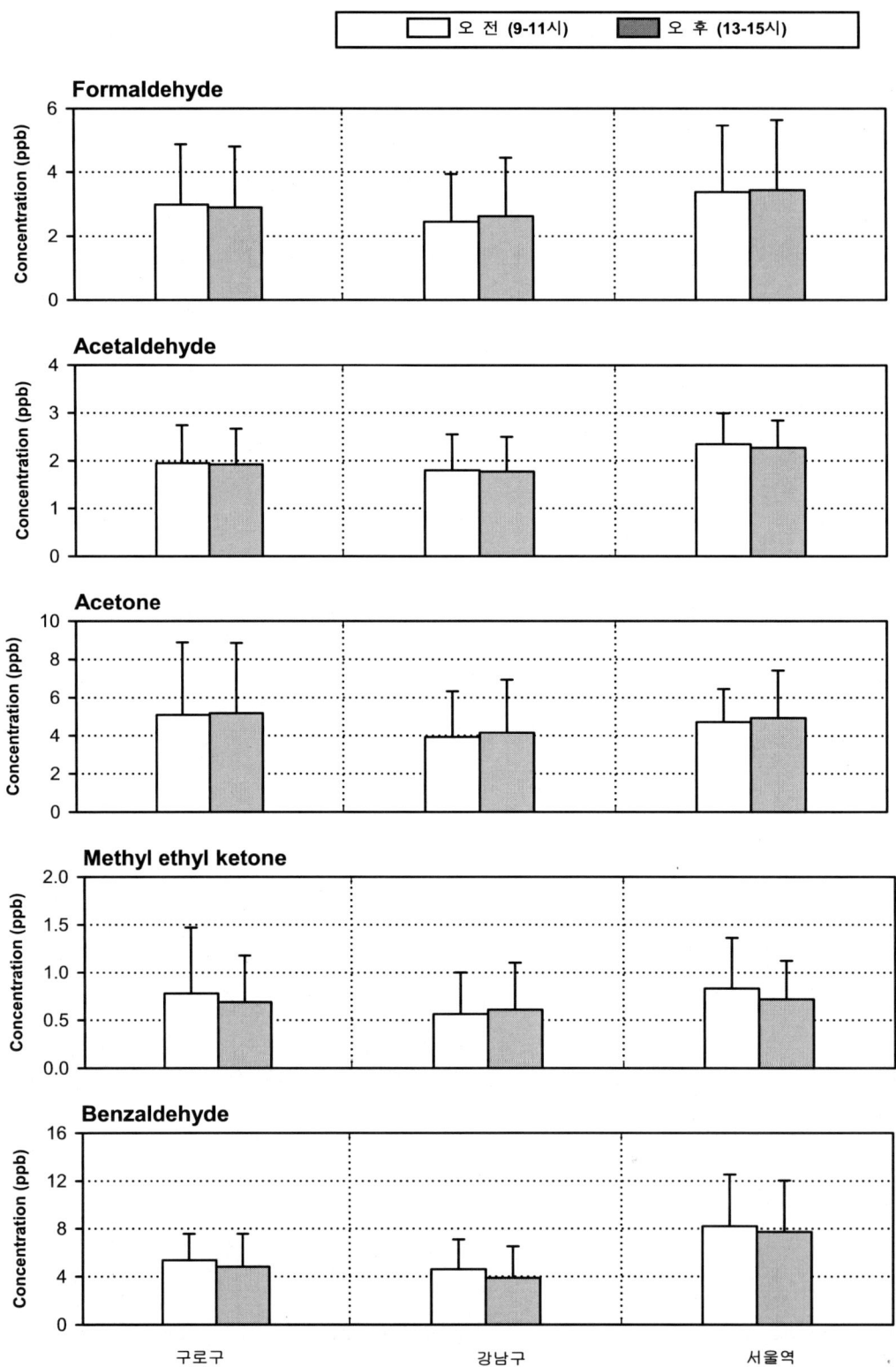

<그림 4.15> 전체자료에 대한 카보닐화합물의 오전·오후 평균농도 비교.

4.2.4 기존 카보닐화합물 연구사례와의 비교

□ 서울지역의 대기 중 카보닐화합물 대한 농도를 타 지역과 비교한 자료를 <그림 4.16>에 나타내었다. 본 연구진이 2013년 서울지역, 2012년 포항지역, 2011년 대산지역, 2010년 구미지역, 2009년 울산지역, 그리고 2008년 여수·광양지역에서 측정한 카보닐화합물 농도 자료를 나타내었다. 측정기간이 동일하지 않은 단점이 있지만 대략적으로나마 기존 측정 자료들과 비교함으로서 서울지역의 카보닐화합물 오염 정도를 살펴볼 수 있었다.

□ 전반적으로 다른 지역들에 비해 서울의 카보닐화합물 농도는 낮지 않았다. 전체적으로 여수광양지역이 타 지역에 비해 농도가 높았다. 산업현장에서 유기용제로 인한 1차 배출뿐만 아니라 광화학적 2차 생성이 일어날 수 있는 formaldehyde의 경우 다른 지역들은 평균농도가 2 ~ 4 ppb 수준인데 반해 여수·광양지역은 약 7 ppb 수준으로 높았다. Acetone의 경우 여수·광양, 울산, 대산, 서울지역은 평균농도가 3 ~ 5 ppb 수준으로 1 ppb 이하의 구미, 포항지역에 비해 확연히 높았다. Methyl ethyl ketone의 경우 2 ~ 3 ppb로 여수·광양 지역이 가장 높았고 서울, 포항지역은 약 0.4 ~ 0.7 ppb 로 낮았다.

□ 본 연구의 서울지역 카보닐화합물 농도와 국외 주요도시의 카보닐화합물 농도를 비교하였다 (표 4.17). 서울은 이탈리아 로마와 미국 뉴욕, 그리고 캐나다 온타리오의 카보닐화합물 농도에 비해 높았다. 반면에 중국 베이징과 홍콩의 농도와 유사하였다. 따라서 서울의 카보닐화합물은 선진국 농도와 비교하였을 때 관리가 필요한 농도 수준이다.

<표 4.17> 국외 카보닐화합물 자료와 본연구 자료의 비교

국가	도시	연구기간	FRML	ACTL	ACTN	PPNL	CTL	MEK	BTL	BZL	VAL	참고문헌
Korea	Seoul(구로구)	2013	2.94	1.94	5.14	0.17	0.14	0.73	0.18	5.09	0.06	본 연구 (2013)
Korea	Seoul(강남구)	2013	2.54	1.79	4.04	0.16	0.11	0.59	0.17	4.25	0.05	본 연구 (2013)
Korea	Seoul(서울역)	2013	3.41	2.31	4.82	0.26	0.16	0.78	0.28	7.96	0.08	본 연구 (2013)
Italy	Rome	2006년	2.16	1.26	1.00	0.41	-	-	1.61	0.05	0.13	Santarsiero and Fuselli (2008)
USA	New York	1994년 7월	0.33-1.8	0.30-0.78	0.89-2.6	-	-	0.45-2.7	-	-	-	Khwaja and Narang (2008)
Canada	Ontario	1988년 7-8월	1.60	0.46	1.80	-	-	-	-	-	-	Shepson et al. (1991)
China	Beijing	2008 9-10월	3.38	2.74	4.19	-	-	-	0.52	-	0.36	Xu et al. (2010)
China	Hong Kong	2011-2012년	4.52	0.97	-	0.18	-	0.13	0.09	0.08	0.07	Cheng et al. (2014)

FRML: formaldehyde, ACTL: acetaldehyde, ACTN: acetone, PPNL: propionaldehyde, CTL: crotonaldehyde, MEK: methyl ethyl ketone, BTL: butyraldehyde, BZL: benzaldehyde, VAL: valeraldehyde

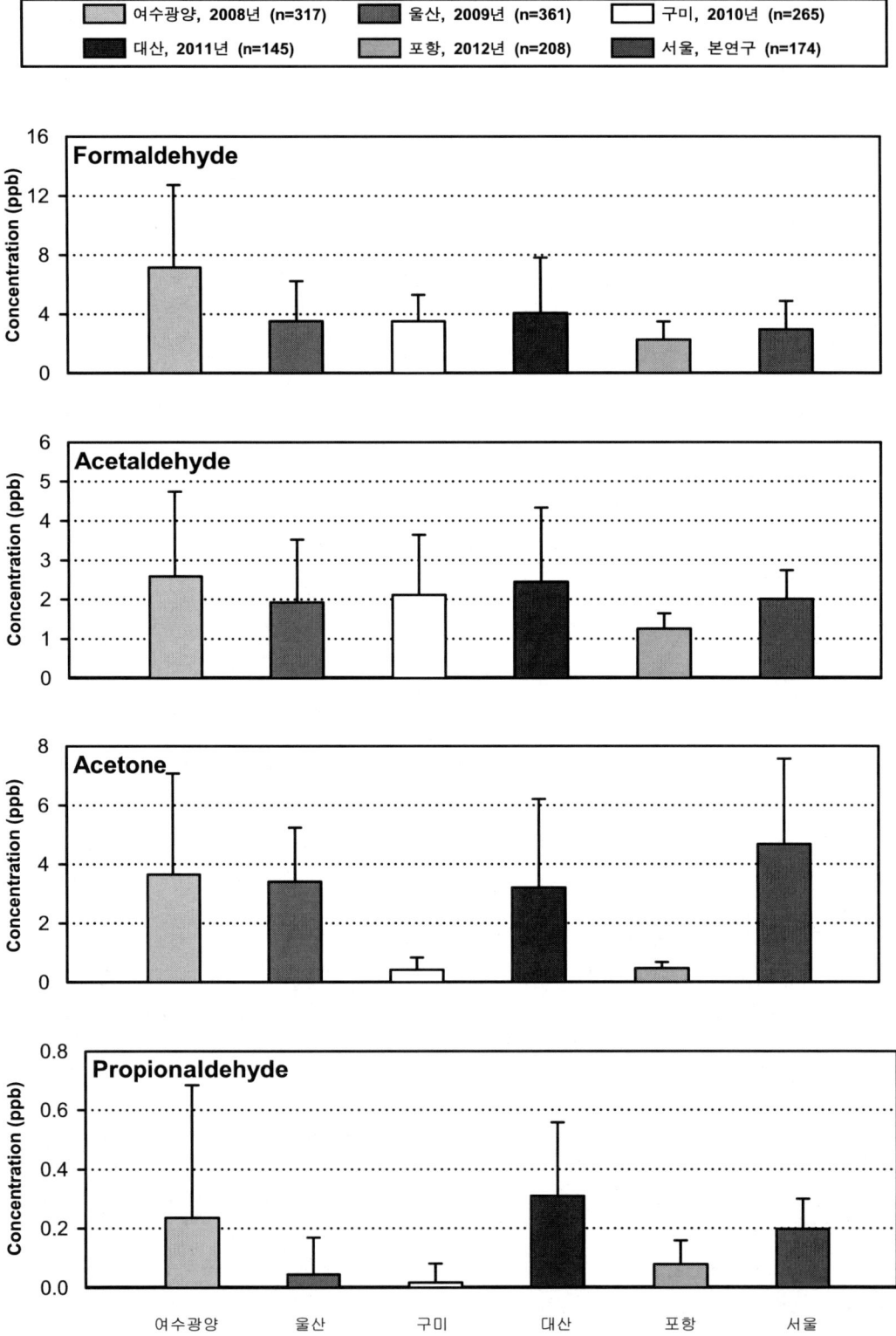

<그림 4.16> 국내 주요 도시별 카보닐화합물 농도 비교.

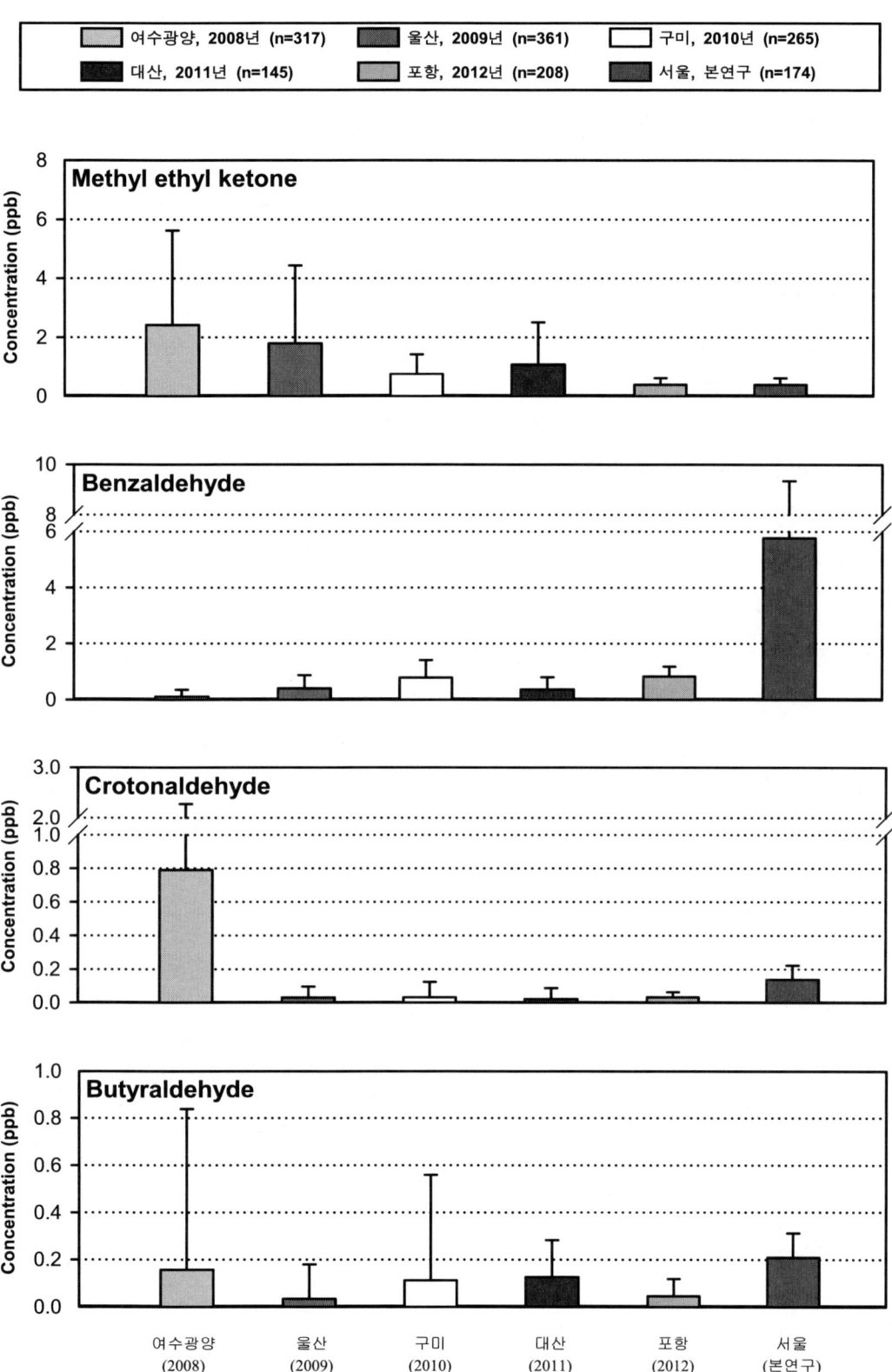

<그림 4.16> 국내 주요 도시별 카보닐화합물 농도 비교 (계속).

4.3 총부유먼지

□ 서울지역 3개 지점의 TSP를 채취하여 PAH와 중금속 분석을 시행하였다. 구로구와 강남구 측정지점은 고용량샘플러 (공기채취량 약 800 m^3)를 이용하여 먼지시료를 채취했기 때문에 시료량이 충분하였다. 반면에 서울역은 도로변 측정소의 공간적 한계로 인해 고용량샘플러를 설치할 수 없었고, 기존 서울역 측정소 지붕에 설치되어 있던 공기샘플러 (공기채취량 약 350 m^3)를 이용하여 먼지시료를 채취하였다. 따라서 서울역은 PAH와 중금속 분석에 시료를 전량 사용하였고, TSP 농도를 구하기 위해 먼지 채취된 필터의 일부를 사용기에는 PAH, 중금속 시료의 검출한계와 같은 위험부담이 커서 사용할 수 없었다.

4.3.1 TSP 농도 측정 결과

가. 2013년 8월의 TSP 농도

□ 서울지역 3개 지점의 2013년 8월 중에 측정한 TSP 농도와 환경부 자동측정망의 PM$_{10}$을 <표 4.18>에 나타내었다. TSP와 PM$_{10}$의 평균농도를 보았을 때 TSP에 대한 PM$_{10}$의 비가 약 40 ~ 50 % 정도로 나타났으며, TSP 농도는 구로구 82.5 ㎍/m^3, 강남구 72.0 ㎍/m^{3}이었다. <그림 4.17>에는 각 지점별 TSP 평균농도에 대한 경향성을 나타내었다. 구로구와 강남구의 TSP 농도 경향성은 대체적으로 일치하였다. 서울역의 경우 TSP 농도자료가 없어서 PM$_{10}$ 농도를 대체하여 그래프로 나타내었다. 서울역 PM$_{10}$농도는 구로구와 강남구의 TSP 경향성과도 유사하였다.

<표 4.18> 2013년 8월 측정지점별 TSP 및 PM$_{10}$ 농도   (단위 : ㎍/m^3)

지점 일자	구로구		강남구		서울역
	TSP	PM$_{10}$	TSP	PM$_{10}$	PM$_{10}$
8월17일	65.4	36.3	66.4	36.3	44.3
8월18일	68.8	34.4	65.0	33.3	40.1
8월19일	84.6	33.8	79.9	34.9	38.6
8월20일	69.0	28.6	71.9	29.6	32.5
8월21일	109.5	45.3	108.6	52.3	51.6
8월22일	65.3	29.5	64.8	32.3	37.3
8월23일	69.7	22.4	54.1	27.2	28.5
8월24일	96.6	39.3	78.0	38.4	43.4
8월25일	72.9	27.5	57.6	24.0	30.9
8월26일	123.5	39.1	73.4	40.5	40.8
평균	82.5	33.6	72.0	34.9	38.8
표준편차	20.6	6.8	15.3	7.9	6.9

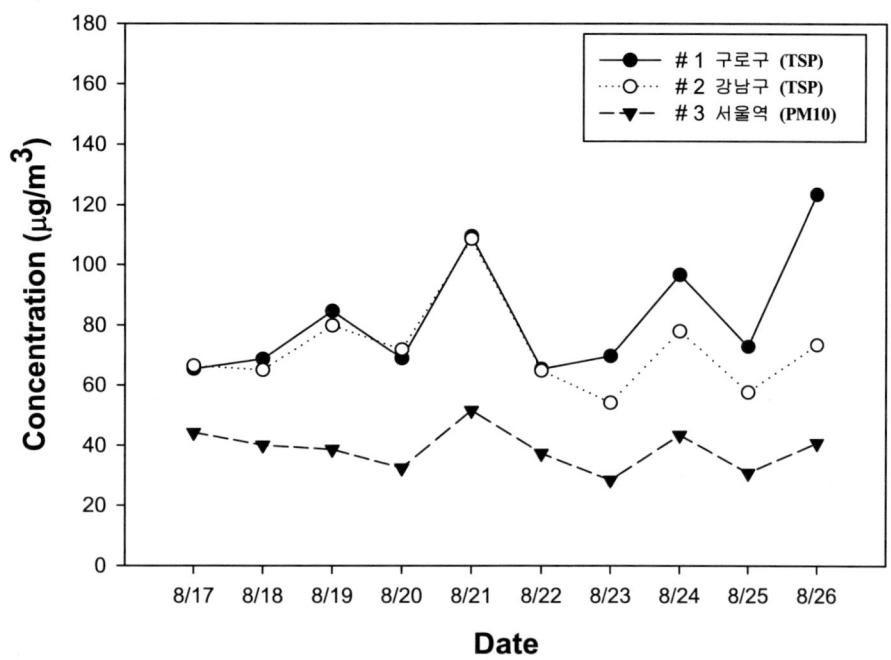

<그림 4.17> 2013년 8월 측정지점별 TSP 농도 경향성 비교.

나. 2013년 11월의 TSP 농도

□ 가을철인 11월 중에 측정한 TSP 농도와 환경부 자동측정망의 PM_{10} 농도를 <표 4.19>에 나타내었다. 가을철 TSP와 PM_{10}의 평균농도를 비교해 보았을 때 TSP에 대한 PM_{10}의 비가 약 35 ~ 45 % 정도로 나타났다. TSP 농도는 강남구 105.5 $\mu g/m^3$, 구로구 92.9 $\mu g/m^3$로 강남구가 구로구보다 높았다.

□ <그림 4.18>에는 가을철 각 지점별 TSP 평균농도에 대한 경향성을 나타내었다. 구로구와 강남구의 TSP 농도 경향성은 대체적으로 유사하였다. 서울역의 경우 TSP 농도자료가 없어서 PM_{10} 농도를 대체하여 그래프로 나타내었고 구로구와 강남구의 TSP 경향성과도 유사하게 나타났다. 가을철은 여름철에 비해 공기가 건조하고 측정기간 중 강우의 영향을 적게 받아 TSP 및 PM_{10}의 농도가 상대적으로 더 높았다.

<표 4.19> 2013년 11월 측정지점별 TSP 및 PM_{10} 농도 (단위 : $\mu g/m^3$)

지점 일자	구로구		강남구		서울역
	TSP	PM_{10}	TSP	PM_{10}	PM_{10}
11월 12일	97.9	31.5	82.5	30.3	37.0
11월 13일	109.3	44.7	93.7	46.0	50.3
11월 14일	97.9	43.2	125.5	47.8	54.1
11월 15일	172.7	94.6	178.1	84.7	94.2
11월 16일	117.1	59.1	141.8	57.8	60.6
11월 17일	48.0	15.7	86.5	15.4	18.7
11월 18일	63.9	20.6	92.4	22.2	23.7
11월 19일	58.2	24.5	79.8	24.9	7.0
11월 20일	76.6	29.3	93.9	25.7	38.2
11월 21일	87.5	33.4	80.6	30.2	32.8
평균	92.9	39.7	105.5	38.5	41.7
표준편차	36.0	23.1	32.7	20.9	24.7

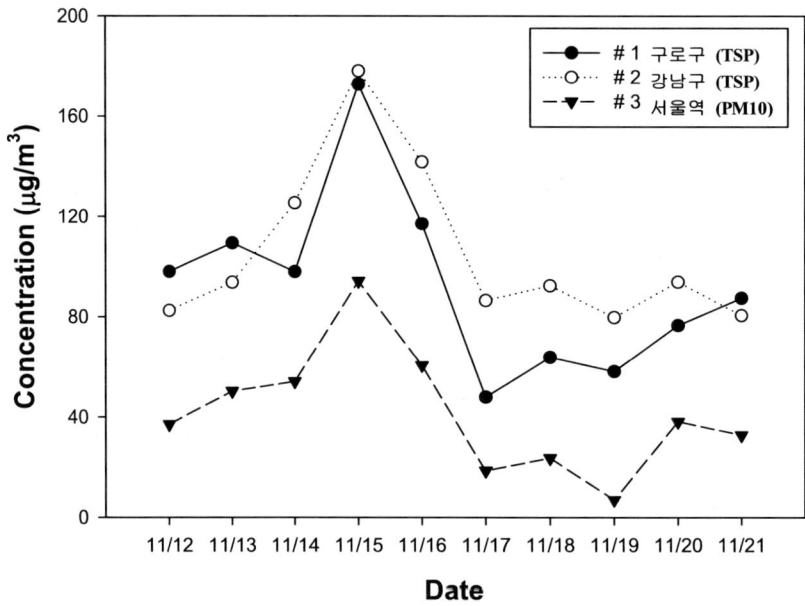

<그림 4.18> 2013년 11월 측정지점별 TSP 농도 경향성 비교.

다. 2014년 2월의 TSP 농도

□ 겨울철인 2월 중에 측정한 TSP 농도와 환경부 자동측정망의 PM_{10}을 <표 4.20>에 나타내었다. TSP와 PM_{10}의 평균농도를 비교해 보았을 때 TSP에 대한 PM_{10}의 비가 약 33 ~ 35 % 이었다. TSP 농도는 구로구 80.6 $\mu g/m^3$, 강남구 69.7 $\mu g/m^3$로 구로구가 강남구에 비

해 높았다. <그림 4.19>에는 각 지점별 TSP 평균농도에 대한 경향성을 나타내었다. 구로구와 강남구의 TSP 농도 경향성은 대체적으로 유사하였다. 하지만 겨울 서울역의 PM_{10}은 다소 다른 경향이 나타나는데 후에 나올 중금속의 결과 값과 비교하였을 때 2월 7일 서울역의 Fe의 농도가 다른 두 지점 보다 높았다. 이는 서울역이 다른 지점보다 도로변 비산먼지의 영향을 가장 많이 받은 것으로 판단된다. 또한 7일은 다른 날 보다 바람이 강하게 불었으며, 8일은 소량의 비가 내려 TSP와 PM_{10}의 농도에 영향을 준 것으로 판단된다.

<표 4.20> 2014년 2월 측정지점별 TSP 및 PM_{10} 농도 (단위 : $\mu g/m^3$)

지점 일자	구로구		강남구		서울역
	TSP	PM_{10}	TSP	PM_{10}	PM_{10}
2월 4일	112.0	37.4	102.7	35.5	49.6
2월 5일	128.4	45.1	136.3	45.7	42.5
2월 6일	111.1	38.6	88.8	34.8	51.7
2월 7일	16.7	10.5	18.3	9.0	44.7
2월 8일	31.6	11.3	23.8	10.1	18.7
2월 9일	106.7	35.4	77.5	27.5	12.5
2월 10일	67.4	20.7	55.4	17.7	31.9
2월 11일	71.0	21.1	54.8	18.3	29.4
2월 12일	87.9	25.9	87.4	26.3	29.0
2월 13일	73.5	20.4	51.9	16.3	32.7
평균	80.6	26.6	69.7	24.1	34.3
표준편차	36.1	11.9	36.1	12.0	12.9

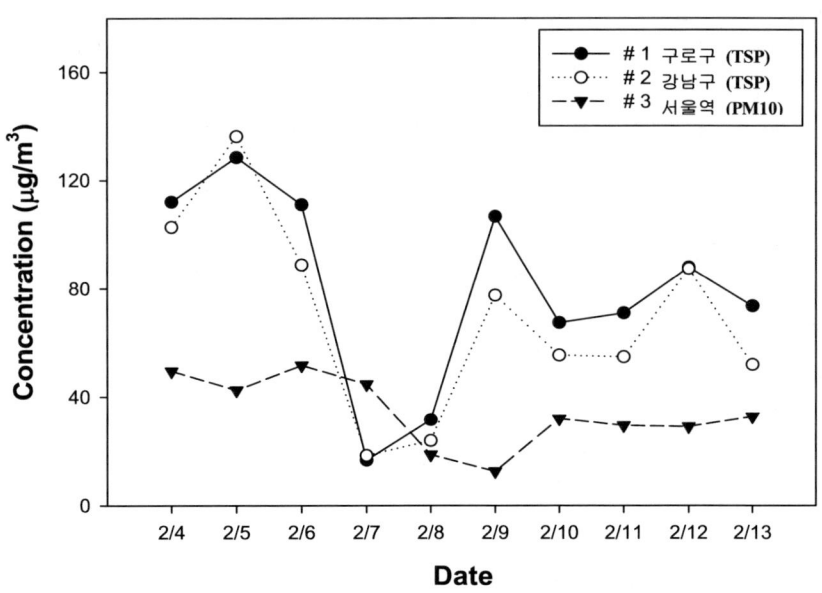

<그림 4.19> 2014년 2월 측정지점별 TSP 농도 경향성 비교.

4.3.2 TSP 와 PM₁₀ 농도의 경향성 분석

□ 계절별 TSP의 측정결과와 환경부 자동측정망 PM$_{10}$ 농도와의 상관성을 <그림 4.20>에 나타내었다. 각 지점의 농도를 살펴보면 차이가 있지만 농도가 높아지고 낮아지는 경향성을 보면 국지적인 영향은 대체로 비슷하다고 판단되며 동일 대기권에 있는 것으로 판단된다.

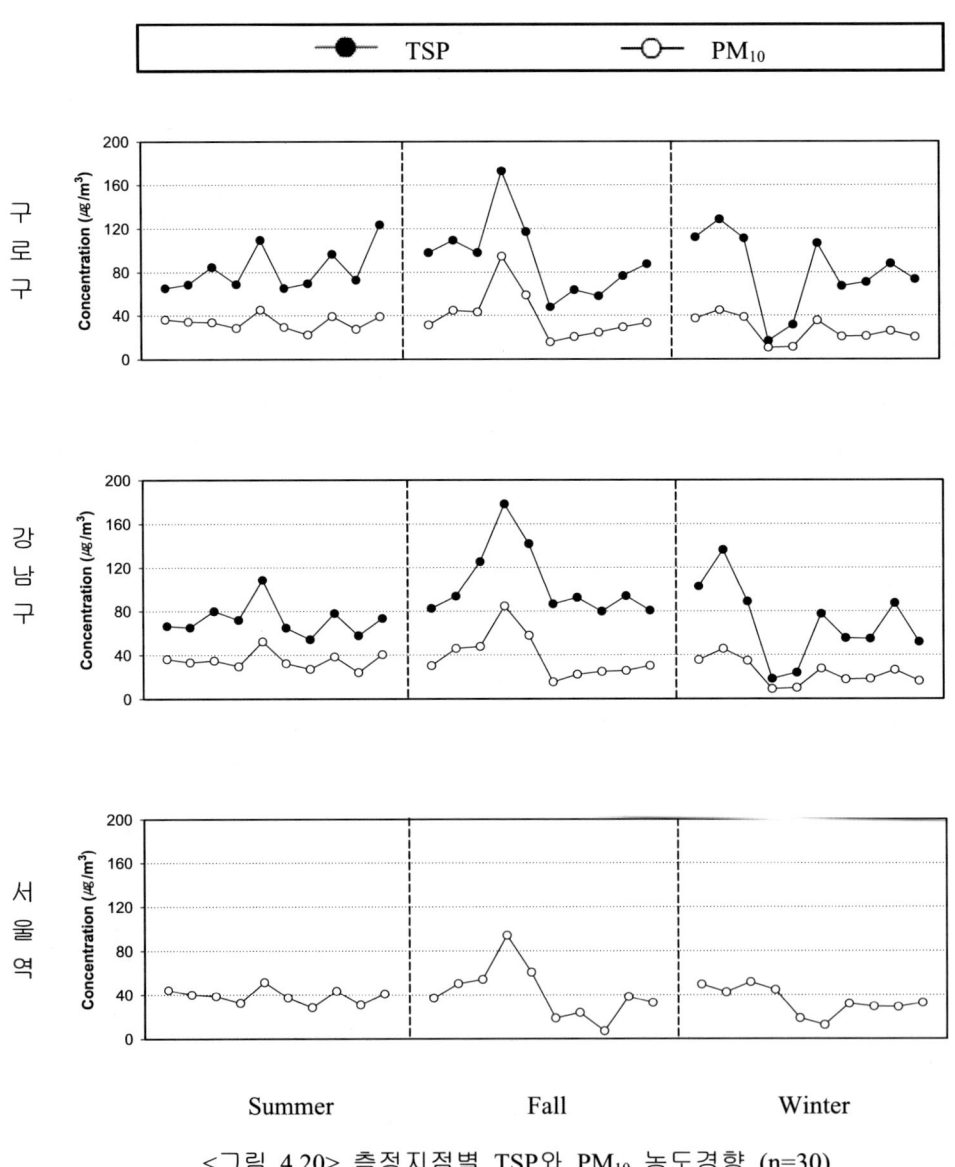

<그림 4.20> 측정지점별 TSP와 PM$_{10}$ 농도경향 (n=30).

4.4 다환방향족탄화수소

4.4.1 PAH의 출현 특성

□ 대기 중에 출현하는 PAH는 다양한 경로를 통하여 배출되는데 주로 화석연료 등과 같은 유기물의 불완전 연소과정이나 코크스 제조와 같은 석탄변환과정 등을 통하여 발생하며 대부분 입자상으로 존재하나 PAH 화합물의 분자량과 주변공기의 온도에 따라 부분적으로는 기체상으로도 존재한다고 알려져 있다. 주거 공간내부에서의 PAH의 주된 배출원으로는 난방 시스템, 담배연기, 실외로부터의 유입 등이 포함된다.

□ 대기 에어로졸에 함유된 독성 유기물질들은 매우 다양한 발생원에서 배출되기 때문에 인체노출 경로 역시 매우 다양한 양상으로 나타난다. 특히 도시 대기 중에 존재하는 PAH의 경우에는 피폭 대상 인구가 많고 노출이 연속적이라는 점으로 인해 특별한 관심의 대상이 되고 있다. 따라서 대기 중의 독성오염물 및 PAH가 인체에 미치는 영향의 정도는 더욱 더 가중된다고 볼 수 있으며 이러한 도시 지역에 있는 주요 점 오염원으로부터 배출되는 독성오염물을 법적으로 규제한다 하더라도 다양한 발생원과 오염물들의 복잡한 상호 작용으로 인해 인체 보건학적 위해성은 상당기간 지속될 것으로 예상된다.

□ 결국 PAH를 포함하는 입자상 유기오염물질에 대한 인체의 피폭 정도는 대기 중에서의 이들 물질의 농도, 기체상과 입자상 분포 그리고 이들 물질이 함유된 입자의 크기에 의해 결정되며 이러한 인자들은 다시 발생원으로부터의 배출상태 및 주변의 대기 조건에 의해 복합적으로 영향을 받게 된다. 따라서 도시 대기 중 PAH를 정확히 평가하기 위해서는 주요 배출원을 파악하는 동시에 PAH의 물리·화학적 특성을 함께 파악하여야 한다.

□ 대기 중의 PAH는 주로 입자상으로 존재하며 입자상 PAH는 일반적으로 응결과정과 흡착과정에서 생성된다. 처음에 PAH는 기체상으로 생성되나 배기가스 냉각에 따른 응결과정에서 기체상 PAH가 입자에 흡착됨으로서 결과적으로는 상당량의 PAH가 비표면적이 큰 미세입자에 축적되어 존재하게 된다. 저휘발성 PAH에 비해 휘발성이 큰 저분자 PAH는 대기 중에서 주로 가스 상으로 존재한다. 일반적으로 분자량이 228인 chrysene과 benz[a]anthracene 보다 분자량이 적은 PAH는 50 % 이상이 가스 상으로 존재하는데 반해 고분자 PAH는 주로 입자상으로 존재한다. PAH의 가스-입자 상 분포는 온도 함수인 PAH

의 증기압, 비표면적이 큰 미세입자의 양 그리고 PAH 각각의 입자상 유기물에 대한 친화력과 같은 여러 요인에 의해 결정된다.

□ 기존 연구에 의하면 PAH의 가스-입자상 분포와 입자 크기 분포는 계절적 변동에 의존하며 계절에 따른 기온과 증기압의 변화로 인해 배출 profiles과 가스-입자상 분포가 달라지는 것으로 나타났다. 일반적으로 기온이 낮을 때는 기체상 PAH가 적게 검출되고, 입자상 PAH가 많이 검출된다. 온도의 영향 이외에 대기 확산에 의해서도 가스-입자상 분포가 달라질 수 있으므로 가스와 입자 상 변화는 에어로졸의 제거 과정에서 중요한 양상으로 나타나게 된다. 저휘발성 PAH가 장거리 이동될 때, 그리고 고유량으로 장기간 시료를 채취할 때 역시 PAH의 손실로 인해 PAH의 가스-입자상 분포가 달라질 수 있다.

□ 지난 30여 년간 수행된 수많은 연구 결과 대기 중의 PAH 농도는 호흡가능성입자 영역 내에서의 입자의 크기에 주로 영향을 받는 것으로 나타났다. 이는 대부분의 PAH가 수 μm이하의 미세 입자에 흡착되어 대기 중에서 부유하고 있음을 나타내며 대체로 대기환경에서 검출된 PAH 중 약 90 ~ 95 % 정도는 3 μm 이하의 미세입자에 흡착되어 있으며 이 중 60 ~ 70 %는 폐에 침착가능한 직경이 1 μm 이하인 초미세 입자에 흡착되어 있다는 사실이 일관되게 보고되고 있다.

4.4.2 검출빈도 및 전반적인 출현 특성

□ <표 4.21>에 서울에서 측정된 입자상 PAH의 검출빈도순위를 나타내었다. 본 연구에서의 검출한계는 IDL을 기준으로 하였으며, IDL 이하의 자료들은 0 으로 처리하였다. 실제 통상적으로 적용하는 검출저한계는 MDL이나 QDL이지만 본 연구결과의 경우 IDL을 적용하여도 큰 차이가 없어 편의상 IDL을 적용하였다.

□ 전체 자료에서 측정지점 구로구의 PAH 물질들의 평균검출빈도가 97.2 % 로 가장 높았으며 강남구와 서울역이 약 95 %로 비슷한 수준의 검출빈도를 보였다. 평균 농도적인 측면에서 보면 구로구와 강남구의 PAH 평균농도가 유사하였고 naphthalene을 제외한 서울역의 PAH 평균농도는 상대적으로 구로구와 강남구에 비해 낮았다. 입자상 시료에 대한 36가지 PAH 물질의 분석결과 저분자 PAH의 전반적인 검출율은 100 % 수준인 것으로 나타났다.

□ 서울에서 측정한 입자상 PAH 농도 자료를 바탕으로 이 지역에서 가장 높은 농도로 빈번히 검출되는 물질을 파악하였다. 이를 위하여 전체자료와 각 계절별 농도자료의 평균치를 대상으로 높은 농도에서 낮은 농도 순으로 분류하였다. 입자상 PAH 전체자료의 대한 지점별 평균농도 순위자료를 <표 4.22>에 나타내었으며 각계절의 입자상 PAH 평균농도에 대한 지점별 순위자료를 <표 4.23> ~ <표 4.25>에 나타내었다.

□ 총 연구기간 중 측정된 85개 (3계절 × 10일 × 3지점)의 시료에 대한 입자상 PAH 농도 자료를 살펴보면 3개의 측정지점 대부분에서 fluoranthene, pyrene, phenanthrene, benzo[b+j]fluoranthene의 농도가 높았고 각 계절의 순위에서도 같은 결과가 나타났다. 이 결과는 본 연구진이 과거에 수행한 시화·반월, 여수·광양, 울산, 구미, 대산 연구결과와 유사하게 나타났다. Benzo[b+j]fluoranthene이 높은 농도 순위를 나타내는 것은 실제로 높은 농도로 존재하기 때문일 수도 있지만 개별물질인 benzo[b]fluoranthene과 benzo[j]fluoranthene이 합쳐져서 검출되기 때문일 수도 있다. 개별물질적인 측면으로 접근할 때 benzo[b]fluoranthene과 benzo[j]fluoranthene이 분리되어져서 검출되었다면 fluoranthene, pyrene, phenanthrene 등이 가장 높은 농도 순위를 차지했을 것이다. Fluoranthene의 경우 국제암연구센터 (IARC)에서 발암등급을 3등급으로 매겨 놓은 물질이며 입자상 PAH 중 최고농도를 차지하는 물질이므로 관심 깊게 모니터링 할 필요가 있다고 판단된다.

□ 환경학적 중요성이 높은 benzo[a]pyrene은 입자상 PAH 전체 자료에 대한 평균 농도 순위에서 8위이며 각 계절별 평균 농도 순위에서도 7 ~ 10위로 입자상 PAH 물질 중 비교적 높은 농도 순위를 보였다. 입자상 PAH 전체자료에 대한 benzo[a]pyrene의 평균농도는 구로구와 강남구가 각각 0.60 ng/m^3 로 비슷하게 나타났으며 서울역이 0.51 ng/m^3 로 상대적으로 낮은 수준을 보였다. 세부적으로 benzo[a]pyrene의 평균 농도를 살펴보면 3계절 중 가장 높은 농도를 보인 가을철 평균농도가 0.69 ng/m^3 ~ 1.04 ng/m^3 이며 가장 농도가 낮은 여름철 평균농도는 0.17 ng/m^3 ~ 0.21 ng/m^3 으로 약 4 ~ 6 배 차이를 보였다.

<표 4.21> 서울지역 입자상 PAH의 측정지점별 검출빈도 - 전체자료

No.	구로구 (n = 30)		강남구 (n = 30)		서울역 (n = 25)	
	물질명	검출빈도(%)	물질명	검출빈도(%)	물질명	검출빈도(%)
1	Naphthalene	100	Naphthalene	100	Naphthalene	100
2	Biphenyl	100	Biphenyl	100	Biphenyl	100
3	Acenaphthylene	100	Acenaphthylene	100	Acenaphthylene	100
4	Acenaphthene	100	Acenaphthene	100	Acenaphthene	100
5	Fluorene	100	Fluorene	100	Fluorene	100
6	Dibenzothiophene	100	Dibenzothiophene	100	Dibenzothiophene	100
7	Phenanthrene	100	Phenanthrene	100	Phenanthrene	100
8	Anthracene	100	Anthracene	100	Anthracene	100
9	4CdefPh	100	4CdefPh	100	4CdefPh	100
10	Fluoranthene	100	Fluoranthene	100	Fluoranthene	100
11	Pyrene	100	Pyrene	100	Pyrene	100
12	Benzo[c]phenanthrene	100	Benzo[c]phenanthrene	100	Benzo[c]phenanthrene	100
13	B[ghi]F + CcdP	100	B[ghi]F + CcdP	100	B[ghi]F + CcdP	100
14	Benz[a]anthracene	100	Benz[a]anthracene	100	Benz[a]anthracene	100
15	Triphenylene	100	Triphenylene	100	Triphenylene	100
16	Chrysene	100	Chrysene	100	Chrysene	100
17	Benzo[b+j]fluoranthene	100	Benzo[b+j]fluoranthene	100	Benzo[b+j]fluoranthene	100
18	Benzo[k]fluoranthene	100	Benzo[k]fluoranthene	100	Benzo[k]fluoranthene	100
19	Benzo[a]fluoranthene	100	Benzo[a]fluoranthene	100	Benzo[a]fluoranthene	100
20	Benzo[e]pyrene	100	Benzo[e]pyrene	100	Benzo[e]pyrene	100
21	Benzo[a]pyrene	100	Benzo[a]pyrene	100	Benzo[a]pyrene	100
22	Perylene	100	Perylene	96.7	Perylene	100
23	Dibenz[a,j]anthracene	100	Dibenz[a,j]anthracene	90	Dibenz[a,j]anthracene	92
24	Indeno[1,2,3-cd]pyrene	100	Indeno[1,2,3-cd]pyrene	100	Indeno[1,2,3-cd]pyrene	100
25	Dibenz[a,h+a,c]anthracene	100	Dibenz[a,h+a,c]anthracene	100	Dibenz[a,h+a,c]anthracene	100
26	Benzo[b]chrysene	90	Benzo[b]chrysene	80	Benzo[b]chrysene	84
27	Picene	100	Picene	90	Picene	96
28	Benzo[ghi]perylene	100	Benzo[ghi]perylene	100	Benzo[ghi]perylene	100
29	Anthanthrene	100	Anthanthrene	96.7	Anthanthrene	100
30	Dibenzo[b,k]fluoranthene	100	Dibenzo[b,k]fluoranthene	96.7	Dibenzo[b,k]fluoranthene	96
31	Dibenzo[a,h]pyrene	96.7	Dibenzo[a,h]pyrene	86.7	Dibenzo[a,h]pyrene	84
32	Coronene	100	Coronene	100	Coronene	100
33	Dibenzo[a,e]pyrene	20	Dibenzo[a,e]pyrene	3.3	Dibenzo[a,e]pyrene	0
	평균검출빈도	97.2	평균검출빈도	95.2	평균검출빈도	95.5

주) 4CdefP : 4H-Cyclopenta[def]phenanthrene,

B[ghi]F + CcdP : Benzo[ghi]fluoranthene + Cyclopenta[cd]pyrene,

<표 4.22> 서울지역 입자상 PAH의 측정지점별 평균농도 순위 – 전체자료 (단위 : ng/m³)

No.	구로구 (n = 30)		강남구 (n = 30)		서울역 (n = 25)	
	물질명	평균	물질명	평균	물질명	평균
1	Phenanthrene	1.85	Fluoranthene	1.59	Fluoranthene	1.47
2	Fluoranthene	1.69	Benzo[b+j]fluoranthene	1.30	Pyrene	1.31
3	Benzo[b+j]fluoranthene	1.35	Pyrene	1.30	Phenanthrene	1.29
4	Pyrene	1.33	Phenanthrene	1.24	Benzo[b+j]fluoranthene	1.14
5	Chrysene	0.85	Chrysene	0.86	Chrysene	0.76
6	Benzo[ghi]perylene	0.72	Benzo[ghi]perylene	0.69	Benzo[g,h,i]perylene	0.71
7	B[ghi]F + CcdP	0.62	B[ghi]F + CcdP	0.61	BghiF+CcdP	0.60
8	Benzo[a]pyrene	0.60	Benzo[a]pyrene	0.60	Benzo[a]pyrene	0.51
9	Benzo[e]pyrene	0.58	Benzo[e]pyrene	0.56	Benzo[e]pyrene	0.50
10	Indeno[1,2,3-cd]pyrene	0.52	Indeno[1,2,3-cd]pyrene	0.50	Indeno[1,2,3-cd]pyrene	0.45
11	Benz[a]anthracene	0.42	Benz[a]anthracene	0.48	Benz[a]anthracene	0.42
12	Coronene	0.37	Coronene	0.38	Coronene	0.38
13	Benzo[k]fluoranthene	0.36	Benzo[k]fluoranthene	0.35	Benzo[k]fluoranthene	0.29
14	Dibenzo[b,k]fluoranthene	0.23	Dibenzo[b,k]fluoranthene	0.21	Naphthalene	0.26
15	Fluorene	0.22	Triphenylene	0.20	Triphenylene	0.19
16	Triphenylene	0.21	Benzo[a]fluoranthene	0.19	Dibenzo[b,k]fluoranthene	0.18
17	Benzo[a]fluoranthene	0.19	Anthanthrene	0.18	Anthanthrene	0.17
18	Anthanthrene	0.19	Benzo[c]phenanthrene	0.17	Fluorene	0.16
19	4CdefP	0.18	Naphthalene	0.16	CdefPh	0.15
20	Naphthalene	0.18	4CdefP	0.16	Benzo[a]fluoranthene	0.15
21	Benzo[c]phenanthrene	0.16	Dibenzo[a,h]pyrene	0.15	Benzo[c]phenanthrene	0.15
22	Dibenzo[a,h]pyrene	0.15	Dibenz[a,h+a,c]anthracene	0.14	Dibenzo[a,h]pyrene	0.13
23	Dibenz[a,h+a,c]anthracene	0.15	Fluorene	0.14	Dibenz[a,h+a,c]anthracene	0.12
24	Anthracene	0.13	Picene	0.12	Anthracene	0.10
25	Picene	0.13	Anthracene	0.10	Picene	0.10
26	Perylene	0.11	Perylene	0.09	Biphenyl	0.10
27	Dibenz[a,j]anthracene	0.10	Biphenyl	0.09	Perylene	0.08
28	Dibenzothiophene	0.09	Dibenz[a,j]anthracene	0.08	Acenaphthylene	0.07
29	Biphenyl	0.09	Benzo[b]chrysene	0.07	Dibenz[a,j]anthracene	0.07
30	Benzo[b]chrysene	0.08	Dibenzothiophene	0.07	Dibenzothiophene	0.07
31	Acenaphthylene	0.08	Acenaphthylene	0.07	Benzo[b]chrysene	0.06
32	Acenaphthene	0.06	Acenaphthene	0.03	Acenaphthene	0.05
33	Dibenzo[a,e]pyrene	0.01	Dibenzo[a,e]pyrene	<0.01	Dibenzo[a,e]pyrene	N.D

주) 4CdefP : 4H-Cyclopenta[def]phenanthrene,
B[ghi]F + CcdP : Benzo[ghi]fluoranthene + Cyclopenta[cd]pyrene,
N.D : Not Detected.
농도 0.01 ng/m³이하는 <0.01 로 표시함

<표 4.23> 2013년 8월 (여름) 입자상 PAH의 측정지점별 평균농도 순위 (단위 : ng/m³)

No.	구로구 (n = 10)		강남구 (n = 10)		서울역 (n = 5)	
	물질명	평균	물질명	평균	물질명	평균
1	Phenanthrene	1.47	Phenanthrene	0.51	Phenanthrene	0.46
2	Fluoranthene	0.54	Benzo[b+j]fluoranthene	0.49	Benzo[b+j]fluoranthene	0.43
3	Benzo[b+j]fluoranthene	0.53	Coronene	0.30	Coronene	0.39
4	Benzo[ghi]perylene	0.34	Fluoranthene	0.28	Fluoranthene	0.36
5	Pyrene	0.34	Benzo[ghi]perylene	0.28	Benzo[ghi]perylene	0.35
6	Indeno[1,2,3-cd]pyrene	0.26	Benzo[e]pyrene	0.23	Pyrene	0.31
7	Coronene	0.24	Pyrene	0.23	Chrysene	0.23
8	Fluorene	0.23	Chrysene	0.21	Benzo[e]pyrene	0.22
9	Benzo[e]pyrene	0.22	Indeno[1,2,3-cd]pyrene	0.18	B[ghi]F + CcdP	0.19
10	Benzo[a]pyrene	0.21	Benzo[a]pyrene	0.17	Benzo[a]pyrene	0.17
11	Benzo[k]fluoranthene	0.14	B[ghi]F + CcdP	0.13	Indeno[1,2,3-cd]pyrene	0.16
12	Dibenzo[b,k]fluoranthene	0.13	Benzo[k]fluoranthene	0.12	Naphthalene	0.12
13	Chrysene	0.13	Naphthalene	0.11	Benz[a]anthracene	0.11
14	Anthracene	0.13	Fluorene	0.11	Benzo[k]fluoranthene	0.11
15	Naphthalene	0.11	Benz[a]anthracene	0.09	Triphenylene	0.09
16	Dibenzo[a,h]pyrene	0.10	Biphenyl	0.08	Fluorene	0.09
17	4CdefP	0.09	Triphenylene	0.08	Biphenyl	0.07
18	Biphenyl	0.08	Dibenzo[b,k]fluoranthene	0.07	Anthanthrene	0.05
19	Picene	0.08	Dibenz[a,h+a,c]anthracene	0.05	Dibenzo[b,k]fluoranthene	0.05
20	Dibenzothiophene	0.08	Dibenzo[a,h]pyrene	0.05	Benzo[a]fluoranthene	0.04
21	Dibenz[a,h+a,c]anthracene	0.08	Benzo[a]fluoranthene	0.05	Dibenz[a,h+a,c]anthracene	0.04
22	Anthanthrene	0.08	Anthracene	0.04	Dibenzo[a,h]pyrene	0.04
23	Acenaphthene	0.07	Anthanthrene	0.04	Benzo[c]phenanthrene	0.04
24	B[ghi]F + CcdP	0.07	Benzo[c]phenanthrene	0.04	Anthracene	0.04
25	Benzo[a]fluoranthene	0.06	Dibenzothiophene	0.04	Dibenzothiophene	0.03
26	Benz[a]anthracene	0.05	4CdefP	0.03	4CdefP	0.03
27	Dibenz[a,j]anthracene	0.05	Picene	0.03	Perylene	0.03
28	Triphenylene	0.04	Perylene	0.03	Acenaphthene	0.03
29	Benzo[b]chrysene	0.04	Dibenz[a,j]anthracene	0.02	Picene	0.02
30	Perylene	0.04	Acenaphthene	0.02	Acenaphthylene	0.02
31	Benzo[c]phenanthrene	0.03	Acenaphthylene	0.02	Dibenz[a,j]anthracene	0.01
32	Acenaphthylene	0.03	Benzo[b]chrysene	0.01	Benzo[b]chrysene	<0.01
33	Dibenzo[a,e]pyrene	N.D	Dibenzo[a,e]pyrene	N.D	Dibenzo[a,e]pyrene	N.D

주) 4CdefP : 4H-Cyclopenta[def]phenanthrene,
B[ghi]F + CcdP : Benzo[ghi]fluoranthene + Cyclopenta[cd]pyrene,
N.D : Not Detected.
농도 0.01 ng/m³이하는 <0.01 로 표시함

<표 4.24> 2013년 11월 (가을) 입자상 PAH의 측정지점별 평균농도 순위   (단위 : ng/m^3)

No.	구로구 (n = 10)		강남구 (n = 10)		서울역 (n = 10)	
	물질명	평균	물질명	평균	물질명	평균
1	Fluoranthene	1.93	Fluoranthene	2.27	Fluoranthene	1.47
2	Benzo[b+j]fluoranthene	1.88	Benzo[b+j]fluoranthene	2.09	Benzo[b+j]fluoranthene	1.44
3	Phenanthrene	1.70	Pyrene	1.92	Pyrene	1.38
4	Pyrene	1.57	Chrysene	1.30	Phenanthrene	1.12
5	Chrysene	1.15	Phenanthrene	1.24	Chrysene	0.88
6	Benzo[ghi]perylene	0.98	Benzo[ghi]perylene	1.07	Benzo[ghi]perylene	0.87
7	Benzo[a]pyrene	0.88	Benzo[a]pyrene	1.04	Benzo[a]pyrene	0.69
8	B[ghi]F + CcdP	0.84	B[ghi]F + CcdP	0.92	B[ghi]F + CcdP	0.64
9	Benzo[e]pyrene	0.82	Benzo[e]pyrene	0.89	Benzo[e]pyrene	0.63
10	Benz[a]anthracene	0.70	Benz[a]anthracene	0.85	Indeno[1,2,3-cd]pyrene	0.58
11	Indeno[1,2,3-cd]pyrene	0.69	Indeno[1,2,3-cd]pyrene	0.79	Benz[a]anthracene	0.53
12	Coronene	0.51	Benzo[k]fluoranthene	0.58	Benzo[k]fluoranthene	0.38
13	Benzo[k]fluoranthene	0.50	Coronene	0.50	Coronene	0.38
14	Dibenzo[b,k]fluoranthene	0.32	Benzo[a]fluoranthene	0.35	Naphthalene	0.33
15	Triphenylene	0.32	Dibenzo[b,k]fluoranthene	0.33	Dibenzo[b,k]fluoranthene	0.24
16	Benzo[a]fluoranthene	0.29	Triphenylene	0.30	Triphenylene	0.23
17	Anthanthrene	0.27	Anthanthrene	0.28	Anthanthrene	0.22
18	Fluorene	0.24	Benzo[c]phenanthrene	0.25	Benzo[a]fluoranthene	0.20
19	Naphthalene	0.22	Dibenzo[a,h]pyrene	0.23	Dibenz[a,h+a,c]anthracene	0.15
20	Dibenzo[a,h]pyrene	0.18	Picene	0.22	Benzo[c]phenanthrene	0.15
21	Benzo[c]phenanthrene	0.18	Dibenz[a,h+a,c]anthracene	0.21	4CdefP	0.15
22	4CdefP	0.18	4CdefP	0.21	Fluorene	0.14
23	Dibenz[a,h+a,c]anthracene	0.18	Naphthalene	0.20	Dibenzo[a,h]pyrene	0.13
24	Perylene	0.17	Perylene	0.17	Anthracene	0.12
25	Picene	0.16	Fluorene	0.14	Picene	0.12
26	Dibenz[a,j]anthracene	0.14	Dibenz[a,j]anthracene	0.14	Perylene	0.10
27	Anthracene	0.13	Anthracene	0.13	Dibenz[a,j]anthracene	0.09
28	Benzo[b]chrysene	0.10	Benzo[b]chrysene	0.13	Biphenyl	0.09
29	Dibenzothiophene	0.10	Dibenzothiophene	0.08	Benzo[b]chrysene	0.08
30	Biphenyl	0.10	Biphenyl	0.07	Dibenzothiophene	0.06
31	Acenaphthylene	0.07	Acenaphthylene	0.07	Acenaphthylene	0.06
32	Acenaphthene	0.07	Acenaphthene	0.03	Acenaphthene	0.02
33	Dibenzo[a,e]pyrene	0.03	Dibenzo[a,e]pyrene	<0.01	Dibenzo[a,e]pyrene	N.D

주) 4CdefP : 4H-Cyclopenta[def]phenanthrene,
B[ghi]F + CcdP : Benzo[ghi]fluoranthene + Cyclopenta[cd]pyrene,
N.D : Not Detected.
농도 0.01 ng/m^{3}이하는 <0.01 로 표시함

<표 4.25> 2014년 2월 (겨울) 입자상 PAH의 측정지점별 평균농도 순위 (단위 : ng/m^3)

No.	구로구 (n = 10)		강남구 (n = 10)		서울역 (n = 10)	
	물질명	평균	물질명	평균	물질명	평균
1	luoranthene	2.60	Fluoranthene	2.22	Fluoranthene	2.02
2	Phenanthrene	2.37	Phenanthrene	1.98	Phenanthrene	1.87
3	Pyrene	2.07	Pyrene	1.75	Pyrene	1.75
4	Benzo[b+j]fluoranthene	1.63	Benzo[b+j]fluoranthene	1.33	Benzo[b+j]fluoranthene	1.19
5	Chrysene	1.26	Chrysene	1.06	Chrysene	0.92
6	B[ghi]F + CcdP	0.97	B[ghi]F + CcdP	0.77	B[ghi]F + CcdP	0.75
7	Benzo[ghi]perylene	0.84	Benzo[ghi]perylene	0.73	Benzo[ghi]perylene	0.73
8	Benzo[a]pyrene	0.72	Benzo[a]pyrene	0.59	Benzo[e]pyrene	0.52
9	Benzo[e]pyrene	0.69	Benzo[e]pyrene	0.57	Benzo[a]pyrene	0.51
10	Indeno[1,2,3-cd]pyrene	0.61	Indeno[1,2,3-cd]pyrene	0.53	Indeno[1,2,3-cd]pyrene	0.47
11	Benz[a]anthracene	0.52	Benz[a]anthracene	0.51	Benz[a]anthracene	0.46
12	Benzo[k]fluoranthene	0.43	Benzo[k]fluoranthene	0.36	Coronene	0.38
13	Coronene	0.35	Coronene	0.34	Benzo[k]fluoranthene	0.30
14	Triphenylene	0.28	Dibenzo[b,k]fluoranthene	0.23	Naphthalene	0.27
15	4CdefP	0.28	4CdefP	0.23	Triphenylene	0.21
16	Benzo[c]phenanthrene	0.27	Triphenylene	0.23	Fluorene	0.26
17	Dibenzo[b,k]fluoranthene	0.25	Benzo[c]phenanthrene	0.23	4CdefP	0.21
18	Benzo[a]fluoranthene	0.24	Anthanthrene	0.21	Benzo[c]phenanthrene	0.20
19	Anthanthrene	0.23	Benzo[a]fluoranthene	0.19	Dibenzo[b,k]fluoranthene	0.19
20	Naphthalene	0.21	Naphthalene	0.17	Anthanthrene	0.18
21	Fluorene	0.20	Fluorene	0.17	Dibenzo[a,h]pyrene	0.17
22	Dibenz[a,h+a,c]anthracene	0.19	Dibenzo[a,h]pyrene	0.17	Benzo[a]fluoranthene	0.14
23	Dibenzo[a,h]pyrene	0.18	Dibenz[a,h+a,c]anthracene	0.15	Dibenz[a,h+a,c]anthracene	0.12
24	Picene	0.14	Picene	0.13	Acenaphthylene	0.12
25	Anthracene	0.14	Acenaphthylene	0.12	Biphenyl	0.12
26	Acenaphthylene	0.13	Anthracene	0.11	Anthracene	0.12
27	Dibenz[a,j]anthracene	0.12	Biphenyl	0.10	Picene	0.11
28	Perylene	0.12	Dibenz[a,j]anthracene	0.09	Acenaphthene	0.10
29	Benzo[b]chrysene	0.11	Dibenzothiophene	0.09	Dibenzothiophene	0.09
30	Dibenzothiophene	0.10	Perylene	0.09	Perylene	0.08
31	Biphenyl	0.10	Benzo[b]chrysene	0.09	Benzo[b]chrysene	0.08
32	Acenaphthene	0.03	Acenaphthene	0.03	Dibenz[a,j]anthracene	0.07
33	Dibenzo[a,e]pyrene	0.01	Dibenzo[a,e]pyrene	N.D	Dibenzo[a,e]pyrene	N.D

주) 4CdefP : 4H-Cyclopenta[def]phenanthrene,
B[ghi]F + CcdP : Benzo[ghi]fluoranthene + Cyclopenta[cd]pyrene,
N.D : Not Detected.

4.4.3 지점별 PAH 농도 분포

□ <그림 4.21>와 <그림 4.22>에는 각 그룹별로 농도 순위를 매기고 자료의 개수에 따른 누적확률 수치에 따라 농도를 정렬하여 그래프로 표현하였으며 특히 36개의 PAH 대상 물질 중에서도 검출빈도가 높은 편에 속하며 위해성이 큰 물질을 위주로 세 그룹의 입자상 PAH 농도를 누적확률분포로 나타내었다. 3개의 지점을 각각 구분하여 구로구, 강남구, 서울역으로 나타내었다.

□ 서울지역을 대상으로 2013년 ~ 2014년 측정된 전체 지점별 입자상 PAH 농도를 <표 4.26>에 평균값과 최대값으로 나타냈으며 각 계절별 입자상 PAH 농도를 <표 4.27> ~ <표 4.29>에 나타냈다. 평균 농도적인 측면에서 보면 구로구와 강남구의 PAH 평균농도가 유사하였고 naphthalene을 제외한 서울역의 PAH 평균농도는 상대적으로 구로구와 강남구에 비해 조금 낮았다.

□ 전체적으로 85개 데이터를 지점별로 보았을 때 주변이 도로변이고 특히 차량이동이 많은 서울역은 다른 지점들에 비해 농도가 상대적으로 높을 것이라 예상했으나 측정지점 간의 농도를 보면 세 지점의 농도가 큰 차이가 없었으며 PAH는 도로의 직접적인 영향보다 전체적인 동일 대기영향권인 것으로 판단된다.

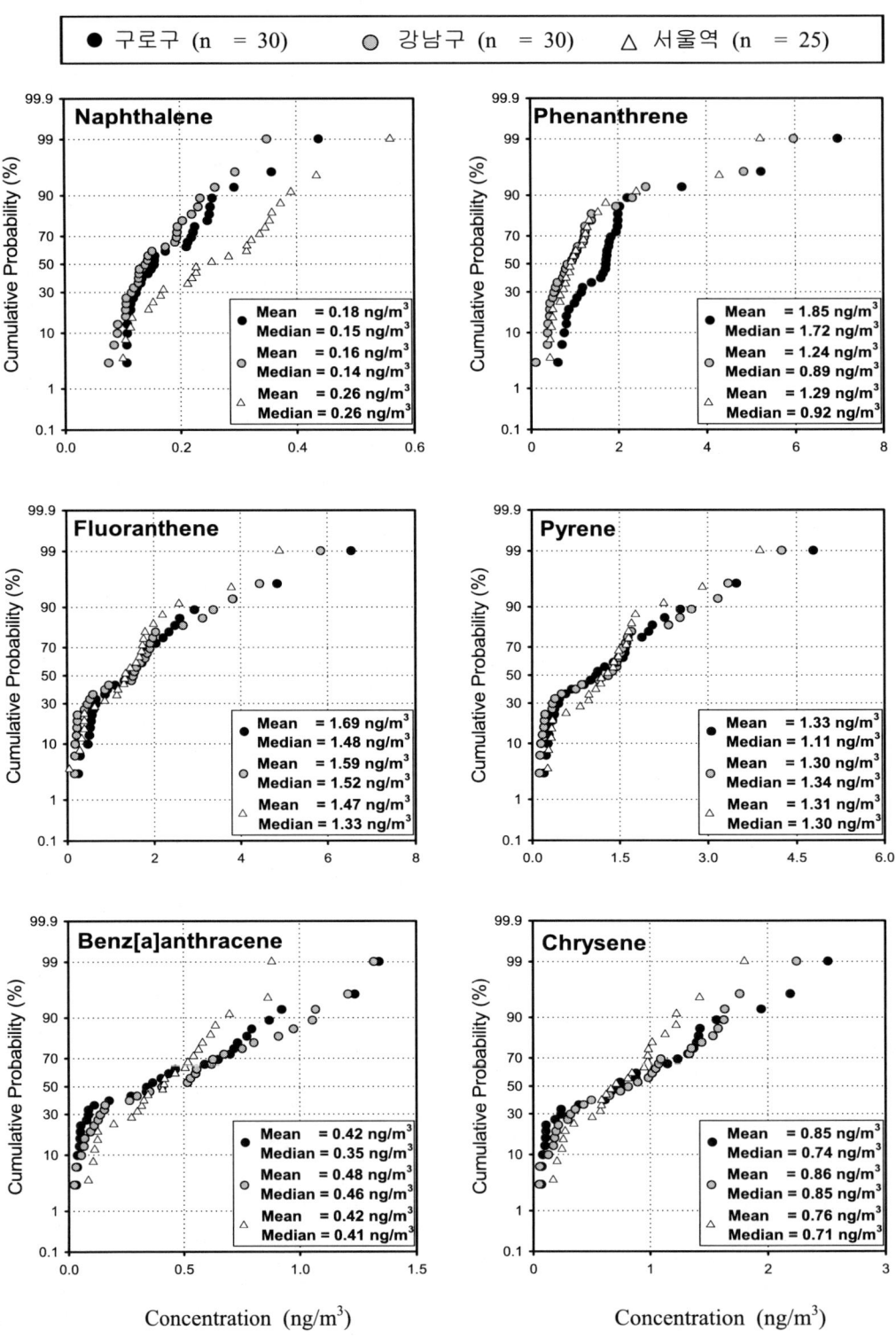

<그림 4.21> 서울지역 측정지점별 PAH 화합물 농도 분포 (I).

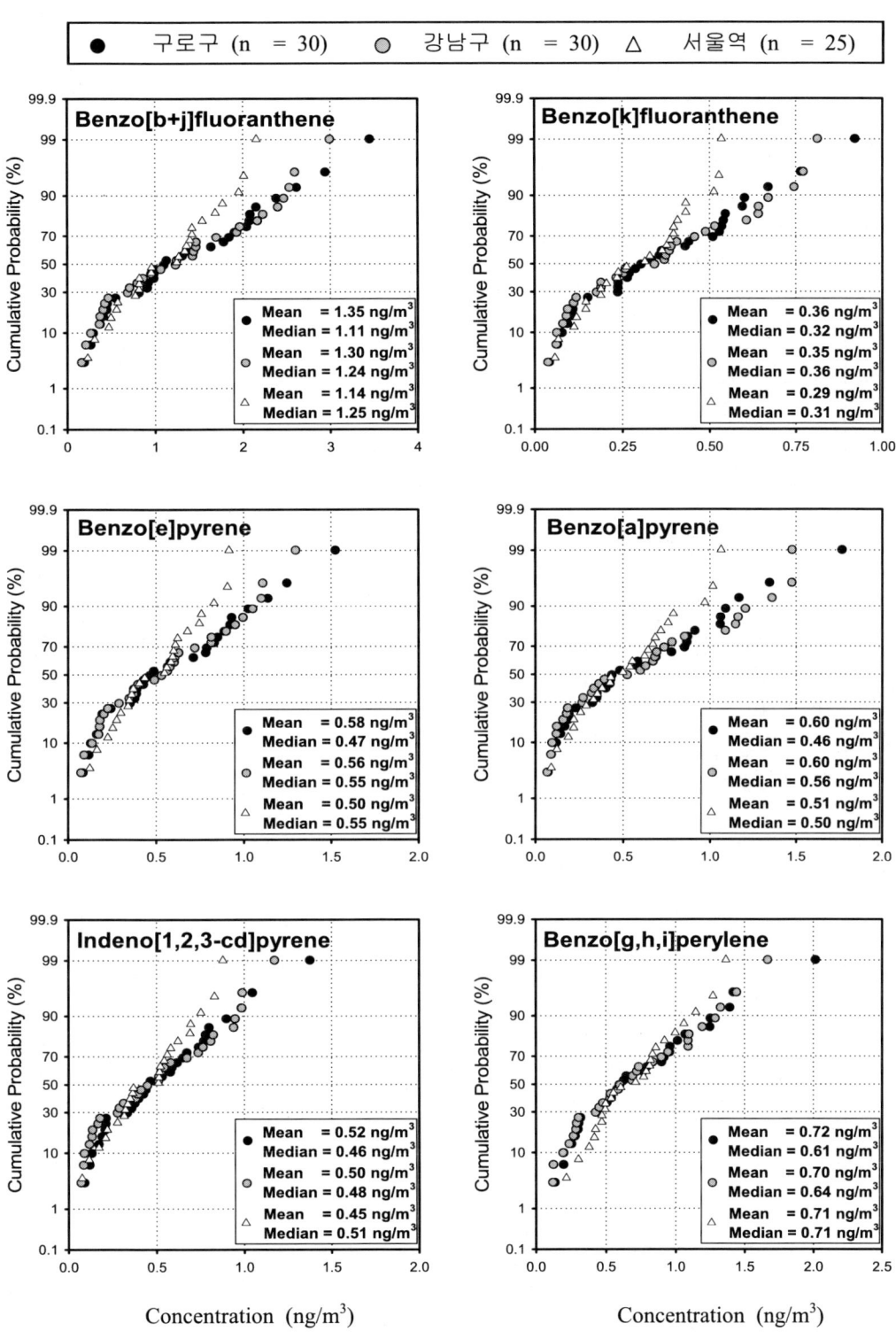

<그림 4.22> 서울지역 측정지점별 PAH 화합물 농도 분포 (II).

<표 4.26> 서울지역 입자상 PAH의 측정지점별 농도 – 전체자료 (단위 : ng/m³)

No.	PAH	구로구 (n = 30)		강남구 (n = 30)		서울역 (n = 25)	
		평균	최대	평균	최대	평균	최대
1	Naphthalene	0.18	0.44	0.16	0.35	0.26	0.56
2	Biphenyl	0.09	0.22	0.09	0.24	0.10	0.23
3	Acenaphthylene	0.08	0.30	0.07	0.31	0.07	0.28
4	Acenaphthene	0.06	0.15	0.03	0.07	0.05	0.25
5	Fluorene	0.22	0.46	0.14	0.42	0.16	0.40
6	Dibenzothiophene	0.09	0.28	0.07	0.28	0.07	0.23
7	Phenanthrene	1.85	6.97	1.24	5.97	1.29	5.22
8	Anthracene	0.13	0.38	0.10	0.29	0.10	0.26
9	4CdefP	0.18	0.72	0.16	0.58	0.15	0.50
10	Fluoranthene	1.69	6.55	1.59	5.85	1.47	4.91
11	Pyrene	1.33	4.79	1.30	4.25	1.31	3.88
12	Benzo[c]phenanthrene	0.16	0.54	0.17	0.51	0.15	0.39
13,14	B[ghi]F + CcdP	0.62	1.88	0.61	1.57	0.60	1.39
15	Benz[a]anthracene	0.42	1.34	0.48	1.32	0.42	0.88
16	Triphenylene	0.21	0.55	0.20	0.46	0.19	0.38
17	Chrysene	0.85	2.51	0.86	2.24	0.76	1.80
18,19	Benzo[b+j]fluoranthene	1.35	3.45	1.30	2.99	1.14	2.15
20	Benzo[k]fluoranthene	0.36	0.92	0.35	0.81	0.29	0.53
21	Benzo[a]fluoranthene	0.19	0.62	0.19	0.56	0.15	0.39
22	Benzo[e]pyrene	0.58	1.52	0.56	1.30	0.50	0.92
23	Benzo[a]pyrene	0.60	1.76	0.60	1.48	0.51	1.07
24	Perylene	0.11	0.31	0.09	0.26	0.08	0.18
25	Dibenz[a,j]anthracene	0.10	0.27	0.08	0.25	0.07	0.13
26	Indeno[1,2,3-cd]pyrene	0.52	1.38	0.50	1.17	0.45	0.88
27,28	Dibenz[a,h+a,c]anthracene	0.15	0.35	0.14	0.30	0.12	0.23
29	Benzo[b]chrysene	0.08	0.21	0.07	0.19	0.06	0.12
30	Picene	0.13	0.31	0.12	0.47	0.10	0.21
31	Benzo[ghi]perylene	0.72	2.01	0.70	1.67	0.71	1.37
32	Anthanthrene	0.19	0.60	0.18	0.51	0.17	0.36
33	Dibenzo[b,k]fluoranthene	0.23	0.68	0.21	0.62	0.18	0.38
34	Dibenzo[a,h]pyrene	0.15	0.36	0.15	0.36	0.13	0.28
35	Coronene	0.37	1.13	0.38	0.83	0.38	0.72
36	Dibenzo[a,e]pyrene	0.01	0.16	<0.01	0.05	N.D	N.D
	Σ PAH	14.28	44.12	13.17	38.53	12.01	31.47

주) 검출한계(IDL) 이하의 값은 N.D로 표시하였음
4CdefP : 4H-Cyclopenta[def]phenanthrene, B[ghi]F + CcdP : Benzo[ghi]fluoranthene + Cyclopenta[cd]pyrene.
농도 0.01 ng/m³이하는 <0.01 로 표시함

<표 4.27> 2013년 8월 (여름)의 측정지점별 입자상 PAH 농도 (단위 : ng/m^3)

No.	PAH	구로구 (n = 10)		강남구 (n = 10)		서울역 (n = 5)	
		평균	최대	평균	최대	평균	최대
1	Naphthalene	0.11	0.15	0.11	0.14	0.12	0.15
2	Biphenyl	0.08	0.10	0.08	0.10	0.07	0.09
3	Acenaphthylene	0.03	0.04	0.02	0.02	0.02	0.02
4	Acenaphthene	0.07	0.15	0.02	0.03	0.03	0.03
5	Fluorene	0.23	0.30	0.11	0.17	0.09	0.10
6	Dibenzothiophene	0.08	0.11	0.04	0.05	0.03	0.03
7	Phenanthrene	1.47	2.03	0.51	0.80	0.46	0.50
8	Anthracene	0.13	0.17	0.04	0.07	0.04	0.04
9	4CdefP	0.09	0.14	0.03	0.04	0.03	0.03
10	Fluoranthene	0.54	0.92	0.28	0.52	0.36	0.39
11	Pyrene	0.34	0.57	0.23	0.39	0.31	0.35
12	Benzo[c]phenanthrene	0.03	0.04	0.04	0.07	0.04	0.05
13,14	B[ghi]F + CcdP	0.07	0.11	0.13	0.22	0.19	0.22
15	Benz[a]anthracene	0.05	0.08	0.09	0.16	0.11	0.12
16	Triphenylene	0.04	0.07	0.08	0.15	0.09	0.10
17	Chrysene	0.13	0.24	0.21	0.43	0.23	0.27
18,19	Benzo[b+j]fluoranthene	0.53	1.10	0.49	1.06	0.43	0.58
20	Benzo[k]fluoranthene	0.14	0.30	0.12	0.26	0.11	0.15
21	Benzo[a]fluoranthene	0.06	0.10	0.05	0.09	0.04	0.06
22	Benzo[e]pyrene	0.22	0.46	0.23	0.49	0.22	0.30
23	Benzo[a]pyrene	0.21	0.42	0.17	0.33	0.17	0.22
24	Perylene	0.04	0.06	0.03	0.05	0.03	0.04
25	Dibenz[a,j]anthracene	0.05	0.13	0.02	0.06	0.01	0.03
26	Indeno[1,2,3-cd]pyrene	0.26	0.59	0.18	0.41	0.16	0.22
27,28	Dibenz[a,h+a,c]anthracene	0.08	0.15	0.05	0.11	0.04	0.06
29	Benzo[b]chrysene	0.04	0.08	0.01	0.04	<0.01	0.02
30	Picene	0.08	0.19	0.03	0.08	0.02	0.03
31	Benzo[ghi]perylene	0.34	0.64	0.31	0.60	0.35	0.43
32	Anthanthrene	0.08	0.15	0.04	0.08	0.05	0.07
33	Dibenzo[b,k]fluoranthene	0.13	0.30	0.07	0.18	0.05	0.07
34	Dibenzo[a,h]pyrene	0.10	0.23	0.05	0.14	0.04	0.07
35	Coronene	0.24	0.42	0.30	0.54	0.39	0.46
36	Dibenzo[a,e]pyrene	N.D	N.D	N.D	N.D	N.D	N.D
	Σ PAH	6.08	10.57	4.14	7.87	4.31	5.29

주) 검출한계(IDL) 이하의 값은 N.D로 표시하였음
4CdefP : 4H-Cyclopenta[def]phenanthrene, B[ghi]F + CcdP : Benzo[ghi]fluoranthene + Cyclopenta[cd]pyrene
농도 0.01 ng/m^{3}이하는 <0.01 로 표시함

<표 4.28> 2013년 11월 (가을)의 측정지점별 입자상 PAH 농도 (단위 : ng/m³)

No.	PAH	구로구 (n = 10)		강남구 (n = 10)		서울역 (n = 10)	
		평균	최대	평균	최대	평균	최대
1	Naphthalene	0.22	0.25	0.20	0.26	0.33	0.39
2	Biphenyl	0.10	0.11	0.07	0.09	0.09	0.11
3	Acenaphthylene	0.07	0.10	0.07	0.12	0.06	0.10
4	Acenaphthene	0.07	0.15	0.03	0.04	0.02	0.03
5	Fluorene	0.24	0.30	0.14	0.21	0.14	0.19
6	Dibenzothiophene	0.10	0.11	0.08	0.13	0.06	0.09
7	Phenanthrene	1.70	2.00	1.24	2.32	1.12	1.72
8	Anthracene	0.13	0.17	0.13	0.20	0.12	0.16
9	4CdefP	0.18	0.23	0.21	0.38	0.15	0.22
10	Fluoranthene	1.93	2.94	2.27	3.82	1.47	2.21
11	Pyrene	1.57	2.54	1.92	3.34	1.38	1.77
12	Benzo[c]phenanthrene	0.18	0.33	0.25	0.40	0.15	0.23
13,14	B[ghi]F + CcdP	0.84	1.48	0.92	1.35	0.64	1.00
15	Benz[a]anthracene	0.70	1.34	0.85	1.32	0.53	0.86
16	Triphenylene	0.32	0.53	0.30	0.42	0.23	0.33
17	Chrysene	1.15	1.94	1.30	1.76	0.88	1.23
18,19	Benzo[b+j]fluoranthene	1.88	3.45	2.09	2.99	1.44	2.01
20	Benzo[k]fluoranthene	0.50	0.92	0.58	0.81	0.38	0.53
21	Benzo[a]fluoranthene	0.29	0.62	0.35	0.56	0.20	0.39
22	Benzo[e]pyrene	0.82	1.52	0.89	1.30	0.63	0.92
23	Benzo[a]pyrene	0.88	1.76	1.04	1.48	0.69	1.07
24	Perylene	0.17	0.31	0.17	0.26	0.10	0.18
25	Dibenz[a,j]anthracene	0.14	0.27	0.14	0.25	0.09	0.13
26	Indeno[1,2,3-cd]pyrene	0.69	1.38	0.79	1.17	0.58	0.88
27,28	Dibenz[a,h+a,c]anthracene	0.18	0.35	0.21	0.30	0.15	0.22
29	Benzo[b]chrysene	0.10	0.16	0.13	0.19	0.08	0.12
30	Picene	0.16	0.31	0.22	0.47	0.12	0.17
31	Benzo[ghi]perylene	0.98	2.01	1.07	1.67	0.87	1.37
32	Anthanthrene	0.27	0.60	0.28	0.51	0.22	0.35
33	Dibenzo[b,k]fluoranthene	0.32	0.68	0.33	0.62	0.24	0.38
34	Dibenzo[a,h]pyrene	0.18	0.36	0.23	0.36	0.13	0.28
35	Coronene	0.51	1.13	0.50	0.83	0.38	0.72
36	Dibenzo[a,e]pyrene	0.03	0.16	<0.01	0.05	N.D	N.D
	Σ PAH	17.57	30.52	18.99	29.98	13.67	20.35

주) 검출한계(IDL) 이하의 값은 N.D로 표시하였음
4CdefP : 4H-Cyclopenta[def]phenanthrene, B[ghi]F + CcdP : Benzo[ghi]fluoranthene + Cyclopenta[cd]pyrene.
농도 0.01 ng/m³이하는 <0.01 로 표시함

<표 4.29> 2014년 2월 (겨울)의 측정지점별 입자상 PAH 농도 (단위 : ng/m³)

No.	PAH	구로구 (n = 10)		강남구 (n = 10)		서울역 (n = 10)	
		평균	최대	평균	최대	평균	최대
1	Naphthalene	0.21	0.44	0.17	0.35	0.27	0.56
2	Biphenyl	0.10	0.22	0.10	0.24	0.12	0.23
3	Acenaphthylene	0.13	0.30	0.12	0.31	0.12	0.28
4	Acenaphthene	0.03	0.04	0.03	0.07	0.10	0.25
5	Fluorene	0.20	0.46	0.16	0.42	0.21	0.40
6	Dibenzothiophene	0.10	0.28	0.09	0.28	0.09	0.23
7	Phenanthrene	2.37	6.97	1.98	5.97	1.87	5.22
8	Anthracene	0.14	0.38	0.11	0.29	0.12	0.26
9	4CdefP	0.28	0.72	0.23	0.58	0.21	0.50
10	Fluoranthene	2.60	6.55	2.22	5.85	2.02	4.91
11	Pyrene	2.07	4.79	1.75	4.25	1.75	3.88
12	Benzo[c]phenanthrene	0.27	0.54	0.23	0.51	0.20	0.39
13,14	B[ghi]F + CcdP	0.97	1.88	0.77	1.57	0.75	1.39
15	Benz[a]anthracene	0.52	1.24	0.51	1.06	0.46	0.88
16	Triphenylene	0.28	0.55	0.23	0.46	0.21	0.38
17	Chrysene	1.26	2.51	1.06	2.24	0.92	1.80
18,19	Benzo[b+j]fluoranthene	1.63	2.94	1.33	2.59	1.19	2.15
20	Benzo[k]fluoranthene	0.43	0.76	0.36	0.75	0.30	0.53
21	Benzo[a]fluoranthene	0.24	0.43	0.19	0.37	0.14	0.25
22	Benzo[e]pyrene	0.69	1.25	0.56	1.10	0.52	0.91
23	Benzo[a]pyrene	0.72	1.34	0.59	1.21	0.51	1.02
24	Perylene	0.12	0.22	0.09	0.17	0.08	0.14
25	Dibenz[a,j]anthracene	0.12	0.23	0.09	0.16	0.07	0.13
26	Indeno[1,2,3-cd]pyrene	0.61	1.05	0.53	0.99	0.47	0.83
27,28	Dibenz[a,h+a,c]anthracene	0.19	0.31	0.15	0.26	0.12	0.23
29	Benzo[b]chrysene	0.11	0.21	0.09	0.14	0.08	0.12
30	Picene	0.14	0.24	0.13	0.22	0.11	0.21
31	Benzo[ghi]perylene	0.84	1.42	0.73	1.33	0.73	1.27
32	Anthanthrene	0.23	0.42	0.21	0.40	0.18	0.36
33	Dibenzo[b,k]fluoranthene	0.25	0.42	0.23	0.42	0.19	0.37
34	Dibenzo[a,h]pyrene	0.18	0.32	0.16	0.28	0.17	0.28
35	Coronene	0.35	0.60	0.34	0.61	0.38	0.66
36	Dibenzo[a,e]pyrene	0.01	0.14	N.D	N.D	N.D	N.D
	Σ PAH	18.42	40.15	15.56	35.43	14.63	31.02

주) 검출한계(IDL) 이하의 값은 N.D로 표시하였음
4CdefP : 4H-Cyclopenta[def]phenanthrene, B[ghi]F + CcdP : Benzo[ghi]fluoranthene + Cyclopenta[cd]pyrene.

4.4.4 계절별 PAH 농도 비교

□ <그림 4.23>과 <그림 4.24>에는 입자상 PAH의 전체 농도자료를 이용하여 각 측정지점에 대한 계절별 평균농도와 표준편차를 막대그래프로 나타내었다. 계절별 농도를 비교하였을 때 대부분의 물질이 기온의 영향을 많이 받는 입자상 PAH의 특성상 평균기온이 낮은 가을과 겨울철이 여름보다 농도가 높았다. Benzo[a]pyrene의 경우 가을철 평균최고농도는 강남구에서 1.04 ng/m^3 까지 올라갔으나 여름의 평균최고농도가 0.17 ng/m^{3}으로 약 6배의 농도 차이를 보였다.

□ 시화반월과 여수광양, 울산, 구미, 대산, 포항 및 대구의 조사연구에서는 입자상 PAH의 농도가 여름철에 비해서 겨울철이 적게는 2배에서 많게는 10배 이상 높게 나타났다. 본 연구의 결과에서도 과거 연구와 유사한 입자상 PAH 농도 특성을 보이며 크게 보았을 때 여름철이 다른 계절에 비해 PAH 농도가 낮게 나타났다.

□ 한편 <그림4.23>와 <그림 4.24>에서 PAH의 지점간 유사한 농도 수준을 확인할 수 있다. 모든 측정지점으로부터 도시대기측정망의 대기질자료인 PM$_{10}$농도를 획득하여 경향성을 파악해 보면 모든 측정지점은 비슷한 대기영향권에 있는 것으로 판단된다. 더불어 입자상 PAH 측정 특성상 24시간 시료를 채취하여 하루의 평균치를 적용하기 때문에 순간적이거나 국지적인 오염 영향을 반영하기 어려운 부분이 지점별 농도차를 줄이는 원인으로 판단된다.

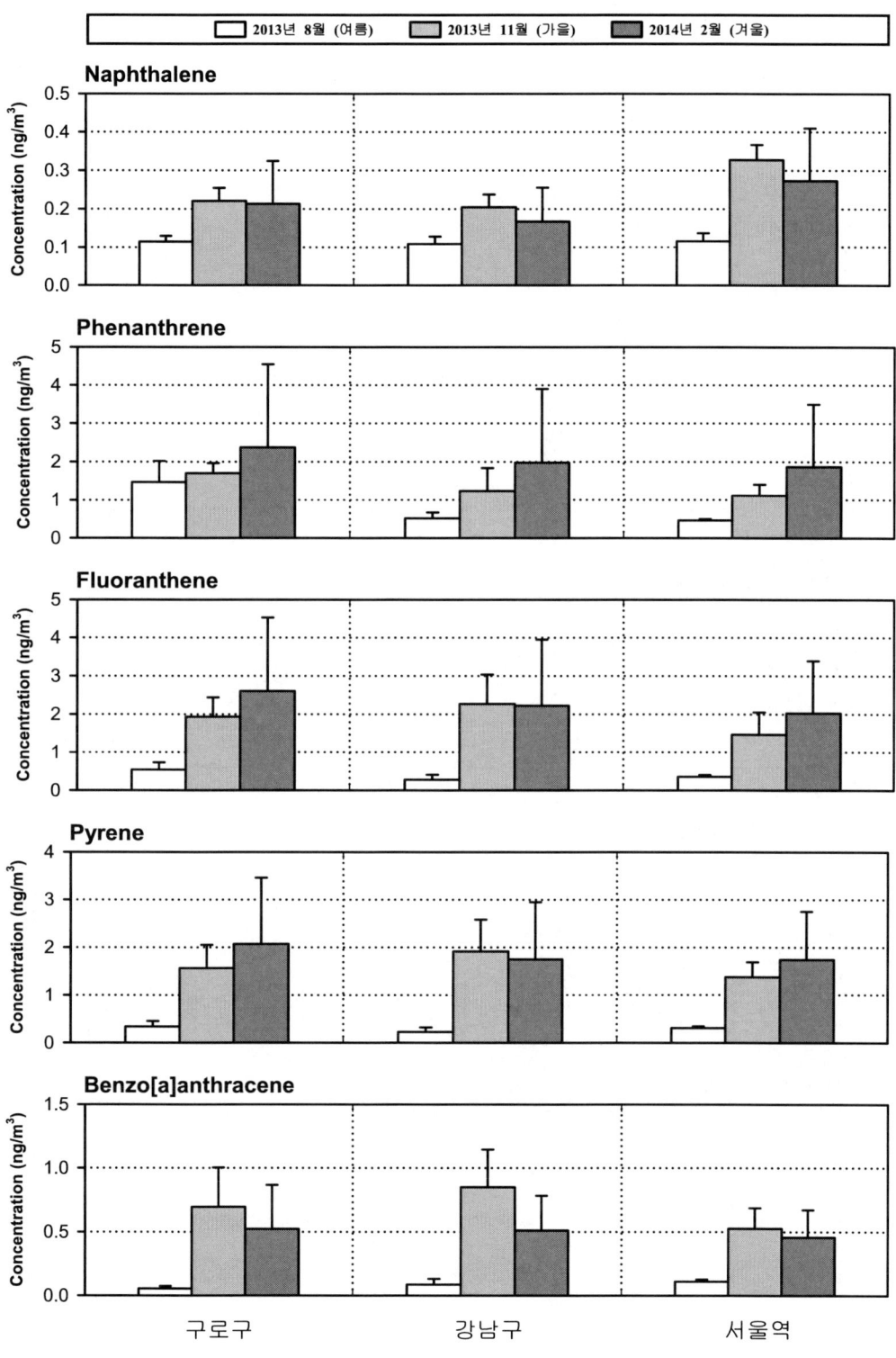

<그림 4.23> 계절별 입자상 PAH 농도 비교 (I).

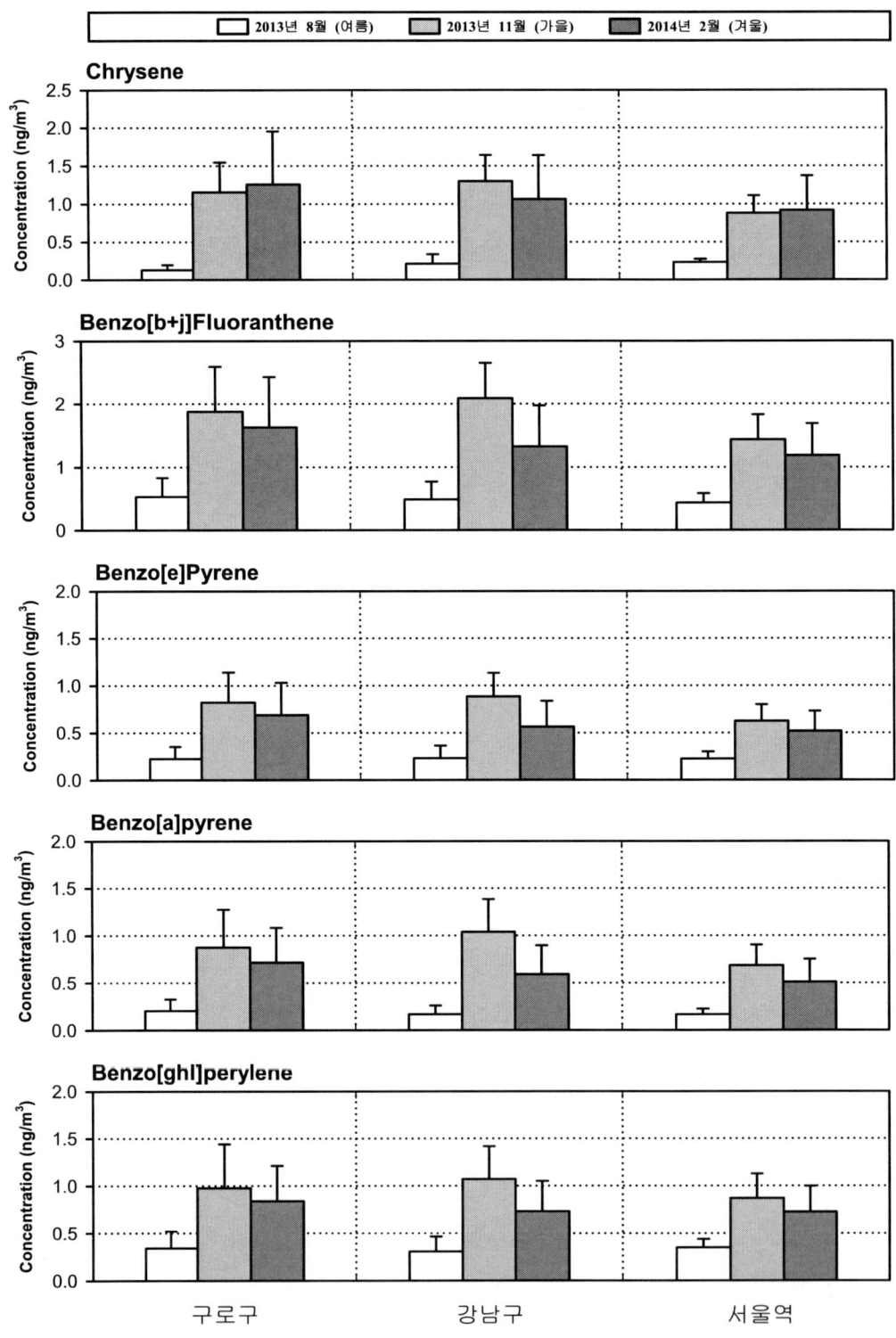

<그림 4.24> 계절별 입자상 PAH 농도 비교 (II).

4.4.5 기존 연구 사례와의 비교

☐ 서울지역 본 연구의 방식은 여름, 가을, 겨울 3계절 동안 측정하였지만, 본 연구진이 수행한 2005년, 2006년 시화·반월연구, 2008년 여수·광양연구, 2009년 울산연구, 2010년 구미연구, 2011년 대산연구, 2012년 포항연구, 2008년 대구연구의 입자상 PAH 측정 자료는 각 계절별 사계절 동안 측정하였다.

☐ <그림 4.25>에서 시화·반월지역의 PAH 농도는 타 지역과 비교해보면 농도 수준이 상당히 높았다. 다양한 업종의 중소기업이 모여 있으며 겨울철 측정기간 중 풍향이 중국으로부터의 서풍이 지배적이었던 점을 고려하면 고농도의 PAH는 석탄 사용량이 많은 중국으로부터의 유입의 가능성이 존재하였다고 판단된다. 그리고 철강 산업단지를 포함하고 있는 광양지역과 포항지역의 경우 석유화학단지를 끼고 있는 여수, 울산, 대산지역과 전자 산업단지인 구미지역에 비해 입자상 PAH에서 전반적으로 높은 농도 수준을 보였다. 국내 타 지역과 서울지역의 PAH 농도를 비교함으로서 서울지역의 PAH에 대한 오염도를 상대적으로 평가 해 본 결과 과거 두 차례의 시화·반월지역을 제외한 나머지 지역에 비해 농도가 낮지 않았다.

☐ 현재시점에서 얻을 수 있는 국가 유해대기물질측정망의 2012년 PAH 평균농도를 <표 4.30>에 나타내었다. 본 연구의 결과와 국가 유해대기물질측정망의 PAH 농도를 비교하면 농도수준이 매우 유사함을 확인할 수 있다. 전국적으로 서울, 인천, 경기지역의 PAH 농도가 국내 타 지역보다 높았다. 이는 더욱 세밀한 연구가 요구되지만, 겨울철 중국과 북한의 영향을 배제할 수 없다고 판단할 수 있다.

☐ 국외 주요도시와 서울의 PAH 농도를 비교하여 <표 4.31>에 나타내었다. 중국 베이징의 농도를 제외하고 서울의 PAH 농도는 미국과 유럽의 주요도시와 비교하여 높은 농도 수준이었다. 따라서 서울의 PAH 농도는 여전히 개선이 요구되는 농도 수준임을 파악할 수 있다.

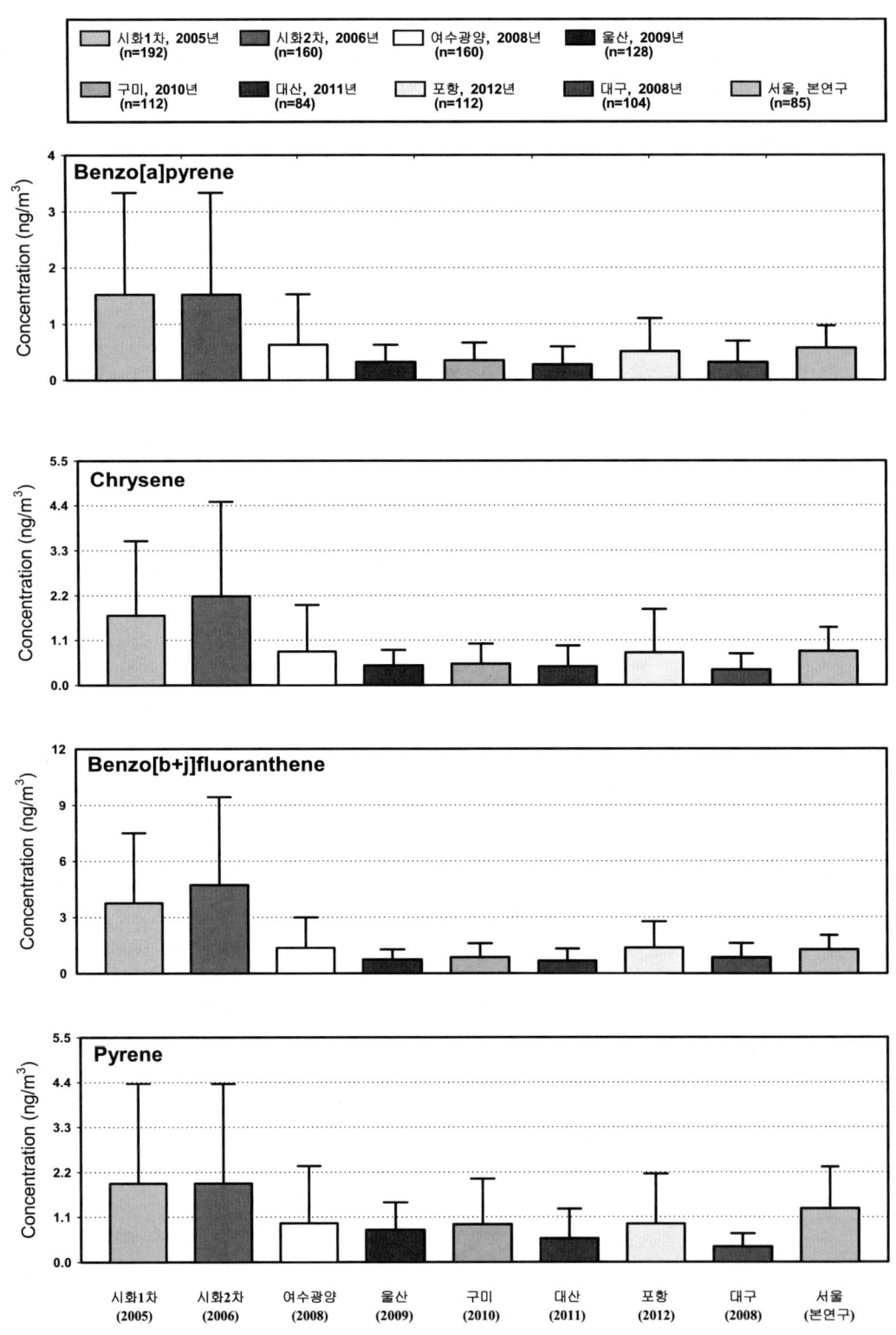

<그림 4.25> 국내 주요 도시별 입자상 PAH 비교.

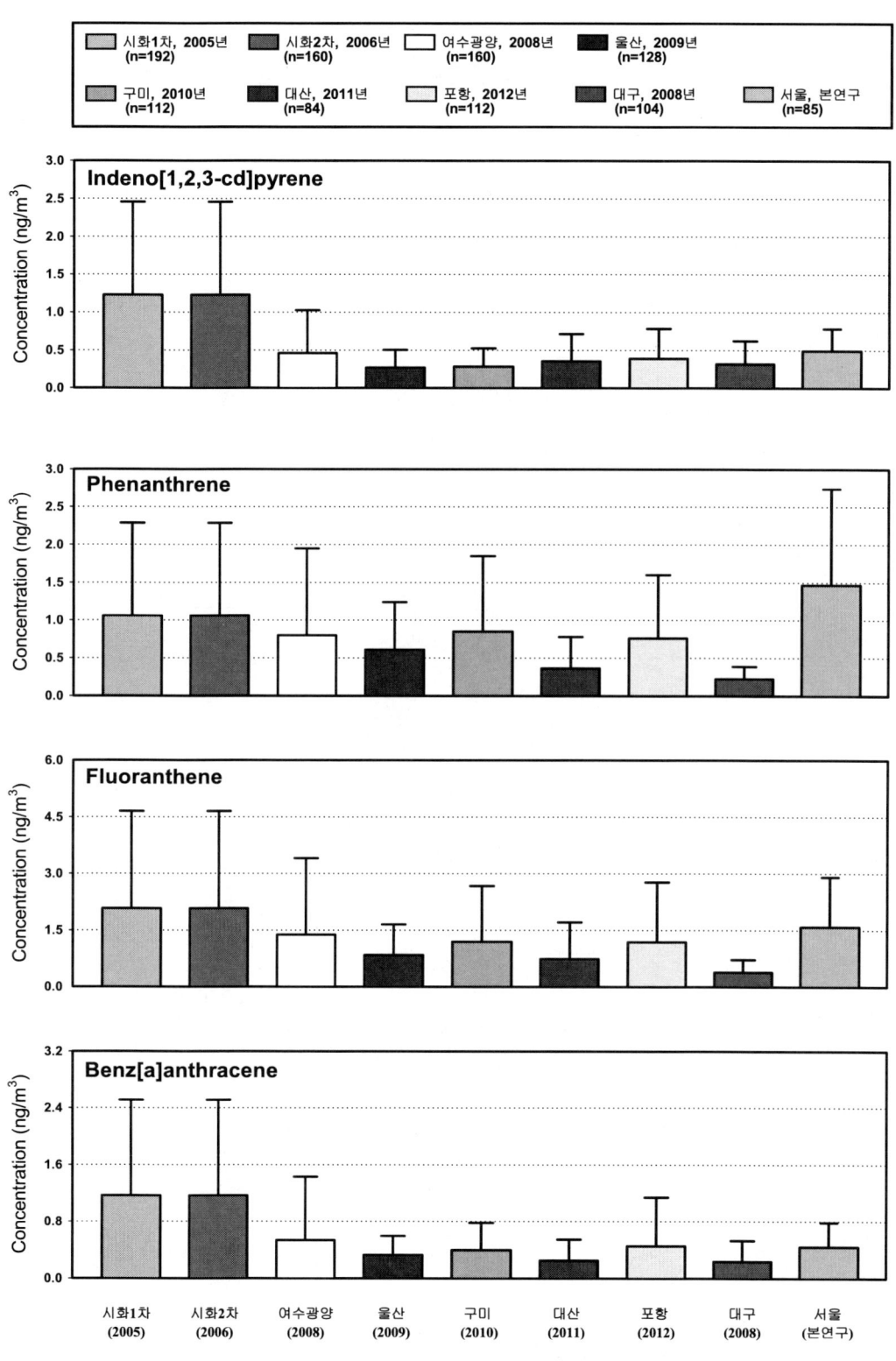

<그림 4.25> 국내 주요 도시별 입자상 PAH 비교 (계속).

<표 4.30> 국가 유해대기물질측정망 PAH자료와 농도비교 (단위: ng/m³)

시도	측정소명	구분	자료수	BaA	Chrysene	BbF	BkF	DahA	I123P	BaP
서울	구로구 (본연구)	주거	30	0.42	0.85	1.35	0.36	0.15	0.52	0.60
	강남구 (본연구)	주거	30	0.48	0.86	1.30	0.35	0.14	0.50	0.60
	서울역 (본연구)	도로변	25	0.42	0.76	1.14	0.29	0.12	0.45	0.51
서울	서울역	도로변	12	0.42	0.80	0.87	0.26	0.06	0.48	0.35
	도곡동	주거	12	0.40	0.88	0.88	0.25	0.05	0.48	0.41
	구의동	주거	12	0.57	1.29	1.39	0.32	0.05	0.64	0.58
부산	덕천동	주거	12	0.25	0.51	0.46	0.15	0.09	0.21	0.29
	연산동	도로변	12	0.27	0.57	0.39	0.14	0.09	0.15	0.24
대구	대명동	주거	12	0.24	0.44	0.35	0.13	0.05	0.20	0.19
	만촌동	주거	12	0.20	0.45	0.37	0.13	0.06	0.18	0.23
인천	석모리 (강화군)	배경	12	0.27	0.71	0.95	0.22	0.08	0.49	0.31
	구월동	주거	12	0.45	0.83	1.00	0.26	0.05	0.51	0.43
	연희동	도로변	12	0.28	0.69	0.80	0.18	0.03	0.37	0.28
광주	농성동	주거	12	0.19	0.36	0.28	0.12	0.09	0.12	0.18
	하남동	산업	12	0.40	0.64	0.48	0.19	0.15	0.28	0.36
대전	구성동	주거	12	0.28	0.61	0.52	0.17	0.13	0.20	0.29
울산	여천동	산단	12	0.29	0.56	0.42	0.16	0.09	0.21	0.26
	신정동	주거	12	0.33	0.63	0.46	0.16	0.12	0.19	0.30
경기	고천동 (의왕시)	도로변	12	0.49	0.75	0.81	0.24	0.02	0.36	0.43
	정왕동 (시흥시)	산단	12	0.61	1.34	1.19	0.34	0.06	0.55	0.46
강원	방산면 (양구군)	배경	12	0.21	0.36	0.28	0.13	0.05	0.17	0.21
	석사동 (춘천시)	주거	12	1.04	1.48	1.12	0.44	0.21	0.59	0.86
충북	봉명동 (청주시)	주거	12	0.37	0.70	0.53	0.21	0.14	0.27	0.33
충남	성황동 (천안시)	주거	12	0.32	0.59	0.44	0.18	0.1	0.22	0.27
	독곶리 (서산시)	산단	12	0.19	0.51	0.37	0.13	0.06	0.19	0.19
	파도리 (태안군)	배경	12	0.26	0.50	0.39	0.16	0.06	0.22	0.24
전북	운암면 (임실군)	배경	12	0.21	0.52	0.46	0.16	0.08	0.23	0.25
	삼천동 (전주시)	주거	12	0.46	0.89	0.71	0.25	0.13	0.37	0.43
	소룡동 (군산시)	산단	12	0.20	0.42	0.31	0.14	0.08	0.15	0.19
전남	주삼동 (여수시)	주거	12	0.45	0.76	0.65	0.22	0.21	0.23	0.40
	중동 (광양시)	산단	12	0.22	0.40	0.35	0.11	0.12	0.10	0.20
경북	장흥동 (포항시)	산단	12	0.37	0.85	0.56	0.18	0.07	0.20	0.28
경남	명서동 (창원시)	주거	12	0.22	0.58	0.51	0.17	0.09	0.21	0.25
	봉암동 (창원시)	산단	12	0.23	0.49	0.42	0.15	0.09	0.18	0.26

BaA: benz(a)anthracene, BbF: benzo(b)fluoranthene, BkF: benzo(k)fluoranthene, DahA: dibenz(a,h)anthracene, I123P: indeno(1,2,3-cd)pyrene
BaP: benzo(a)pyrene

<표 4.31> 국외 PAH 자료와 본연구 자료의 비교 (단위: ng/m³)

국가	도시	연구기간	BaA	Chrysene	BbF	BkF	DahA	I123P	BaP	참고문헌
Korea	Seoul (구로구)	2013년	0.42	0.85	1.35	0.36	0.15	0.52	0.60	본 연구 (2013)
Korea	Seoul (강남구)	2013년	0.48	0.86	1.30	0.35	0.14	0.50	0.60	본 연구 (2013)
Korea	Seoul (서울역)	2013년	0.42	0.76	1.14	0.29	0.12	0.45	0.51	본 연구 (2013)
Korea	Seoul	2005년	0.40	0.65	1.96	0.23	0.20	0.48	0.21	Han et al. (2006)
Korea	Seoul	2000년 봄	-	1.18	1.31	1.08	0.10	0.58	0.72	Park et al. (2006)
Korea	Seoul	2006-2007년	0.75	1.16	2.12	1.62	0.34	1.43	1.41	Hong et al. (2009)
France	Paris	2009-2010년	0.55	0.30	0.21	0.08	0.01	0.10	0.14	Ringuet et al. (2012)
Spain	Zaragoza	2010-2011년	0.10	0.25	0.15	0.05	-	0.08	0.09	Callen et al. (2013)
Germany	Augsburg	2007-2008년	0.33	0.67	0.89	-	-	0.84	0.46	Pietrogrande et al. (2011)
Finland	Virolahti	2007-2008년	0.23	0.28	0.56	-	0.04	0.21	0.23	Vestenius et al. (2011)
USA	Atlanta	2003-2004년	0.11	0.14	0.35	0.10	0.01	0.41	0.21	Li et al. (2009)
USA	LA	2001-2002년	0.03	0.05	0.08	0.04	0.01	0.17	0.08	Eiguren-Fernandez et al. (2004)
Japan	Osaka	2005-2006년	0.19	0.30	0.41	0.17	-	0.28	0.25	Hien et al. (2007)
Japan	Hiroshima	2006-2007년	0.19	0.26	-	-	-	0.45	0.52	Tham et al. (2008)
Hong Kong	Hung Hom	1999-2000년	0.60	1.38	0.78	-	0.19	0.66	0.49	Lee et al. (2001)
Taiwan	Taipei	1998년	0.42	-	0.32	-	0.02	0.17	0.11	Chiang et al. (2003)
Singapore	Singapore	2006년 12월	0.50	0.90	1.20	0.20	0.07	0.80	0.50	He and Balasubramanian (2009)
China	Beijing	2006년	1.10	3.30	6.10	3.30	1.00	2.90	2.20	Li et al. (2013)
Norway	Oslo	2009-2010년	-	-	-	-	-	-	0.14	Jedynska et al. (2014)
Finland	Helsinki/Turku	2010-2011년	-	-	-	-	-	-	0.17	Jedynska et al. (2014)
Denmark	Copenhagen	2009-2010년	-	-	-	-	-	-	0.21	Jedynska et al. (2014)
UK	London/Oxford	2010-2011년	-	-	-	-	-	-	0.09	Jedynska et al. (2014)
Netherlands	Amsterdam	2009-2010년	-	-	-	-	-	-	0.14	Jedynska et al. (2014)
Germany	Munich/Augsburg	2009-2010년	-	-	-	-	-	-	0.13	Jedynska et al. (2014)
France	Paris	2010-2011년	-	-	-	-	-	-	0.14	Jedynska et al. (2014)
Italy	Rome	2010-2011년	-	-	-	-	-	-	0.19	Jedynska et al. (2014)
Spain	Catalonia	2009-2010년	-	-	-	-	-	-	0.17	Jedynska et al. (2014)
Greece	Athens	2010-2011년	-	-	-	-	-	-	0.25	Jedynska et al. (2014)

BaA: benz(a)anthracene, BbF: benzo(b)fluoranthene, BkF: benzo(k)fluoranthene, DahA: dibenz(a,h)anthracene, I123P: indeno(1,2,3-cd)pyrene
BaP: benzo(a)pyrene

4.5 중금속

4.5.1 중금속의 출현 특성

☐ 서울지역을 대상으로 전체 계절의 중금속 농도의 평균값과 최댓값을 <표 4.32>에 나타내었고 각 계절의 중금속 농도의 평균값과 최댓값을 <표 4.33> ~ <표 4.35>에 나타내었다. 기본 측정 대상 물질은 Cd, Co, Cr^{total}, Ni, Pb, Be, As, V, Fe, Mn, Zn, Se, Al의 총 13개 물질이었으며 이 중 독성 등을 고려한 중요 중금속은 Cd, Co, Ni, Pb, Be, As의 6종이다.

☐ Cr은 지각을 구성하는 기본적인 구성 물질이며 일반적으로 대기 중 크롬의 존재형태는 산화상태에 따라서 Cr^{3+}과 Cr^{6+}으로 구분할 수 있다. Cr^{3+}은 자연적으로 발생하고 자연계에 널리 분포하며 독성이 낮은 반면에 Cr^{6+}은 크롬 plating, 크롬 anodizing process 및 chromate를 처리하는 냉각탑 등 대부분이 인위적으로 배출되는 것으로 알려져 있으며 호흡기 계통의 암을 유발하는 등 Cr^{3+}과는 달리 매우 독성이 강한 물질로 알려져 있다. 비록 Cr^{6+}은 본 연구의 측정 대상물질이 아니지만 기존 연구결과에 따르면 Cr^{total} 중 약 2 ~ 3 % 정도가 Cr^{6+} 정도인 것을 감안했을 때 Cr^{total} 또한 중요한 지표로 볼 수 있다.

☐ Be의 경우에는 본 연구진의 연구 결과 ICP-AES을 사용하여 분석하기에는 너무 낮은 농도로 대기 중에 존재하는 것으로 판단되어진 바 있다. 그래서 시화·반월 지역의 연구 사례에서 ICP-AES보다 검출한계가 더 낮다고 알려진 ICP-MS를 이용해 분석 하였으나 분석 결과 매우 낮은 (약 0.1 ~ 0.2 ng/m^3) 농도로 검출된 적이 있어 본 연구 과제에서는 대기 중에 아주 미량으로 존재하는 Be만을 따로 분석하기 위해 ICP-MS를 사용하지는 않았다.

☐ 본 보고서에는 회수율을 보정하지 않은 중금속 농도를 표와 그림 등에 나타내었으며 회수율 평가 결과는 3장의 중금속 측정방법에 나타내었다. Cr을 제외한 모든 중금속들의 회수율은 80 ~ 90 % 이상으로 양호한 회수율은 나타내었으며 Cr의 경우 회수율이 25 %로 왕수를 이용한 산 추출법으로는 추출이 잘 이루어지지 않는다고 판단된다. 회수율을 보정할 경우 농도가 과장되게 커질 수 있으므로 본 보고서에서는 일단 회수율을 보정하지 않은 농도를 대상으로 고찰하였다. 한편 본 연구에서는 총부유먼지를 채취한 후 그 속에 있는 중금속을 분석하였다. 따라서 PM_{10}이나 $PM_{2.5}$와 같은 미세먼지를 채취할 때 보다 토

□ 양과 도로 재비산 먼지의 양이 많을 수밖에 없으며 자연스레 본 연구의 Mn 농도는 높게 나타났다. 실제로는 본 연구 측정농도의 1/2 수준으로 보는 것이 타당할 것으로 사료된다.

□ 대기환경기준이 설정된 Pb의 경우 서울지역 전체의 평균농도가 약 0.03 $\mu g/m^3$로 대기환경기준 (연평균) 0.5 $\mu g/m^3$ 보다 낮게 나타났다. 전반적인 서울지역 중금속농도는 세 지점이 유사하였다. 하지만 Mn, Fe, 은 타 지점에 비해 서울역에서 비교적 높은 농도가 나타났다. 특히 Fe은 도로변 측정소에서 측정된 것이므로 도로변 비산먼지의 영향을 받은 것이라 사료된다. Se, V, As는 구로구 측정지점에서 높았다. 일반적으로 Se, V, As는 석탄과 중유 연소와 관계가 있는 것으로 알려져 있다.

□ 서울지역은 개별 중금속 물질별로 계절별 농도분포가 서로 다르게 나타났다. 예를 들면 Cd의 경우 여름철 농도가 가장 낮았던 반면에 Ni의 경우는 여름철 농도가 가장 높았으며, Pb은 가을에 높게 나타났다.

□ 서울지역은 산업단지가 아닌 대도시의 특성상 중금속 물질을 사용하는 공정이 상대적으로 산단에 비해 매우 적기 때문에 중금속 농도가 낮은 편이었다. 발암성 물질로 분류되는 As, Cd 물질은 타 중금속 물질의 농도보다 매우 낮은 농도로서 지점별로 큰 차이가 없었다. 하지만 낮은 농도라도 위해성이 큰 물질이므로 지속적인 모니터링이 필요하다.

□ Cr의 여름 평균농도가 강남구가 20.7 ng/m^3로 가장 높았으며, 구로구 16.9 ng/m^3, 서울역 13.0 ng/m^3 순 이었다. 가을 역시 강남구 9.7 ng/m^3로 가장 높았으며, 구로구와 서울역이 각각 8.3 ng/m^3, 8.2 ng/m^3 으로 비슷한 농도수준을 보였으며 서울역은 여름, 가을 모두 가장 낮은 Cr의 평균농도를 보였다. 겨울인 2월은 서울역이 15.8 ng/m^3로 가장 높았으며 강남구가 15.5 ng/m^3, 구로구가 3.9 ng/m^3 순으로 나타났다.

<표 4.32> 서울지역 (전체) 측정지점별 중금속 농도 (단위 : ng/m^3)

No.	중금속	구로구 (n=30)		강남구 (n=30)		서울역 (n=25)	
		평균	최대	평균	최대	평균	최대
1	Cd	1.3	11.0	0.9	6.1	1.4	12.2
2	Co	0.8	1.8	0.6	1.4	0.8	1.5
3	Cr^{total}	9.7	60.3	15.3	62.7	12.2	69.6
4	Ni	6.1	31.2	5.6	25.8	4.2	33.0
5	Pb	36.1	142.4	31.9	126.4	34.1	122.4
6	Be	N.D	N.D	N.D	N.D	N.D	N.D
7	As	4.7	15.6	3.5	13.1	4.1	12.9
8	V	4.8	14.3	3.8	10.6	4.1	6.5
9	Fe	1496.6	3762.3	1412.3	2892.4	2497.2	3756.3
10	Mn	39.8	109.1	35.0	79.1	50.0	87.5
11	Zn	131.5	394.4	121.7	315.9	161.0	349.1
12	Se	2.0	10.8	1.1	4.7	0.3	3.1
13	Al	1394.0	3902.2	1171.3	3357.8	1451.7	3627.1

주) Mg, Mn, Co, Ti는 SRM 1648 Noncertified Value 사용함
  Be는 SRM 1648에 언급된 값이 없어서 임의로 회수율 100 % 적용함
  각 시료는 3번 반복 분석 한 평균값을 사용함. 검출한계 (IDL) 이하의 값은 N.D로 표시함

<표 4.33> 서울지역 8월 (여름) 측정지점별 중금속 농도 (단위 : ng/m^3)

No.	중금속	구로구 (n=10)		강남구 (n=10)		서울역 (n=5)	
		평균	최대	평균	최대	평균	최대
1	Cd	0.7	1.4	0.3	0.9	0.6	1.1
2	Co	0.8	1.4	0.6	0.9	0.9	1.3
3	Cr^{total}	16.9	60.4	20.7	62.7	13.0	16.4
4	Ni	8.7	31.2	9.4	25.8	5.2	7.1
5	Pb	33.9	51.5	29.7	47.3	28.4	33.0
6	Be	N.D	N.D	N.D	N.D	N.D	N.D
7	As	2.9	13.4	3.5	8.0	2.6	4.8
8	V	7.5	14.3	5.5	10.6	5.9	9.4
9	Fe	1331.0	2014.0	1232.1	1911.8	2790.5	3150.8
10	Mn	35.9	54.3	30.8	45.4	60.8	84.7
11	Zn	132.3	205.6	115.4	172.6	152.8	181.8
12	Se	4.3	10.8	1.8	4.8	0.1	0.6
13	Al	1203.0	1859.6	1020.2	1581.6	1398.1	1789.0

주) Mg, Mn, Co, Ti는 SRM 1648 Noncertified Value 사용함
  Be는 SRM 1648에 언급된 값이 없어서 임의로 회수율 100 % 적용함
  각 시료는 3번 반복 분석 한 평균값을 사용함. 검출한계 (IDL) 이하의 값은 N.D로 표시함

<표 4.34> 서울지역 11월 (가을) 측정지점별 중금속 농도 (단위 : ng/m^3)

No.	중금속	구로구 (n=10)		강남구 (n=10)		서울역 (n=10)	
		평균	최대	평균	최대	평균	최대
1	Cd	1.5	3.2	1.2	3.0	1.3	3.0
2	Co	1.0	1.8	0.8	1.4	0.9	1.5
3	Cr^{total}	8.3	21.8	9.7	21.7	8.2	17.2
4	Ni	6.2	11.2	4.4	7.5	4.6	8.5
5	Pb	51.7	142.4	45.6	126.4	46.9	122.4
6	Be	N.D	N.D	N.D	N.D	N.D	N.D
7	As	5.8	9.5	3.7	8.3	5.2	10.6
8	V	4.0	7.9	3.2	6.0	3.6	6.5
9	Fe	1827.7	3762.3	1736.2	2892.4	2633.2	3756.3
10	Mn	53.6	109.1	48.5	79.1	56.4	87.5
11	Zn	184.3	394.4	169.6	315.9	199.4	349.1
12	Se	0.9	4.9	1.1	4.5	0.6	3.1
13	Al	1463.5	2354.2	1235.9	2105.6	1414.0	2316.1

주) Mg, Mn, Co, Ti는 SRM 1648 Noncertified Value 사용함
 Be는 SRM 1648에 언급된 값이 없어서 임의로 회수율 100 % 적용함
 각 시료는 3번 반복 분석 한 평균값을 사용함. 검출한계 (IDL) 이하의 값은 N.D로 표시함

<표 4.35> 서울지역 2월 (겨울) 측정지점별 중금속 농도 (단위 : ng/m^3)

No.	중금속	구로구 (n=10)		강남구 (n=10)		서울역 (n=10)	
		평균	최대	평균	최대	평균	최대
1	Cd	1.9	11.0	1.3	6.1	1.8	12.2
2	Co	0.6	1.3	0.5	1.4	0.7	1.2
3	Cr^{total}	3.9	11.9	15.5	51.1	15.8	69.6
4	Ni	3.5	7.4	3.1	5.5	3.4	5.5
5	Pb	22.7	37.3	20.5	35.3	24.1	36.6
6	Be	N.D	N.D	N.D	N.D	N.D	N.D
7	As	5.4	15.6	3.2	13.1	3.8	12.9
8	V	3.0	6.1	2.6	5.9	3.6	5.8
9	Fe	1331.2	2840.9	1268.7	2704.1	2214.6	3287.0
10	Mn	30.0	77.8	25.8	72.5	38.2	72.3
11	Zn	77.7	160.7	80.2	219.6	126.8	231.5
12	Se	0.9	3.5	0.4	1.5	0.2	1.7
13	Al	1515.4	3902.2	1257.9	3357.8	1516.2	3627.1

주) Mg, Mn, Co, Ti는 SRM 1648 Noncertified Value 사용함
 Be는 SRM 1648에 언급된 값이 없어서 임의로 회수율 100 % 적용함
 각 시료는 3번 반복 분석 한 평균값을 사용함. 검출한계 (IDL) 이하의 값은 N.D로 표시함

4.5.2 지점별 중금속 농도 분포

□ <그림 4.26>과 <그림 4.27>에는 서울지역에서 측정된 중금속 시료의 각 성분별 농도를 누적확률분포로 나타내었다. 이때 VOC, PAH 등과 마찬가지로 각 지점별로 농도분포를 살펴보았다. 주요 중금속 물질의 농도는 전체적으로 보았을 때 세 지점 모두 비슷하게 나타났다.

□ 전체자료에 대한 누적확률분포 그림에서 알 수 있듯이 서울 세 지점 중금속들은 대체로 곡선이 아닌 직선의 분포개형을 나타내고 있으며 산술평균치가 중앙값 (50 % 순위수)과 비슷한 물질들이 많은 것으로 나타나고 있다. 선형 누적확률분포 그림에서 직선 개형이 나타나면 그 자료들은 일반 정규분포를 따른다는 의미이며 직선에서 벗어날수록 대수정규분포를 따르는 경향이 있다. 이 경우 통계적으로 대표치는 산술평균치 보다는 중앙값 (혹은 기하평균)을 사용하는 것이 바람직하다. 그러나 본 보고서에서는 국내·외에 대기환경기준에서 보편적으로 사용하고 있는 산술평균치로 대표치를 나타내었다.

□ <그림 4.26>과 <그림 4.27>을 보면 대부분의 중금속 물질들이 비슷한 선상에 위치하며 농도의 차이도 크게 나지 않는 것을 볼 수 있다. Cd의 경우 지점별 격차가 크게 나타나진 않았지만 세 지점 모두 겨울 측정기간 중 9일차 시료가 다른 날에 비해 높은 농도를 보였다. 그리고 Mn, Fe, 은 타 지점에 비해 서울역에서 비교적 높은 농도가 나타났다. 특히 Fe은 도로변 측정소에서 측정된 것이므로 도로변 비산먼지의 영향을 받은 것이라 사료된다. Se, V, As는 구로구 측정지점에서 높았다. 일반적으로 Se, V, As는 석탄과 중유 연소와 관계가 있는 것으로 알려져 있다.

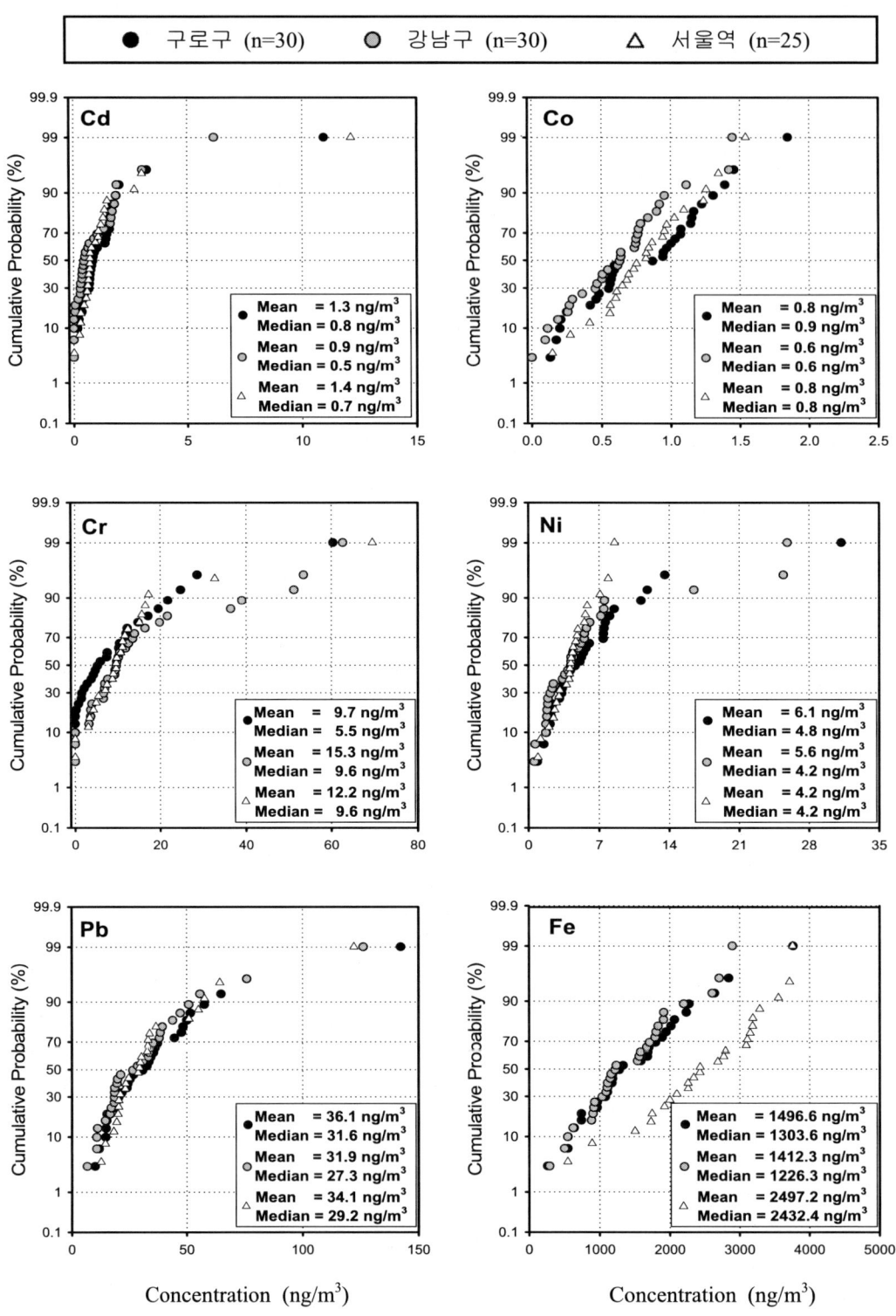

<그림 4.26> 전체자료에 대한 지점별 중금속 농도 분포 (I).

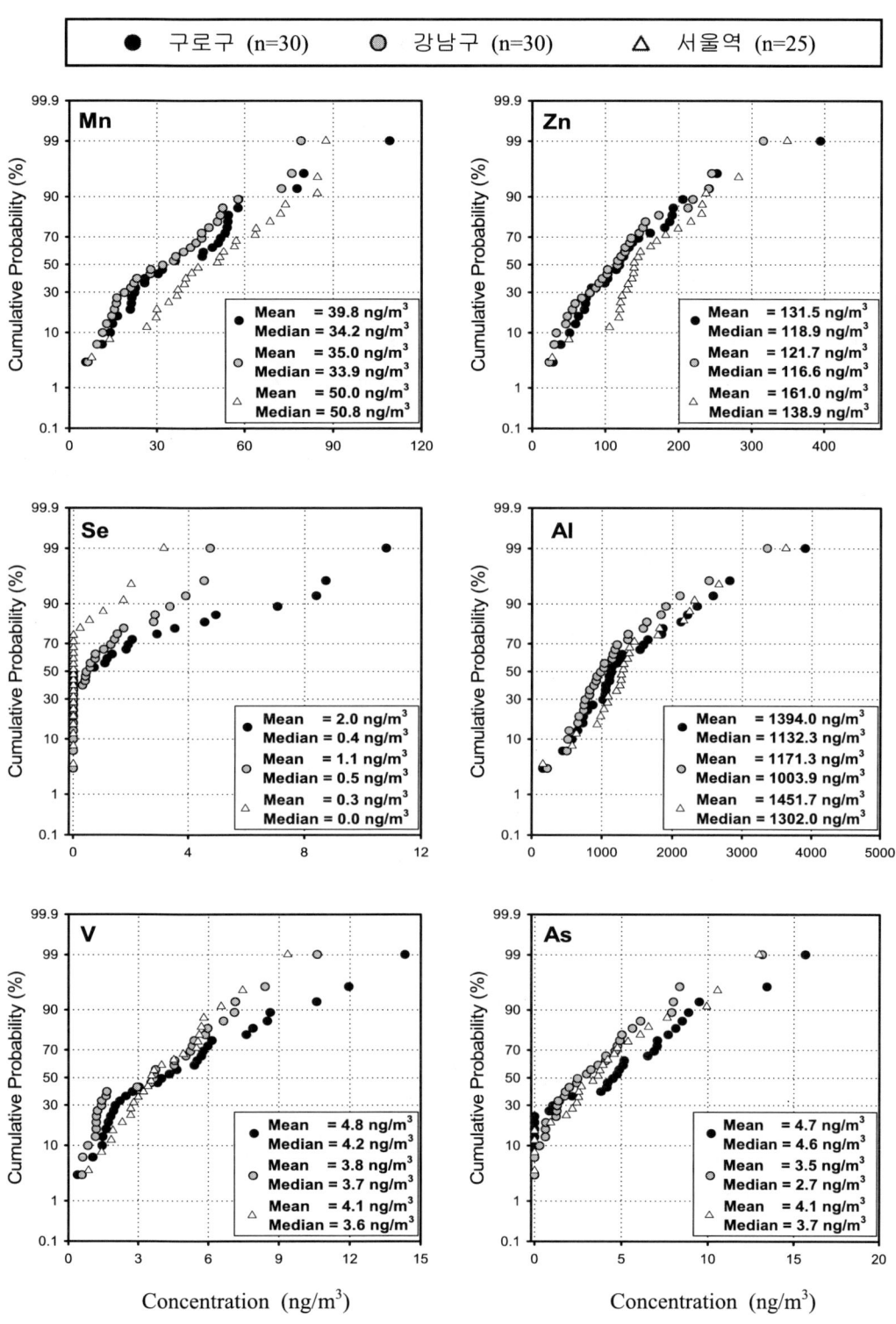

<그림 4.27> 전체자료에 대한 지점별 중금속 농도 분포 (II).

4.5.3 계절별 중금속 농도 분포

□ <그림 4.28>과 <그림 4.29>에 주요 중금속의 평균농도 및 표준편차를 지점별로 나누어 계절별로 비교하였다. 개별 중금속 물질별로 계절별 농도분포가 서로 다르게 나타났다. 예를 들면 Cd의 경우 여름철 농도가 가장 낮았던 반면에 Ni의 경우는 여름철 농도가 가장 높았으며, Pb은 가을에 높게 나타났다.

□ 대기환경기준이 설정된 Pb의 경우 세 지점 모두 비슷한 농도 수준 이였다. 다른 계절보다 가을철이 가장 높은 농도를 보이는데 평균은 약 0.05 $\mu g/m^3$, 최댓값은 0.14 $\mu g/m^3$이지만 연평균기준인 0.5 $\mu g/m^3$보다 낮은 농도수준을 나타내었다. 겨울철에는 전반적으로 다른 계절보다 낮은 농도를 보였다.

□ 유해성이 큰 As의 경우 타 중금속 물질들과는 다르게 지점별 농도 차이가 크게 없고 비슷한 농도 수준을 나타내었다. As의 경우 휘발성이 강한 것이 특징이며 제련, 비산염 제조공장, 유리공업 등에서 사용된다.

□ 지점별로 중금속 농도를 비교해 보면 대체적으로 비슷한 농도 경향이 보였다. 다만 Fe와 Mn의 경우 서울역이 타 지역보다 높은 것을 알 수 있는데, 그 이유는 측정소가 타 지점과 달리 도로변에 위치해 있어 비산먼지의 영향을 크게 받았을 것이라 사료된다.

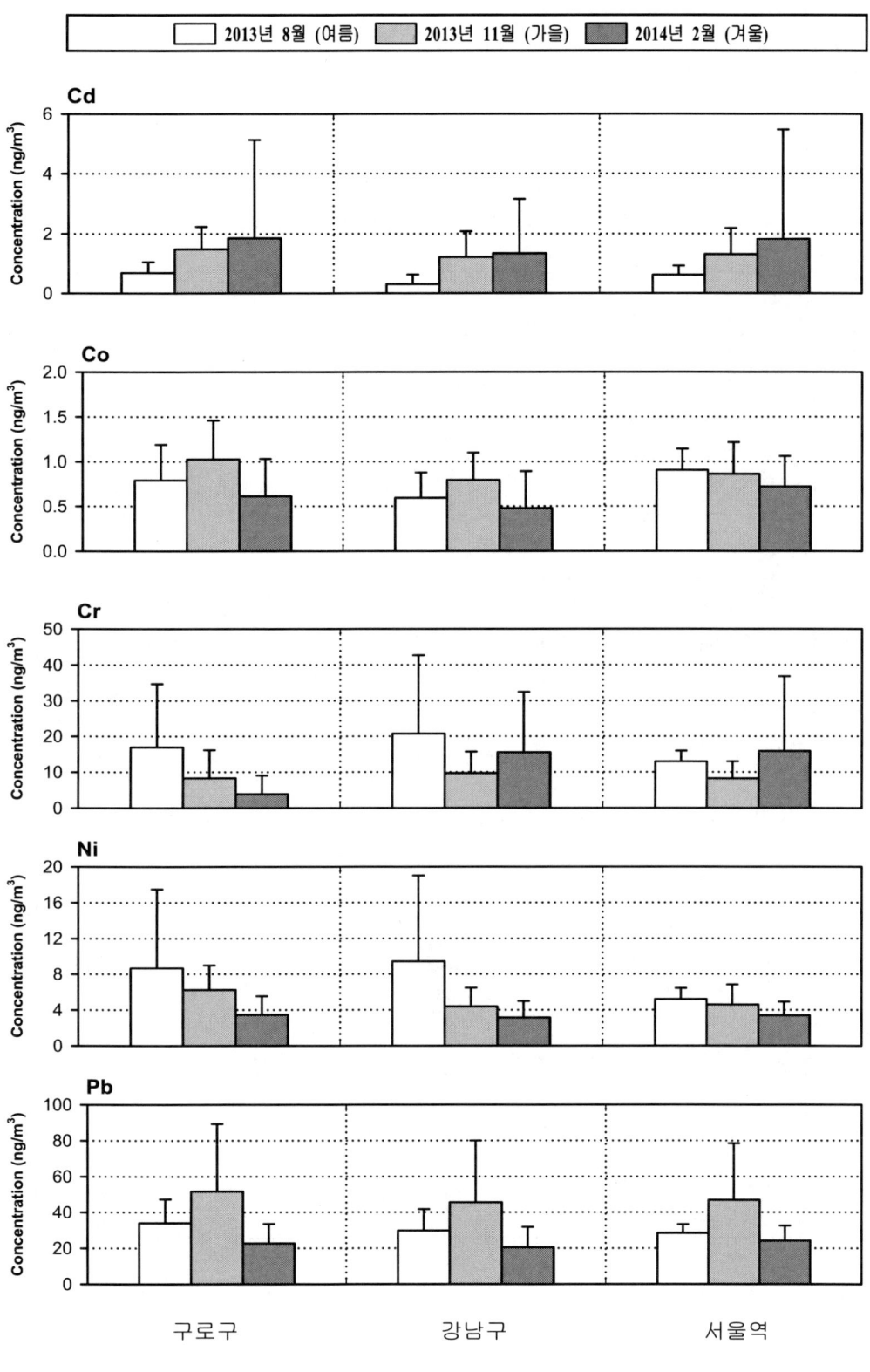

<그림 4.28> 계절별 중금속 농도비교 (I).

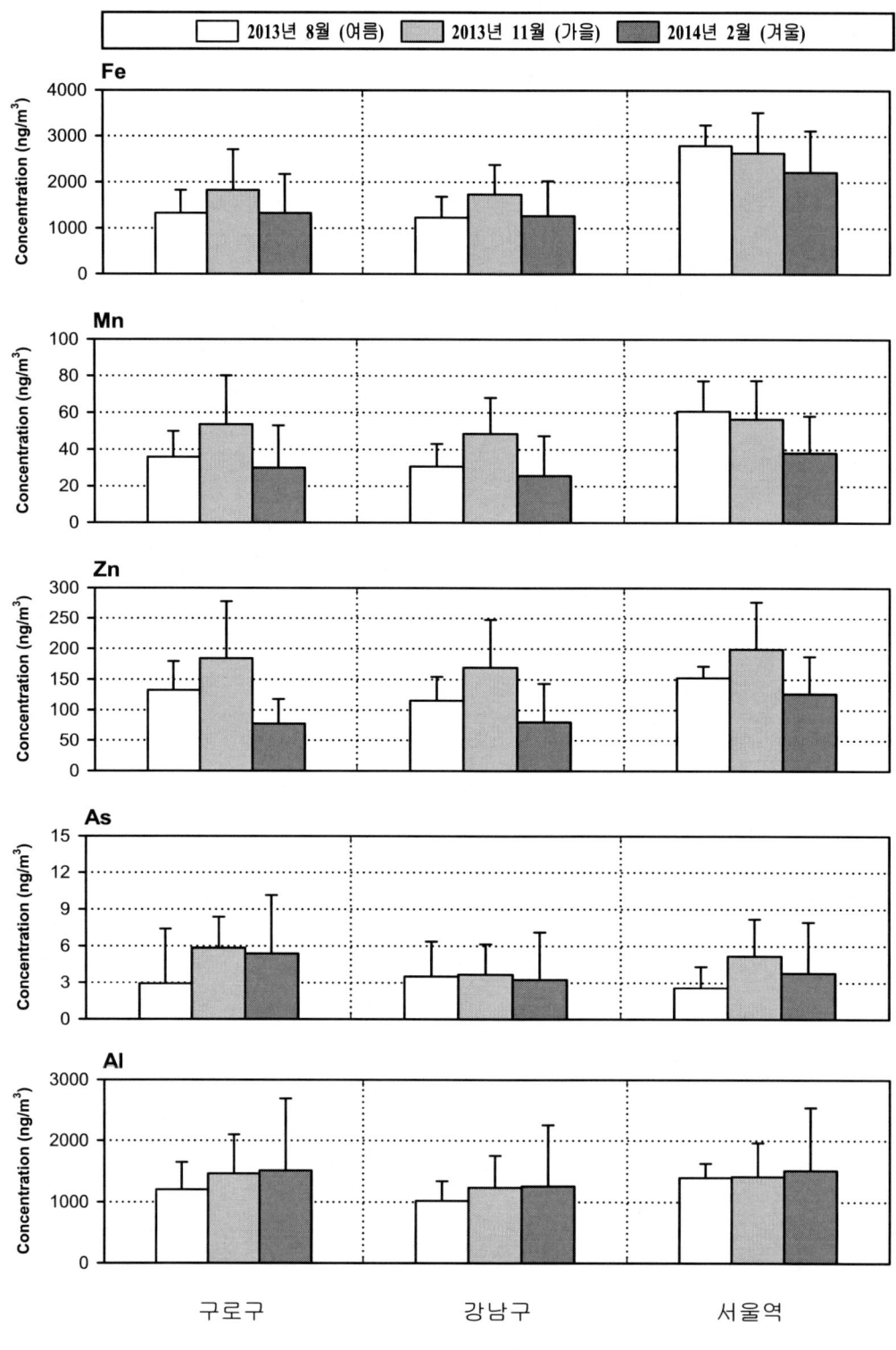

<그림 4.29> 계절별 중금속 농도비교 (II).

4.5.4 기존 중금속 연구사례와의 비교

□ <그림 4.30>에는 본 연구진이 수행한 2005년 시화·반월, 2006년 시화·반월, 2008년 여수·광양, 2009년 울산, 2010년 구미, 2011년 대산지역, 2012년 포항지역 그리고 2008년 대구지역의 기존연구사례를 바탕으로 본 연구의 서울지역 중금속 측정 자료와 비교하여 막대그래프로 나타내었다. 비록 측정기간이 서로 다른 지역을 비교하는 단점은 있지만 국내 여러 지역의 중금속 농도를 비교함에 있어 의미가 있다. 서울지역 중금속 농도는 본 연구진이 측정한 국내 타지역 농도와 비교하여 높은 농도수준은 아니었다. 서울지역과 대구지역은 같은 대도시로서 주요 중금속 물질의 농도가 유사하였다.

□ 현 시점에서 얻을 수 있는 국가 대기중금속측정망의 최신 중금속 자료 (2012년 대기연보 자료)와 본 연구의 서울지역 농도를 비교하였다 (표 4.36). 국가 대기중금속측정망에서는 Pb, Cd, Cr 등 9개 항목을 월 5회 정기적으로 측정하여 연간 60개의 자료를 얻고 있다. 이는 결코 적지 않은 자료 수이다. 본 연구의 서울지역과 대기중금속측정망의 서울지역 중금속 농도가 유사함을 확인하였다. 또한 서울의 중금속 농도가 국내 타 지역과 비교하여 높은 수준이 아님을 확인하였다. 종합적으로 판단하면 서울지역의 중금속은 국내 타 지역에 비해 높은 수준은 아니었으며, 물질별로 높은 농도로 나타나는 지역은 일반적으로 산단지역 인근의 측정지점이었다.

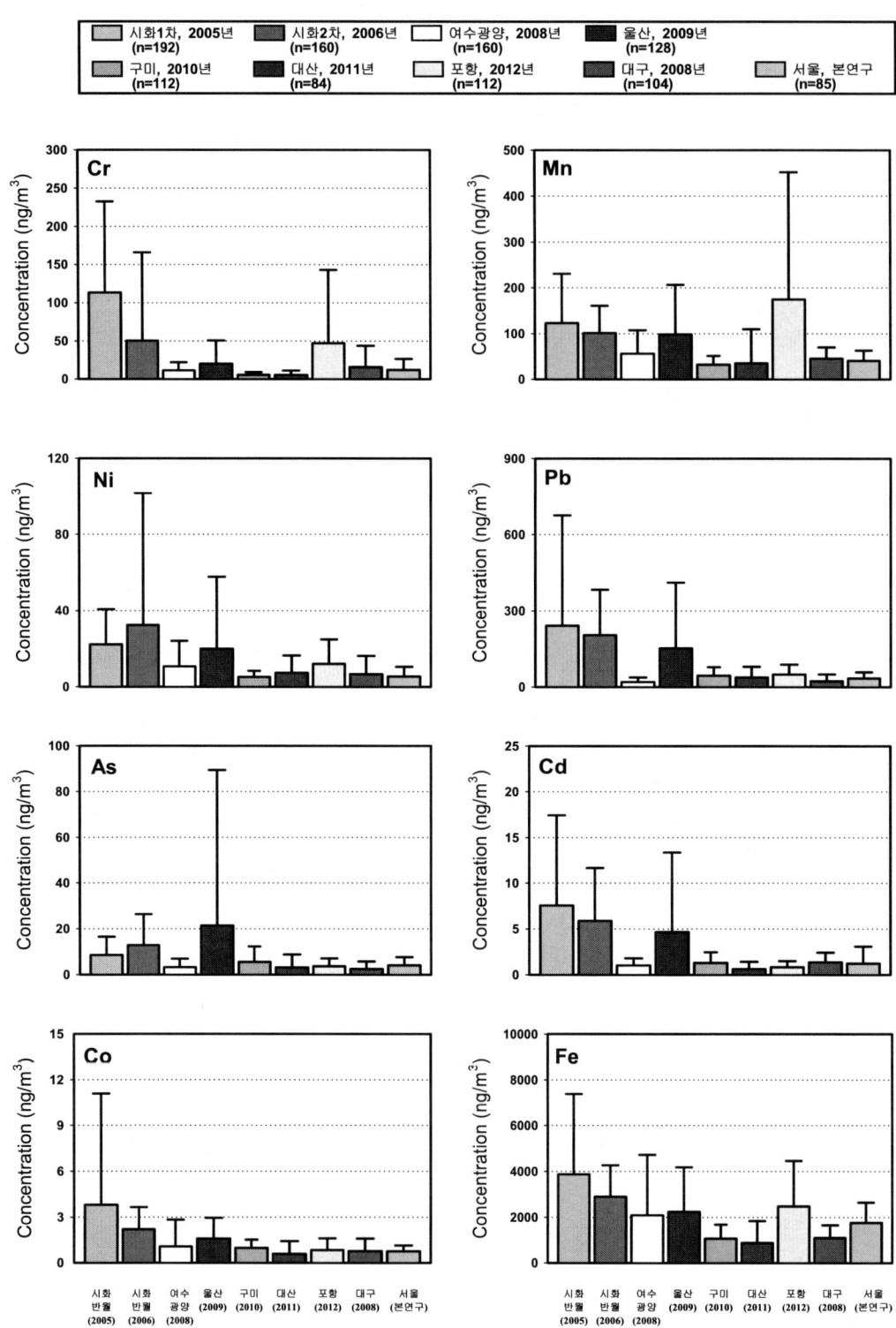

<그림 4.30> 국내 주요 도시별 중금속 농도 비교.

<표 4.36> 국가 대기중금속측정망의 중금속 자료와 농도비교 (단위: ng/m^3)

도시	측정소	자료수	Pb	Cd	Cr	Cu	Mn	Fe	Ni	As	Be
서울 (본연구)	구로구	30	36.1	1.3	9.7	145.2	39.8	1496.6	6.1	4.7	N.D.
	강남구	30	31.9	0.9	15.3	216.8	35.0	1412.3	5.6	3.5	N.D.
	서울역	25	34.1	1.4	12.2	155.9	50.0	2497.2	4.2	4.1	N.D.
서울	대흥동	60	37.3	1.6	4.8	29.0	35.1	1061.3	4.0	5.0	N.D.
	성수동	60	37.3	1.6	4.8	26.7	31.8	1088.9	4.1	4.3	N.D.
	구로동	60	45.3	2.0	6.7	33.3	35.7	1015.0	4.7	5.4	N.D.
	방이동	60	38.6	1.8	4.3	26.2	29.8	928.0	3.7	5.2	N.D.
	양재동	60	45.9	1.4	5.1	31.3	34.2	1100.2	4.0	5.3	N.D.
부산	학장동	60	95.0	1.9	51.5	88.7	223.8	4779.2	39.2	12.3	N.D.
	덕천동	60	43.8	1.0	5.5	26.1	55.2	1023.3	5.3	13.4	N.D.
	전포동	60	54.8	1.3	7.9	31.9	55.6	1138.7	8.6	9.2	N.D.
	연산동	60	49.4	1.1	6.8	28.7	55.4	1065.6	5.6	11.2	N.D.
	광안동	60	47.9	1.0	4.3	19.8	38.5	672.8	4.5	11.0	N.D.
대구	수창동	60	40.3	1.0	4.4	25.0	35.9	911.6	2.8	2.8	N.D.
	이현동	60	47.9	2.6	6.7	88.3	45.5	1179.1	3.6	3.8	N.D.
	대명동	60	36.3	0.6	4.2	72.2	36.0	910.9	2.6	2.4	N.D.
	지산동	60	34.4	0.5	3.8	18.8	35.8	968.0	2.4	2.6	N.D.
인천	신흥동	60	79.4	1.9	5.8	39.1	83.8	1524.8	12.1	5.6	0.1
	구월동	60	67.9	1.6	5.0	49.7	53.7	1264.8	7.5	4.7	N.D.
	부평동	60	64.9	1.8	6.4	53.0	63.5	1343.0	7.2	4.9	N.D.
	연희동	60	57.0	2.0	5.0	44.8	64.8	1331.9	7.9	5.0	N.D.
	고잔동	60	118.4	2.7	15.9	68.2	105.1	1907.4	14.9	6.4	N.D.
광주	농성동	60	28.3	0.4	3.1	16.3	22.2	614.3	3.2	3.4	N.D.
	두암동	60	25.8	0.4	2.7	11.8	20.3	578.6	2.8	4.0	N.D.
	건국동	60	26.1	0.8	2.5	15.0	30.2	517.1	4.6	3.8	N.D.
	서동	60	27.4	0.5	2.6	16.1	26.3	544.6	4.2	4.1	N.D.
대전	읍내동	60	75.4	1.7	18.0	41.2	77.4	2677.0	8.7	4.7	0.1
	문창동	60	39.0	1.2	2.6	16.0	27.8	990.4	2.7	3.7	0.1
	구성동	60	30.5	0.9	2.6	15.7	25.5	837.7	2.9	3.4	0.1
	정림동	60	34.0	1.1	2.0	12.8	25.6	831.1	2.1	3.7	0.1
울산	여천동	60	58.7	1.6	13.9	43.9	203.4	3040.2	17.3	9.6	N.D.
	야음동	60	47.9	1.3	6.0	34.5	38.3	836.4	6.9	9.2	N.D.
	신정동	60	42.2	3.1	5.6	36.2	34.1	751.1	5.6	8.6	N.D.
	덕신리	60	92.4	2.7	5.4	51.1	49.8	915.9	6.8	19.3	N.D.
경기 수원	신풍동	60	38.6	0.9	3.0	25.0	23.7	448.1	1.4	2.7	N.D.
경기 성남	상대원1동	60	25.0	0.6	2.3	25.1	18.1	426.1	1.1	1.9	N.D.
경기 안산	원시동	60	130.6	2.3	6.2	117.2	58.6	837.8	9.3	3.5	N.D.
경기 의왕	고천동	60	37.2	0.9	3.9	31.7	27.5	515.8	1.7	2.7	N.D.
강원 춘천	신북읍1	60	31.4	0.8	1.8	284.3	24.0	655.9	1.8	4.6	N.D.
	옥천동1	60	40.5	1.2	2.7	17.8	31.6	1041.3	2.4	5.4	N.D.
	은하수로	60	34.2	1.2	2.8	18.0	33.8	1164.5	3.0	4.6	N.D.
강원 원주	우산동	60	50.7	1.3	74.1	132.9	328.2	1989.5	10.5	5.4	N.D.
	문막공단	60	34.6	0.7	4.6	12.9	72.4	1175.6	2.4	3.4	N.D.
충북 청주	송정동	60	41.3	1.3	5.0	28.6	41.2	997.7	8.0	4.9	N.D.
충남 천안	성황동	60	42.8	1.2	2.9	22.3	35.7	890.2	4.6	3.1	N.D.
충남 서산	독곶리	60	33.6	0.7	2.3	9.0	42.6	897.2	5.4	3.6	N.D.
전북 전주	삼천동	60	79.2	1.7	4.5	21.6	40.5	798.1	3.9	5.4	N.D.
전남 여수	주삼동	60	28.0	0.4	3.2	12.8	39.2	1229.7	6.7	4.1	N.D.
	쌍봉동	60	25.3	0.5	2.8	14.7	31.4	1006.2	4.4	3.7	N.D.
경북 포항	장흥동	60	57.6	1.4	20.1	49.2	749.8	5331.0	15.4	0.4	0.3
	죽도동	60	29.7	0.4	3.5	11.8	36.1	587.4	3.0	0.4	N.D.
	3공단	60	52.4	0.7	9.0	64.2	191.0	2289.2	10.6	0.7	N.D.
경남 창원	명서동	60	45.1	1.3	11.6	23.9	86.1	1204.3	7.3	6.3	N.D.
경남 마산	봉암동	60	41.2	0.9	21.6	32.3	104.1	1684.7	11.1	7.9	N.D.

4.6 유기성 탄소 및 무기성 탄소 (OC/EC)

□ 구로, 강남, 서울역에서 측정된 OC, EC와 TC (Total carbon)에 대한 계절별 결과를 요약하였다 (표 4.37). TC는 OC와 EC의 합으로 계산된 값이며 측정지점별 일농도 변화를 <그림 4.31>에 나타내었다. <그림 4.32> ~ <그림 4.37>에는 측정지점별 OC, EC 농도와 formaldehyde, 오존, benzo(a)pyrene, indeno(1,2,3-cd)pyrene, CO 등과 비교하였다. 8월 21일 OC의 고농도 현상은 오존과 formaldehyde의 농도변동을 고려할 때 광화학적 2차 생성의 기여분이 있었을 것으로 판단된다. 11월과 2월의 OC의 경향은 PAH와 CO와 유사하여 1차 배출의 영향이 지배적이었던 것으로 판단된다.

□ <표 4.37>에 의하면 OC의 평균농도는 가을철(7.995 ~ 10.101 $\mu g/m^3$) > 겨울철 (6.419 ~ 8.587 $\mu g/m^3$) > 여름철 (6.264 ~ 7.302)의 순으로 높았다. 측정지점별로는 서울역에서 가을, 겨울, 여름철에 각각 10.101, 8.587, 7.302 $\mu g/m^3$으로 가장 높았다. EC의 평균농도는 OC과 달리 여름철(1.499 ~ 2.164 $\mu g/m^3$) > 가을철 (1.554 ~ 1.936 $\mu g/m^3$) > 겨울철 (1.058 ~ 1.444 $\mu g/m^3$)의 순으로 높았다. EC의 측정지점별 농도는 서울역에서 여름, 가을, 겨울철에 각각 2.164, 1.936, 1.444 $\mu g/m^3$으로 순으로 높았다. 서울지역의 계절별 OC/EC비는 여름(8월)보다 가을(11월), 겨울(2월)이 높아 OC가 광화학적 반응에 의해 생성되는 분율보다 직접배출되는 형태가 많음을 추정할 수 있다.

<표 4.37> 측정지점별 OC, EC와 TC 농도 (단위 : $\mu g/m^3$)

채취기간	대상물질	구로구 (n=30)			강남구 (n=30)			서울역 (n=30)		
		Mean	SD	Max	Mean	SD	Max	Mean	SD	Max
8월	OC	6.644	2.770	12.328	6.264	2.615	10.776	7.302	2.704	12.716
	EC	1.623	0.445	2.452	1.499	0.467	2.075	2.164	0.310	2.567
	TC	8.267	3.044	14.070	7.762	2.944	12.311	9.466	2.704	15.044
	OC/EC	4.094			4.180			3.375		
11월	OC	7.995	3.949	15.559	8.138	3.805	13.677	10.101	4.144	16.950
	EC	1.554	0.811	2.999	1.588	0.877	3.153	1.936	0.746	3.198
	TC	9.548	4.739	18.559	9.726	4.646	16.235	12.037	4.847	19.650
	OC/EC	5.146			5.124			5.217		
2월	OC	6.974	2.848	10.811	6.419	2.666	11.014	8.587	2.682	13.271
	EC	1.172	0.445	1.905	1.058	0.372	1.730	1.444	0.358	2.123
	TC	8.146	3.260	12.715	7.478	3.025	12.744	10.031	3.020	15.394
	OC/EC	5.952			6.066			5.948		

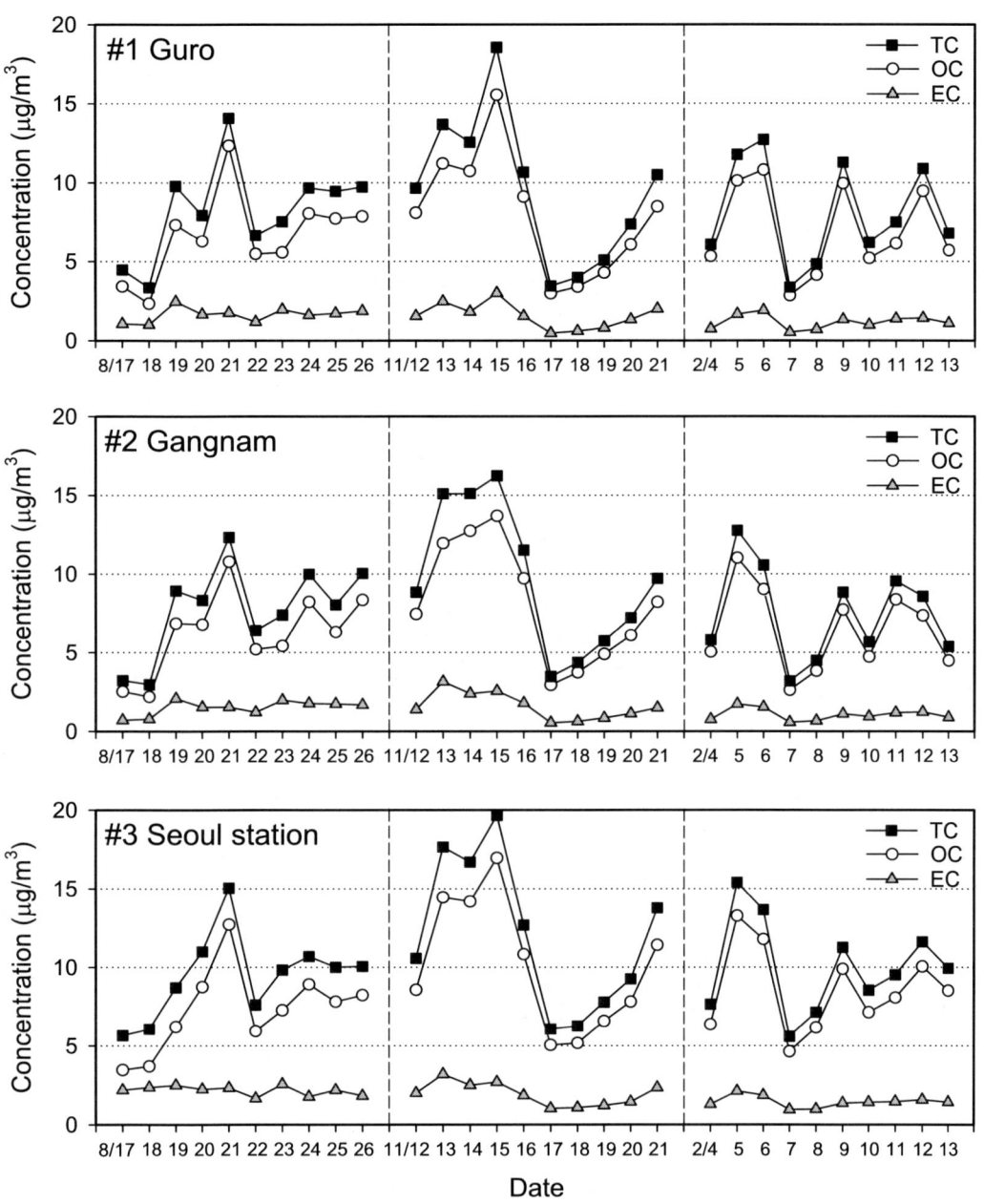

<그림 4.31> 측정지점별 OC, EC, 및 TC의 일농도 변화.

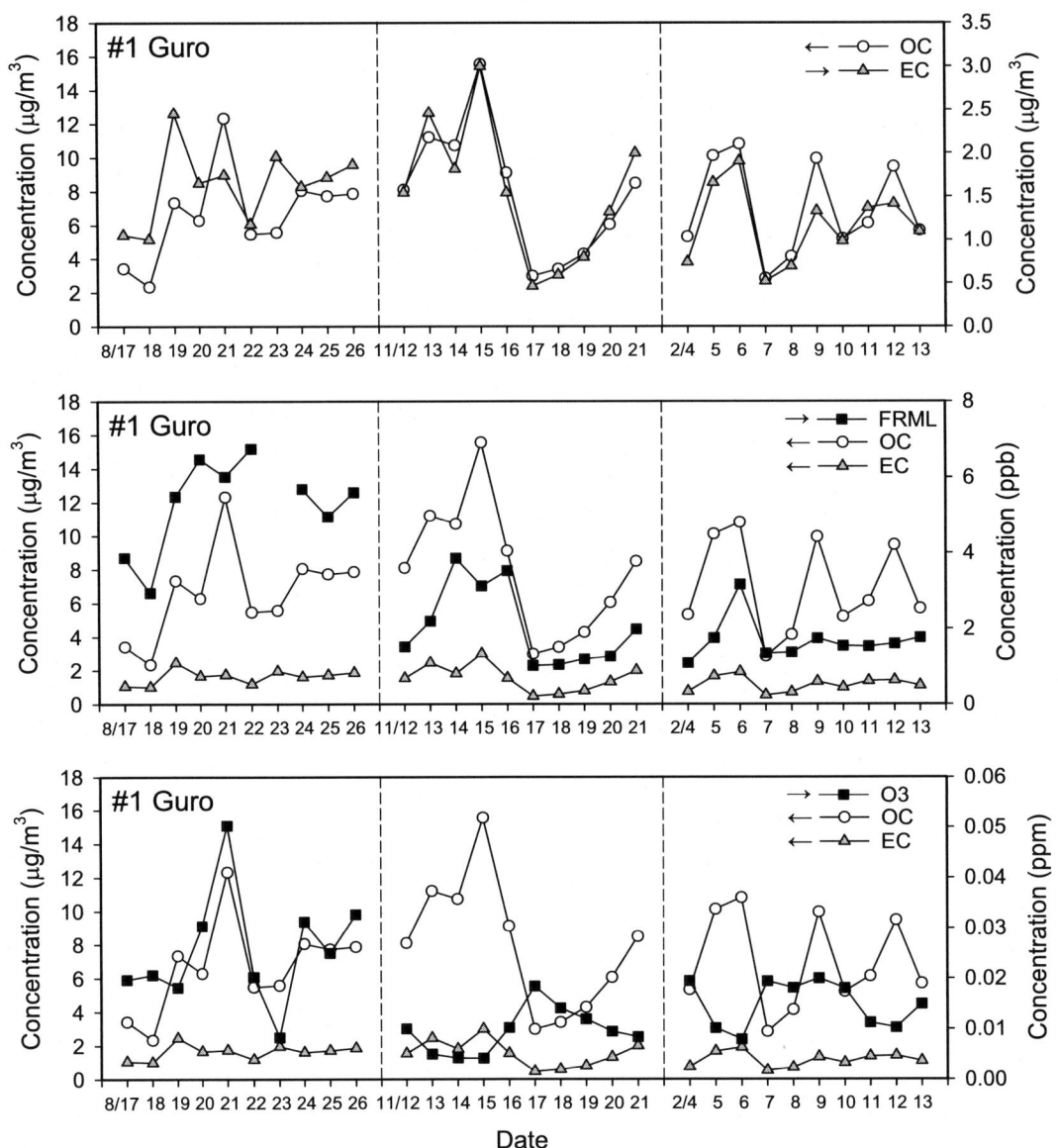

*FRML: formaldehyde

<그림 4.32> 구로구 측정지점 OC, EC와 formaldehyde, Ozone의 일농도 변화.

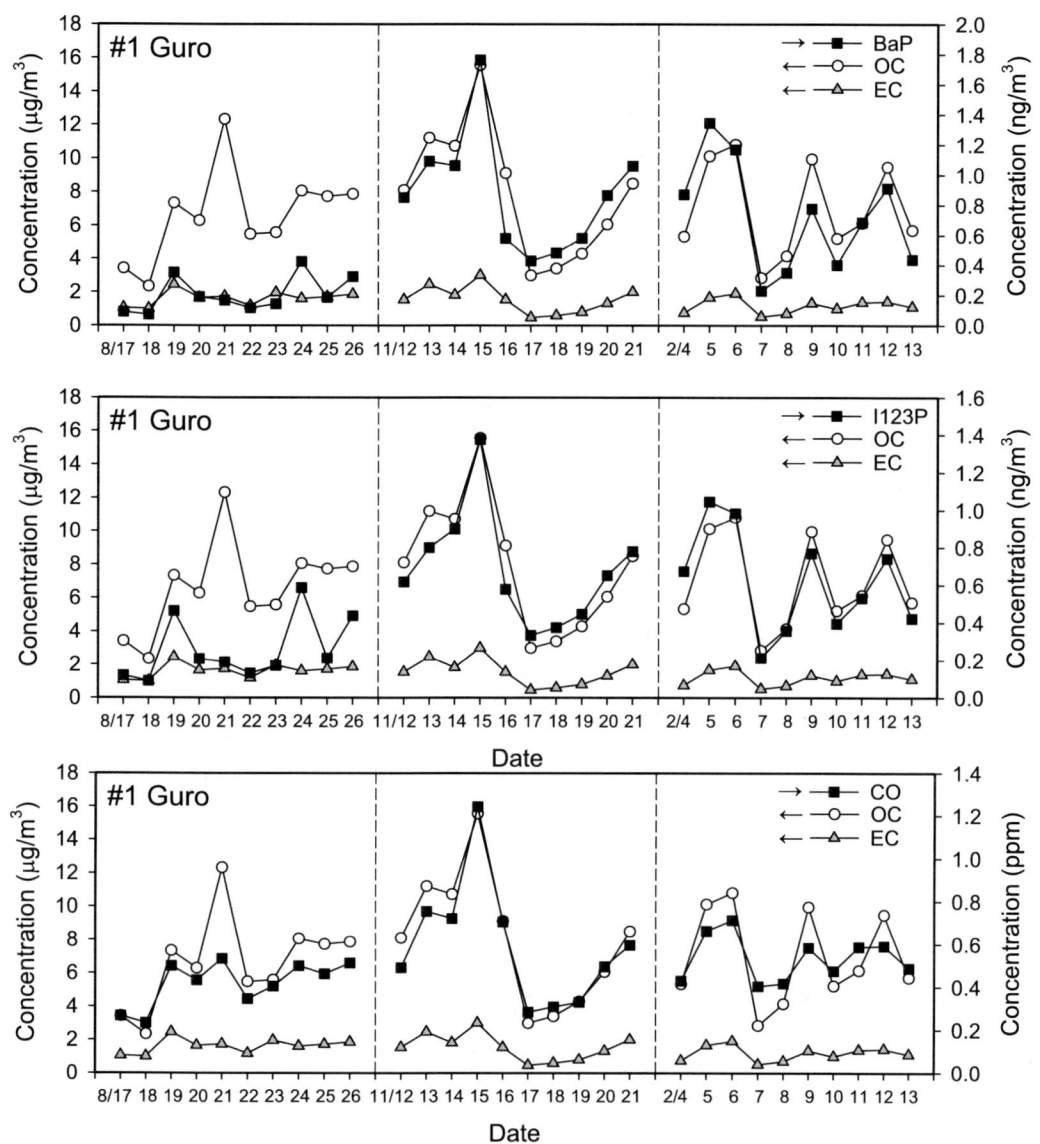

*BaP: benzo(a)pyrene, I123P: Indeno(1,2,3-cd)pyrene

<그림 4.33> 구로구 측정지점 OC, EC와 PAH, CO의 일농도 변화.

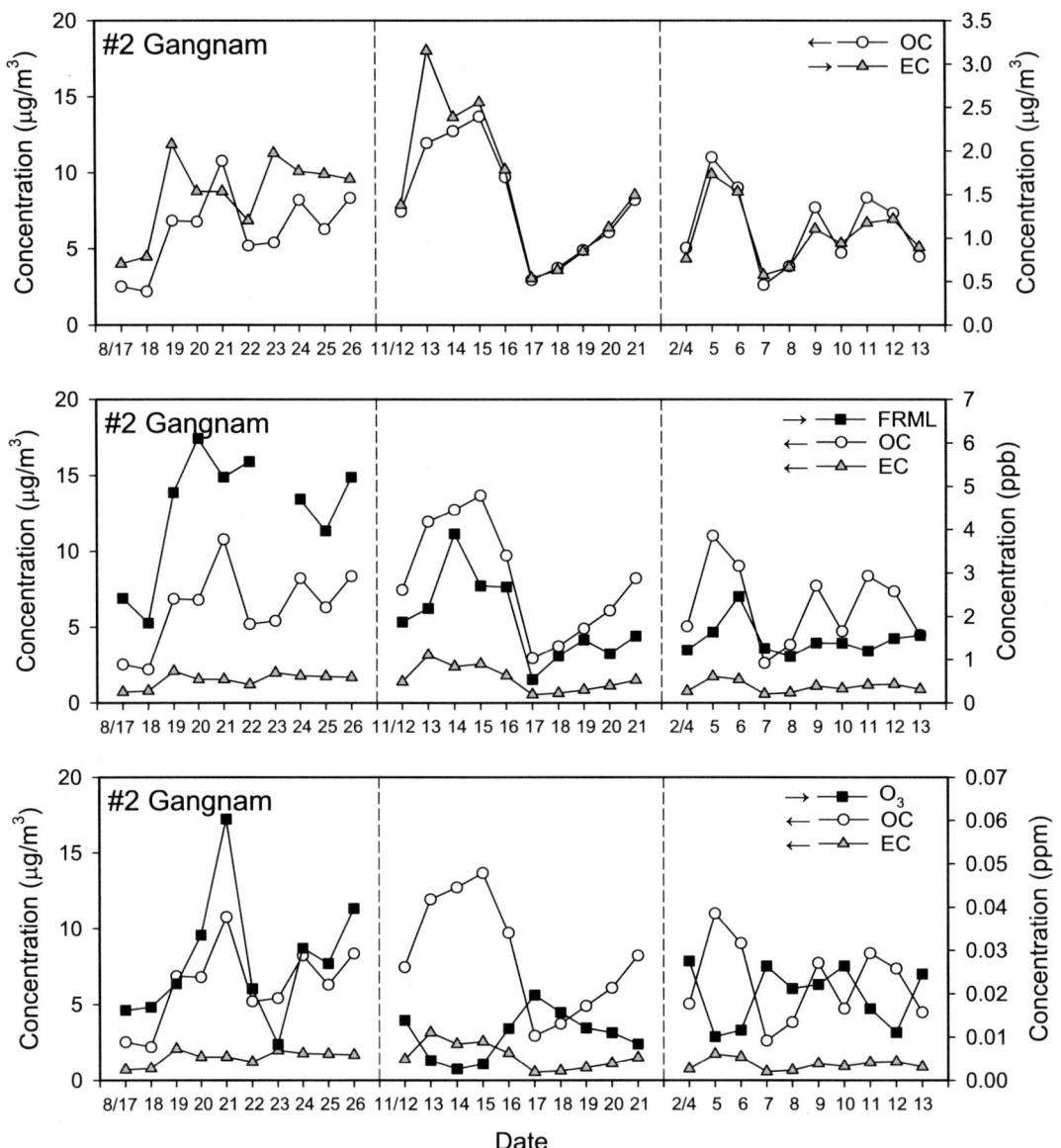

*FRML: formaldehyde

<그림 4.34> 강남구 측정지점 OC, EC와 formaldehyde, Ozone의 일농도 변화.

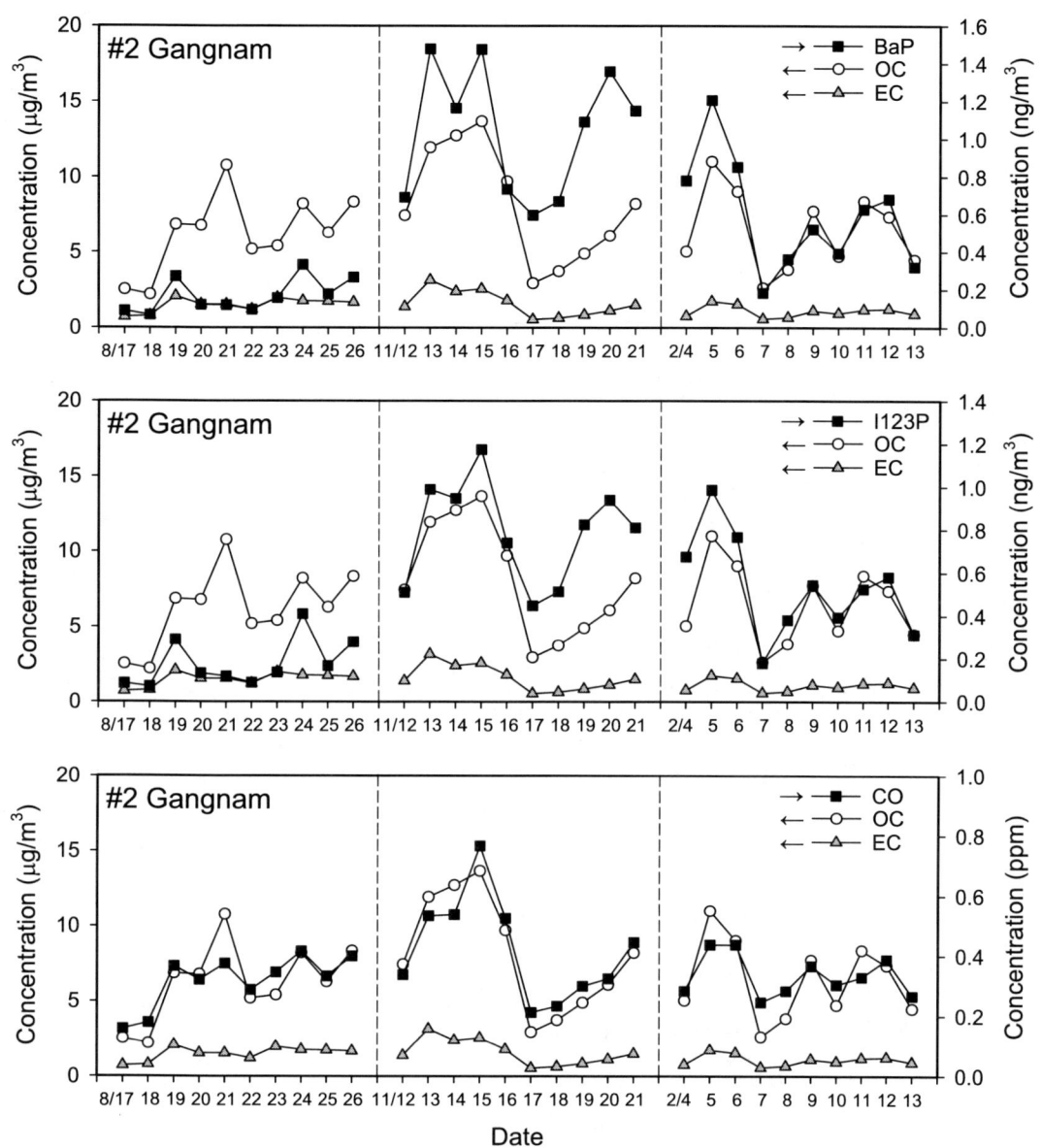

*BaP: benzo(a)pyrene, I123P: Indeno(1,2,3-cd)pyrene

<그림 4.35> 강남구 측정지점 OC, EC와 PAH, CO의 일농도 변화.

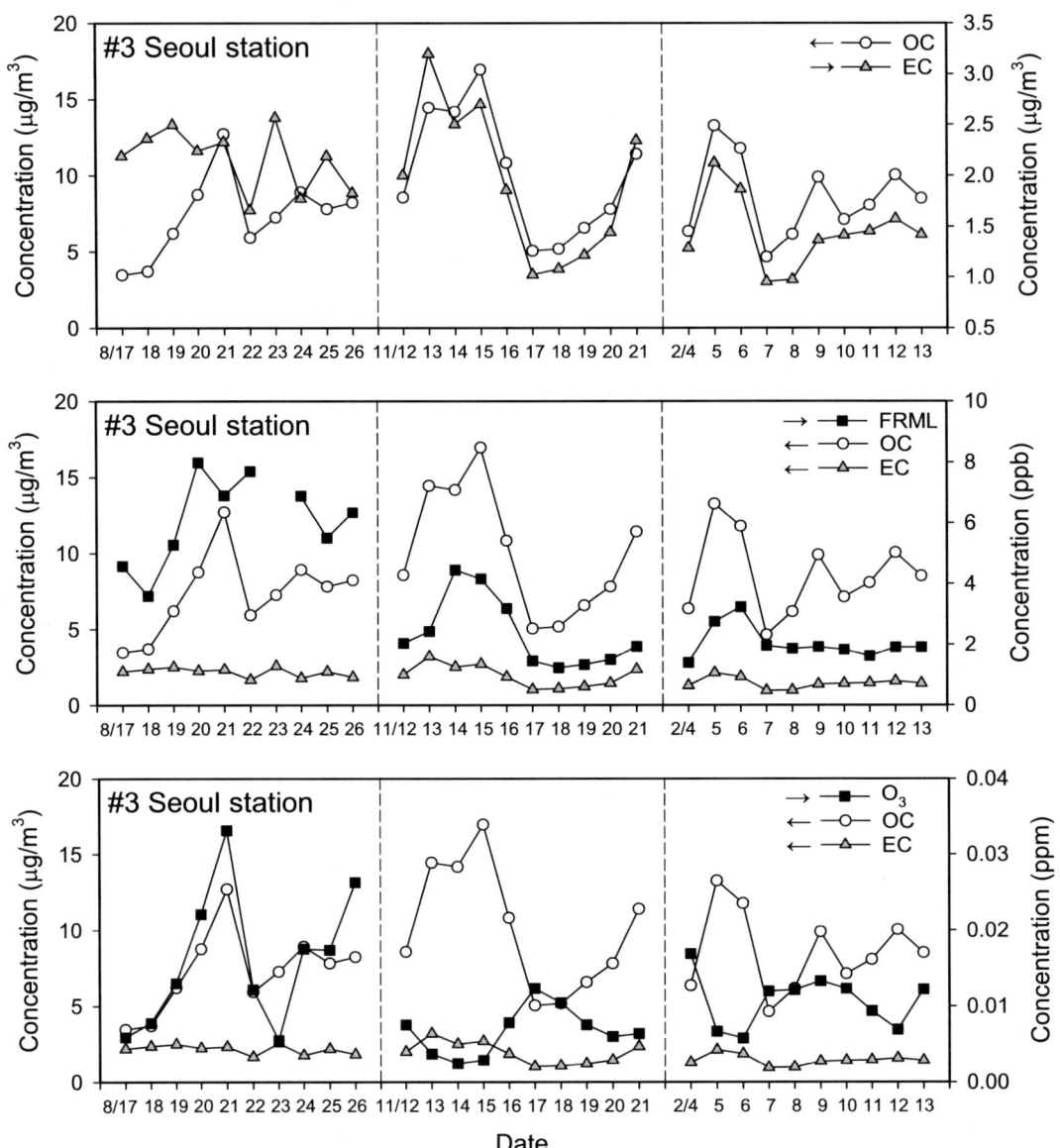

*FRML: formaldehyde

<그림 4.36> 서울역 측정지점 OC, EC와 formaldehyde, Ozone의 일농도 변화.

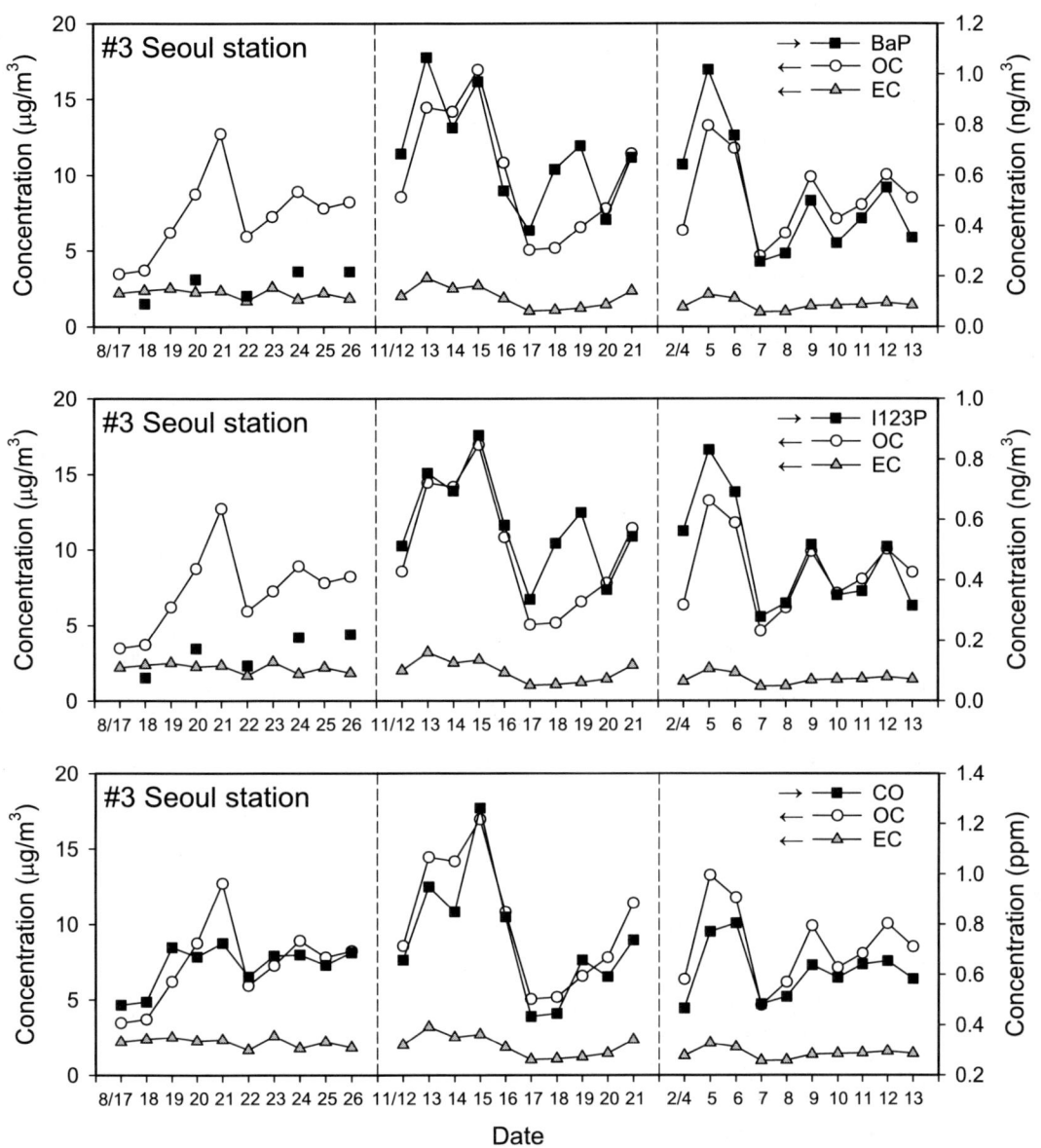

*BaP: benzo(a)pyrene, I123P: Indeno(1,2,3-cd)pyrene

<그림 4.37> 서울역 측정지점 OC, EC와 PAH, CO의 일농도 변화.

□ 일반적으로 EC는 연료사용량이 많은 계절에 높아지는 경향을 보이고, OC의 농도는 대기 중에서 일어나는 광화학 반응과 관계가 있다고 알려져 있다. 그러나 본 연구의 경우에는 도시지역으로서 자동차의 영향을 많이 받았기 때문에 특별한 계절변동 경향을 나타내지 않았다. 본 연구의 OC, EC 측정결과를 국·내외 연구결과와 비교하여 <표 4.38>에 나타내었다. 본 연구에서 측정된 서울지역의 OC와 EC의 농도는 국내의 타 도시지역에 비하여 높은 농도를 나타내었다. 그러나 2000년과 2004년 서울지역의 농도에 비하여 낮은 농도를 나타내었다. 특히 직접적인 연소와 관련된 EC의 농도 감소 경향이 뚜렷하게 나타났다.

□ 본 연구에서 OC/EC의 비율은 3.5~4.1로 국내의 타 도시지역에 비하여 비교적 높은 수치를 나타내었다. 여러 연구에 의하면 OC/EC 비율은 2차 유기 에어로졸의 생성과 관련되는 것으로 알려져 있으며 OC/EC 비율이 2를 초과하지 않으면 대기의 OC가 오염원에서 직접 배출되는 1차 성분이고, 2를 초과할 경우 대기 중의 화학반응에 의해 생성되는 2차 성분이라고 볼 수 있다 (Chow et al., 1996; Hildemann et al., 1991; Gray et al., 1986). 이와 같은 측면에서 볼 때 본 연구에서 측정된 결과는 대기 중 반응에 의해 생성된 이차 오염물질의 기여가 높은 것으로 생각된다.

<표 4.38> 국내·외 미세입자 중 OC와 EC농도 비교

Location	Concentration ($\mu g/m^3$)			Reference
	OC	EC	OC/EC	
Central California, USA	7.39	3.33	2.22	Chow et al. (1996)
Sapporo, Japan	3.74	4.25	0.88	Ohta et al. (1998)
Beijing, China	10.7	5.7	2.2	Mo Dan et al. (2004)
Kaohsjung, Taiwan	10.4	4.0	2.6	Lin and Tai (2001)
Seoul, Korea	12.8	5.98	2.14	Kang et al. (2006)
Chongju, Korea	4.99	4.44	1.12	Lee and Kang (2000)
Chuncheon, Korea	5.6	1.8	3.1	Jung et al. (2009)
Kwangju, Korea	3.04	1.27	2.35	Park et al. (2007)
Seoul, Korea	8.7	2.1	4.1	Park and Kim (2005)
Incheon, Korea	5.7	1.8	3.2	Park and Kim (2005)
Seoul, total (n=90)	7.60	1.56	4.87	This study (2013)
Seoul, Gurogu (n=30)	7.20	1.45	4.97	This study (2013)
Seoul, Gangnamgu (n=30)	6.94	1.38	5.02	This study (2013)
Seoul, Seoul station (n=30)	8.66	1.85	4.69	This study (2013)

4.7 오염장미를 이용한 유해대기오염물질 발생원의 위치 추정

□ 서울지역의 주요 VOC 발생원의 위치를 추정하기 위하여 풍향과 개별 VOC 농도를 이용하여 오염장미 (pollution rose)를 <그림 4.38> ~ <그림 4.42>에 나타내었다. 본 연구에서는 측정주기가 짧은 VOC와 카보닐화합물에 대한 오염장미만을 나타내고자 한다. VOC와 카보닐화합물 이외의 PAH, 중금속류는 측정주기가 1일 단위이어서 풍향과 풍속을 고려한 HAPs농도 오염장미를 그려내기에 적절치 못하기 때문이다.

□ 서울지역 benzene과 methyl tert-butyl ether의 오염장미를 살펴보면 인근 도로변 차량배출가스의 영향을 많이 받음을 확인할 수 있다. Formaldehyde와 trichloroethylene의 경우 도로변의 영향과는 반대 방향에 바람이 불어 올 때 농도가 높았다. 특히 구로구 측정지점의 trichloroethylene의 경우 인근 남서쪽에 위치한 산단에서 배출된 것으로 추정할 수 있다. 마지막으로 naphthalene은 대부분 증기상으로 존재하는 PAH로서 본 연구에서 VOC 흡착법으로 측정한 결과를 이용하여 오염장미를 그려 보았다. Naphthalene은 대부분 북서풍이 불 때 높은 농도를 나타내었고 겨울철에 농도가 높아, 서울외부에서 서울 내로 유입된 것을 배제할 수 없다.

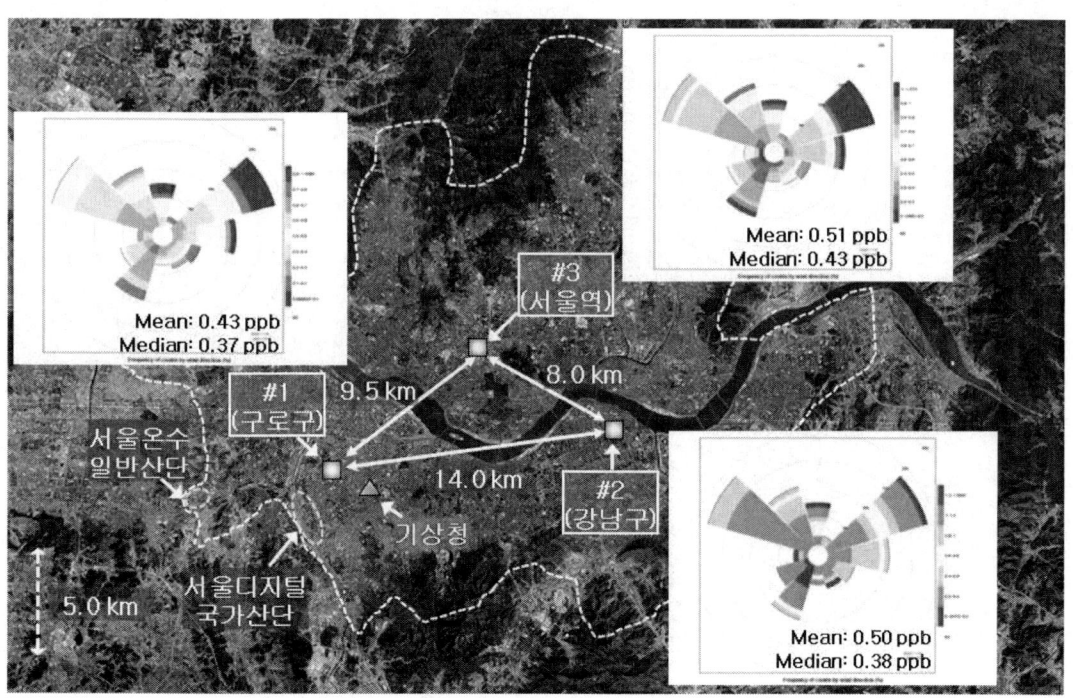

<그림 4.38> 서울지역 대기 중 benzene의 오염장미.

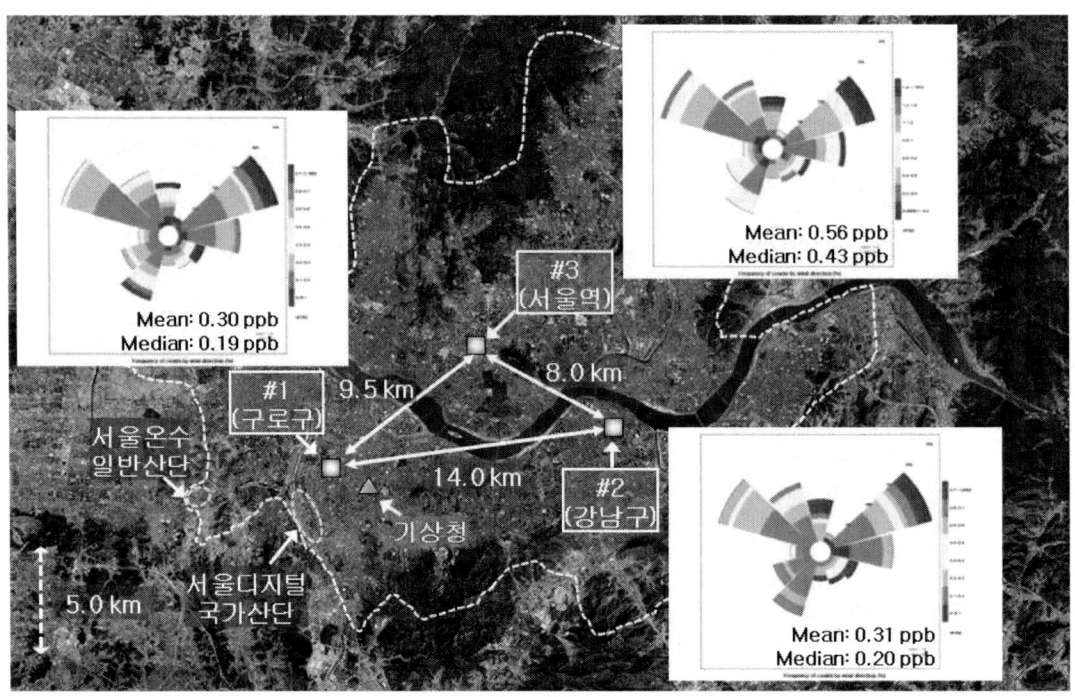

<그림 4.39> 서울지역 대기 중 methyl tert-butyl ether의 오염장미.

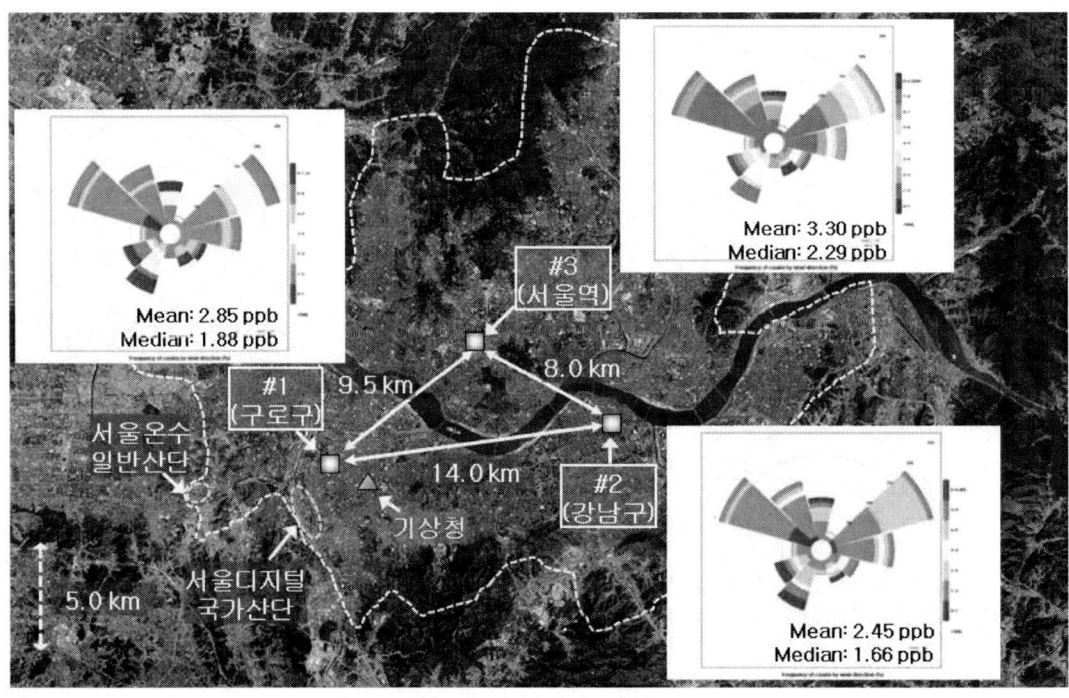

<그림 4.40> 서울지역 대기 중 formaldehyde의 오염장미.

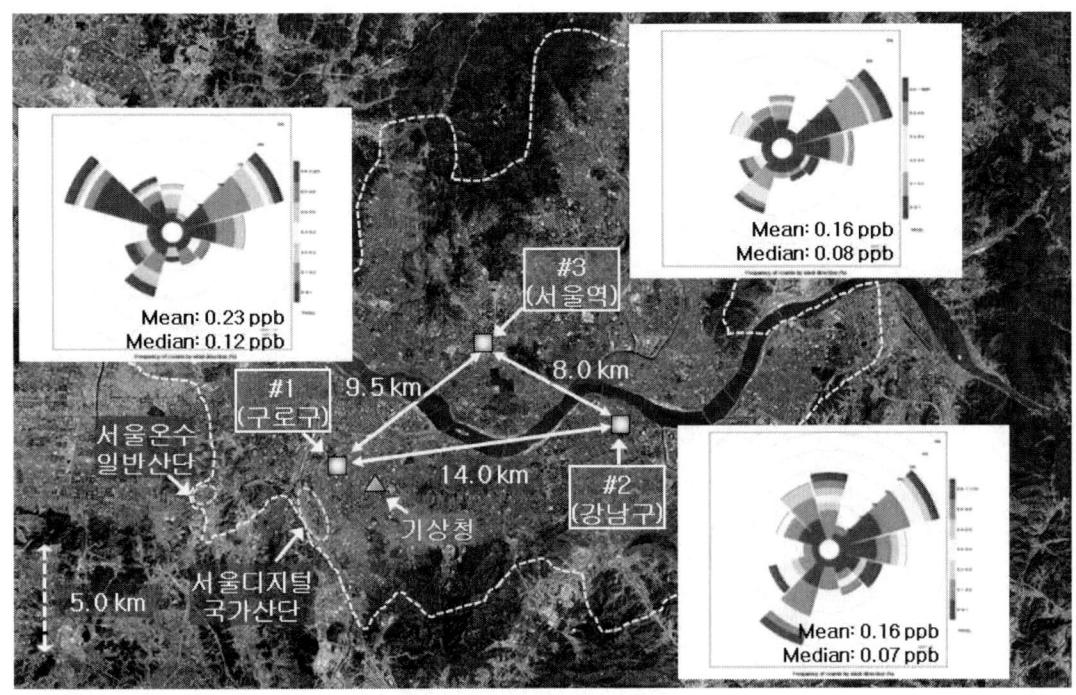

<그림 4.41> 서울지역 대기 중 trichloroethylene의 오염장미.

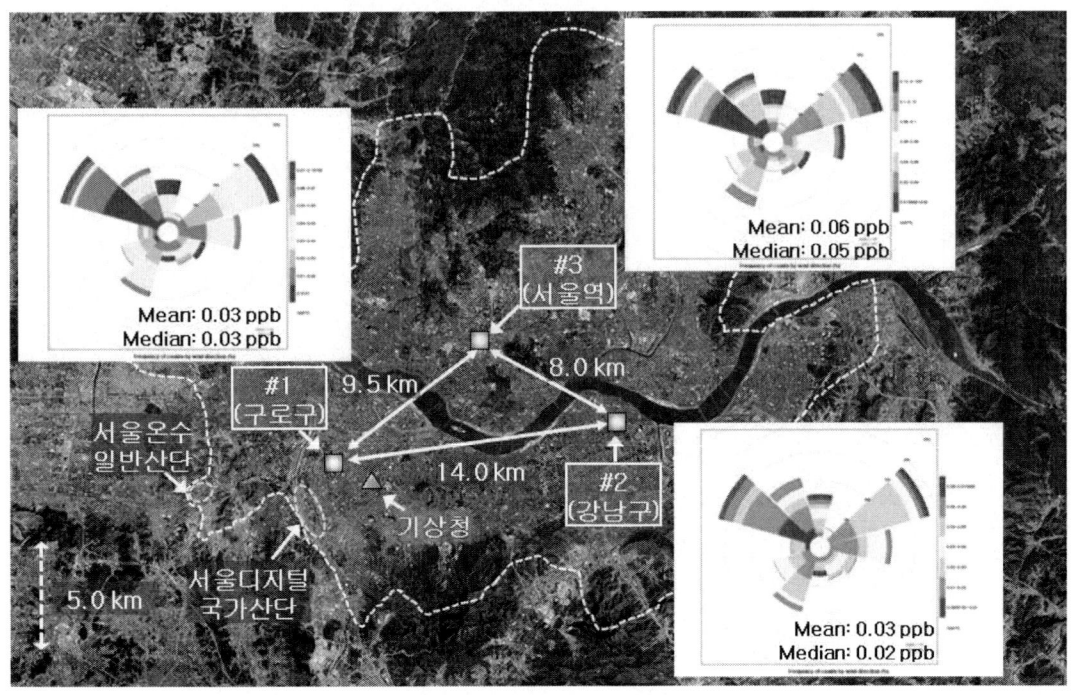

<그림 4.42> 서울지역 대기 중 naphthalene의 오염장미.

제 5 장 유해대기오염물질 오염기여도 평가

5.1 오염기여도 평가 이론

5.2 오염기여도 평가를 통한 관리대상물질 선정

제 5 장 유해대기오염물질 오염기여도 평가

5.1 오염기여도 평가 이론

□ 서울지역의 우선관리대상물질을 선정하기 위해서는 <그림 5.1>과 같은 절차가 요구된다. 유통되는 모든 화학물질은 대기 중에 배출될 가능성이 있으며, 대기 중에 배출되지 않은 것은 수계나 폐기물처리를 통해 관리할 수 있을 것이다. 대기 중에 배출된 모든 화학물질을 모두 측정하기에는 측정방법이 개발되지 못한 경우가 있을 수 있다. 또한 측정방법이 있더라도 상용적인 표준물질을 공급받지 못할 경우 개별 연구실에서 표준시료 제조에 따른 측정의 불확도가 커질 뿐만 아니라 연구실의 이해도와 숙련도에 따라서 측정 자체가 불가한 경우가 발생할 수도 있다.

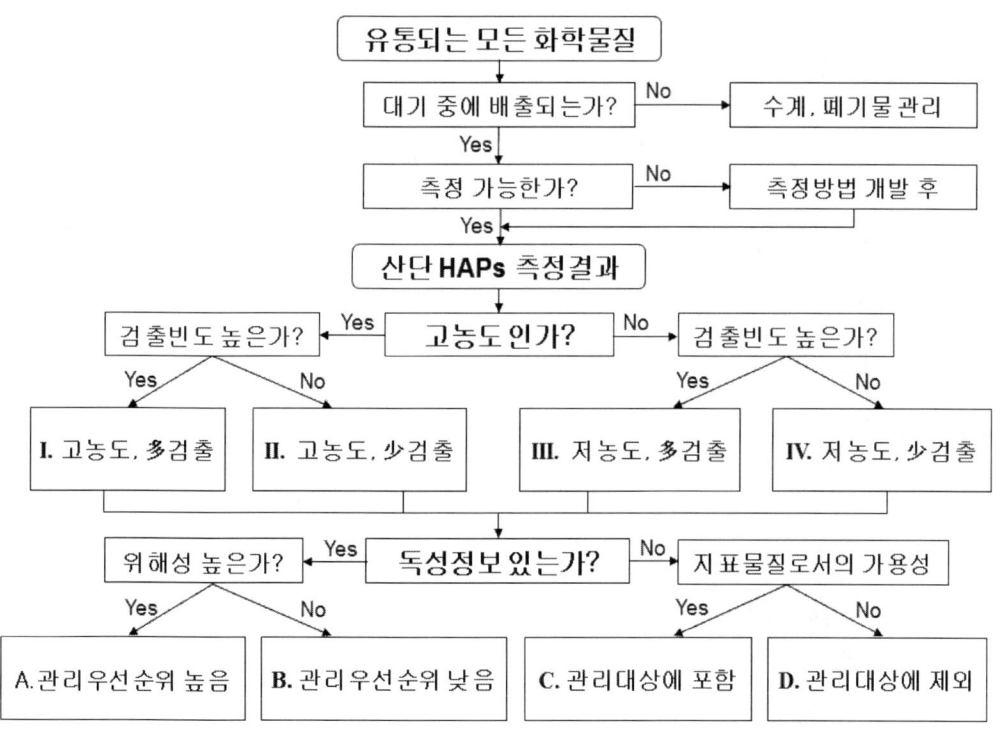

<그림 5.1> 우선관리대상물질 선정절차.

□ 현장측정을 하지 않은 채 화학물질의 유통정보와 독성정보만으로 우선관리대상물질을 선정하는 경우가 있다. 또는 <그림 5.2> ~ <그림 5.5>에 나타낸 것처럼 측정한 HAPs 농도를 토대로 고농도와 검출빈도가 높은 물질을 우선관리대상물질로 선정하는 경우도

있다. 하지만 HAPs 개별물질 간 서로 다른 독성을 가지고 있다. 따라서 본 연구에서는 서울지역 HAPs 측정결과를 토대로 우선관리대상물질을 선정하기 위해서 측정농도와 위해성을 함께 고려한 농도 (risk based concentration) 평가를 수행하였다.

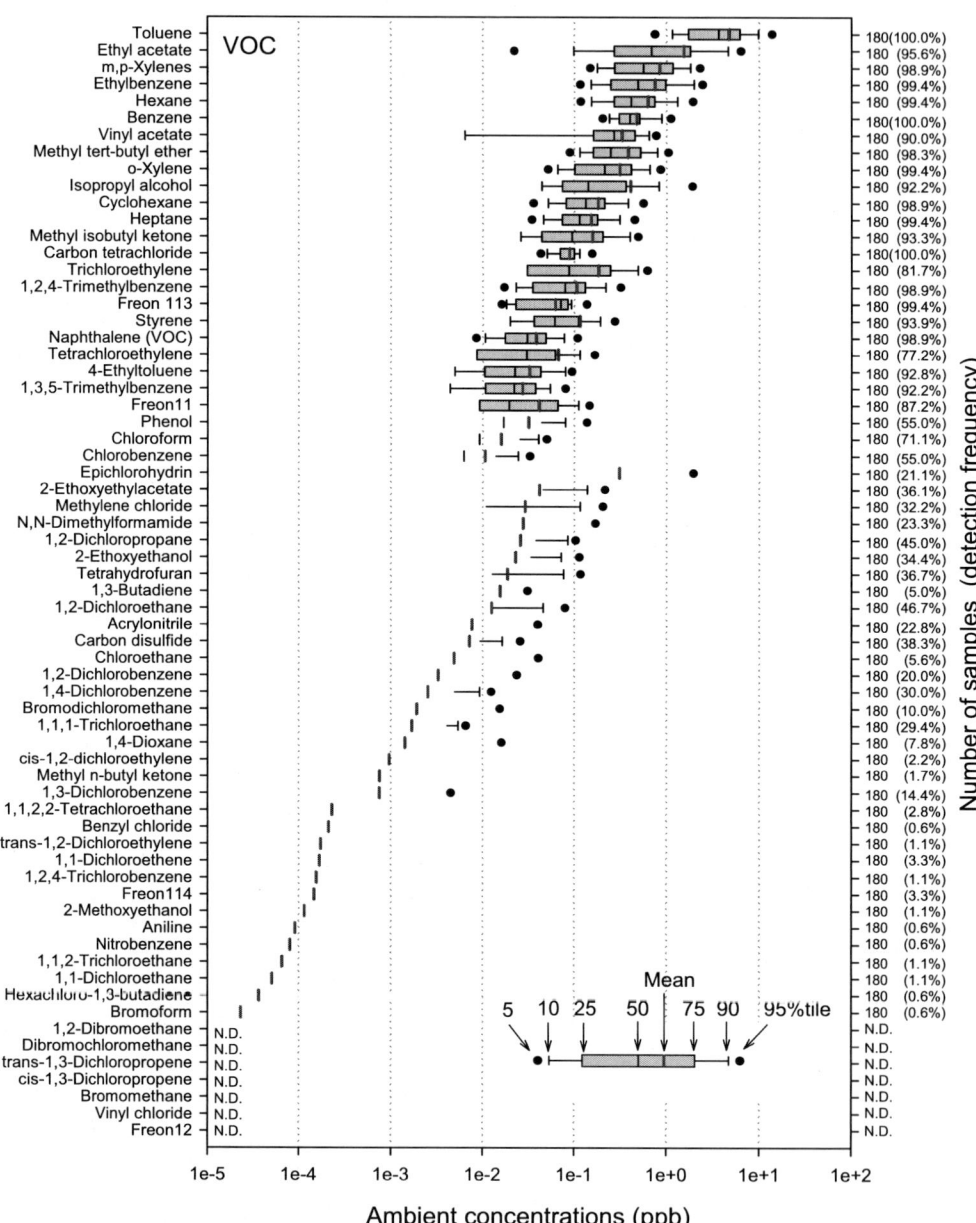

<그림 5.2> 서울지역 대기 중 VOC 농도분포 (ppb).

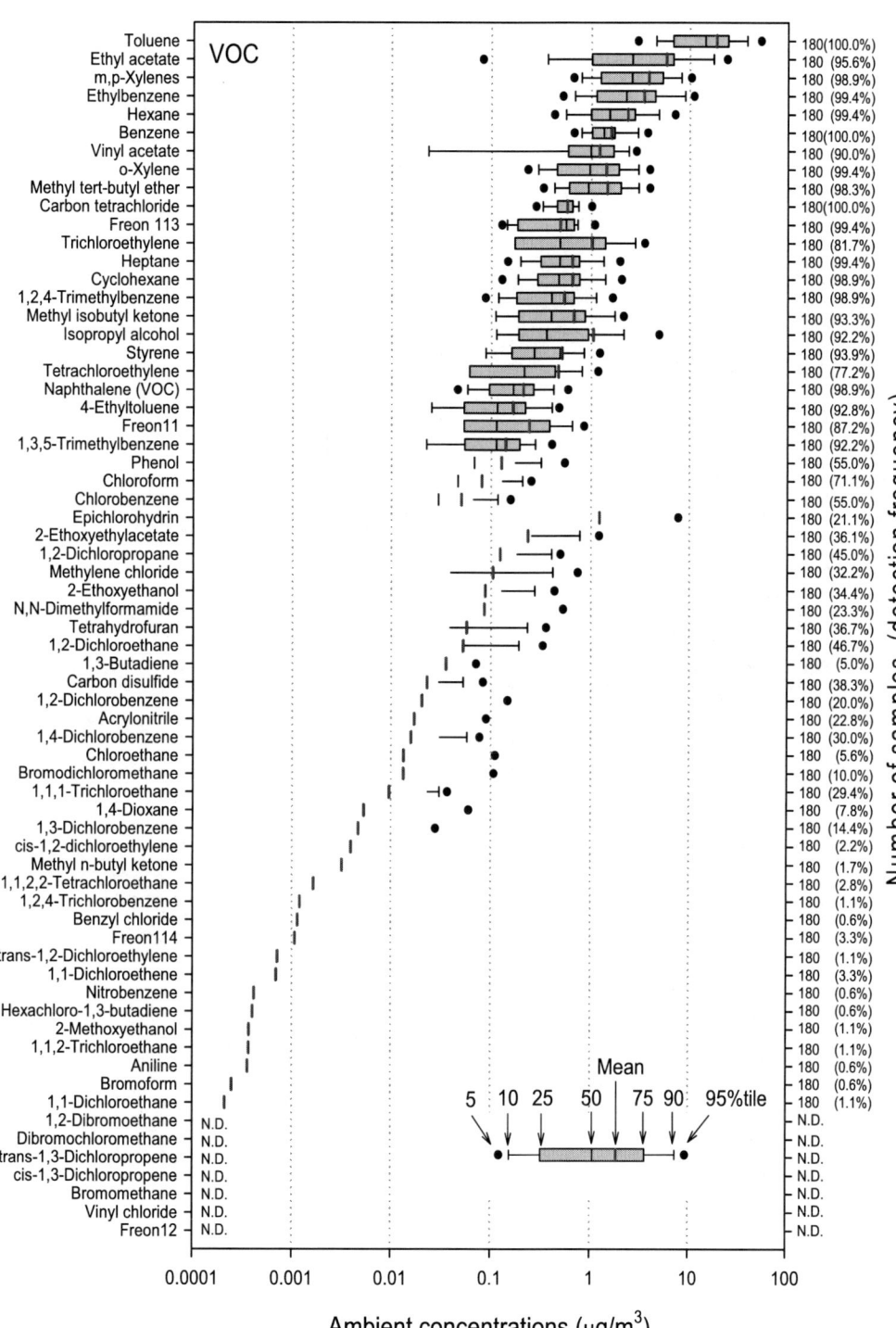

<그림 5.3> 서울지역 대기 중 VOC 농도분포 ($\mu g/m^3$).

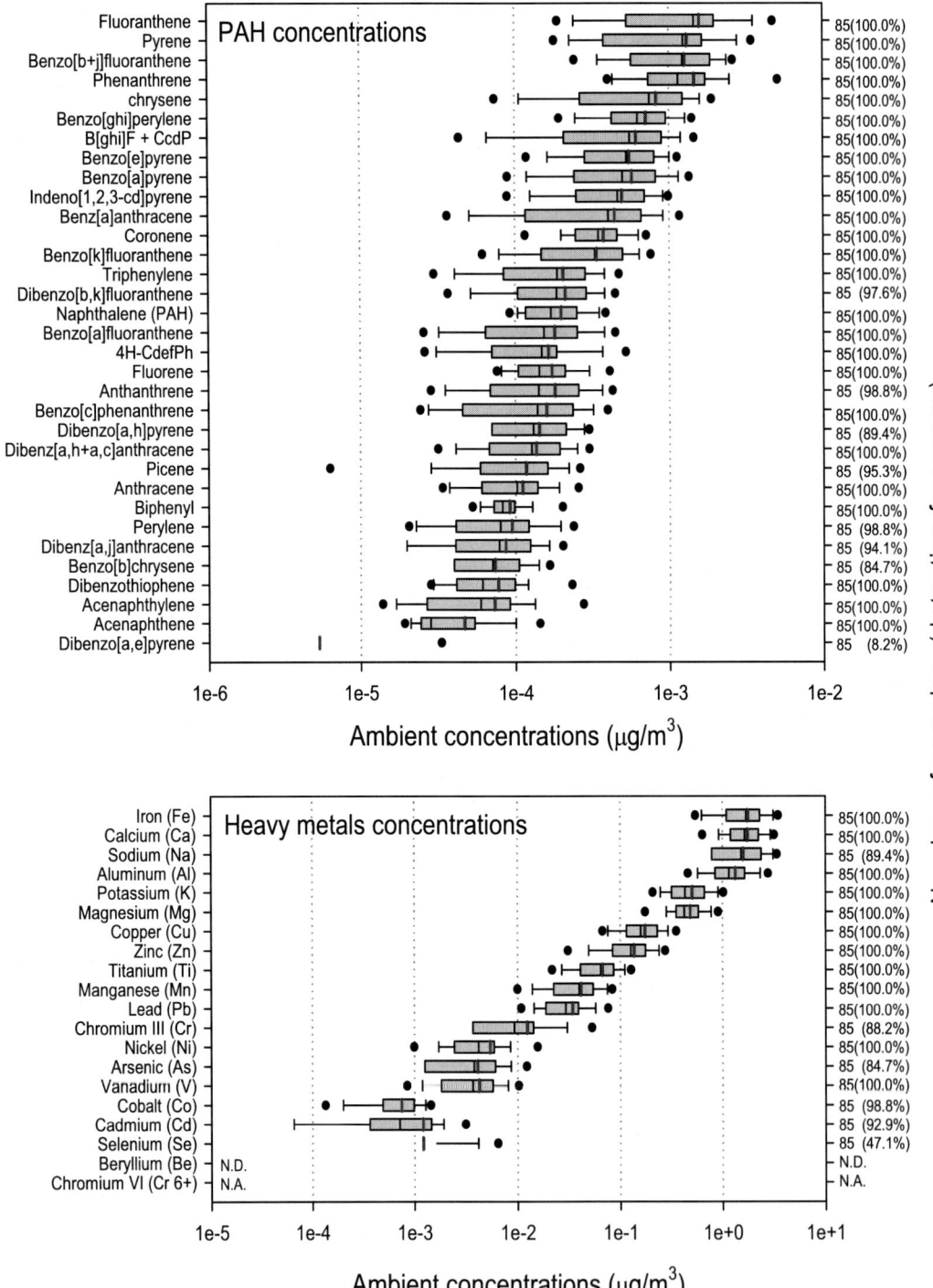

<그림 5.4> 서울지역 대기 중 PAH, 중금속 농도분포.

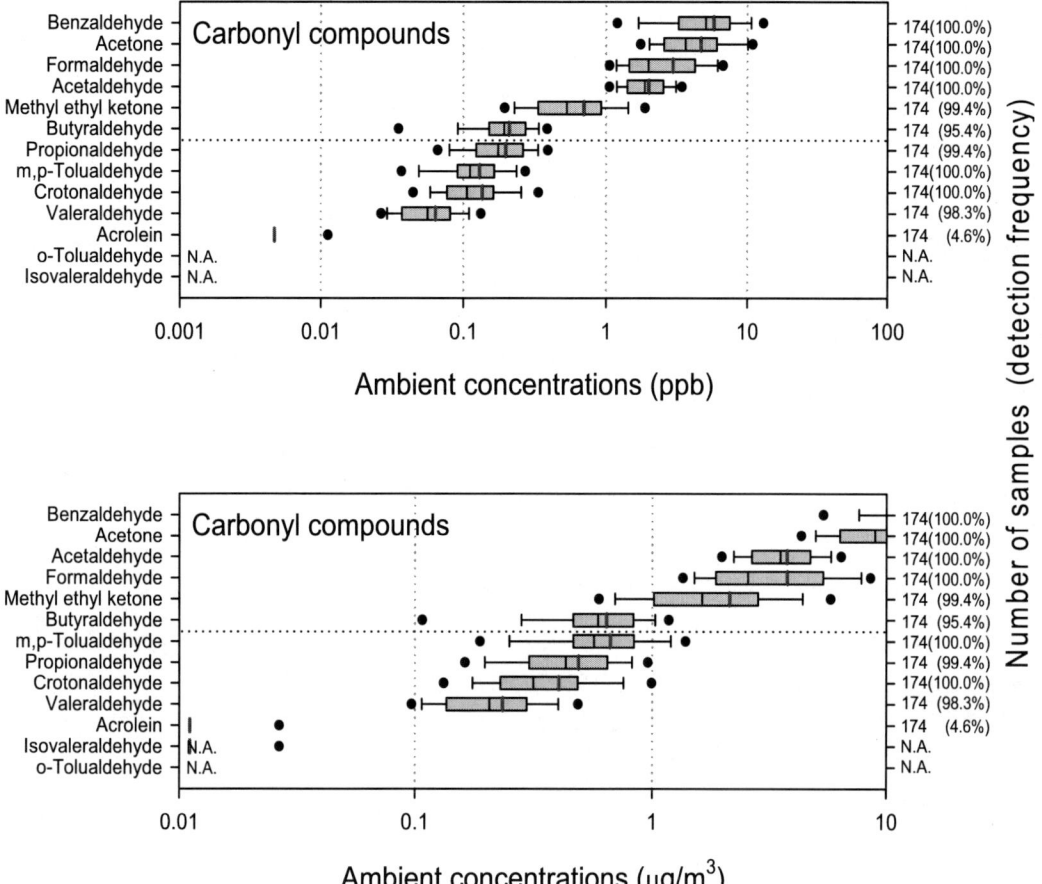

<그림 5.5> 서울지역 대기 중 카보닐화합물 농도분포.

□ 본 연구팀에서 실제로 조사한 서울지역 HAPs 측정농도자료와 문헌고찰을 통해 파악한 물질별 독성자료를 이용하여 발암물질의 경우 위해가중농도를, 비발암물질의 경우 환경위해도를 각각 산정하였다. 이 방법은 기존의 위해성평가와 달리 계산결과에 대한 절대적인 의미는 부여할 수 없으며 다만 물질 간 상대적인 관리우선순위를 산정함에 있어 농도에 위해성을 함께 고려함에 목적을 두고 있다. 본 연구의 위해가중농도와, 환경위해도 산정방법을 설명하기에 앞서 기존의 위해성평가의 절차를 언급하고 이 위해성평가 방법과 비교하여 본 연구에서 적용한 방법을 설명하고자 한다.

□ 식 (1)은 발암위해도를 구하는 식이며, 식 (2)는 일평생일일평균노출량 (lifetime average daily dose, LADD)를 구하는 식이다. LADD 산정을 위한 가이드라인은 국립환경과학원고시 제2006-30호에 자세히 나타나 있다. LADD 산정에 있어서 대기 중 VOC농도를 제외하고 나머지는 상수임을 알 수 있다. 식 (3)은 발암잠재력 (slope factor, SF)를 구하는 식으로 단위위해도 (unit risk, UR)를 제외한 나머지 부분은 상수임을 파악할 수 있다. 따라서 본 연구에서는 발암위해도를 구하는 식에서 상수부분을 제외한 나머지 즉, HAPs 측정농도와 UR을 이용하여 식 (4)와 같이 위해가중농도를 추정하였다.

$$발암위해도\ (Cancer\ Risk) = LADD \times SF \tag{1}$$

- 일평생일일평균노출량 (LADD) : Lifetime Average Daily Dose (㎍/kg/day)
- 발암잠재력 (SF) : Slope factor (㎍/kg/day)$^{-1}$

$$일평생일일평균노출량\ (LADD) = \frac{C \times IR \times ED \times EF \times AB}{BW \times AT} \tag{2}$$

- 일평생일일평균노출량 (LADD) : Lifetime Average Daily Dose (㎍/kg/day)
    - 측정농도 (C) : Concentration of pollutant (μg/㎥)   ← 95%tile 농도
    - 호흡률 (IR) : Inhalation Rate   13 (㎥/day)   ← 성인평균
    - 노출기간 (ED) : Exposure Duration   25 (years)   ← 오염지역 건강영향 고려한 노출기간
    - 노출빈도 (EF) : Frequency of Exposure 365 (days/year) ← 연간노출최대일
    - 인체흡수율 (AB) : Absorption efficiency   100 (%)   ← 최대흡수율
    - 체중 (BW) : Body Weight   62 (kg)   ← 성인평균
    - 평균화시간 (AT) : Averaging Time   25,550 (day)   ← 70 (years) 발암위해도평가

$$발암잠재력\ (SF) = \frac{UR \times 70\,kg}{20\,m^3/day} \tag{3}$$

- 발암잠재력 (SF) : Slope factor (㎍/kg/day)$^{-1}$
- 단위위해도 (UR) : Unit Risk (per ㎍/㎥)
    - 70 kg : 미국 성인 평균체중
    - 20 ㎥/day : 미국 성인 평균호흡률

$$\text{위해가중농도}\,(Risk\ Weighted\ Concentration) = C \times UR \tag{4}$$

- 측정농도 (C) : Concentration (μg/m³)
- 단위위해도 (UR) : Unit Risk (per μg/m³)

□ 식 (5)는 비발암위해지수를 구하는 식이다. LADD는 식 (2)와 동일하다. 일일인체노출참고치 (reference dose, RfD)는 식 (6)를 이용하여 산정할 수 있는데 인체노출참고농도 (reference concentration, RfC)를 제외한 나머지는 상수임을 알 수 있다. 따라서 본 연구에서는 비발암위해지수를 구하는 식에서 상수부분을 제외한 나머지 즉, VOC 측정농도와 RfC를 이용하여 식 (7)와 같이 환경위해도를 추정하였다.

$$\text{비발암 위해지수}\,(Hazard\ Quotient) = \frac{LADD}{RfD} \tag{5}$$

- 일평생일일평균노출량 (LADD) : Lifetime Average Daily Dose (μg/kg/day)
- 일일인체노출참고치 (RfD) : Reference Dose (μg/kg/day)

$$\text{일일인체노출참고치}\,(RfD) = \frac{RfC \times 20\,m^3/day}{70\,kg} \tag{6}$$

- 일일인체노출참고치 (RfD) : Reference Dose (μg/kg/day)
- 인체노출참고농도 (RfC) : Reference Concentration (μg/m³)
- 70 kg : 미국 성인 평균체중
- 20 m³/day : 미국 성인 평균호흡률

$$\text{환경위해도}\,(Estimated\ Ambient\ Hazard) = \frac{C}{RfC} \tag{7}$$

- 측정농도 (C) : Concentration (μg/m³)
- 인체노출참고농도 (RfC) : Reference Concentration (μg/m³)

□ 본 연구에서 관리대상물질의 범위에 포함된 HAPs 개별물질관련 독성정보를 <표 5.1> ~ <표 5.4>에 나타내었다. 한편 물질별로 환경부의 우선순위물질과 특정대기유해물질에 포함되는 것을 표시하였고 미국 환경청의 HAPs 목록에 포함되는 물질도 표기하였다. 미국 환경청과 WHO산하 국제암연구기관의 발암등급을 표기하여 해당물질의 위해성을 정성적으로 가늠할 수 있도록 하였다. 위해성을 고려한 농도를 산출하기 위해 필요한 정보인 발암위해도 (UR)와 인체노출참고농도 (RfC)는 미국 환경청의 통합위해정보시스템 (integrated risk information system, IRIS)의 자료를 사용하였으며 부족한 부분에 대해서는 미국 캘리포니아주 환경청 등의 타 기관의 자료를 이용하였다.

<표 5.1> 국가산단 조사연구의 VOC관련 독성정보

No.	물질명	CAS No.	분자량	대한민국 환경부 우선순위	대한민국 환경부 특정대기	US EPA HAPs	발암등급 EPA	발암등급 IARC	UR ($\mu g/m^3)^{-1}$ 독성값	UR 출처	RfC (mg/m^3) 독성값	RfC 출처
1	Freon12	75-71-8	120.91	×	×	×	-	-	-	-	-	-
2	Freon114	76-14-2	170.92	×	×	×	-	-	-	-	-	-
3	Vinyl chloride	75-01-4	62.50	O	O	O	A	1	8.80E-06	IRIS	1.00E-01	IRIS
4	1,3-Butadiene	106-99-0	54.09	O	O	O	B2	1	3.00E-05	IRIS	2.00E-03	IRIS
5	Bromomethane	74-83-9	94.94	×	×	O	D	3	-	-	5.00E-03	IRIS
6	Chloroethane	75-00-3	64.51	×	×	O	-	3	-	-	1.00E+01	IRIS
7	2-Propanol	67-63-0	60.10	×	×	×	-	3	-	-	-	-
8	Freon11	75-69-4	137.37	×	×	×	-	-	-	-	7.00E-01	HEAST
9	Acrylonitrile	107-13-1	53.06	O	O	O	B1	2B	6.80E-05	IRIS	2.00E-03	IRIS
10	1,1-Dichloroethene	75-35-4	96.94	O	×	O	C	3	-	-	2.00E-01	IRIS
11	Methylene chloride	75-09-2	84.93	O	O	O	B2	2B	4.70E-07	IRIS	1.00E+00	ATSDR
12	Freon113	76-13-1	187.38	×	×	×	-	-	-	-	3.00E+01	HEAST
13	Carbon disulfide	75-15-0	76.14	O	×	O	-	-	-	-	7.00E-01	IRIS
14	trans-1,2-Dichloroethylene	156-60-5	96.94	×	×	×	-	-	-	-	6.00E-02	PPRTV
15	Methyl tert-butyl ether	1634-04-4	88.15	×	×	O	-	3	2.60E-07	CAL	3.00E+00	IRIS
16	1,1-Dichloroethane	75-34-3	98.96	×	×	O	C	-	1.60E-06	CAL	5.00E-01	HEAST
17	Vinyl acetate	108-05-4	86.09	O	×	O	-	2B	-	-	2.00E-01	IRIS
18	cis-1,2-Dichloroethylene	156-59-2	96.94	×	×	×	-	-	-	-	-	-
19	Ethyl acetate	141-78-6	88.11	×	×	×	-	-	-	-	-	-
20	Hexane	110-54-3	86.18	×	×	O	-	-	-	-	7.00E-01	IRIS
21	Chloroform	67-66-3	119.38	O	O	O	B2	2B	2.30E-05	IRIS	9.80E-02	ATSDR
22	Tetrahydrofuran	109-99-9	72.11	×	×	×	-	-	-	-	-	-
23	1,2-Dichloroethane	107-06-2	98.96	O	O	O	B2	2B	2.60E-05	IRIS	2.40E+00	ATSDR
24	1,1,1-Trichloroethane	71-55-6	133.40	O	×	O	D	3	-	-	5.00E+00	IRIS
25	Benzene	71-43-2	78.11	O	O	O	A	1	7.80E-06	IRIS	3.00E-02	IRIS
26	Carbon tetrachloride	56-23-5	153.82	O	O	O	B2	2B	6.00E-06	IRIS	1.00E-01	IRIS
27	Cyclohexane	110-82-7	84.16	×	×	×	-	-	-	-	6.00E+00	IRIS
28	1,2-Dichloropropane	78-87-5	112.99	×	×	O	-	3	1.00E-05	CAL	4.00E-03	IRIS
29	1,4-Dioxane	123-91-1	88.11	×	×	O	B2	2B	7.70E-06	CAL	3.60E+00	D-ATSDR
30	Bromodichloromethane	75-27-4	163.83	×	×	×	B2	2B	-	-	-	-
31	Trichloroethylene	79-01-6	131.39	O	O	O	-	2A	2.00E-06	CAL	6.00E-01	CAL
32	Heptane	142-82-5	100.20	×	×	×	D	-	-	-	-	-
33	Methyl isobutyl ketone	108-10-1	100.16	×	×	O	-	2B	-	-	3.00E+00	IRIS
34	cis-1,3-Dichloropropene	10061-01-5	110.97	×	×	×	-	-	-	-	-	-
35	trans-1,3-Dichloropropene	10061-02-6	110.97	×	×	×	-	-	-	-	-	-
36	1,1,2-Trichloroethane	79-00-5	133.40	×	×	O	C	3	1.60E-05	IRIS	4.00E-01	CAL
37	Toluene	108-88-3	92.14	×	×	O	D	3	-	-	5.00E+00	IRIS
38	Methyl n-butyl ketone	591-78-6	100.16	×	×	×	-	-	-	-	3.00E-02	IRIS
39	Dibromochloromethane	124-48-1	208.28	×	×	×	C	3	-	-	-	-
40	1,2-Dibromoethane	106-93-4	187.86	×	×	O	B2	2A	6.00E-04	IRIS	9.00E-03	IRIS
41	Tetrachloroethylene	127-18-4	165.83	O	O	O	-	2A	5.90E-06	CAL	2.70E-01	ATSDR
42	Chlorobenzene	108-90-7	112.56	×	×	O	D	-	-	-	5.00E-02	PPRTV
43	Ethylbenzene	100-41-4	106.17	O	O	O	D	2B	2.50E-06	CAL	1.00E+00	IRIS
44	m,p-Xylenes	1330-20-7	106.17	×	×	O	-	3	-	-	1.00E-01	IRIS
45	Bromoform	75-25-2	252.73	×	×	O	B2	3	1.10E-06	IRIS	-	-
46	Styrene	100-42-5	104.15	O	O	O	-	2B	-	-	1.00E+00	IRIS
47	1,1,2,2-Tetrachloroethane	79-34-5	167.85	×	×	O	C	3	5.80E-05	IRIS	-	-
48	o-Xylene	1330-20-7	106.17	×	×	O	D	3	-	-	1.00E-01	IRIS
49	4-Ethyltoluene	622-96-8	120.19	×	×	×	-	-	-	-	-	-
50	1,3,5-Trimethylbenzene	108-67-8	120.19	×	×	×	-	-	-	-	6.00E-03	PPRTV
51	1,2,4-Trimethylbenzene	95-63-6	120.19	×	×	×	-	-	-	-	7.00E-03	PPRTV
52	Benzyl chloride	100-44-7	126.58	×	×	O	B2	2A	4.90E-05	CAL	1.00E-03	PPRTV
53	1,3-Dichlorobenzene	541-73-1	147.00	×	×	×	D	3	-	-	-	-
54	1,4-Dichlorobenzene	106-46-7	147.00	×	×	O	-	2B	1.10E-05	CAL	8.00E-01	IRIS
55	1,2-Dichlorobenzene	95-50-1	147.00	×	×	×	D	3	-	-	2.00E-01	HEAST
56	1,2,4-Trichlorobenzene	120-82-1	181.45	×	×	O	D	-	-	-	4.00E-03	PPRTV
57	Hexachloro-1,3-butadiene	87-68-3	260.76	×	×	×	C	3	2.20E-05	IRIS	9.00E-02	P-CAL
58	2-Methoxyethanol	109-86-4	76.09	O	×	O	-	-	-	-	2.00E-02	IRIS
59	2-Ethoxyethanol	110-80-5	90.12	O	×	O	-	-	-	-	2.00E-01	IRIS
60	Epichlorohydrin	106-89-8	92.52	O	×	O	B2	2A	1.20E-06	IRIS	1.00E-03	IRIS
61	N,N-Dimethylformamide	68-12-2	73.09	O	×	O	-	3	-	-	3.00E-02	IRIS
62	2-Ethoxyethylacetate	111-15-9	132.16	O	×	O	-	-	-	-	3.00E-01	CAL
63	Phenol	108-95-2	94.11	O	O	O	D	3	-	-	2.00E-01	CAL
64	Aniline	62-53-3	93.13	O	O	O	B2	3	1.60E-06	CAL	1.00E-03	IRIS
65	Nitrobenzene	98-95-3	123.11	O	×	O	D	2B	4.00E-05	IRIS	9.00E-03	IRIS
66	Naphthalene (VOC)	91-20-3	128.17	×	×	O	C	2B	3.40E-05	CAL	3.00E-03	IRIS

- UR: Unit Risk
- RfC: Reference Concentration
- IRIS: Integrated Risk Information System
- HEAST: EPA Health Effects Assessment Tables
- ATSDR: US Agency for Toxic Substances and Disease Registry
- D-ATSDR: draft ATSDR
- PPRTV: Provisional Peer Reviewed Toxicity Value
- CAL: California EPA
- P-CAL: Proposed CAL

<표 5.2> 국가산단 조사연구의 PAH 독성정보

No.	물질명	CAS No.	분자량	대한민국 환경부		US EPA HAPs	발암등급		UR (µg/m³)⁻¹		RfC (mg/m³)	
				우선순위	특정대기		EPA	IARC	독성값	출처	독성값	출처
1	Naphthalene (PAH)	91-20-3	128.17	O	O	O	C	2B	3.40E-05	CAL	3.00E-03	IRIS
2	Biphenyl	92-52-4	154.21	O	O	O	D	-	-	-	-	-
3	Acenaphthylene	208-96-8	152.19	O	O	×	D	-	-	-	-	-
4	Acenaphthene	83-32-9	154.21	O	O	O	-	3	-	-	-	-
5	Fluorene	86-73-7	166.22	O	O	O	D	3	-	-	-	-
6	Dibenzothiophene	132-65-0	184.26	O	O	×	-	-	-	-	-	-
7	Phenanthrene	85-01-08	178.23	O	O	O	D	3	-	-	-	-
8	Anthracene	120-12-7	178.23	O	O	O	D	3	-	-	-	-
9	4CdefP	203-64-5	190.24	O	O	×	-	-	-	-	-	-
10	Fluoranthene	206-44-0	202.25	O	O	O	D	3	-	-	-	-
11	Pyrene	129-00-0	202.25	O	O	O	D	3	-	-	-	-
12	Benzo[c]phenanthrene	195-19-7	228.29	O	O	×	-	2B	-	-	-	-
13	Cyclopenta[cd]pyrene	27208-37-3	226.27	O	O	×	-	2A	-	-	-	-
14	Benzo[g,h,i]fluoranthene	203-12-3	226.27	O	O	×	-	3	-	-	-	-
15	Benz[a]anthracene	56-55-3	228.29	O	O	O	B2	2B	1.10E-04	CAL	-	-
16	Triphenylene	217-59-4	228.29	O	O	×	-	3	-	-	-	-
17	Chrysene	218-01-9	228.29	O	O	O	B2	2B	1.10E-05	CAL	-	-
18	Benzo[b]fluoranthene	205-99-2	252.31	O	O	O	B2	2B	1.10E-04	CAL	-	-
19	Benzo[j]fluoranthene	205-82-3	252.31	O	O	O	-	2B	1.10E-04	CAL	-	-
20	Benzo[k]fluoranthene	207-08-9	252.31	O	O	O	B2	2B	1.10E-04	CAL	-	-
21	Benzo[a]fluoranthene	203-33-8	252.31	O	O	×	-	3	-	-	-	-
22	Benzo[e]pyrene	192-97-2	252.31	O	O	O	-	3	-	-	-	-
23	Benzo[a]pyrene	50-32-8	252.31	O	O	O	B2	1	1.10E-03	CAL	-	-
24	Perylene	198-55-0	252.31	O	O	×	-	3	-	-	-	-
25	Dibenz[a,j]anthracene	224-41-9	278.35	O	O	×	-	3	-	-	-	-
26	Indeno[1,2,3-cd]pyrene	193-39-5	276.33	O	O	O	B2	2B	1.10E-04	CAL	-	-
27	Dibenz[a,h]anthracene	53-70-3	278.35	O	O	O	B2	2A	1.20E-03	CAL	-	-
28	Dibenz[a,c]anthracene	215-58-7	278.35	O	O	×	-	3	-	-	-	-
29	Benzo[b]chrysene	214-17-5	278.35	O	O	×	-	3	-	-	-	-
30	Picene	213-46-7	278.35	O	O	×	-	3	-	-	-	-
31	Benzo[ghi]perylene	191-24-2	276.33	O	O	O	D	3	-	-	-	-
32	Anthanthrene	191-26-4	276.33	O	O	×	-	-	-	-	-	-
33	Dibenzo[b,k]fluoranthene	205-97-0	302.37	O	O	×	-	-	-	-	-	-
34	Dibenzo[a,h]pyrene	189-64-0	302.37	O	O	O	-	2B	1.10E-02	CAL	-	-
35	Coronene	191-07-1	300.35	O	O	×	-	3	-	-	-	-
36	Dibenzo[a,e]pyrene	192-65-4	302.37	O	O	O	-	3	1.10E-03	CAL	-	-

- 4CdefP: 4H-Cyclopenta[def]phenanthrene
- UR: Unit Risk
- RfC: Reference Concentration
- IRIS: Integrated Risk Information System
- CAL: California EPA

<표 5.3> 국가산단 조사연구의 중금속관련 독성정보

No.	물질명	CAS No.	분자량	대한민국 환경부		US EPA	발암등급		UR ($\mu g/m^3$)$^{-1}$		RfC (mg/m^3)	
				우선순위	특정대기	HAPs	EPA	IARC	독성값	출처	독성값	출처
1	Al	7429-90-5	26.98	×	×	×	-	-	-	-	-	-
2	Fe	7439-89-6	55.85	×	×	×	-	-	-	-	-	-
3	K	7440-09-07	39.1	×	×	×	-	-	-	-	-	-
4	Mg	7439-95-4	24.31	×	×	×	-	-	-	-	-	-
5	Mn	7439-96-5	54.94	×	×	O	D	-	-	-	5.00E-05	IRIS
6	Ti	7440-32-6	47.87	×	×	×	-	-	-	-	-	-
7	Na	7440-23-5	22.99	×	×	×	-	-	-	-	-	-
8	Ca	7440-70-2	40.08	×	×	×	-	-	-	-	-	-
9	Cd	7440-43-9	112.41	O	O	O	B1	1	1.80E-03	IRIS	1.00E-05	D-ATSDR
10	Co	7440-48-4	58.93	O	×	O	-	2B	9.00E-03	PPRTV	6.00E-06	PPRTV
11	Cr	7440-47-3	52	×	O	×	-	3	-	-	-	-
12	Cr6+	18540-29-9	52	O	O	O	A	1	1.20E-02	-	8.00E-06	IRIS
13	Ni	7440-02-0	58.69	O	O	O	A	2B	2.40E-04	IRIS	9.00E-05	ATSDR
14	V	7440-62-2	50.94	×	×	×	-	-	-	-	-	-
15	Zn	7440-66-6	65.39	×	×	×	-	-	-	-	-	-
16	Pb	7439-92-1	207.2	O	O	O	B2	2B	-	-	1.50E-04	OAQPS
17	As	7440-38-2	74.92	O	O	O	A	1	4.30E-03	IRIS	1.50E-05	CAL
18	Se	7782-49-2	78.96	×	×	O	D	3	-	-	2.00E-02	CAL
19	Be	7440-41-7	9.01	O	O	O	B1	1	2.40E-03	IRIS	2.00E-05	IRIS
20	Cu	7440-50-8	63.55	×	×	×	D	-	-	-	-	-

- UR: Unit Risk
- RfC: Reference Concentration
- IRIS: Integrated Risk Information System
- PPRTV: Provisional Peer Reviewed Toxicity Value
- ATSDR: US Agency for Toxic Substances and Disease Registry
- D-ATSDR: draft ATSDR
- CAL: California EPA
- OAQPS: US Office of Air Quality Planning and Standards

<표 5.4> 국가산단 조사연구의 카보닐화합물관련 독성정보

No.	물질명	CAS NO.	분자량	대한민국 환경부		US EPA	발암등급		UR ($\mu g/m^3$)$^{-1}$		RfC (mg/m^3)	
				우선순위	특정대기	HAPs	EPA	IARC	독성값	출처	독성값	출처
1	Formaldehyde	50-00-0	30.03	O	O	O	B1	1	1.30E-05	IRIS	9.80E-03	ATSDR
2	Acetaldehyde	75-07-0	44.05	O	O	O	B2	2B	2.20E-06	IRIS	9.00E-03	IRIS
3	Acetone	67-64-1	58.08	×	×	×	D	-	-	-	3.10E+01	ATSDR
4	Acrolein	107-02-8	56.06	O	×	O	C	3	-	-	2.00E-05	IRIS
5	Propionaldehyde	123-38-6	58.08	∨	×	O	-	-	-	-	8.00E-03	IRIS
6	Crotonaldehyde	123-73-9	70.09	×	×	×	C	-	-	-	-	-
7	Methyl ethyl ketone	78-93-3	72.11	×	×	×	-	-	-	-	5.00E+00	IRIS
8	Butyraldehyde	123-72-8	72.11	×	×	×	-	-	-	-	-	-
9	Benzaldehyde	100-52-7	106.12	×	×	×	-	-	-	-	-	-
10	Isovaleraldehyde	590-86-3	86.13	×	×	×	-	-	-	-	-	-
11	Valeraldehyde	110-62-3	86.13	×	×	×	-	-	-	-	-	-
12	o-Toluladehyde	529-20-4	120.15	×	×	×	-	-	-	-	-	-
13	m-Toluladehyde	620-23-5	120.15	×	×	×	-	-	-	-	-	-
14	p-Toluladehyde	104-87-0	120.15	×	×	×	-	-	-	-	-	-

- UR: Unit Risk
- RfC: Reference Concentration
- IRIS: Integrated Risk Information System
- ATSDR: US Agency for Toxic Substances and Disease Registry

5.2 오염기여도 평가를 통한 관리대상물질 선정

□ 관리대상물질 선정을 위해 위해성을 고려한 농도 즉, 위해가중농도 (발암)와 환경위해도 (비발암)를 산정한 후 상위의 값을 가진 물질을 관리대상물질로 간주하였다. 이 방법은 기존의 위해성평가와 달리 계산결과에 대한 절대적인 의미는 부여할 수 없으며 다만 물질 간 상대적인 관리우선순위를 산정함에 있어 농도에 위해성을 함께 고려함에 목적을 두고 있다.

□ <표 5.5>는 본 연구의 서울지역에서 측정한 HAPs의 측정농도, 위해가중농도, 환경위해도를 물질별로 높은 값에서 낮은 값 순으로 표시하였다. 표에 나타낸 바와 같이 물질의 고농도 순위와 위해성을 고려한 농도순위와 차이가 남을 확인할 수 있다. 예를 들어 benzaldehyde는 측정농도로 1 순위지만 독성정보가 없어 위해가중농도와 환경위해도를 계산할 수 없었다. 반면에 As는 측정농도로 70위이지만 위해가중농도로는 2위, 환경위해도는 6위로 관리대상물질이다.

□ <그림 5.6>은 위해가중농도를 구한 후 중앙값으로 1차적으로 정렬하고, 그 후 평균값으로 정렬하였다. 해당 물질의 위해가중농도 값이 크면 클수록 관리의 필요성은 더욱 커진다고 할 수 있다. 위해가중농도 관점에서 formaldehyde, As, benzene등이 주요 관리대상물질이다. <그림 5.7>은 환경위해도를 중앙값과 평균값 순으로 정렬하였다. 환경위해도 관점에서 Mn, acetaldehyde, formaldehyde, As, Pb 등이 주요 관리대상물질이다.

□ <표 5.6>은 과거 산단지역에서 개별물질별 위해가중농도의 평균값 순위와 본 연구의 서울지역의 위해가중농도 평균값 순위를 비교하였다. 전체적으로 산단과 비교하여 서울지역의 주요 HAPs 위해가중농도 순위는 유사하였다. 한편 <표 5.7>은 산단지역의 개별물질별 환경위해도의 평균값 순위와 본 연구의 결과를 비교하여 나타내었다. 위해가중농도와 유사하게 환경위해도의 경우도 산단지역과 대도시 서울의 결과가 유사하였다. 결론적으로 과거 산단지역 환경대기 중 유해대기오염물질 측정결과를 토대로 도시지역의 모니터링 대상물질을 선정한 것은 실제적이면서 논리적이었다고 판단된다.

<표 5.5> 서울지역의 HAPs 측정농도, 위해가중농도, 환경위해도 순

No.	측정농도(μg/m³)	Mean	No.	위해가중농도(발암)	Mean	측정농도 순위	No.	환경위해도(비발암)	Mean	측정농도 순위
1	Benzaldehyde	2.59E+01	1	Formaldehyde	4.90E-05	6	1	Epichlorohydrin	1.22E+00	18
2	Toluene	1.87E+01	2	Arsenic (As)	1.76E-05	70	2	Manganese (Mn)	8.23E-01	54
3	Acetone	1.15E+01	3	Benzene	1.23E-05	14	3	Acrolein	5.55E-01	64
4	Ethyl acetate	5.76E+00	4	Ethylbenzene	8.47E-06	8	4	Acetaldehyde	4.16E-01	7
5	m,p-Xylenes	3.78E+00	5	Acetaldehyde	8.25E-06	7	5	Formaldehyde	3.84E-01	6
6	Formaldehyde	3.77E+00	6	Naphthalene (VOC)	7.09E-06	39	6	Arsenic (As)	2.73E-01	70
7	Acetaldehyde	3.75E+00	7	Cobalt (Co)	6.71E-06	84	7	Lead (Pb)	2.27E-01	56
8	Ethylbenzene	3.39E+00	8	Carbon tetrachloride	3.43E-06	27	8	Cobalt (Co)	1.24E-01	84
9	Hexane	2.31E+00	9	Tetrachloroethylene	2.75E-06	34	9	Cadmium (Cd)	1.21E-01	79
10	Methyl ethyl ketone	2.13E+00	10	Cadmium (Cd)	2.18E-06	79	10	1,2,4-Trimethylbenzene	7.64E-02	28
11	Iron (Fe)	1.76E+00	11	Trichloroethylene	2.04E-06	21	11	Naphthalene (VOC)	6.95E-02	39
12	Calcium (Ca)	1.75E+00	12	Chloroform	1.85E-06	49	12	Propionaldehyde	6.08E-02	32
13	Sodium (Na)	1.59E+00	13	Dibenzo[a,h]pyrene	1.57E-06	110	13	Nickel (Ni)	6.00E-02	66
14	Benzene	1.58E+00	14	Epichlorohydrin	1.46E-06	18	14	Benzene	5.27E-02	14
15	Methyl tert-butyl ether	1.45E+00	15	1,2-Dichloroethane	1.37E-06	52	15	m,p-Xylenes	3.78E-02	5
16	o-Xylene	1.40E+00	16	Nickel (Ni)	1.30E-06	66	16	1,2-Dichloropropane	3.10E-02	45
17	Aluminum (Al)	1.33E+00	17	1,2-Dichloropropane	1.24E-06	45	17	1,3,5-Trimethylbenzene	2.33E-02	42
18	Epichlorohydrin	1.22E+00	18	Acrylonitrile	1.17E-06	59	18	1,3-Butadiene	1.78E-02	55
19	Vinyl acetate	1.21E+00	19	1,3-Butadiene	1.07E-06	55	19	o-Xylene	1.40E-02	16
20	Isopropyl alcohol	1.05E+00	20	Benzo[a]pyrene	6.32E-07	89	20	Acrylonitrile	8.57E-03	59
21	Trichloroethylene	1.02E+00	21	Methyl tert-butyl ether	3.76E-07	15	21	Vinyl acetate	6.04E-03	19
22	Methyl isobutyl ketone	6.69E-01	22	1,4-Dichlorobenzene	1.74E-07	60	22	Carbon tetrachloride	5.72E-03	27
23	m,p-Tolualdehyde	6.62E-01	23	Dibenzo[a,h+a,c]anthracene	1.64E-07	111	23	Toluene	3.73E-03	2
24	Cyclohexane	6.46E-01	24	Benzo[b+j]fluoranthene	1.39E-07	77	24	Ethylbenzene	3.39E-03	8
25	Heptane	6.45E-01	25	1,1,2,2-Tetrachloroethane	9.59E-08	73	25	Hexane	3.30E-03	9
26	Butyraldehyde	6.38E-01	26	Benzyl chloride	5.60E-08	81	26	N,N-Dimethylformamide	2.86E-03	48
27	Carbon tetrachloride	5.72E-01	27	Indeno[1,2,3-cd]pyrene	5.43E-08	91	27	Tetrachloroethylene	1.73E-03	34
28	1,2,4-Trimethylbenzene	5.35E-01	28	Methylene chloride	4.94E-08	46	28	Trichloroethylene	1.70E-03	21
29	Styrene	5.07E-01	29	Benz[a]anthracene	4.86E-08	92	29	Benzyl chloride	1.14E-03	81
30	Potassium (K)	5.05E-01	30	1,4-Dioxane	4.09E-08	67	30	Chlorobenzene	1.01E-03	53
31	Freon 113	4.87E-01	31	Benzo[k]fluoranthene	3.71E-08	99	31	Chloroform	8.21E-04	49
32	Propionaldehyde	4.86E-01	32	Nitrobenzene	1.67E-08	93	32	2-Ethoxyethylacetate	7.77E-04	37
33	Magnesium (Mg)	4.83E-01	33	Chrysene	9.09E-09	83	33	Phenol	6.35E-04	44
34	Tetrachloroethylene	4.66E-01	34	Naphthalene (PAH)	6.74E-09	104	34	Styrene	5.07E-04	29
35	Crotonaldehyde	4.03E-01	35	1,1,2-Trichloroethane	5.91E-09	97	35	Methyl tert-butyl ether	4.82E-04	15
36	Freon11	2.40E-01	36	Dibenzo[a,e]pyrene	5.84E-09	121	36	2-Ethoxyethanol	4.39E-04	47
37	2-Ethoxyethylacetate	2.33E-01	37	Aniline	5.75E-10	98	37	Methyl ethyl ketone	4.26E-04	10
38	Valeraldehyde	2.33E-01	38	1,1-Dichloroethane	3.40E-10	101	38	Acetone	3.70E-04	3
39	Naphthalene (VOC)	2.08E-01	39	Bromoform	2.74E-10	100	39	Aniline	3.59E-04	98
40	Copper (Cu)	1.74E-01	40	Vinyl chloride	0.00E+00	123	40	Freon11	3.43E-04	36
41	4-Ethyltoluene	1.65E-01	41	1,2-Dibromoethane	0.00E+00	128	41	1,2,4-Trichlorobenzene	3.00E-04	80
42	1,3,5-Trimethylbenzene	1.40E-01	42	Beryllium (Be)	0.00E+00	129	42	Methyl isobutyl ketone	2.23E-04	22
43	Zinc (Zn)	1.37E-01	43	Benzaldehyde	N.A.	1	43	Cyclohexane	1.08E-04	24
44	Phenol	1.27E-01	44	Toluene	N.A.	2	44	Methyl n-butyl ketone	1.07E-04	72
45	1,2-Dichloropropane	1.24E-01	45	Acetone	N.A.	3	45	Methylene chloride	1.05E-04	46
46	Methylene chloride	1.05E-01	46	Ethyl acetate	N.A.	4	46	1,2-Dichlorobenzene	1.02E-04	58
47	2-Ethoxyethanol	8.77E-02	47	m,p-Xylenes	N.A.	5	47	Naphthalene (PAH)	6.61E-05	104
48	N,N-Dimethylformamide	8.59E-02	48	Hexane	N.A.	9	48	Selenium (Se)	6.06E-05	78
49	Chloroform	8.05E-02	49	Methyl ethyl ketone	N.A.	10	49	Nitrobenzene	4.64E-05	93
50	Titanium (Ti)	6.66E-02	50	Iron (Fe)	N.A.	11	50	Carbon disulfide	3.29E-05	57
51	Tetrahydrofuran	5.71E-02	51	Calcium (Ca)	N.A.	12	51	1,2-Dichloroethane	2.19E-05	52
52	1,2-Dichloroethane	5.26E-02	52	Sodium (Na)	N.A.	13	52	1,4-Dichlorobenzene	1.98E-05	60
53	Chlorobenzene	5.04E-02	53	o-Xylene	N.A.	16	53	2-Methoxyethanol	1.86E-05	96
54	Manganese (Mn)	4.11E-02	54	Aluminum (Al)	N.A.	17	54	Freon 113	1.62E-05	31
55	1,3-Butadiene	3.55E-02	55	Vinyl acetate	N.A.	19	55	trans-1,2-Dichloroethylene	1.19E-05	85
56	Lead (Pb)	3.40E-02	56	Isopropyl alcohol	N.A.	20	56	1,1-Dichloroethene	3.47E-06	87
57	Carbon disulfide	2.31E-02	57	Methyl isobutyl ketone	N.A.	22	57	1,1,1-Trichloroethane	1.91E-06	65
58	1,2-Dichlorobenzene	2.05E-02	58	m,p-Tolualdehyde	N.A.	23	58	1,4-Dioxane	1.48E-06	67
59	Acrylonitrile	1.71E-02	59	Cyclohexane	N.A.	24	59	Chloroethane	1.34E-06	61
60	1,4-Dichlorobenzene	1.58E-02	60	Heptane	N.A.	25	60	1,1,2-Trichloroethane	9.23E-07	97
61	Chloroethane	1.34E-02	61	Butyraldehyde	N.A.	26	61	1,1-Dichloroethane	4.25E-07	101
62	Bromodichloromethane	1.33E-02	62	1,2,4-Trimethylbenzene	N.A.	28	62	Vinyl chloride	0.00E+00	123
63	Chromium III (Cr)	1.24E-02	63	Styrene	N.A.	29	63	Bromomethane	0.00E+00	124
64	Acrolein	1.11E-02	64	Potassium (K)	N.A.	30	64	1,2-Dibromoethane	0.00E+00	128
65	1,1,1-Trichloroethane	9.55E-03	65	Freon 113	N.A.	31	65	Beryllium (Be)	0.00E+00	129
66	Nickel (Ni)	5.40E-03	66	Propionaldehyde	N.A.	32	66	Benzaldehyde	N.A.	1
67	1,4-Dioxane	5.31E-03	67	Magnesium (Mg)	N.A.	33	67	Ethyl acetate	N.A.	4
68	1,3-Dichlorobenzene	4.68E-03	68	Crotonaldehyde	N.A.	35	68	Iron (Fe)	N.A.	11
69	Vanadium (V)	4.23E-03	69	Freon11	N.A.	36	69	Calcium (Ca)	N.A.	12
70	Arsenic (As)	4.09E-03	70	2-Ethoxyethylacetate	N.A.	37	70	Sodium (Na)	N.A.	13

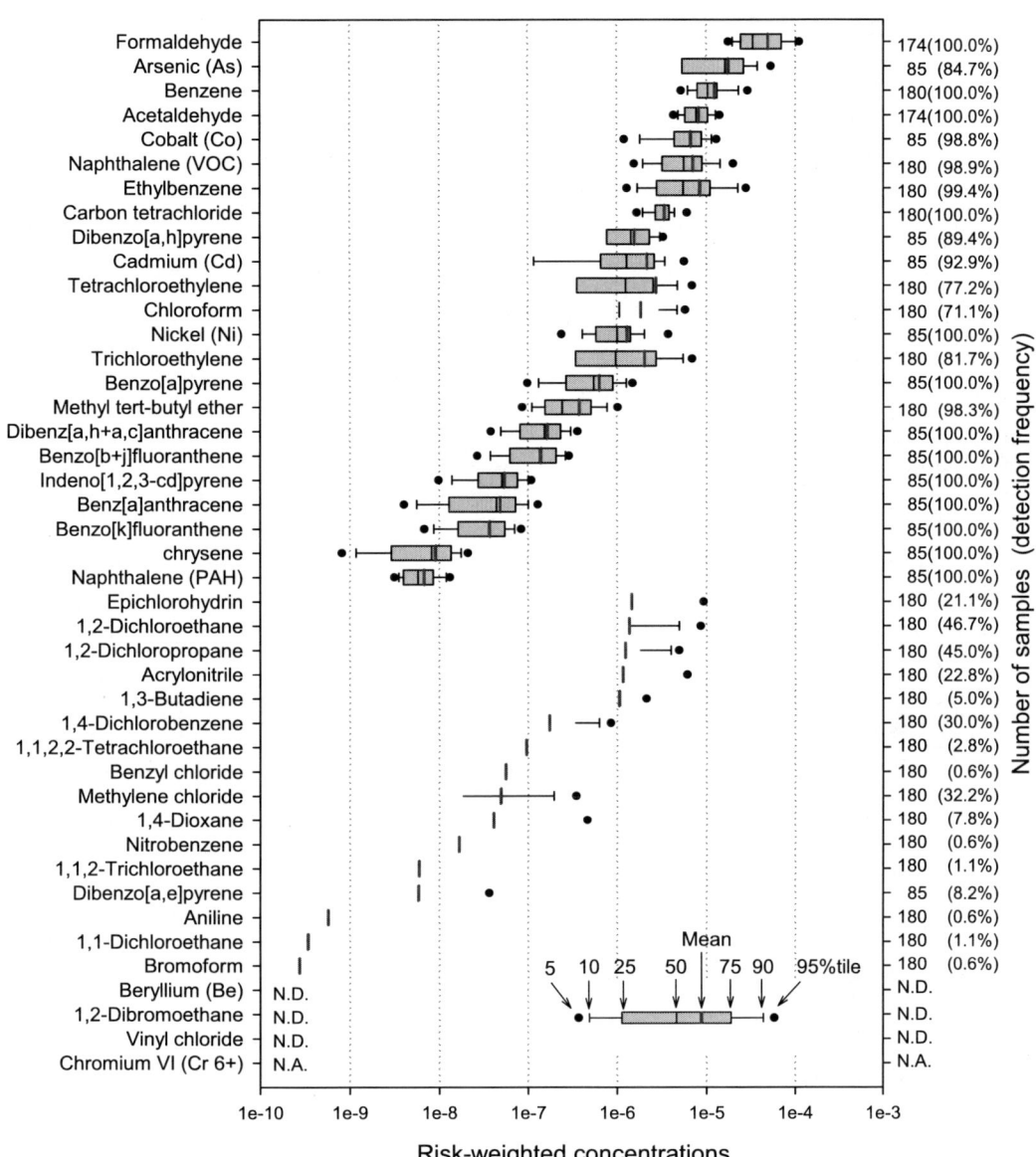

<그림 5.6> 서울지역 주요대상물질의 위해가중농도 (발암).

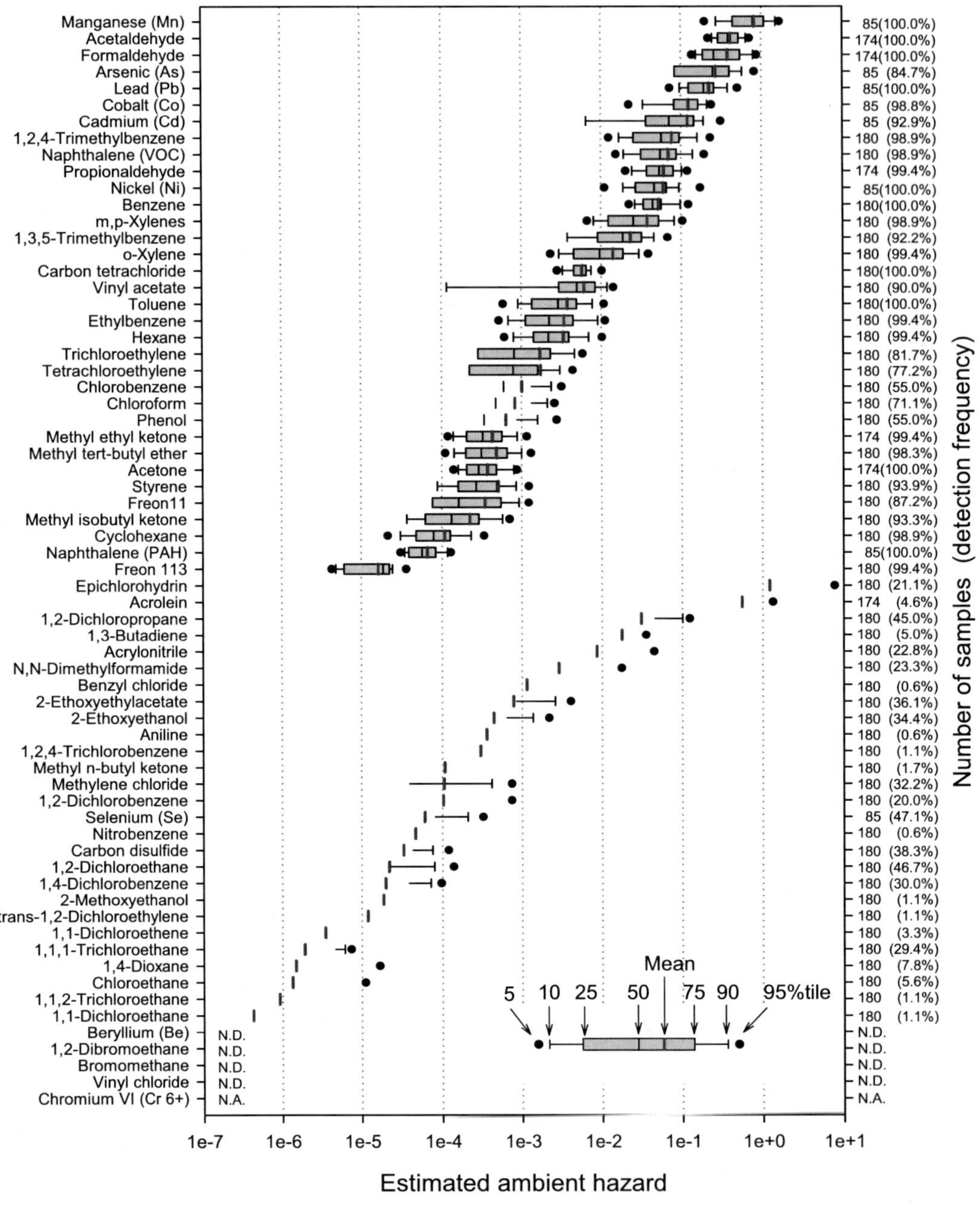

<그림 5.7> 서울지역 주요대상물질의 환경위해도 (비발암).

<표 5.6> 지역별 주요 HAPs 위해가중농도 순위 (발암)

구분	물질명	시화 반월	여수 광양	울산	구미	대산	포항	전체 산단	서울
VOC	Benzene	5	3	3	4	2	3	3	3
	1,2-Dichloroethane	10	2	8	14	4	12	4	15
	Trichloroethylene	4	20	16	11	20	21	6	11
	Ethylbenzene	6	9	6	7	8	10	8	4
	Naphthalene (VOC)	-	7	10	6	6	5	10	6
	Chloroform	9	8	18	15	16	16	11	12
	Carbon tetrachloride	18	10	12	9	11	8	14	8
	1,3-Butadiene	15	12	13	22*	15	19*	15	19*
	Tetrachloroethylene	14	23*	17	16	21	22*	16	9
	1,2-Dibromoethane	13*	37*	41*	39*	26*	N.D.	17*	N.D.
	Acrylonitrile	20*	18	14	19*	10	15*	18	18
	Methylene chloride	16	31	29	25	32	38*	19	28
	1,2-Dichloropropane	26*	16*	22	12	13	20	20	17
	Benzyl chloride	23*	39*	33*	32*	9	27*	22*	26*
	Nitrobenzene	17*	-	44*	43*	27*	N.D.	23*	32*
	1,1,2,2-Tetrachloroethane	21*	38*	19*	27*	18*	N.D.	24*	25*
	1,1,2-Trichloroethane	38*	15*	25*	38*	31*	14*	26*	35*
	1,4-Dioxane	37*	36*	27*	17	22	N.D.	30	30*
	Methyl tert-butyl ether	27*	21	23	20	28	25	31	21
	Epichlorohydrin	22*	-	31*	41*	43*	26*	32*	14
	Vinyl chloride	28*	35*	40*	37*	36*	N.D.	37*	N.D.
	1,4-Dichlorobenzene	30*	40*	43*	35*	42*	35*	38*	22
	Aniline	-	24*	39*	42*	44*	32*	39*	37*
	1,1-Dichloroethane	34*	26*	37*	36*	40*	N.D.	40*	38*
	Bromoform	39*	34*	42*	40*	41*	36*	44*	39*
카보닐	Formaldehyde	1	1	2	1	1	2	1	1
	Acetaldehyde	11	5	7	3	5	6	7	5
PAH	Benzo[a]pyrene	19	17	20	18	24	17	21	20
	Dibenzo[a,h]pyrene	40*	19	21	26*	19	13	27	13
	Di[2-ethylhexyl]phthalate	N.A.	27	24	21	23	18	28	N.A.
	Benzo[b+j]fluoranthene	24	22	26	24	30	23	29	24
	Dibenz[a,h+a,c]anthracene	33	25	28	23	29	24	33	23
	Benz[a]anthracene	29	28	30	28	34	29	34	29
	Indeno[1,2,3-cd]pyrene	31	29	32	31	33	30	35	27
	Benzo[k]fluoranthene	32	30	34	30	35	31	36	31
	chrysene	35	32	36	34	38	33	41	33
	Naphthalene (PAH)	36	33	35	33	39	34	42	34
	Dibenzo[a,e]pyrene	41*	41*	38*	29*	37	37*	43*	36*
중금속	As	2	4	1	2	3	1	2	2
	Co	3	6	4	5	7	4	5	7
	Cd	8	13	5	10	17	11	9	10
	Ni	12	11	11	13	14	9	12	16
	Cr6+	7	14	9	8	12	7	13	N.A.
	Be	25	42*	15*	44*	25	28	25	N.D.

- N.A.: not available, N.D.: not detected, *검출한계 10% 이하

<표 5.7> 지역별 주요 HAPs 환경위해도 순위 (비발암)

구분	물질명	시화반월	여수광양	울산	구미	대산	포항	전체산단	서울
VOC	1,2,4-Trimethylbenzene	11	12	11	11	13	12	10	10
	Benzene	15	7	12	12	9	11	12	14
	Epichlorohydrin	9*	-	19*	63*	66*	9*	11*	1
	Naphthalene (VOC)	-	14	15	10	11	10	13	11
	m,p-Xylenes	14	16	14	14	17	16	14	15
	1,3-Butadiene	16	15	16	25*	16	21*	17	18*
	1,3,5-Trimethylbenzene	17	18	18	16	21	18	18	17
	1,2-Dichloropropane	28*	17*	27	9	14	19	19	16
	Hexane	-	21	10	27	22	27	20	25
	Aniline	-	11*	36*	64*	67*	17*	21*	39*
	o-Xylene	18	20	20	19	23	20	22	19
	Benzyl chloride	22*	59*	35*	30*	15	26*	23*	29*
	Acrylonitrile	20*	22	22	23*	20	22*	24	20
	Trichloroethylene	19	38	32	24	41	35	27	28
	N,N-Dimethylformamide	-	-	24	15	26	29*	28	26
	Carbon tetrachloride	33	23	28	22	28	23	29	22
	Toluene	21	30	30	26	34	31	30	23
	Vinyl acetate	42*	25	25	21	24	24	31	21
	Ethylbenzene	27	27	29	28	33	28	32	24
	Styrene	35	34	21	39	30	41	33	34
	1,2,4-Trichlorobenzene	25*	32*	65*	32*	32*	N.D.	34*	41*
	Methylene chloride	24	49	48	40	47	54*	35	45
	Chloroform	29	26	39	36	39	32	36	31
	2-Methoxyethanol	-	-	66*	17	40*	30*	37	53*
	Nitrobenzene	23*	-	67*	65*	43*	N.D.	38	49*
	Methyl n-butyl ketone	39*	57*	47*	51*	27	38*	39	44*
	Phenol	-	33	41	29	29	34	40	33
	Bromomethane	34*	54*	61*	59*	31	N.D.	41*	N.D.
	Tetrachloroethylene	32	42*	34	33	42	42*	42	27
	Freon11	31	41	44	41	49	33	43	40
	Chlorobenzene	38*	31*	31	45*	37	37*	45	30
	Methyl isobutyl ketone	36	48	43	34	48	45	46	42
	2-Ethoxyethanol	-	-	49*	37	35	51*	47	36
	1,2-Dichloroethane	46	29	46	50	45	50	48	51
	1,2-Dibromoethane	37*	58*	63*	62*	53*	N.D.	49*	N.D.
	2-Ethoxyethylacetate	-	-	50*	46*	38	43*	50	32
	Methyl tert-butyl ether	44	36	38	35	46	40	51	35
	Cyclohexane	41	35	40	43	50	48	54	43
	Carbon disulfide	40	50*	52	48	55	49	55	50
	1,1,1-Trichloroethane	43	51*	55	52	63	56*	57	57
	1,1,2-Trichloroethane	58*	39*	51*	61*	59*	39*	58*	60*
	Vinyl chloride	48*	53*	60*	58*	56*	N.D.	59*	N.D.
	1,1-Dichloroethene	50*	46*	59*	55*	62*	N.D.	60*	56*
	1,1-Dichloroethane	52*	40*	53*	56*	61*	N.D.	61*	61*
	1,2-Dichlorobenzene	51*	43*	57*	54*	60*	53*	62*	46
	trans-1,2-Dichloroethylene	56*	44*	56*	49*	52*	N.D.	63*	55*
	Freon 113	54*	55*	54	53*	58	52	64	54
	1,4-Dioxane	57*	56*	58*	47*	57	N.D.	65	58*
	1,4-Dichlorobenzene	53*	60*	64*	57*	65*	55*	66*	52
	Chloroethane	55*	52*	62*	60*	64*	N.D.	67	59*
카보닐	Acrolein	1	1*	9*	67*	4*	N.D.	1*	3*
	Formaldehyde	7	3	5	3	2	4	5	5
	Acetaldehyde	8	4	6	2	3	5	6	4
	Propionaldehyde	12	13	23	18	7	14	15	12
	Methyl ethyl ketone	30	28	33	31	36	36	44	37
	Acetone	47	37	42	44	44	47	52	38
PAH 프탈레이트	Di[2-ethylhexyl]phthalate	-	24	26	20	19	15	25	N.A.
	Naphthalene (PAH)	49	47	45	42	54	44	56	47
중금속	Mn	2	2	1	1	1	1	2	2
	Pb	3	8	3	5	5	3	3	7
	As	4	5	2	4	6	2	4	6
	Cd	5	10	4	7	12	8	7	9
	Co	6	6	7	6	8	6	8	8
	Ni	10	9	8	8	10	7	9	13
	Cr6+	13	19	13	13	18	13	16	N.A.
	Be	26	61*	17*	66*	25	25	26	N.D.
	Se	45	45	37	38	51	46	53	48

- N.A.: not available, N.D.: not detected, *검출한계 10% 이하

제 6 장 유해대기오염물질 배출원 및 배출량 조사

6.1 유해대기오염물질 배출량 현황
6.2 우선관리 대상물질의 배출원 파악
6.3 유해대기오염물질 배출원의 관리

제 6 장 유해대기오염물질 배출원 관리 방안

6.1 유해대기오염물질 배출량 현황

□ 서울지역에서 대기 중으로 배출되는 HAPs 배출원을 파악하기 위해서 유해화학물질조사 프로그램(PRTR)자료와 대기정책지원시스템 (Clean Air Policy Support System, CAPSS) 자료를 이용하였다. CAPSS자료는 이산화황 등 7개 대기오염물질 배출량을 산정하는데, 유해대기오염물질에 대해서는 휘발성유기화합물(VOCs)의 총량을 파악하고 있다.

□ 유해화학물질 1개 이상을 1 톤/년 이상 제조하거나 사용하는 사업장에 대해 조사하는 유해화학물질조사 프로그램(PRTR)은 화합물 및 화학제품제조업, 섬유제품제조업, 제1차 금속산업 등 한국표준산업분류에 의한 36개 업종에 속한 사업장 가운데, 대기환경보전법 또는 수질환경보전법에 의한 배출시설 설치허가 또는 신고를 한 종업원 수 30인 이상이면서, 메틸알코올, 톨루엔, 디클로로메탄 등 415종의 화학물질 중 하나 이상의 물질을 연간 1톤(Ⅰ그룹) ~ 10톤(Ⅱ그룹) 이상 제조·사용한 사업장을 대상으로 화학물질의 배출·이동·처리한 양에 대해 조사한다.

□ 환경매체별로는 대기, 수계, 토양에 대해서, 공정별로는 대기오염방지시설, 코팅공정, 이송·운반·분배·계량시설, 혼합공정, 탈지·세정·표백공정, 저장시설, 열처리공정, 분리·정제공정, 화학반응공정, 용제회수공정, 폐수처리공정, 조립·포장·검사공정, 기계적 가공공정, 폐기물처리시설, 비정상조업, 빗물, 기타 등 17개 공정에 대해 점 및 누출오염원으로 나누어 조사한다.

□ 2011년도 화학물질 배출량조사 결과의 개요를 살펴보면, 34개 업종의 3,159개 사업장에서 취급한 242종의 화학물질을 조사하였다. 화학물질 취급량은 약 150,515천톤이며, 환경으로 배출된 양은 약 52,289 톤으로 취급량의 약 0.035%이다. <표 6.1>에는 화학물질의 매체별 배출량을 나타냈다. 전체 배출량의 99.65%가 대기로 배출되었는데, 운송장비 제조업에서 가장 많은 33.8%를 배출하고 있으며, 고무 및 플라스틱 제조업(13.6%), 화학물질 및 화학제품 제조업(8.9%), 자동차 및 트레일러제조업(8.3%), 전자부품·컴퓨터영상·음향 및 통신장비제조업(5.2%) 등 5개 업종에서 전체 배출량의 69.9%인 36,543톤을 배출한다.

□ 배출공정은 코팅공정(99.91%), 환경오염방지시설(32.06%), 이송·운반·분배·계량시설

(5.3%), 혼합공정(5.71%)으로 전체의 82.98%를 차지하며, 대기배출량의 36.19% 인 18,922톤이 점오염원(대기오염방지시설, 공정배기구 등)에서, 63.46%인 33,182톤이 비산배출원(밸브, 플랜지 등)에서 배출된 것으로 나타났다.

<표 6.1> 2011년도 유해화학물질의 매체별 배출량(전국)

구분		합계	대기	수계	토양
배출량 (톤)	'11년	52,289	52,105(99.65%)	184(0.35%)	-
	'10년	50,034	49,882(99.7%)	152(0.3%)	-
	'09년	46,989	46,858(99.7%)	131(0.28%)	-
	'08년	47,625	47,474(99.6%)	150(0.3%)	-
	'07년	47,688	47,430(99.5%)	258(0.5%)	0.02(0.0001%)
배출 화학물질(종)	'11년	222	222	48	-
	'10년	202	202	54	-
	'09년	201	201	54	-
	'08년	215	204	55	-
	'07년	219	208	71	6
최다배출 화학물질	'11년	-	자일렌	알루미늄 및 화합물	망간 및 화합물
	'10년	-	자일렌	알루미늄 및 화합물	알루미늄 및 화합물
	'09년	-	자일렌	알루미늄 및 화합물	알루미늄 및 화합물
	'08년	-	자일렌	알루미늄 및 화합물	알루미늄 및 화합물
	'07년	-	자일렌	알루미늄 및 화합물	알루미늄 및 화합물
주요 배출업종	'11년	-	운송장비 제조업	전자부품, 컴퓨터, 영상, 음향 및 통신장비 제조업	1차금속 제조업
	'10년	-	운송장비 제조업	화학물질 제조업	1차금속 제조업
	'09년	-	운송장비 제조업	화학물질 제조업	-
	'08년	-	운송장비 제조업	화학물질 제조업	-
	'07년	-	운송장비 제조업	수도사업	화학품 제조업

□ 화학물질 종류별로는 유독물인 자일렌(33.4%), 톨루엔(13.3)%, 디클로로메탄(7.1%)이 가장 많이 배출 되었고, 상위 10개 화학물질이 전체배출량의 84.2%를 차지한다. <표 6.2>에는 화학물질의 종류별로 상위 10개 물질의 배출량을 나타냈다.

<표 6.2> 2011년도 유해화학물질의 종류별 배출량(전국)

순위	물 질 명	배출량(ton/yr)	분율(%)
1	자일렌	17,442	33.4
2	톨루엔	6,931	13.3
3	디클로로메탄	3,691	7.1
4	메틸 알코올	3,652	7.0
5	아세트산 에틸	3,149	6.0
6	메틸 에틸 케톤	2,537	4.9
7	2-프로판올	2,453	4.7
8	에틸벤젠	2,273	4.3
9	N,N-디메틸포름아미드	1,286	2.5
10	트리클로로에틸렌	619	1.2
	기타	8,257	15.8

□ 본 연구의 조사지역인 서울지역의 유해화학물질 배출사업장은 27개로 파악되었으며 (2011년 PRTR자료), <그림 6.1>에 이들 사업장의 공간적 분포를 나타냈다. 또한, <표 6.3>에 서울지역에서 배출되는 화학물질배출량을 나타냈다. 총 12개 화학물질을 대기 중으로 배출하고 있는 것으로 파악되었다.

<그림 6.1> 서울지역 화학물질 배출사업장의 공간적 분포.

<표 6.3> 서울지역의 화학물질 배출량(PRTR자료, 2011기준)

순위	물 질 명	배출량(kg/yr)	사업장수
1	2-프로판올	41,499	9
2	암모니아	9,994	6
3	톨루엔	5,577	1
4	염화수소	1,276	2
5	염소	716	5
6	아연 및 그 화합물	169	2
7	니켈 및 그 화합물	155	1
8	구리 및 그 화합물	17	3
9	4,4'-비스페놀 에이	6	1
10	수산화나트륨	-	3
11	주석 및 그 화합물	-	1
12	황산	-	2

□ 서울지역에서 대기 중으로 배출되는 휘발성유기화합물(VOCs)은 톨루엔으로 파악되었으며(2011년, PRTR자료), 배출업종은 고무제품 및 플라스틱제품제조업(22299)이고, 배출공정은 대기오염방지시설로 파악되었다.

□ 서울지역에서 배출되는 화학물질 중에 대기환경보전법상의 특정대기유해물질에 해당하는 것을 <표 6.4>에 종류와 배출량을 나타냈다. 서울지역에서 배출되는 특정유해대기오염물질은 총 3종 이며, 가장 많이 배출되는 것은 2011년 기준으로 염화수소로 전체 특정대기유해물질의 약 59%를 차지하는 것으로 파악되었다.

□ 특정대기유해물질을 배출하는 업종은 화학물질 및 화학제품 제조업;의약품 제외(20), 전기, 가스, 증기 및 공기조절 공급업(35), 수도사업(36), 전자부품, 컴퓨터, 영상, 음향 및 통신장비 제조업(26) 등 4개 업종이다.

<표 6.4> PRTR(2011) 자료에 근거한 서울지역의 특정대기유해물질의 대기배출량

순위	물 질 명	배출량(kg/yr)	업종	비고
1	염화수소	1,276	20, 35	
2	염소	716	20, 36	
3	니켈 및 그 화합물	155	26	발암우려물질

* 화학물질 및 화학제품 제조업;의약품 제외(20), 전기, 가스, 증기 및 공기조절 공급업(35), 수도사업(36), 전자부품, 컴퓨터, 영상, 음향 및 통신장비 제조업(26)

□ 또한, 서울지역 대기 중의 HAPs의 농도는 서울지역뿐 아니라 외곽인 인천과 경기지역(부천시, 김포시, 고양시, 양주시, 의정부시, 남양주시, 하남시, 성남시, 의왕시, 안양시, 광명시, 안산시, 시흥시)의 영향을 받을 것이라 판단하여 이 지역들에 대해서도 화학물질 배출량을 파악하였다.

□ <표 6.5>에는 인천지역에서 대기 중으로 배출되는 유해화학물질 배출량을 나타낸 것이다. 배출량기준으로 상위 20개 물질과 특정유해대기물질의 배출량, 사업장수를 나타냈다. 인천지역에서 대기 중으로 배출되는 화학물질의 종류는 총 84개 물질이며, 116개 사업장에서 약 1,548 톤을 배출한 것으로 파악되었다.

<표 6.5> 인천지역의 화학물질 배출량(PRTR자료, 2011기준)

순위	물질명	배출량(kg/yr)	사업장수
1	메틸 알코올	746,717	37
2	자일렌(o-,m-,p- 이성질체 혼합물)	197,432	26
3	2-프로판올	119,272	17
4	톨루엔	68,526	32
5	아세트산 에틸	50,977	11
6	n-헥산	39,167	8
7	부탄	38,734	3
8	암모니아	33,191	13
9	염화 수소	33,125	40
10	황산	30,720	20
11	알루미늄 및 그 화합물	29,045	18
12	포름알데히드	28,119	18
13	디클로로메탄	22,818	6
14	메틸 에틸 케톤	15,709	12
15	메틸 tert-부틸 에테르	11,962	2
16	아세트산 2-에톡시에틸	9,532	3
17	테트라클로로에틸렌	6,798	1
18	벤젠	5,920	4
19	납 및 그 화합물	5,154	10
20	망간 및 그 화합물	4,240	8
21	클로로포름	1,380	2
22	페놀	979	5
23	스티렌	763	4
24	크롬 및 그 화합물	616	23
25	니켈 및 그 화합물	468	24
26	에틸벤젠	410	1
27	코발트 및 그 화합물	115	3
28	아닐린	61	1
29	트리클로로에틸렌	14	1
30	에피클로로히드린	5	1
31	카드뮴 및 그 화합물	1	1
32	기타	50,632	

□ <표 6.6>에는 경기지역 일부에서 대기 중으로 배출되는 유해화학물질 배출량을 나타낸 것으로 총 119개 물질을 387개 사업장에서 약 2,827 톤을 배출한 것으로 파악되었다.

<표 6.6> 경기지역(부천시 등 13개 지역)의 화학물질 배출량(PRTR자료, 2011기준)

순위	물질명	배출량(kg/yr)	사업장수
1	톨루엔	824,511	93
2	메틸 에틸 케톤	424,826	57
3	아세트산 에틸	415,381	59
4	2-프로판올	275,596	58
5	메틸 알코올	162,064	62
6	자일렌(o-,m-,p- 이성질체 혼합물)	158,528	49
7	디클로로메탄	70,696	21
8	아세트산	69,037	47
9	염화 수소	66,836	36
10	알루미늄 및 그 화합물	64,662	95
11	트리클로로에틸렌	43,263	4
12	N,N-디메틸포름아미드	36,460	23
13	디(2-에틸헥실) 프탈레이트	24,211	19
14	황산	20,599	51
15	암모니아	14,935	28
16	구리 및 그 화합물	14,863	48
17	아연 및 그 화합물	13,186	34
18	스티렌	12,110	15
19	시클로헥산	10,535	12
20	니켈 및 그 화합물	5,060	35
21	포름알데히드	4,591	31
22	테트라클로로에틸렌	2,986	3
23	납 및 그 화합물	2,464	30
24	클로로포름	2,277	9
25	플루오르화 수소	1,594	6
26	아크릴로니트릴	1,530	7
27	에틸벤젠	1,045	6
28	벤젠	437	6
29	이황화 탄소	418	2
30	코발트 및 그 화합물	407	2
31	에피클로로히드린	393	4
32	크롬 및 그 화합물	384	32
33	1,3-부타디엔	380	1
34	1,2-디클로로에탄	352	1
35	아닐린	273	4
36	카드뮴 및 그 화합물	98	2
37	망간 및 그 화합물	63	4
38	아세트알데히드	20	1
39	기타	81,908	

□ 서울지역과 인천·경기지역에서 대기 중으로 배출되는 휘발성유기화합물(VOCs)의 산정은 대기정책지원시스템 (Clean Air Policy Support System, CAPSS)에서 매년 실시하고 있다. CAPSS자료에서 휘발성유기화합물(VOCs)의 산정은 그 종류에 상관없이 총량으로 연료연소, 에너지수송 및 저장, 유기용제사용, 도로 이동오염원, 비도로 이동오염원, 폐기물처리, 기타 면오염원, 생물성연소 등으로 구분하여 산정한다.

□ 에너지산업연소, 비산업연소, 제조업 연소가 연료 연소에 의한 배출량에 해당하며 이 중 점오염원은 대기배출원 관리시스템(Stack Emission ManagementSystem, 이하 SEMS)을 기반으로 상향식방법(Bottom Up Approach)을 이용하여 배출량을 산정한다. 점오염원에서 소비되는 연료를 제외한 나머지 연료를 면오염원으로 분류하며 석유공사, 석탄협회, 도시가스회사 등의 통계자료를 기초로 하향식방법(Top Down Approach)을 이용하여 배출량을 산정한다.

$$E = Fuel \times EF \times (1-CF)$$

E : 시설에서의 오염물질 배출량 (kg/yr)
$Fuel$: 연료의 사용량
EF : 연료에 대한 오염물질 배출계수
CF : 시설에 적용되는 방지시설의 방지효율

□ 에너지수송 및 저장부문에서의 산정은 정유공장 및 저유소의 출하기지에서 수송수단(탱크트럭 등)에 적재할 때의 배출 및 저장탱크에서의 배출, 주유소에서의 급유 및 저장탱크에서의 배출을 고려한다. 유럽 CORINAIR 분류체계에서는 원래 고체 화석연료의 채굴 및 저장이 포함되어 있으나 CAPSS에서는 휘발성이 강한 휘발유에 국한하여 배출량을 산정한다. 이 부문의 오염물질 배출량은 아래 산정식을 이용하여 평가한다.

정유공장 출하기지 = 정유공장 휘발유 출하량 × 배출계수
수송 및 저유소 = 저유소 휘발유 출하량 × 배출계수
주유소 = 주유소 휘발유 판매량 × 배출계수

□ 유기용제 사용에 의한 산정은 페인트, 잉크, 세탁소 용매 및 가정용품등 휘발성이 큰 유기용제의 사용에 따른 휘발성 유기화합물 배출량을 산정하며 산업시설 도장, 건축물·비산업용 도장, 세정, 세탁, 기타 인쇄, 가정, 아스팔트 포장 등으로 나누어 산정한다.

□ 도로에서 주행하는 자동차로 인한 배출량을 산정하는 부문이다. 차종에 대한 분류는 국내의 자동차 관리법 규칙에 따라 분류(승용차, 승합차, 화물차, 특수자동차, 이륜차)하며 차종에 따라 경형, 소형, 중형, 대형으로 나누어 차종별 엔진가열(hot-start) 배출량, 엔진미

가열(cold-start) 배출량, 증발 배출량 등으로 분류하여 산정한다. 이륜차, 화물차 대형 등 일부는 엔진가열 배출량만 산정한다. 또한 차종별로 이용되는 연료도 구분하여 산정한다. 배출계수의 경우 자동차 차종별 연식별 모든 차종에 대하여 개발된 것이 아니기 때문에 일부 차종에 대해서는 다른 유사차종의 배출계수를 적용한다. 국립환경과학원 교통환경연구소의 자료를 사용하며, CAPSS 차종에 포함되지 않은 차종의 배출계수, 엔진 미가열 배출 및 증발 배출계수는 유럽 CORINAIR의 배출계수를 적용한다.

□ 비도로 이동 오염원에 의한 배출량은 자동차 이외의 내연기관을 장착한 철도, 선박운항 및 항공기, 건설장비, 농기계 배출량으로 분류하여 산정한다. 배출계수는 국내 자료와 미국 EPA에서 개발한 계수와 항공은 US Federal Aviation Administration (FAA, 미국 연방항공청)에서 개발한 계수를 사용하였다.

□ 폐기물 소각, 폐수처리, 매립, 퇴비화등의 폐기물 처리로 인한 배출량을 산정하는 부문이다. 배출원은 유럽 CORINAIR 분류체계에 국내 현실을 반영하였으며 폐기물 처리에 의한 배출량은 생활폐기물과 사업장폐기물(플레어링 제외)의 소각에 의한 배출량만을 산정한다.

□ 기타 면오염원은 일반적으로 식생에 의한 오염물질 배출, 습지나 토양에서의 오염물질 배출, 산불 및 화재 등이 포함된다. CAPSS에서는 습지 및 수체에 의한 배출량은 평가하지 않았으며, 동물에 의한 배출량은 암모니아에 대해서만 산정한다. 배출원 분류체계는 소분류까지는 유럽 CORINAIR 분류체계를 따르지만, 식생종류에 따른 세분류 체계는 우리나라 현존식생도에서 제공하는 수종에 따라 구분하였다. 동물 부문에서는 인간과 멧돼지에 의한 배출량을 포함하여 산정한다.

□ <표 6.7>에는 서울지역에서 배출되는 VOCs 양을 대분류별, 행정구역 구별로 파악한 것이다. 오염원 분류별 VOCs 배출량을 보면, 유기용제 사용과 도로이동 오염원에 의한 양이 각각 55,314톤, 13,274톤으로 전체의 약 95%를 차지한다. 또한 각 구별 VOCs 배출량은 크게 차이가 나지 않는 것으로 파악되었다.

□ <그림 6.2>에는 서울지역의 VOCs 배출량의 공간적 분포를 나타냈다. 강서구에서 가장 많이 배출되며, 중구, 송파구, 강남구 순으로 파악되었다. 배출량의 구성은 유기용제 사용이 많고, 교통량이 많은 지역으로 파악되었다.

<표 6.7> 서울지역의 휘발성유기화합물질 배출량(CAPSS자료, 2011기준)

(단위:kg)

구분	에너지산업	비산업연소	제조업연소	에너지수송저장	유기용제사용	도로이동오염원	비도로이동오염원	폐기물처리	기타면오염원	합계
합계	100,154	794,755	27,642	568,611	55,314,744	13,274,538	1,266,140	638,894	68,241	72,053,719
강남구	-	66,525	1,300	47,259	3,072,736	901,405	99,565	44,042	5,166	4,237,998
강동구	-	31,816	2,218	18,996	1,927,907	608,576	28,334	54	2,854	2,620,754
강북구	-	24,606	54	10,299	1,280,336	393,694	13,512	73	1,845	1,724,419
강서구	-	37,617	2,951	26,800	3,534,569	777,871	222,346	508,823	4,342	5,115,318
관악구	-	41,317	807	14,423	1,993,096	590,588	29,873	7	3,468	2,673,578
광진구	-	30,201	120	30,832	1,614,636	437,432	26,887	63	2,042	2,142,213
구로구	279	32,316	686	10,988	2,932,984	606,618	56,132	30,274	2,386	3,672,663
금천구	-	17,849	1,107	11,659	2,995,768	336,883	42,303	7	1,980	3,407,555
노원구	15,259	28,287	84	16,637	2,100,480	727,610	19,645	3,445	2,607	2,914,055
도봉구	-	21,871	350	10,954	1,350,407	455,386	15,195	63	1,771	1,855,997
동대문구	-	28,627	644	25,789	1,617,994	438,405	23,971	-	2,595	2,138,025
동작구	-	30,734	62	15,953	1,498,604	453,564	21,417	91	2,423	2,022,848
마포구	56,483	31,400	1,911	15,368	1,991,961	471,871	64,865	4,136	2,571	2,640,566
서대문구	-	27,768	54	11,281	1,253,196	378,189	38,035	1,926	2,571	1,713,020
서초구	-	48,511	2,260	98,284	2,482,140	644,123	97,868	125	2,987	3,376,298
성동구	-	24,050	1,375	15,431	2,901,007	384,001	33,301	4,190	2,030	3,365,385
성북구	-	36,810	132	19,430	1,764,593	585,910	19,320	106	2,386	2,428,687
송파구	7,171	41,834	5,294	36,768	3,442,671	878,397	118,015	33,563	4,145	4,567,858
양천구	20,962	22,159	80	26,682	1,891,197	638,796	23,131	2,260	2,829	2,628,096
영등포구	-	34,022	1,814	33,441	2,648,043	585,726	40,435	4,843	2,632	3,350,956
용산구	-	26,770	171	13,374	1,102,918	328,701	28,890	95	1,943	1,502,862
은평구	-	31,227	3,376	14,075	2,057,112	586,248	57,242	336	3,090	2,752,706
종로구	-	23,986	456	8,171	1,101,999	282,691	25,687	84	2,239	1,445,313
중구	-	29,083	130	12,422	4,659,019	271,179	47,838	199	2,645	5,022,515
중랑구	-	25,369	206	23,295	2,099,372	510,673	72,335	89	2,694	2,734,033

□ <표 6.8>과 <표 6.9>에는 인천지역과 경기지역에서 배출되는 VOCs 양을 대분류별로 구별로 파악한 것이다. 인천지역은 서울지역과 유사하게 유기용제 사용에 의한 배출량이 많지만, 생산공정에 의해 배출되는 양도 많은 것으로 파악되었다.

□ 경기지역의 VOCs 배출량은 서울지역과 유사하게 유기용제 사용에 의한 것과 도로이동 오염원에 의한 배출량이 가장 많은 것으로 파악되었다. 그러나 안산시 지역에서는 폐기물 처리에 의한 것과 생산공정에서 배출되는 VOCs양이 많은 것으로 파악되었다.

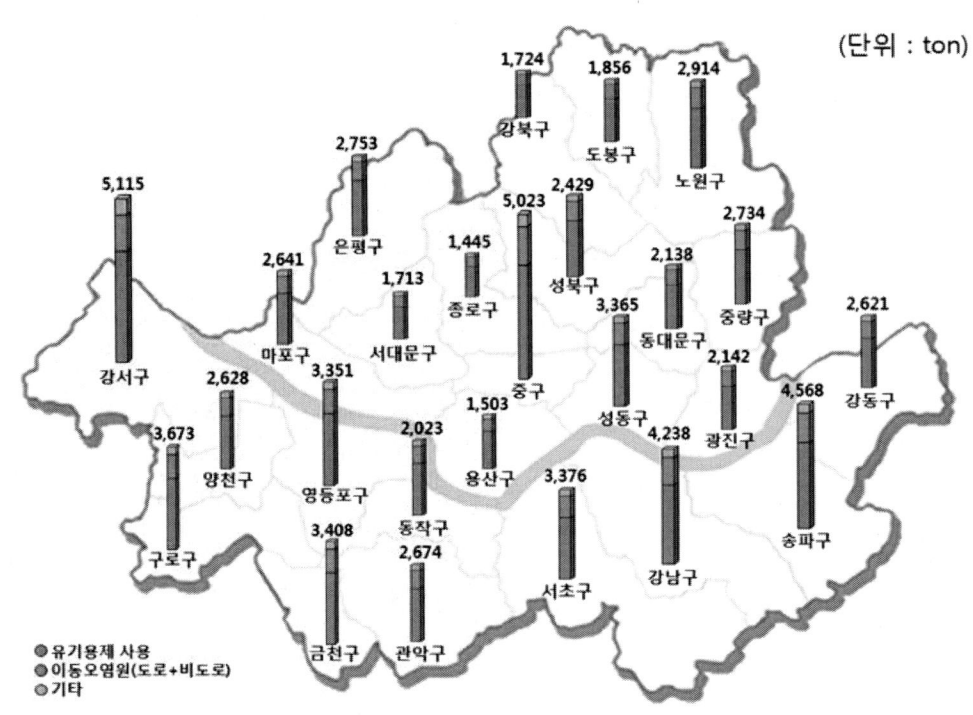

<그림 6.2> 서울지역 VOCs 배출량의 공간적 분포.

<표 6.8> 인천지역의 휘발성유기화합물질 배출량(CAPSS자료, 2011기준)

(단위:kg)

구분	에너지산업	비산업연소	제조업연소	생산공정	에너지수송저장	유기용제사용	도로이동오염원	비도로이동오염원	폐기물처리	기타면오염원	합계
합계	1,794,591	176,938	109,073	12,581,543	717,651	27,643,974	3,318,912	888,594	3,898,584	22,865	51,152,725
강화군	-	2,324	1,238	977	21,571	487,063	83,485	39,248	140	1,796	637,842
계양구	-	21,228	720	1,205	23,967	1,873,217	371,368	55,656	688	2,288	2,350,337
남구	-	29,071	14,755	17,350	23,568	2,743,713	498,065	30,994	688,849	3,038	4,048,403
남동구	6,213	30,784	11,394	4,284	26,399	7,571,570	595,391	75,752	538,283	4,367	8,864,437
동구	-	4,988	26,386	489,913	5,072	975,264	81,307	6,555	6,715	344	1,596,544
부평구	-	28,364	12,293	242,598	25,941	4,958,735	585,803	34,393	76,250	3,432	5,968,009
서구	1,415,232	31,229	23,620	2,449,303	263,564	6,488,155	606,239	152,460	2,273,128	3,960	13,706,890
연수구	36,948	14,063	1,308	317	29,776	1,422,184	319,585	38,077	14,643	1,771	1,879,672
옹진군	324,345	672	169	19	4,497	139,733	24,993	9,688	155,708	467	660,291
중구	11,853	14,215	17,190	9,376,577	293,296	985,140	152,676	445,771	144,180	1,402	11,441,300

<표 6.9> 경기지역의 휘발성유기화합물질 배출량(CAPSS자료, 2011기준)

(단위:kg)

구분	에너지산업	비산업연소	제조업연소	생산공정	에너지수송저장	유기용제사용	도로이동오염원	비도로이동오염원	폐기물처리	기타면오염원	합계
합계	567,205	372,988	120,108	1,774,490	3,025,654	67,935,872	7,302,396	1,715,514	5,896,569	61,869	88,772,665
고양시	159,947	31,203	6,233	7,474	664,830	6,742,909	1,052,125	53,195	414,828	7,835	9,140,579
과천시	-	4,241	2	52	351,893	270,567	85,182	2,534	610	603	715,684
광명시	5,130	21,464	3,992	3,529	17,360	2,377,046	321,465	12,700	1,547	1,857	2,766,090
구리시	-	13,570	348	1,009	13,757	780,082	188,730	7,785	94,259	2,042	1,101,582
김포시	-	13,496	3,861	39,349	160,773	4,591,121	342,969	39,667	3,007	4,256	5,198,499
남양주시	-	34,057	2,123	3,893	82,595	3,810,187	631,391	84,371	934	6,814	4,656,365
부천시	83,716	45,688	6,537	3,633	100,387	7,749,738	878,348	55,497	693,762	5,203	9,622,509
성남시	203,074	53,603	9,473	23,903	1,325,705	6,494,026	891,606	164,103	233,321	5,953	9,404,767
시흥시	977	28,017	21,892	19,629	46,091	6,419,334	464,667	98,671	1,389,644	5,990	8,494,912
안산시	25,874	42,598	41,990	1,562,301	54,152	10,570,920	814,975	34,883	2,876,300	7,220	16,031,213
안양시	85,161	31,725	8,489	11,242	35,156	12,397,483	595,448	1,038,189	1,085	3,579	14,207,557
양주시	3,326	6,199	10,473	94,437	114,316	1,922,397	273,983	36,269	186,333	4,379	2,652,112
의왕시	-	7,782	508	348	15,662	1,050,298	150,766	32,649	-	1,021	1,259,034
의정부시	-	30,456	472	1,682	29,831	1,778,785	424,103	33,365	925	2,940	2,302,559
하남시	-	8,889	3,715	2,009	13,146	980,979	186,638	21,636	14	2,177	1,219,203

6.2 우선관리 대상물질의 배출원 파악

□ 대기환경보전법에는 총 61종의 물질을 대기오염물질로 지정하여 관리하고 있으며, 이들 중에 사람의 건강·재산이나 동·식물의 생육에 직접 또는 간접으로 위해를 줄 우려가 있는 35종의 대기오염물질을 특정대기유해물질로 지정하고 일반 대기오염물질보다 더 엄격하게 관리하고 있다.

□ 특정대기유해물질은 1978년에 중금속 및 무기물류를 중심으로 16종을 지정하였고, 1998년에는 유기물질까지 확대하여 총25종을 지정하였으며, 2005년도에 10종을 추가 지정하였다. <표 6.10>에 특정대기유해물질 지정 현황을 나타내었다. 이들 중 휘발성유기화합물질(VOCs) 13종과 악취관리대상물질 2종, 발암 및 발암 우려물질 21종이 특정대기유해물질과 중복된다. 2003년에는 유해대기오염물질의 본격적 관리를 위해 206종의 관리대상물질 및 48종의 관리대상 우선순위 물질을 정하였고, 2005년에는 대기환경보전법 개정을 통해 특정대기유해물질을 35종으로 확대 지정하였다.

□ 본 연구에서는 앞에서 언급한 것과 같이 대기 중에서 유해대기오염물질을 측정하고, 이 농도를 근거로 오염기여도 평가를 통하여 우선관리가 필요한 물질 15개(포름알데히드, 비소, 벤젠, 아세트알데히드, 망간, 납, 에틸벤젠, 사염화탄소, 카드뮴, 테트라클로로에틸렌, 니켈, 클로로포름, 트리클로로에틸렌, 1,3-부타디엔, 벤조(a)파이렌)을 선정하였다. <표 6.11>에 이를 나타냈다.

<표 6.10> 국내 특정대기유해물질 지정현황

번호	종 류	VOCs	악취	발암	비 고
1	카드뮴 및 그 화합물			1급	'78년 지정
2	시안화수소				'78년 지정. 배출부과금
3	납 및 그 화합물			2B	'78년 지정
4	폴리크로리네이티드 비페닐				〃
5	크롬화합물			1급	〃
6	비소 및 그 화합물			1급	〃
7	수은 및 그 화합물				〃
8	프로필렌 옥사이드	O			'98년 추가
9	염소 및 염화수소				'78년 지정. 배출부과금
10	불소화물				〃
11	석면			1급	'78년 지정
12	니켈 및 그 화합물			2B	〃
13	염화비닐			1급	〃
14	다이옥신				폐기물관리법에 의한 관리
15	페놀 및 그 화합물				'78년 지정
16	베릴륨 및 그 화합물				〃
17	벤젠	O		1급	'98년 추가
18	사염화탄소	O		2B	〃
19	이황화메틸		O		〃
20	아닐린				〃
21	클로로포름	O		2B	〃
22	포름알데히드	O		1급	〃
23	아세트 알데히드	O	O	2B	〃
24	벤지딘				〃
25	1.3-부타디엔	O		1급	〃
26	구리 및 그 화합물				'78년 지정, '98년 제외
27	다환방향족탄화수소				2005년 지정
28	에틸렌옥사이드				〃
29	디클로로메탄			2B	〃
30	스틸렌	O		2B	〃
31	테트라클로로에틸렌	O		2A	〃
32	1,2-디클로로에탄	O		2B	〃
33	에틸벤젠	O		2B	〃
34	트리클로로에틸렌	O		2A	〃
35	아크릴로니트릴	O		2B	〃
36	히드라진			2B	〃
	합 계	13종	2종	21종	

<표 6.11> 서울지역의 우선관리 대상물질 (안)

번호	물질명	HAPs	발암	비고
1	Formaldehyde	○	1급	대기환경보전법 배출허용기준 설정
2	Arsenic (As)	○	1급	"
3	Benzene	○	1급	"
4	Acetaldehyde	○	2B	악취방지법에서 배출허용기준 설정
5	Manganese (Mn)			
6	Lead (Pb)	○	2B	대기환경보전법 배출허용기준 설정
7	Ethylbenzene	○	2B	
8	Carbon tetrachloride	○	2B	
9	Cadmium (Cd)	○	1급	대기환경보전법 배출허용기준 설정
10	Tetrachloroethylene	○	2A	
11	Nickel (Ni)	○	2B	대기환경보전법 배출허용기준 설정
12	Chloroform	○	2B	
13	Trichloroethylene	○	2A	
14	1,3-Butadiene	○	1급	
15	Benzo(a)pyrene	○	1급	입자상 PAH의 대표물질
16	Chromium VI (Cr^{6+})*	○	1급	대기환경보전법 배출허용기준 설정
	합 계	15종	15종	

* 6가 크롬의 경우 본 조사에서 측정하지 않았으나, key toxics에 포함되었으므로 관리를 권장함

□ 본 연구의 우선관리가 필요한 15개 물질에 대해 배출량, 배출업종, 배출 기여율을 <표 6.12>에 나타냈다. 서울·인천·경기지역에 대한 PRTR 배출량을 파악해보면, 12개 물질에 대해 구할 수 있다. 배출량이 가장 많은 것은 트리클로로에틸렌으로 1차 금속제조업과 자동차 트레일러 제조업에서 배출되는 것으로 파악되었다.

□ 또한, 우선관리물질에 대한 배출공정별 기여율을 <표 6.13>에 나타냈다. 유해화학물질을 배출하는 여러 공정 중 저장시설, 이송·운반·분배·계량시설, 혼합공정, 화학반응공정, 코팅공정, 열처리공정, 분리·정제공정, 탈지·세정·표백공정, 기계적 가공공정, 조립·포장공정, 용제회수, 대기오염방지시설, 폐수처리시설, 폐기물처리시설, 기타 등 15가지 공정에서 유해화학물질이 배출되는 것으로 나타났으며, 이들 중 탈지·세정·표백공정과 대기오염방지시설에서 주로 많은 양의 유해화학물질이 배출되는 것으로 나타났다.

<표 6.12> 서울·인천·경기(일부)지역의 우선관리물질의 배출업종별 기여율(PRTR, 2011년)

번호	물질명	배출업종별 기여율(%)															배출량 (kg/yr)
		6	14	16	17	18	19	20	21	22	24	25	26	28	29	30	38	46	
1	트리클로로에틸렌										53.1					46.9			43,276
2	포름알데히드			11.6	37.6			16	0.8	24		0.9	9.0						32,710
3	테트라클로로에틸렌		30.5								69.5								9,784
4	납 및 그 화합물	9.5		19.2				5.0			50.2	10.2	0.4			5.3	0.1		7,618
5	벤젠							92.4	0.4	0.1			6.1				0.2	0.7	6,357
6	니켈 및 그 화합물						2.7	4.3			75.7	4.1	12.4	0.2		0.2	0.1		5,683
7	망간 및 그 화합물							2.9			97.1								4,303
8	클로로포름							7.7	91.1								1.2		3,657
9	에틸벤젠							28.2	71.8										1,454
10	1,3-부타디엔									100									380
11	카드뮴 및 그 화합물									98.7			1.3						99
12	아세트알데히드							100											20

주) 산업분류코드
- 6류: 금속 광업
- 14류: 의복, 의복액세서리 및 모피제품 제조업
- 16류: 목재 및 나무제품 제조업;가구제외
- 17류: 펄프, 종이 및 종이제품 제조업
- 18류: 인쇄 및 기록매체 복제업
- 19류: 코크스, 연탄 및 석유정제품 제조업
- 20류: 화학물질 및 화학제품 제조업;의약품 제외
- 21류: 의료용 물질 및 의약품 제조업
- 22류: 고무 및 플라스틱 제조업
- 24류: 1차 금속 제조업
- 25류: 금속가공제품 제조업;기계 및 가구 제외
- 26류: 전자부품, 컴퓨터, 영상, 음향 및 통신장비 제조업
- 28류: 전기장비 제조업
- 29류: 기타 기계 및 장비 제조업
- 30류: 자동차 및 트레일러 제조업
- 38류: 폐기물 수집운반, 처리 및 원료재생업
- 46류: 도매 및 상품중개업

<표 6.13> 서울·인천·경기(일부)지역의 우선관리물질의 배출공정별 기여율(PRTR, 2011년)

번호	물질명	공정별 대기배출량 기여율 (%)															
		A	B	C	D	E	F	G	H	I	J	K	L	M	N	O	P
1	트리클로로에틸렌								26.9				73.1				
2	포름알데히드	14.9	6.3	3.6	9.1	11.3	3.3		0.3				50.9				0.2
3	테트라클로로에틸렌								88.9				11.1				
4	납 및 그 화합물			3.0	5.3		2.7	0.1		0.2	0.2		83.6		4.8		
5	벤젠	75.7	1.3						8.0				14.9				
6	니켈 및 그 화합물			1.4	3.6	69.4	1.9			0.1		2.7	18.8	0.8	0.2		0.9
7	망간 및 그 화합물	0.4		4.0					19.2		0.6	0.4	75.4				
8	클로로포름	12.3	13.9		11.0				1.0			36.9	23.9				0.6
9	에틸벤젠	28.5	4.1	36.2	0.3			5.7	1.7	0.8	0.9	0.9	20.5		0.5		
10	1,3-부타디엔												100				
11	카드뮴 및 그 화합물												100				
12	아세트알데히드	77.1	22.9														

주) 공정분류코드
- A: 저장시설점원
- B: 이송·운반·분배·계량시설
- C: 혼합공정
- D: 화학반응공정
- E: 코팅공정
- F: 열처리공정
- G: 분리·정제공정
- H: 탈지·세정·표백공정
- I: 기계적가공공정
- J: 조립·포장·검사공정
- K: 용제회수
- L: 대기오염방지시설
- M: 폐수처리시설
- N: 폐기물처리시설
- O: 비정상조업
- P: 기타

□ PRTR자료에서 파악한 15개 우선관리물질의 배출업종 및 배출공정에 대한 자세한 내용을 다음에 나타냈다. 트리클로로에틸렌의 경우, 서울지역에는 배출원이 없으나, 인천·경기지역에는 5개 사업장에서 배출되고 있으며, 배출업종은 1차 금속 제조업(53%), 자동차

및 트레일러 제조업(47%)이고, 배출공정은 대기오염방지시설(73%), 탈지·세정·표백(27%)공정에서 배출되는 것으로 파악되었다.

□ 포름알데히드는 서울지역에는 배출원이 없으며, 인천·경기지역에는 49개 사업장에서 배출되고 있다. 배출업종은 펄프·종이 및 종이제품제조업(38%)로 가장 많으며, 고무 및 플라스틱 제조업(24%), 화학물질 및 화학제품제조업(16%), 목재 및 나무제품제조업(12%) 등 이고, 배출공정도 다양한데, 대기오염방지시설(51%), 저장시설(15%), 코팅(11%), 화학반응(9%), 이송·운반·분배·계량시설(6%), 혼합(4%), 나머지 몇 개의 공정에서 배출되는 것으로 나타났다.

□ 테트라클로로에틸렌의 경우도 서울지역에는 배출원이 없고, 인천·경기지역에 4개 사업장에서 배출되고 있다. 배출업종은 1차 금속제조업(70%), 의복·의복액세서리 및 모피제품제조업(30%)이고, 배출공정은 탈지·세정·표백(89%), 대기오염방지시설(11%)공정에서 배출되는 것으로 나타났다.

□ 납 화합물의 경우는 일반적으로 차선 도색작업 등 여러 배출원이 있으나, PRTR 등의 자료에는 서울지역에 배출원이 없으며, 인천·경기지역에 40개 사업장에서 배출되고 있다. 배출업종은 고무 및 플라스틱 제조업(50%), 목재 및 나무제품제조업(19%), 1차 금속제품제조업(10%), 금속·광업(10%), 기타 기계장비제조업(5%), 화학물질 및 화학제품제조업(5%) 등 이고, 배출공정은 대부분 대기오염방지시설(84%)에서 배출되며, 화학반응(5%), 폐기물처리시설(5%), 혼합(3%), 열처리(3%)와 나머지 몇 개의 공정에서 배출되는 것으로 파악되었다.

□ 벤젠의 경우도 일반대기 중에서 검출되는 물질로 다양한 배출원이 있으나, PRTR자료에는 서울시역에 배출원이 없고, 인천·경기지역에 10개 사업장에서 배출되고 있다. 배출업종은 코크스·연탄 및 석유정제품제조업(92%)에서 대부분 배출되고, 전자부품·컴퓨터·영상·음향 및 통신장비제조업(6%), 나머지 몇 개의 업종에서 적은 양이 배출된다. 배출공정은 저장시설(76%)이 대부분이며, 대기오염방지시설(15%), 분리·정제(8%)공정에서 배출되는 것으로 나타났다.

□ 니켈 화합물의 경우는 서울지역에도 1개의 배출원이 있으며, 전자부품·컴퓨터·영상·음향 및 통신장비제조업이고, 배출공정은 대기오염방지시설이다. 또한, 인천·경기지역에 59개 사업장에서 배출되고 있다. 배출업종은 1차 금속제품제조업(76%)에서 대부분 배출되

며, 전자부품·컴퓨터·영상·음향 및 통신장비제조업(12%), 화학물질 및 화학제품제조업(4%), 금속가공제품제조업(4%), 인쇄 및 기록매체 복제업(3%)와 몇 개 업종에서 배출된다. 배출공정은 코팅(69%), 대기오염방지시설(19%), 화학반응(4%), 용제회수(3%), 열처리(2%), 혼합(1%)와 나머지 몇 개의 공정에서 배출되는 것으로 파악되었다.

□ 망간 화합물의 경우는 서울지역에 배출원이 없으며, 인천·경기지역에 12개 사업장에서 배출되고 있다. 배출업종은 1차 금속제품제조업(97%)에서 대부분 배출되며, 화학물질 및 화학제품제조업(3%)에서 배출된다. 배출공정은 대부분 대기오염방지시설(75%)에서 배출되며, 열처리(19%), 혼합(4%)와 나머지 몇 개의 공정에서 배출되는 것으로 파악되었다.

□ 클로로포름의 경우도 일반대기 중에서 검출되는 물질로 다양한 배출원이 있으나, PRTR자료에는 서울지역에 배출원이 없고, 인천·경기지역에 11개 사업장에서 배출되고 있다. 배출업종은 의료용 물질 및 의약품제조업(91%)에서 대부분 배출되고, 화학물질 및 화학제품제조업(8%), 폐기물 수집·운반·처리 및 원료재생업(1%)에서 배출된다. 배출공정은 용제회수(37%), 대기오염방지시설(24%), 이송·운반·분배·계량시설(14%), 저장시설(12%), 화학반응(11%), 분리·정제(1%)공정에서 배출되는 것으로 나타났다.

□ 에틸벤젠의 경우도 서울지역에 배출원이 없고, 인천·경기지역에 7개 사업장에서 배출되고 있다. 배출업종은 화학물질 및 화학제품제조업(72%), 코크스·연탄 및 석유정제품제조업(28%)에서 배출된다. 배출공정은 혼합(36%), 저장시설(29%), 대기오염방지시설(21%), 분리·정제(6%), 이송·운반·분배·계량시설(4%), 탈지·세정·표백(2%)공정과 나머지 몇 개의 공정서 배출되는 것으로 나타났다.

□ 1,3-부타디엔의 경우는 경기지역에 1개의 사업장이 있으며, 배출업종은 고무 및 플라스틱제품 제조업이며, 배출공정도 대기오염방지시설에서 배출되는 것으로 파악되었다.

□ 카드뮴 화합물의 경우는 서울지역에 배출원이 없으며, 인천·경기지역에 3개 사업장에서 배출되고 있다. 배출업종은 고무 및 플라스틱제품제조업(99%), 전자부품·컴퓨터·영상·음향 및 통신장비제조업(1%)이며, 대기오염방지시설이다.

□ 아세트알데히드의 경우는 경기지역에 1개의 사업장이 있으며, 화학물질 및 화학제품제조업이고, 저장시설(77%), 이송·운반·분배·계량시설(23%)공정에서 배출된다.

6.3 유해대기오염물질 배출원의 관리

□ 우선관리 대상물질을 저감하기 위해서는 배출허용기준과 시설관리기준을 이용하여 관리하는 것이 가장 현실적이면서 효과적이다. 우리나라는 현재 특정대기유해물질의에 대해 "대기환경보전법"에서 15개 물질, "악취방지법"에서 4개 물질, "잔류성 유기오염물질 관리법"에서 1개 물질 등 총 20개 물질에 대해 발생원에서부터 배출허용기준을 정하여 관리하고 있다. 배출허용기준은 5년 단위로 예고제를 실시하고 있으며, 환경안전에 대한 요구와 오염물질 처리기술의 발전으로 계속적으로 강화되고 있다. <표 6.14>에는 2015년 1월 1일부터 적용되는 특정대기유해오염물질의 배출허용기준을 나타냈다.

<표 6.14> 특정대기유해물질 및 관리우선순위물질의 배출허용기준

No	물질명	배출시설	2015년 적용 기준	비고
1	Acetaldehyde (ppm)	배출허용기준 공업지역 기타지역 엄격한 배출허용기준의 범위 공업지역	0.1 이하 0.05 이하 0.05~0.1	악
2	Arsenic & compounds (ppm)	1) 폐수·폐기물·폐가스 소각처리시설(소각보일러를 포함한다) 및 고형연료제품 사용시설 2) 시멘트제조시설 중 소성시설 3) 그 밖의 배출시설	0.25(12) 이하, (0.15(12) 이하)* 0.25(13) 이하, (0.15(13) 이하)* 2 이하, (1 이하)*	대
3	Benzene (ppm)	모든 배출시설(내부부상 지붕형 또는 외부부상 지붕형 저장시설은 제외한다)	10 이하, (5 이하)*	대
4	Cadmium & compounds (mg/S㎥)	1) 폐수·폐기물·폐가스 소각처리시설(소각보일러를 포함한다) 　가) 소각용량이 시간당 2톤(의료폐기물 처리시설은 시간당 200킬로그램) 이상인 시설 　나) 소각용량이 시간당 200킬로그램 이상 2톤 미만인 시설 　다) 소각용량이 시간당 200킬로그램 미만인 시설 2) 고형연료제품 사용시설 　가) 고형연료제품 사용량이 시간당 2톤 이상인 시설 　나) 고형연료제품 사용량이 시간당 200킬로그램 이상 2톤 미만인 시설 3) 시멘트제조시설 중 소성시설 4) 그 밖의 배출시설	0.02(12)이하, (0.01(12)이하)* 0.1(12)이하, (0.05(12)이하)* 0.2(12)이하, (0.1(12)이하)* 0.02(12)이하, (0.01(12)이하)* 0.1(12)이하, (0.05(12)이하)* 0.02(13)이하, (0.02(13)이하)* 0.5이하, (0.25이하)*	대
		기타시설 - 기존사업장 　　　　 - 신규사업장	1.0 이하 0.5 이하	고
5	Carbon disulfide (ppm)	모든 배출시설	30 이하	대
		모든 배출시설 - 기존사업장 　　　　　　 - 신규사업장	15 이하 10 이하	고
	Chlorine (ppm)	염소를 직접 사용하는 모든 배출시설 - 기존사업장 - 신규사업장	10 이하 8 이하	고
6	Hydrogen Chloride (ppm)	1) 기초무기화합물 제조시설 중 염산 제조시설(염산, 염화수소 회수시설을 포함한다) 및 저장시설 2) 기초무기화합물 제조시설 중 폐염산 정제시설(염산 및 염화수소 회수시설을 포함한다) 및 저장시설 3) 제1차금속제조시설,조립금속제품·기계·기기·운송장비·가구 제조시설의 표면처리시설 중 탈지시설,산·알칼리 처리시설 4) 폐수·폐기물·폐가스 소각처리시설(소각보일러를 포함한다) 　가) 소각용량이 2톤/hr (의료폐기물 처리시설 200kg/hr)이상 　나) 소각용량이 2톤/hr 미만 5) 유리 및 유리제품 제조시설 중 용융·용해시설 6) 시멘트·석회·플라스터 및 그 제품 제조시설, 기타 비금속광물제품 제조시설 중 소성시설(예열시설을 포함한다), 용융·용해시설, 건조시설 7) 반도체 및 기타 전제부품 제조시설 중 증착(蒸着)시설, 식각(蝕刻)시설 및 표면처리시설	6 이하, (5 이하)* 15 이하, (8 이하)* 3 이하, (2 이하)* 15(12) 이하, (12(12) 이하)* 20(12) 이하, (15(12) 이하)* 2(13) 이하, (1(13) 이하)* 12(13) 이하, (10(13) 이하)* 5 이하, (3 이하)*	대

<표 6.14> 특정대기유해물질 및 관리우선순위물질의 배출허용기준(계속)

No	물질명	배출시설	2015년 적용 기준	비고
6	Hydrogen Chloride (ppm)	8) 고형연료제품 사용시설 　가) 고형연료제품 사용량이 200 kg/hr 이상 　나) 고형연료제품 사용량이 200 kg/hr 미만 9) 화장로시설 10) 그 밖의 배출시설	(12(12) 이하)* 15(12) 이하 20(12) 이하 20(12) 이하, (10(12)이하)* 6 이하, (5 이하)*	대
		특별지역 내 가. 염산제조시설 　- 기존사업장 　- 신규사업장 나. 인산제조시설 　- 기존사업장 　- 신규사업장 다. 금속의 표면처리시설 중 산처리시설 　- 기존사업장 　- 신규사업장	 6 이하 4 이하 2 이하 2 이하 2 이하 2 이하	고
7	Chrome & compounds (mg/S㎥)	1) 폐수·폐기물·폐가스 소각처리시설 2) 고형연료 사용시설 3) 시멘트제조시설 중 소성시설 4) 그 밖의 배출시설	0.3(12) 이하, (0.2(12)이하)* 0.3(12) 이하, (0.2(12)이하)* 0.3(13) 이하, (0.2(13)이하)* 0.5 이하, (0.3 이하)*	대
8	Formaldehyde (ppm)	모든 배출시설	10 이하	대
		특별지역 내 모든 배출시설 　- 기존사업장 　- 신규사업장	 10 이하 5 이하	고
9	Lead & compounds (mg/S㎥)	1) 폐수·폐기물·폐가스 소각처리시설(소각보일러를 포함한다) 　가) 소각용량이 시간당 2톤(의료폐기물 처리시설은 200킬로그램) 이상인 시설 　나) 소각용량이 시간당 200킬로그램 이상 2톤 미만인 시설 　다) 소각용량이 시간당 200킬로그램 미만인 시설 2) 시멘트제조시설 중 소성시설 3) 제1차금속 제조시설, 조립금속제품 제조시설의 용융·용해로, 용광로, 도가니로, 전해로 4) 고형연료제품 사용시설 　가) 고형연료제품 사용량이 시간당 2톤 이상인 시설 　나) 고형연료제품 사용량이 시간당 200킬로그램 이상 2톤 미만인 시설 5) 그 밖의 배출시설	 0.2(12) 이하, (0.1(12)이하)* 0.5(12) 이하, (0.3(12)이하)* 1(12) 이하, (0.5(12)이하)* 0.2(13) 이하, (0.1(13)이하)* 2 이하, (1 이하)* 0.2(12) 이하, (0.1(12)이하)* 0.5(12) 이하, (0.3(12)이하)* 1 이하, (1 이하)*	대
		가. 금속의 용융·제련 및 열처리 시설 중 용융·용해로·용광로 및 정련시설 　- 기존사업장 　- 신규사업장 나. 기타시설 　- 기존사업장 　- 신규사업장	 10 이하 5 이하 5 이하 3 이하	고
10	Nickel & compounds (mg/S㎥)	모든 배출시설	2 이하, (1 이하)*	대
11	Phenol & compounds (ppm)	모든 배출시설	5 이하, (3 이하)*	대
		모든 배출시설　- 기존사업장 　　　　　　　　- 신규사업장	5 이하 4 이하	고

<표 6.14> 특정대기유해물질 및 관리우선순위물질의 배출허용기준(계속)

No	물질명	배출시설	2015년 적용 기준	비고
12	Styrene (ppm)	배출허용기준 공업지역 기타지역 엄격한 배출허용기준의 범위 공업지역	0.8 이하 0.4 이하 0.4~0.8	악

13	Vinyl chloride (ppm)	이염화에틸렌·염화비닐 및 PVC 제조시설 중 중합반응시설
		가) 1996년 6월 30일 이전 설치시설
		  (1) 현탁중합반응시설
		  (2) 괴상중합반응시설
		  (3) 유화중합반응시설
		  (4) 공중합반응시설
		  (5) 그 밖의 배출시설
		나) 1996년 7월 1일 이후 설치시설
		  (1) 현탁중합반응시설
		  (2) 괴상중합반응시설
		  (3) 유화중합반응시설
		  (4) 공중합반응시설
		  (5) 그 밖의 배출시설
			
			50 이하, (30 이하)*
			80 이하, (50 이하)*
			150 이하, (120 이하)*
			180 이하, (180 이하)*
			10 이하, (7 이하)*
			
			10 이하, (10 이하)*
			30 이하, (25 이하)*
			100 이하, (75 이하)*
			180 이하, (180 이하)*
			100이하, (5 이하)*
				대

14	Mercury & compounds (mg/S㎥)	1) 폐수·폐기물·폐가스 소각처리시설(소각보일러를 포함한다) 및 고형연료제품 사용시설 2) 발전시설(고체연료 사용시설) 3) 제1차 금속제조시설 중 소결로 4) 시멘트·석회·플라스터 및 그 제품 제조시설 중 시멘트 소성시설 5) 그 밖의 배출시설	0.08(12)이하, (0.03(12)이하)* 0.05(6)이하, (0.03(6)이하)* 0.05(15)이하, (0.03(15)이하)* 0.08(13)이하, (0.05(13)이하)* 2 이하, (1 이하)*	대
		소각시설 또는 소각보일러 (1) 소각용량 2톤/시간 이상인 시설 - 기존사업장 - 신규사업장 (2) 소각용량 200kg/시간 이상 2톤/h 미만인 시설 - 기존사업장 - 신규사업장	 0.08(12) 이하 0.08(12) 이하 0.08(12) 이하 0.08(12) 이하	고
15	Fluorine compounds (ppm)	1) 도자기·요업제품 제조시설의 소성시설(예열시설을 포함한다), 용융·용해시설 2) 기초무기화합물 제조시설과 화학비료 및 질소화합물 제조시설의 습식인산 제조시설, 복합비료 제조시설, 과인산암모늄 제조시설, 인광석·형석의 용융·용해시설 및 소성시설, 불소화합물 제조시설 3) 폐수·폐기물·폐가스 소각처리시설(소각보일러를 포함한다) 가) 소각용량이 시간당 200킬로그램 이상인 시설 나) 소각용량이 시간당 200킬로그램 미만인 시설 4) 시멘트제조시설 중 소성시설 5) 반도체 및 기타 전자부품 제조시설 중 표면처리시설(증착시설, 식각시설을 포함한다) 가) 2014년 12월 31일 이전 설치시설 나) 2015년 1월 1일 이후 설치시설 6) 1차금속 제조시설, 금속가공제품 제조시설의 표면처리시설 중 탈진시설, 산·알칼리처리시설, 화성처리시설, 건조시설, 불산처리시설, 무기산저장시설 7) 고형연료제품 사용시설 가) 고형연료제품 사용량이 2톤/hr 이상인 시설 나) 고형연료제품 사용량이 200kg/hr ~ 2톤/hr시설 8) 그 밖의 배출시설	5(13) 이하, (3(13) 이하)* 3 이하, (2 이하)* 2(12) 이하, (1(12) 이하)* 3(12) 이하, (2(12) 이하)* 2(13) 이하, (1(13) 이하)* 5 이하, (5 이하)* 3 이하, (2 이하)* 3 이하, (2 이하)* 2(12) 이하, (1(12) 이하)* 3(12) 이하, (2(12) 이하)* 3 이하, (2 이하)*	대
		특별 지역 내 가. 습식인산 제조시설, 복합비료제조시설, 인광석·형석의 용융,용해,소성시설,불소화합물제조시설 - 기존사업장 - 신규사업장 나. 과인산암모늄 제조시설 - 기존사업장 - 신규사업장	 5 이하 4 이하 4 이하 3 이하	고

<표 6.14> 특정대기유해물질 및 관리우선순위물질의 배출허용기준(계속)

No	물질명	배출시설	2015년 적용 기준	비고
16	Hydrogen cyanide (ppm)	1) 아크릴로니트릴 제조시설의 폐가스 소각시설 2) 그 밖의 배출시설	10 이하, (10 이하)* 5 이하, (3 이하)*	대

17	Dioxins (ng-TEQ/S㎥)	가. 제철 및 제강시설, 알루미늄 제조시설
		(1) 철강 소결로
		  ① 신설시설
		  ② 기존시설
		   - 2010년 12월 31일까지
		   - 2010년 1월 1일부터 2014년 12월 31일까지
		   - 2015년 1월 1일 이후
		(2) 철강 전기아크로
		  ① 신설시설
		  ② 기존시설
		   - 2010년 12월 31일까지
		   - 2010년 1월 1일부터 2014년 12월 31일까지
		   - 2015년 1월 1일 이후
		(3) 알루미늄 제조시설
		  ① 신설시설
		  ② 기존시설
		   - 2010년 12월 31일까지
		   - 2010년 1월 1일부터 2014년 12월 31일까지
		   - 2015년 1월 1일 이후
		나. 의료폐기물 소각시설 및 시간당 처리능력이 2톤 이상인 생활폐기물 소각시설은 제외한 소각시설
		(1) 배기가스로 배출되는 다이옥신 배출허용기준
		  ① 시간당 처리능력이 4톤 이상인 경우
		   - 신설시설
		   - 기존시설
		  ② 시간당 처리능력이 4톤 미만 2톤 이상인 경우
		   - 신설시설
		   - 기존시설
		  ③ 시간당 처리능력이 2톤 미만 25킬로그램 이상인 경우
		   - 신설시설
		   - 기존시설
			
			0.5
			
			1.0
			0.5
			0.5
			
			0.5
			
			1.0
			0.7
			0.5
			
			0.5
			
			1.0
			0.5
			0.5
			
			0.1
			1
			
			1
			5
			
			5
			10
				잔

18	Toluene (ppm)	배출허용기준 공업지역 기타지역 엄격한 배출허용기준의 범위 공업지역	 30 이하 10 이하 10~30	악
19	Xylene (ppm)	배출허용기준 공업지역 기타지역 엄격한 배출허용기준의 범위 공업지역	 2 이하 1 이하 1~2	악
20	Dichloro methane (ppm)	모든 배출시설	50 이하	대

주) 대 : 대기환경보전법 시행규칙 별표8
    고 : 환경부 고시(대기보전특별대책지역지정 및 동지역대기오염저감을 위한 종합대책(환경부 고시 제2008-27호, 2008.2.11))
    악 : 악취방지법 별표3
    잔 : 잔류성 유기오염물질 관리법 시행규칙 별표3
    *은 10톤/년 이상 배출할 경우

□ 본 연구에서 제안한 20개의 우선관리물질 중에 배출허용기준이 설정되어 있는 것은 포름알데히드, 아세트알데히드, 벤젠, 사염화탄소, 납 화합물, 니켈 화합물, 카드뮴 화합물, 비소 화합물, 크롬 화합물 등 9개 물질이다. <표 6.14>에 나타낸 것 과 같이 2015년부터 이들 물질들의 배출허용기준이 강화되면, 대기방지시설에서 배출되는 이들 우선관리물질의 배출량은 저감될 것으로 판단된다.

□ 또한, 앞에서 살펴본 것처럼 대기방지시설이 아닌 이송·운반·분배·계량시설, 혼합시설, 저장시설, 분리·정제시설 등 공정 중에서 비산되어 배출되는 오염물질에 대해서는 대기환경보전법 제38조의 2에 따라 "비산배출 저감을 위한 시설관리기준"을 2015년부터 적용하는 것이 예정되어 있다.

□ 비산배출 저감을 위한 시설관리기준은 업종별로 시행계획이 마련되어 원유 정제업, 석유화학계 기초화학물질 제조업, 기타 합성고무 제조업, 합성수지 및 기타 플라스틱물질 제조업, 제철 및 제강업 등의 업종들은 2015년부터 적용한다. 이후에 기타화학제품 및 화학섬유 제조업, 기타 운송장비제조업, 고무 및 플라스틱제조업 등등 유해대기오염물질의 배출량이 상대적으로 많은 업종에 적용하는 것이 예정되어 있다.

□ 이와 같이 배출허용기준의 강화 및 비산배출 저감을 위한 시설관리기준 등의 관리대책은 본 연구의 우선관리물질 등과 같은 유해대기오염물질 배출량을 감소시켜서 대기 중의 유해대기오염물질의 농도를 낮추는데 크게 기여할 것으로 판단된다.

□ 우선관리물질 배출의 저감목표는 연구의 목적과 규모 등을 고려하여 볼 때 기존의 "2차 수도권 대기환경관리 기본계획, 환경부·수도권환경청(2013)"의 목표에 따르는 것이 타당하리라 판단된다. 이 계획에서 본 연구의 선정한 우선관리물질에 연관되는 항목은 VOCs, PM_{10}, $PM_{2.5}$ 등으로 판단되며, 2024년까지 전망배출량의 34~56%를 감축하는 것으로 계획하고 있다.

□ 이들 오염물질별 2024년 전망배출량의 삭감목표는 VOCs, PM_{10}, $PM_{2.5}$ 항목에 대해 각각 56%, 34%, 45%이다. 이 감축량을 달성하기 위해 크게 자동차 관리대책, 배출원 관리대책, 생활오염원 관리대책 등으로 나누어 대책을 마련하고 있다. 특별히 도심의 VOCs 배출원에 대한 관리는 VOCs 배출업종에 인쇄업을 추가하여 인쇄공정 중 배출되는 VOCs 포집 및 관리기준(국소포집방법의 세부기준, VOCs 처리설비의 성능기준)을 구체적으로

마련하고, 주유소의 유증기 회수설비 설치 의무지역을 단계적으로 확대(인구 50만 이상 지역, VOCs 및 O_3 오염도가 높은 지역으로 확대)하며, 세탁소 VOCs 저감을 위해 친환경 드라이클리닝 용제의 개발·보급 활성화(2015년 친환경 세탁소 인증제 등 관리방안 마련)하고, 접착제·화장품 등 생활소비재에 함유되어 있는 VOCs의 배출저감을 위해 VOCs 함유기준을 단계적 마련 할 계획이다.

□ 또한, 소규모이지만 VOCs 배출량이 많은 도장시설의 배출시설 적용 범위를 제조업, 자동차 수리업 등 일부 업종에서 모든 업종으로 확대하고, VOCs 함유기준 적용도료를 현재 3종(건축용, 자동차보수용, 도로표지용)에서 5종으로 확대(선박용, 강교용 추가)하며, 공공건물 및 아파트 건축 시 수성도료 사용비율을 '15년 50%, '20년 80%로 확대하는 방안을 마련할 계획에 있다.

□ 생활주변의 $PM_{2.5}$ 배출원 관리는 숯가마 같은 용적 30 m^2 이상의 탄화시설, 욕장업의 숯가마, 찜질방 등을 대기배출시설에 추가하여 관리 할 계획이며, 면적이 300 m^2 이상인 직화구이 음식점에는 대기방지시설을 설치하도록 유도하고 지원할 계획이다.

제 7 장 측정지점 선정기준 표준화 및 향후 연구추진방향 제언

7.1 도시지역 HAPs 측정지점 선정기준 표준화
7.2 향후 도시지역 HAPs 연구추진방향 제언

제 7 장 측정지점 선정기준 표준화 및 향후 연구추진방향 제언

7.1 도시지역 HAPs 측정지점 선정기준 표준화

□ 측정은 많은 장소에서 빈번하게 측정하는 것이 좋다. 그러나 시간과 금전적인 제약을 고려하면 선택과 집중이 필요하다. 도시지역 HAPs 측정지점 선정기준을 표준화한다는 것은 일부 서류를 검토하여 공식화하거나 결정할 수 있는 부분이 아니다. 우선적으로 측정지점 선정을 위해서는 기존 측정망 (국가 대기질 측정망)을 고려해야 한다. 국가 대기질 측정망은 지역 전문가의 심의를 거쳐 선정된 곳이다. 또한 국가 대기질 측정망으로부터 생산되는 대기질 자료를 HAPs 자료와 비교해 볼 수 있다. 무엇보다 장소협조와 전기수급 문제 또한 대기질 측정망이 개인소유 건물에 비해 용이하다. 하지만 HAPs 측정 고려 대상지점 인근에 대기질 측정망이 없다면 주민센터와 같은 관공서를 이용할 수도 있다. 최후의 수단은 개인소유의 건물옥상에서 측정하는 것이다. 그러나 향후 주기적인 측정을 고려한다면 개인소유 건물옥상은 상시적인 측정장소로서 장담할 수 없기 때문에 피하는 것이 좋다.

□ 도시지역의 국가 대기질 측정망은 주거, 도로변, 산단으로 구분된다. 주거 성격의 측정지점은 인구수 혹은 인구밀도와 같은 통계자료를 근거하여 해당지역의 대기질 측정망을 측정지점으로 선정할 수 있다. 혹은 해당 도시의 지리적인 위치와 최근 2~3년의 기상자료를 이용한 바람장미를 그려 봄으로써 배출원 풍하방향 고려하여 측정지점의 위치를 선정할 수 있다. 도시지역의 경우 HAPs 주요 배출원은 월경성 오염물질의 기여분을 제외하면 도시지역 내에 위치한 산단의 고정오염원과 차량 혹은 배 (항구도시의 경우)에 의한 이동오염원이다. 따라서 주요 도로변 혹은 항구인근 그리고 산단 인근의 측정지점을 선정할 수 있다. 무엇보다 해당 지역의 특성을 고려한 측정지점으로 선정하기 위해서는 현장을 반드시 가보고 판단해야 한다.

7.2 향후 도시지역 HAPs 연구추진방향 제언

□ 도시지역 HAPs 모니터링 대상은 인구규모를 고려하여 광역시를 선행적으로 연구할 필요가 있다. 이번 연구를 통해 서울지역 (3개 측정지점)을 간략하게나마 조사하였다. 인구밀집도를 고려하면 서울 다음으로는 수도권인 인천을 조사하고, 부산, 대구, 울산, 대

전, 광주 등의 순으로 조사하면 될 것이다. 하지만 단순 인구규모만으로 판단할 것이 아니라 주민청원 등 대기오염 논쟁이 있는 지역을 우선적으로 측정하는 방법도 있다.

□ 도시지역 HAPs 모니터링 우선순위물질 선정을 위하여 본 연구의 서울지역 HAPs 물질별 오염기여도를 산정해 본 결과 산단지역의 HAPs 우선순위물질과 유사하였다. 실제로 국내 주요 대도시 내에는 크고 작은 산단을 가지고 있으며, 대한민국의 면적을 고려해 보아도 인근 산단의 HAPs 배출이 도시지역에 직간접적으로 영향을 미칠 수 있다고 판단된다. 따라서 산단지역 HAPs 조사결과에 따른 우선관리대상물질과 핵심관리대상물질 (Key toxic pollutants)을 도시지역 HAPs 모니터링의 우선순위물질로 사용할 수 있다고 판단된다. 참고로 핵심관리대상물질은 VOC 그룹 중 benzene, 1,3-butadiene, trichloroethylene, 카보닐화합물 그룹 중 formaldehyde, acrolein, PAH 그룹 중 benzo(a)pyrene을 포함한 독성정보가 있는 7개 PAH (국가 유해대기측정망 7개 물질과 동일), 중금속 그룹 중 Cr^{6+}, 마지막으로 개별물질은 아니지만 입자상 HAPs의 집합농도인 $PM_{2.5}$이다.

□ 도시지역 HAPs 모니터링 주기는 1년을 기준으로 연중 골고루 측정하면서 많이 측정하는 것이 이상적이지만 최소 분기(혹은 계절)별 연속 7일 이상을 권장한다. 분기별 연속 7일을 측정하면 연간 28일을 측정자료를 얻게 되며, 이는 위해성평가에 입력가능한 수가 된다. 또한 연속 7일 측정자료는 주중과 주말의 생활패턴을 모두 고려할 수 있는 장점이 있다. 예산과 충분한 시간이 허락된다면 더 좋은 모니터링 주기는 미국의 경우와 같이 매 6일 혹은 매 12일 간격으로 연중 고르게 측정하는 것이다. 한편 일중 시료채취빈도의 경우 PAH와 중금속의 입자상 오염물질은 1일 24시간 1회 측정하면 되지만, VOC와 카보닐화합물은 자동시료채취장비 등을 이용하여 1일 4~6시간 간격으로 24시간 연속측정하거나, 오전과 오후에 각각 2~3시간 정도 측정하여 일평균 자료로 사용할 수 있다.

□ 본 연구와 같이 1년 단위로 1개 측정(도시)지역에서 3~5개 측정지점을 선정하고 HAPs 측정자료를 모으는 것은, 향후 측정(도시)지역 간 동시성 결여라는 치명적인 약점을 지니게 된다. 따라서 다음과 같은 모니터링 방안을 제시하여 본다. 국내 주요 도시지역의 대기질 측정망 중에서 본 연구 7.1장의 측정지점 선정기준을 토대로 측정대상지점을 선정한 후 VOC, 카보닐화합물, PAH, 중금속 시료채취를 진행한다. 예산절감을 위해 시료채취 시에는 전국의 지방환경관리청 인력 및 각 시도보건환경연구원의 인력을 동원한다. 측정주기는 매 12일 간격으로 전국적으로 동시에 실시하며, 우천 시 카보닐화합물은 생략한다. 채취된 시료의 분석은 환경부 산하 각 지방환경관리청에서 실시하고 국립환

경과학원 혹은 1개의 연구기관이 시료채취 장비의 정확성평가 및 표준물질의 공급 및 정도관리용 시료분석을 통해 전체 HAPs자료의 품질을 관리한다.

□ 도시지역 HAPs 모니터링의 목적은 측정 그 자체에 있는 것이 아니라, 측정결과를 이용하여 위해성평가를 한 후 현재의 위해 정도를 파악하기 위함이다. 또한 해당 오염물질에 대한 시설기준을 마련 혹은 강화하거나 산업체의 자발적협약에 의한 HAPs의 배출을 저감시키고, 궁극적으로 일반시민의 HAPs에 대한 노출량을 줄여 위해도를 저감시키고자 함이다. 도시지역의 주기적인 HAPs 모니터링이 갖는 의미는 시설기준 적용 전후, 혹은 산업체의 자발적인 HAPs 배출 감소 노력 이후, 실질적인 환경대기 중 HAPs 농도감소에 따른 위해도 감소를 정량적으로 파악하는데 도움이 되기 때문이다. 이를 위해서는 반드시 사전에 측정전문가, 위해성평가전문가, 배출량조사전문가 그룹의 정기적인 포럼과 연구를 통해 측정, 위해성평가, 그리고 배출량 산정의 표준화를 이룰 필요가 있다.

□ 더불어 위해도 감소정도를 토대로 비용편익 분석을 하여 우리나라 환경대기 중 HAPs 농도의 저감이 우리 개개인에게 얼마나 유익한지 시민들이 이해하기 쉬운 수명, 금전적 단위로 설명한다면, 예산확보와 대국민 홍보, 국제적으로 대한민국의 국격 향상을 함께 도모할 수 있을 것으로 판단된다. 더불어 국제적으로 개도국 등에게 대한민국이 환경 롤모델 국가로서 이렇게 획득한 HAPs 관리 노하우를 전달한다면 더욱 의미가 있을 것이다.

제 8 장 요약 및 결론

8.1 연구배경 및 범위
8.2 휘발성유기화합물 측정결과 요약
8.3 카보닐화합물 측정결과 요약
8.4 다환방향탄화수소 측정결과 요약
8.5 중금속 측정결과 요약
8.6 유기성탄소 및 무기성탄소 측정결과 요약
8.7 오염장미를 이용한 유해대기오염물질 발생원의 위치 추정
8.8 유해대기오염물질 오염기여도 평가결과 요약
8.9 유해대기오염물질 배출원 및 배출량 조사결과 요약
8.10 측정지점 선정기준 표준화 및 향후 연구추진방향 제언
8.11 본 연구의 활용방안 및 기대효과

제 8 장 요약 및 결론

8.1 연구배경 및 범위

□ 본 연구·조사 사업의 일차적 목표는 서울지역에 대한 각종 유해대기오염물질의 출현 및 분포 현황을 파악하고, 이들 물질의 대기 중 농도를 측정하여 오염 특성을 파악하고자 하며, 궁극적으로는 본 과제를 통하여 측정된 자료를 바탕으로 도시지역 주민의 건강을 보호하기 위한 근본적 대책 수립의 기초자료를 마련함에 있다. 나아가 본 연구·조사 사업을 통하여 얻어진 결과는 수도권 이외의 광역 대도시 차원에서 유사한 사업이 확대 시행될 수 있는 계획 마련을 위한 주요 정보로 제공할 수 있다.

□ 본 연구조사 사업의 공간적 범위와 시간적 범위는 아래와 같다.
- 공간적 범위: 서울시 3개 지점
- 시간적 범위: 2013. 5. 13 ~ 2014. 5. 12 (12개월)

□ 본 연구조사 사업의 내용적 범위는 아래와 같이 요약된다.
- 서울시 내 3개 지점에서 HAPs에 대한 실제 현장 측정 수행
- HAPs의 위해성 기여도 평가 등 측정 자료의 종합적 검토 및 해석
- 서울지역의 HAPs 주요 배출원과 배출량 조사
- 서울지역 HAPs 중 우선관리대상 물질 선정 및 제안
- 본 연구조사에서 획득한 HAPs 측정결과에 대한 DB구축
- 향후 도시지역 HAPs 상시 측정 지점 선정 기준 제시 및 연구 추진방향 제언

8.2 휘발성유기화합물 측정결과 요약

□ 본 연구에서는 과업지정 필수 측정 물질 26개를 포함한 총 66개의 VOC 물질을 분석하였다. 검출빈도와 검출농도 측면에서 빈번히 고농도로 나타나는 물질을 규명하였다. 서울지역 전체를 하나의 표본으로 볼 때 toluene, benzene, carbon tetrachloride의 경우 전체 시료에서 100 %의 검출빈도를 보여 서울지역 대기 중에서 상존하는 물질인 것으로 나타났다. 또한 ethylbenzene, *m,p*-xylenes, methyl tert-butyl ether, naphthalene 등은 전체 시료에서 95 % 이상의 검출빈도를 나타내었다.

□ 평균농도 측면에서는 toluene이 4.79 ppb로서 가장 높았고 다음으로 ethyl acetate (1.55 ppb), m,p-xylenes (0.84 ppb), ethylbenzene (0.75 ppb), hexane (0.63 ppb) 순이었다. Benzene은 평균농도 0.48 ppb로서 총 66종의 물질 중에서 6위를 차지하였으며 국가대기환경기준인 1.5 ppb의 1/3 수준 이하인 것으로 나타났다.

□ 측정지점별 농도경향을 보면, benzene의 경우 구로구 0.43 ppb, 강남구 0.50 ppb, 서울역 평균농도가 0.51 ppb로 강남구와 서울역이 비슷하였고 구로구가 상대적으로 낮았다. Toluene, methyl tert-butyl ether, naphthalene의 경우 서울역이 타 지점보다 전반적으로 농도가 높았다. 반면에 ethylbenzene의 경우 강남구에서 trichloroethylene의 경우 구로구에서 높았다. Trichloroethylene은 전자 부품 및 영상·통신 장비 제조업 등에서 많이 배출되는 것으로 알려져 있으며, 본 연구의 구로구 측정지점 인근에 서울디지털 산단에 해당업종이 많이 분포하고 있다. 하지만 국가 화학물질 배출이동량 (PRTR) D/B에는 서울지역에서 trichloroethylene의 배출량은 없는 것으로 되어 있다. 이는 PRTR 자료의 보고의무가 비교적 사용량이 많고 (년간 1톤 이상) 규모가 큰 (30인 이상의) 사업장을 대상으로 하고 있으므로 소규모 사업장에서 소량 사용되는 물질들의 경우 통계조사에서 자료가 수집되지 않고 있기 때문으로 보아진다.

□ 강남구에서 2013년 11월 측정기간 중 오후 VOC 시료채취 시 지상과 건물 옥상 (3층 건물) 에서 동시에 진행하여 분석한 결과 지면과의 고도차에 따른 농도변동은 거의 없는 것으로 조사되었다. 한편 일중 VOC농도변동을 파악하기 위해 서울역 측정지점에서 2014년 2월 측정기간 중 1주일간 자동연속 시료채취장치를 이용하여 4시간 간격으로 연속 측정하였다. 대부분의 물질이 교통량이 많은 08:00 ~ 12:00 시간대와 16:00 ~ 20:00 시간대에 높게 나타났다. 따라서 출퇴근 차량의 증가에 따른 자동차 VOC 배출량의 증가가 대기중 VOC 농도에 직접적인 영향을 미치는 것으로 판단된다.

□ 국내 타 지역과 본 연구의 서울지역 VOC 농도를 비교한 결과 toluene, ethylbenzene, m,p-Xylenes 등은 시화반월, 울산 석유화학산단 등 일부 지역을 제외하고는 서울지역의 농도는 상대적으로 높은 수준이었다. 현재시점에서 구할 수 있는 최신자료인 2012년도 국가 유해대기오염물질 측정망 자료와 본연구의 자료를 비교한 결과 서울역 도로변 측정지점은 국가 측정망과 본 연구에서 조사한 지점이 동일지점이었으며 측정 결과도 유사한 수준으로 나타났다. VOC 농도가 매우 높은 것으로 관측되었던 울산 여천동과 같은

일부 석유화학관련 산단지역을 제외하더라도 서울 대기중의 VOC 농도는 국내 타 측정지점 농도와 비교해 볼 때 낮은 수준은 아닌 것으로 나타났다.

□ 본 연구에서 측정한 서울의 VOC 농도 자료와 국외 주요도시의 VOC농도를 비교한 결과, 서울의 benzene농도는 미국 LA와 벨기에 안트워프와 유사하였으나, 프랑스 파리의 농도에 비해 높았다. 서울의 toluene농도는 국외 타 도시에 비해 여전히 높은 수준이었다. 따라서 기존 연구사례를 종합적으로 판단하면 서울지역 VOC 농도는 선진국 수준에 비해서는 여전히 개선이 요구되는 수준임을 알 수 있다.

8.3 카보닐화합물 측정결과 요약

□ 서울지역의 카보닐화합물 평균농도는 formaldehyde가 2.96 ppb, acetaldehyde가 2.01 ppb, methyl ethyl ketone은 0.70 ppb로 나타났다. 전체자료에 대한 지점별 농도를 살펴보면 formaldehyde의 경우 서울역이 3.41 ppb로 가장 높았고, 대표적인 악취물질로 알려진 acetaldehyde의 경우도 서울역이 2.31 ppb로 가장 높았다. 반면에 산업체 유기용제 사용과 관련이 있는 acetone은 구로구가 5.14 ppb로 타 지점에 비해 높았다.

□ 국내 타 지역과 본 연구 서울지역의 카보닐화합물 농도를 비교한 결과 서울이 낮은 수준은 아니었다. 한편 국외 주요도시의 카보닐화합물 농도와 비교한 결과 서울은 이탈리아 로마와 미국 뉴욕, 그리고 캐나다 온타리오의 카보닐화합물 농도에 비해 여전히 높은 수준으로 나타났다. 반면에 중국 베이징과 홍콩의 농도와 유사하였다. 따라서 서울의 카보닐화합물은 선진국 농도와 비교하였을 때 관리가 필요한 농도 수준으로 판단된다.

8.4 다환방향족탄화수소 측정결과 요약

□ 다환방향족탄화수소(PAH)는 화석연료의 불완전 연소 및 자동차(특히 디젤차량) 배기가스가 원인으로 알려져 있다. 본 연구에서는 bnezo(a)pyrene을 포함한 총 36종의 PAH화합물들을 조사하였다. 전체 자료를 대상으로 볼 때 구로구 측정지점에서 PAH 물질들의 평균검출빈도가 97.2 %로 가장 높았으며 강남구와 서울역이 약 95 %로 비슷한 수준의 검출빈도를 보였다.

□ 평균농도 측면에서 보면 구로구와 강남구의 PAH 평균농도가 유사하였고 naphthalene

을 제외한 서울역의 PAH 평균농도는 상대적으로 구로구와 강남구에 비해 다소 낮았으나 통계적으로 유의적인 차이를 보이지는 않았다. 가을과 겨울철 서울지역 외부(경기도, 중국 혹은 북한 등)에서 발생한 PAH의 유입가능성을 고려하면 PAH 농도 변동은 VOC와는 달리 측정지점 인근 배출원의 국지적인 영향을 직접 받기 보다는 동일한 대기유역(Air-shed)의 영향을 광역적으로 받고 있는 것으로 보아진다. 서울역 측정지점이 구로구와 강남구에 비해 농도가 약간 낮게 나타난 또 다른 이유는 비교적 트인 공간인 서울역 부근의 풍속이 다른 지점보다 1.5배 이상 강한 것으로 조사되어 이로 인한 오염물질의 희석효과도 일부 작용했을 것으로 판단된다.

□ PAH 개별물질의 농도변동을 살펴보면 3개의 측정지점 대부분에서 fluoranthene, pyrene, phenanthrene, benzo[b+j]fluoranthene의 농도가 다른 물질들에 비해 높았다. 위해도 측면에서 중요한 benzo[a]pyrene은 평균 농도 순위에서 36개 PAH 중 7 ~ 10위 수준을 보였다. Benzo[a]pyrene의 평균농도는 구로구와 강남구가 각각 0.60 ng/m^3 로 비슷하였으며 서울역이 0.51 ng/m^{3}이었다. 그러나 서울역과 다른 지점간의 차이는 5% 유의수준에서 의미가 없는 것으로 나타났다. Benzo(a)pyrene은 WHO의 1급 발암성물질로 등재된 물질로서 전세계에서 유일하게 대기환경기준을 설정하고 있는 영국의 년간 기준은 0.25 ng/m^{3}이다. 따라서 서울대기 중의 benzo(a)pyrene 농도는 영국기준을 두 배 이상 초과하는 수준으로서 향후 특별한 관리가 요망되는 주요물질이라고 할 수 있다.

□ 계절별 PAH 농도는 11월 (가을)과 2월 (겨울)이 월등히 높고 8월 (여름)은 매우 낮은 전향적인 동고하저형으로 나타났으며 이는 PAH물질의 발생원이 화석연료의 연소와 밀접한 관계가 있다는 점을 시사하며 여름철과 같은 기간(년중 배경농도)에는 자동차(특히 경유차량) 배기가스가 가장 큰 영향을 미치는 것으로 파악된다.

□ 본 연구에서 측정한 국내 타 지역과 서울지역의 PAH 농도를 비교한 결과, 시화·반월 지역을 제외한 나머지 지역에 비해 서울의 PAH 농도는 대체로 유사한 수준이거나 약간 높은 수준인 것으로 조사되었다. 한편 국가 유해대기측정망의 2012년 PAH 평균농도와 본 연구의 서울 PAH 농도를 비교한 결과 서울지역 간 농도가 서로 유사하였고, 전국적으로 서울, 인천, 경기지역의 PAH 농도가 국내 타 지역보다 높았다. 국외 주요도시와 서울의 PAH 농도를 비교한 결과 중국 베이징의 농도를 제외하고 서울의 PAH 농도는 미국과 유럽의 주요도시와 비교하여 높은 농도 수준이었다. 따라서 서울의 PAH 농도는 여전히 개선이 요구되는 농도 수준이라 할 수 있다.

8.5 중금속 측정결과 요약

□ 서울지역의 중금속 농도는 전체적으로 보았을 때 세 지점 모두 비슷하게 나타났다. 다만 Mn, Fe, 은 타 지점에 비해 서울역에서 비교적 높은 농도가 나타났다. 특히 Fe은 도로변 측정소에서 측정된 것이므로 도로변 비산먼지의 영향을 받은 것이라 사료된다. Se, V, As는 구로구 측정지점에서 높았다. 일반적으로 Se, V, As는 석탄과 중유 연소와 관계가 있는 것으로 알려져 있다. 대기환경기준이 설정된 Pb의 경우 서울지역 전체의 평균농도가 약 0.03 $\mu g/m^3$로 대기환경기준(연평균 0.5 $\mu g/m^3$)의 1/10 이하 수준으로 나타났다. 중금속 물질 각각은 계절별로 농도분포 양상이 서로 다르게 나타나 각 물질들의 발생원과 배출양상이 매우 다양한 것으로 추정할 수 있다.

□ 본 연구진이 국내 타 지역에 측정한 중금속 농도와 서울지역 농도를 비교하였다. 비록 측정기간이 서로 다른 지역을 비교하는 단점은 있지만 국내 여러 지역의 중금속 농도를 비교함에 있어 의미가 있다. 서울지역 중금속 농도는 본 연구진이 측정한 국내 타지역 농도와 비교하여 높은 농도수준은 아니었다. 한편 본 연구의 서울지역과 대기중금속측정망의 서울지역 중금속 농도가 유사함을 확인하였다. 또한 서울의 중금속 농도가 국내 대기중금속측정망의 타 지역과 비교하여 높은 수준이 아님을 확인하였다.

8.6 유기성탄소 및 무기성탄소 측정결과 요약

□ 서울지역의 계절별 OC/EC비는 여름(8월)보다 가을(11월), 겨울(2월)이 높아 OC가 광화학적 반응에 의해 생성되는 분율보다 직접배출되는 형태가 많음을 추정할 수 있다. 측정지점별 OC, EC 농도와 formaldehyde, 오존, benzo(a)pyrene, indeno(1,2,3-cd)pyrene, CO 등과 비교한 결과 8월 21일 OC의 고농도 현상은 오존과 formaldehyde의 농도변동을 고려할 때 광화학적 2차 생성의 기여분이 있었을 것으로 판단된다. 11월과 2월의 OC의 경향은 PAH와 CO와 유사하여 1차 배출의 영향이 지배적이었던 것으로 판단된다.

□ 일반적으로 EC는 연료사용량이 많은 계절에 높아지는 경향을 보이고, OC의 농도는 대기 중에서 일어나는 광화학 반응과 관계가 있다고 알려져 있다. 그러나 본 연구의 경우에는 도시지역으로서 자동차의 영향을 많이 받았기 때문에 특별한 계절변동 경향을 나타내지 않았다. 본 연구의 OC, EC 측정결과를 국·내외 연구결과와 비교하였다. 본 연구에서 측정된 서울지역의 OC와 EC의 농도는 국내의 타 도시지역에 비하여 높은 농도를 나타내었다.

8.7 오염장미를 이용한 유해대기오염물질 발생원의 위치 추정

□ 서울지역의 주요 VOC 발생원의 위치를 추정하기 위하여 풍향과 개별 VOC 농도를 이용하여 오염장미 (pollution rose)를 작성하였다. 서울지역 benzene과 methyl tert-butyl ether의 오염장미를 살펴보면 인근 도로변 차량배출가스의 영향을 많이 받음을 확인할 수 있다. Formaldehyde와 trichloroethylene의 경우 도로변의 영향과는 반대 방향에 바람이 불어 올 때 농도가 높았다. 특히 구로구 측정지점의 trichloroethylene의 경우 인근 남서쪽에 위치한 산단에서 배출된 것으로 추정할 수 있다. 마지막으로 naphthalene은 대부분 증기상으로 존재하는 PAH로서 본 연구에서 VOC 흡착법으로 측정한 결과를 이용하여 오염장미를 그려 보았다. Naphthalene은 대부분 북서풍이 불 때 높은 농도를 나타내었고 겨울철에 농도가 높아, 서울외부에서 서울 내로 유입된 것을 배제할 수 없다.

8.8 유해대기오염물질 오염기여도 평가결과 요약

□ 현장측정을 하지 않은 채 화학물질의 유통정보와 독성정보만으로 우선관리대상물질을 선정하는 경우가 있다. 혹은 측정한 HAPs 농도를 토대로 고농도와 검출빈도가 높은 물질을 우선관리대상물질로 선정하는 경우도 있다. 하지만 HAPs 개별물질 간 서로 다른 독성을 가지고 있다. 따라서 본 연구에서는 서울지역 HAPs 측정결과를 토대로 우선관리대상물질을 선정하기 위해서 측정농도와 위해성을 함께 고려한 농도 (risk based concentration) 평가를 수행하였다.

□ 서울지역 HAPs 자료 중 발암위해도가 있는 물질에 대해 위해가중농도를 구해보면 formaldehyde, As, benzene등이 주요 관리대상물질이며 인체노출참고농도 (RfC)가 있는 물실에 대해 환경위해도를 구해보면 Mn, acetaldehyde, formaldehyde, As, Pb 등이 주요 관리대상물질임을 파악할 수 있다. 특히 Mn의 경우 총부유먼지 중의 Mn 농도를 측정함에 따른 Mn 농도의 과대평가 가능성을 고려하여 실제 Mn의 1/2 수준으로 판단할지라도 여전히 비발암 우선순위의 상위에 있음을 파악할 수 있다. 따라서 서울시에서는 도로 및 나대지의 비산먼지 관리는 꾸준히 강화되어야 할 것으로 보인다.

□ 과거 산단지역에서 개별물질별 위해가중농도의 평균값 순위와 본 연구의 서울지역의 위해가중농도 평균값 순위를 비교한 결과 전체적으로 산단과 비교하여 서울지역의 주요 HAPs 위해가중농도 순위는 유사하였다. 한편 산단지역의 개별물질별 환경위해도의 평균

값 순위와 본 연구의 결과를 비교한 결과 위해가중농도와 유사하게 환경위해도의 경우도 산단지역과 대도시 서울의 결과가 유사하였다. 결론적으로 과거 산단지역 환경대기 중 유해대기오염물질 측정결과를 토대로 도시지역의 모니터링 대상물질을 선정한 것은 실제적이면서 논리적이었다고 판단된다.

8.9 유해대기오염물질 배출원 및 배출량 조사 결과 요약

☐ 본 연구에서는 서울지역 대기 중에서 유해대기오염물질을 측정하고, 이 농도를 근거로 위해성기여도 평가를 통하여 우선관리가 필요한 물질 15개(포름알데히드, 비소, 벤젠, 아세트알데히드, 망간, 납, 에틸벤젠, 사염화탄소, 벤조(a)파이렌, 카드뮴, 테트라클로로에틸렌, 니켈, 클로로포름, 트리클로로에틸렌, 1,3-부타디엔)을 선정하였다. 본 조사에서는 6가 크롬은 측정되지 않았다. 그러나 6가 크롬은 Key Toxic 물질에 포함되는 독성물질로서 향후 측정 결과를 바탕으로 주요관리대상물질로 포함할 필요가 있다고 사료된다.

☐ 본 연구의 우선관리가 필요한 15개 물질 중에서 서울·인천·경기지역에 대한 PRTR 배출량을 파악해보면, 일부 물질에 대해 정보를 얻을 수 있다. 배출량이 가장 많은 것은 트리클로로에틸렌으로 1차 금속제조업과 자동차 트레일러 제조업에서 배출되는 것으로 파악되었다. 우선관리물질에 대한 배출공정별 기여율을 살펴보면 탈지·세정·표백공정과 대기오염방지시설에서 주로 많은 양의 유해화학물질이 배출되고 있음을 알 수 있다.

☐ 우선관리 대상물질을 저감하기 위해서는 배출허용기준과 시설관리기준을 이용하여 관리하는 것이 가장 현실적이면서 효과적이다. 우리나라는 현재 35종의 특정대기유해물질의에 대해 "대기환경보전법"에서 15개 물질, "악취방지법"에서 4개 물질, "잔류성 유기오염물질 관리법"에서 1개 물질 등 총 20개 물질에 대해서만 발생원에서부터 배출허용기준을 정하여 관리하고 있다. 배출허용기준은 5년 단위로 예고제를 실시하고 있으며, 환경안전에 대한 요구와 오염물질 처리기술의 발전으로 계속적으로 강화되고 있다.

☐ 휘발성이 높은 유해대기오염물질 등의 경우 배출구가 없는 비산배출원에서 기인한 경우가 많다. 비산배출원에서의 유해대기오염물질의 배출량을 줄이기 위해 대기환경보전법 제38조의 2에 따라 "비산배출 저감을 위한 시설관리기준"을 2015년부터 적용하는 것이 예정되어 있다. 이와 같이 배출허용기준의 강화 및 비산배출 저감을 위한 시설관리기준 등의 관리대책은 본 연구의 우선관리물질 등과 같은 유해대기오염물질 배출량을 감소

시켜서 대기 중의 유해대기오염물질의 농도를 낮추는데 크게 기여할 것으로 판단된다.

8.10 측정지점 선정기준 표준화 및 향후 연구추진방향 제언

□ 대기환경 측정은 가급적 많은 지점에서 자주 측정하는 것이 가장 좋다. 그러나 시간과 비용을 고려하면 선택과 집중이 필요하다. 도시지역 HAPs 측정지점 선정기준을 표준화한다는 것은 일부 서류를 검토하여 공식화하거나 결정할 수 있는 부분이 아니다. 우선적으로 측정지점 선정을 위해서는 기존 측정망 (국가 대기질 측정망)을 고려해야 한다. 국가 대기질 측정망은 지역 전문가의 심의를 거쳐 선정된 곳이다. 또한 국가 대기질 측정망으로부터 생산되는 대기질 자료를 HAPs 자료와 비교해 볼 수 있다. 무엇보다 장소협조와 전기수급 문제 또한 대기질 측정망이 개인소유 건물에 비해 용이하다. 하지만 HAPs 측정 고려 대상지점 인근에 대기질 측정망이 없다면 주민센터와 같은 관공서를 이용할 수도 있다. 최후의 수단은 개인소유의 건물옥상에서 측정하는 것이다. 그러나 향후 주기적인 측정을 고려한다면 개인소유 건물옥상은 상시적인 측정장소로서 장담할 수 없기 때문에 피하는 것이 좋다.

□ 도시지역의 국가 대기질 측정망은 주거, 도로변, 산단으로 구분된다. 주거 성격의 측정지점은 인구수 혹은 인구밀도와 같은 통계자료를 근거하여 해당지역의 대기질 측정망을 측정지점으로 선정할 수 있다. 혹은 해당 도시의 지리적인 위치와 최근 2~3년의 기상자료를 이용한 바람장미를 그려 봄으로써 배출원 풍하방향 고려하여 측정지점의 위치를 선정할 수 있다. 도시지역의 경우 HAPs 주요 배출원은 월경성 오염물질의 기여분을 제외하면 도시지역 내에 위치한 산단의 고정오염원과 차량 혹은 배 (항구도시의 경우)에 의한 이동오염원이다. 따라서 주요 도로변 혹은 항구인근 그리고 산단 인근의 측정지점을 선정할 수 있다. 무엇보다 해당 지역의 특성을 고려한 측정지점으로 선정하기 위해서는 현장을 반드시 가보고 판단해야 한다.

□ 도시지역 HAPs 모니터링 대상은 인구규모를 고려하여 광역시를 선행적으로 연구할 필요가 있다. 이번 연구를 통해 서울지역 (3개 측정지점)을 간략하게나마 조사하였다. 인구밀집도를 고려하면 서울 다음으로는 수도권인 인천을 조사하고, 부산, 대구, 울산, 대전, 광주 등의 순으로 조사하면 될 것이다. 하지만 단순 인구규모만으로 판단할 것이 아니라 주민청원 등 대기오염 논쟁이 있는 지역을 우선적으로 측정하는 방법도 있다.

□ 도시지역 HAPs 모니터링 우선순위물질 선정을 위하여 본 연구의 서울지역 HAPs 물질별 오염기여도를 산정해 본 결과 산단지역의 HAPs 우선순위물질과 유사하였다. 실제로 국내 주요 대도시 내에는 크고 작은 산단을 가지고 있으며, 대한민국의 면적을 고려해 보아도 인근 산단의 HAPs 배출이 도시지역에 직간접적으로 영향을 미칠 수 있다고 판단된다. 따라서 산단지역 HAPs 조사결과에 따른 우선관리대상물질과 핵심관리대상물질 (Key toxic pollutants)을 도시지역 HAPs 모니터링의 우선순위물질로 사용할 수 있다고 판단된다. 참고로 핵심관리대상물질은 VOC 그룹 중 benzene, 1,3-butadiene, trichloroethylene, 카보닐화합물 그룹 중 formaldehyde, acrolein, PAH 그룹 중 benzo(a)pyrene을 포함한 독성정보가 있는 7개 PAH (국가 유해대기측정망 7개 물질과 동일), 중금속 그룹 중 Cr^{6+}, 마지막으로 개별물질은 아니지만 입자상 HAPs의 집합농도인 $PM_{2.5}$이다.

□ 도시지역 HAPs 모니터링 주기는 1년을 기준으로 연중 골고루 측정하면서 많이 측정하는 것이 이상적이지만 최소 분기(혹은 계절)별 연속 7일 이상을 권장한다. 분기별 연속 7일을 측정하면 연간 28일을 측정자료를 얻게 되며, 이는 위해성평가에 입력가능한 수가 된다. 또한 연속 7일 측정자료는 주중과 주말의 생활패턴을 모두 고려할 수 있는 장점이 있다. 예산과 충분한 시간이 허락된다면 더 좋은 모니터링 주기는 미국의 경우와 같이 매 6일 혹은 매 12일 간격으로 연중 고르게 측정하는 것이다. 한편 일중 시료채취빈도의 경우 PAH와 중금속의 입자상 오염물질은 1일 24시간 1회 측정하면 되지만, VOC와 카보닐화합물은 자동시료채취장비 등을 이용하여 1일 4~6시간 간격으로 24시간 연속측정하거나, 오전과 오후에 각각 2~3시간 정도 측정하여 일평균 자료로 사용할 수 있다.

□ 본 연구와 같이 1년 단위로 1개 측정(도시)지역에서 3~5개 측정지점을 선정하고 HAPs 측정자료를 모으는 것은, 향후 측정(도시)지역 간 동시성 결여라는 치명적인 약점을 지니게 된다. 따라서 다음과 같은 모니터링 방안을 제시하여 본다. 국내 주요 도시지역의 대기질 측정망 중에서 본 연구 7.1장의 측정지점 선정기준을 토대로 측정대상지점을 선정한 후 VOC, 카보닐화합물, PAH, 중금속 시료채취를 진행한다. 예산절감을 위해 시료채취 시에는 전국의 지방환경관리청 인력 및 각 시도보건환경연구원의 인력을 동원한다. 측정주기는 매 12일 간격으로 전국적으로 동시에 실시하며, 우천 시 카보닐화합물은 생략한다. 채취된 시료의 분석은 환경부 산하 각 지방환경관리청에서 실시하고 국립환경과학원 혹은 1개의 연구기관이 시료채취 장비의 정확성평가 및 표준물질의 공급 및 정도관리용 시료분석을 통해 전체 HAPs자료의 품질을 관리한다.

□ 도시지역 HAPs 모니터링의 목적은 측정 그 자체에 있는 것이 아니라, 측정결과를 이용하여 위해성평가를 한 후 현재의 위해 정도를 파악하기 위함이다. 또한 해당 오염물질에 대한 시설관리기준을 마련 혹은 강화하거나 산업체의 자발적협약에 의한 HAPs의 배출을 저감시키고, 궁극적으로 일반시민의 HAPs에 대한 노출량을 줄여 위해도를 저감시키고자 함이다. 도시지역의 주기적인 HAPs 모니터링이 갖는 의미는 시설기준 적용 전후, 혹은 산업체의 자발적인 HAPs 배출 감소 노력 이후, 실질적인 환경대기 중 HAPs 농도감소에 따른 위해도 감소를 정량적으로 파악하는데 도움이 되기 때문이다. 이를 위해서는 반드시 사전에 측정전문가, 위해성평가전문가, 배출량조사전문가 그룹의 정기적인 포럼과 연구를 통해 측정, 위해성평가, 그리고 배출량 산정의 표준화를 이룰 필요가 있다.

□ 더불어 위해도 감소정도를 토대로 비용편익 분석을 하여 우리나라 환경대기 중 HAPs 농도의 저감이 우리 개개인에게 얼마나 유익한지 시민들이 이해하기 쉬운 수명, 금전적 단위로 설명한다면, 예산확보와 대국민 홍보, 국제적으로 대한민국의 국격 향상을 함께 도모할 수 있을 것으로 판단된다. 더불어 국제적으로 개도국 등에게 대한민국이 환경 롤모델 국가로서 이렇게 획득한 HAPs 관리 노하우를 전달한다면 더욱 의미가 있을 것이다.

8.11 본 연구의 활용방안 및 기대효과

□ 본 연구과제는 도시지역의 HAPs 모니터링에 관한 1차년도 연구로서 서울지역을 조사하였다. 본 연구는 VOC 60여종, 카보닐화합물 10여종, PAH 30여종, 중금속 10여종에 관한 총 30일간 3개 지점의 측정 결과를 제공하고 있다. 이는 우리나라 대표 도시지역인 서울의 HAPs 자료의 D/B를 마련하는데 기여하였다.

□ 본 연구결과 환경대기 중 HAPs 특히, VOC, 카보닐화합물, PAH, 중금속 성분의 상시관측을 위한 측정 방법을 정립하였으며, 정도관리 방법론을 제시하여 향후 상시관측을 위한 SOP마련을 위한 정보를 제공하고 있다. 본 연구의 결과 HAPs 관련 물질의 환경대기 중 검출 농도와 검출 빈도 그리고 독성측면에서 위해성 기여도를 평가하여 주요 관리대상물질을 규명하였다.

□ 본 연구를 통하여 서울지역의 HAPs 주요 배출원과 배출량을 조사하여 관리방안을 마련함에 참고가 될 수 있도록 하였다. 한편 도시지역에 대한 HAPs 상시 측정지점 선정

기준을 제시하고 연구추진방향을 제언하여, 도시지역 HAPs 모니터링 연구를 진행함에 있어 참고가 되도록 하였다.

□ 본 연구에서는 별도로 위해성 평가를 수행하지는 못하였다. 그러나 본 연구에서 얻어진 자료를 바탕으로 별도의 전문가 그룹이 서울대기중 HAPs에 대한 위해성 평가를 수행할 수 있는 과학적인 정보를 제공하고 있다.

참 고 문 헌

참고문헌

공성용 (2006) 외국의 대기배출시설에서의 HAPs 관리정책과 시사점. 환경포럼, 10(4) (통권 122호), 한국환경정책·평가연구원.

나광삼, 김용표, 문길주, 백성옥, 황승만, 김성렬, K.Fung, 이강봉, 박현미 (1998) 대기 중 휘발성 유기화합물의 채취 및 분석 방법 비교, 한국대기보전학회지, 14(5) 507~518.

박찬구, 윤중섭, 어수미, 신정식, 김민영, 손종열, 모세영 (2006) 서울지역 대기 중 다환방향족탄화수소의 발생원별 기여도 평가, 한국대기환경학회지, 22(3), 287~295.

백성옥 (2000) 특정대기유해물질의 대기오염실태 조사연구, 환경부 보고서, 1~132.

백성옥, 김미현, 김수현, 박상곤 (2002) 국내 대기 중 독성 휘발성 유기화합물의 오염특성(I)-측정방법론 평가, 환경독성학회지, 17(2), 95~107.

백성옥 (2004) 구미시지역의 대기오염도 측정, 구미시 보고서.

백성옥 (2006) 시화반월지역 유해대기오염물질 조사연구 (I), 국립환경과학원 보고서.

백성옥 (2007) 시화반월지역 유해대기오염물질 조사연구 (II), 국립환경과학원 보고서.

백성옥 (2009) 여수광양지역 유해대기오염물질 조사연구, 국립환경과학원 보고서.

백성옥 (2010) 울산지역 유해대기오염물질 조사연구, 국립환경과학원 보고서.

백성옥 (2011) 구미지역 유해대기오염물질 조사연구, 국립환경과학원 보고서.

백성옥 (2012) 대산지역 유해대기오염물질 조사연구, 국립환경과학원 보고서.

백성옥 (2013) 포항지역 유해대기오염물질 조사연구, 국립환경과학원 보고서.

서영교, 황윤정, 이순진, 이민도, 한진석, 백성옥 (2010) 흡착-열탈착-GC/MS를 이용한 환경대기 중 N,N-Dimethylformamide 농도 측정, 한국대기환경학회지, 26(4), 357~366.

송희봉, 민경섭, 홍성희, 김종우 (1996) 대구지역 공중이용시설의 실내·외 공기 중 기준성 오염물질과 영향인자, 대한환경공학회지, 18(9), 1027~1044.

여현구, 임철수, 조기철, 김희강 (1998) 카르보닐 화합물의 일중 경시변화경향, 한국대기보전학회 1998년도 춘계학술대회 요지집, 208~209.

이용근, 정태우 (1995) 액체 크로마토그래프법에 의한 대기시료 중 미량 알데히드류의 정량, 11(4), 339~349.

이재환, 황승만, 정필갑, 유연미, 김정우, 이대운, 허귀석 (2002) 흡착관/열탈착 GC/MS 방법에 의한 모사시료 중의 미량 페놀 분석에 관한 연구, 한국대기환경학회지, 18(2), 127~137.

최봉욱, 정종현, 최원준, 전창재, 손병현 (2006) 발생원에 근거한 울산지역의 대기중금속 분포특성 및 발암위해성 평가, 한국환경보건학회지, 32(5), 522~531.

한진석, 이민도, 임용재, 이상욱, 김영미, 공부주, 안준영, 홍유덕 (2006) 수도권 지역에서 환경대기 중 유해대기오염물질 농도분포 특성 연구, 한국대기환경학회지, 22(5), 574~589.

홍상범, 강창희, 김원형, 김용표, 이승묵, 김영성, 송철한, 정창훈, 홍지형 (2009) 수도권 지역 PM10의 PAHs 농도 특성, 한국대기환경학회지, 25(4), 347~359.

황윤정, 박상곤, 백성옥 (1996) 대기 중 카르보닐화합물의 농도측정·분석방법의 평가와 실제에의 적용, 한국대기보전학회지, 12(2), 119~209.

Alexander P. Bianchi et al., (1997) Determination of toluene-2,4-diisocyanate in environmental and workplace air by sampling onto Tenax-TA followed by thermal desorption and capillary gas chromatography using flame ionisation and ion-trap detection, *J. Chromatogr. A*, 771, 233~239.

Arnts, R.R. and S.B tejada (1989) 2,4-Dinitrophenylhydrazine-coated silica gel cartridege method for determination of formaldehyde in air : Identification of an ozone Interference, *Environ. Sci. Technol.*, 23(11), 1428~1430.

Baker, A.K., A.J. Beyersdorf, L.A. Doezema, A. Katzenstein, S. Meinardi, I.J. Simpson, D.R. Blake, and F.S. Rowland (2008) Measurement of nonmethane hydrocarbons in 28 United States cites, *Atoms. Environ.*, 42, 170~182.

Bari, Md.A., G. Baumbach, and B. Kuch (2010) Particle-phase concentrations of polycyclic aromatic hydrocarbons in ambient air of rural residential areas in southern Germany, *Air Qual Atmos Health*, 3, 103~116.

Barrado, A.I, S. Garcia, Y. Castrillejo, and E. Barrado (2013) Exploratory data analysis of PAH, nitro-PAH and hydroxy-PAH concentrations in atmospheric PM_{10}-bound aerosol particles. Correlations with physical and chemical factors, *Atmos. Environ.*, 67, 385~393.

Barrado, A.I, S. Garcia, E. Barrado, and R.M. Perez (2012) $PM_{2.5}$-bound PAHs and hydroxy-PAHs in atmospheric aerosol samples: Correlations with season and with physical and chemical factors, *Atmos. Environ.* 49, 224~232.

Buczynska, A.J., A. Krata, M. Stranger, A.F.L. Godoi, V. Kontozova-Deutsch, L. Bencs, I. Naveau, E. Roekens, R.V. Grieken (2009) Atmospheric BTEX-concentrations in an area with intensive street traffic, *Atmos. Environ.*, 43, 311~318.

Callen, M.S., J.M. Lopez, A. Iturmendi, and A.M. Mastral (2013) Nature and sources of particle associated polycyclic aromatic hydrocarbons (PAH) in the atmospheric environment of an urban area, *Environmental Pollution*, 183, 166~174.

Callen, M.S., M.T. de la Cruz, J.M. Lopez, R. Murillo, M.V. Navarro, and A.M. Mastral (2008) Some inferences on the mechanism of atmospheric gas/particle partitioning of polycyclic aromatic hydrocarbons (PAH) at Zaragoza (Spain), *Chemosphere*, 73, 1357~1365.

Chang, H.Y., T.S. Shih, C.C. Cheng, C.Y. Tasi, J.S. Lai, and V.S. Wang (2003) The effects of co-exposure to methyl ethyl ketone on the biological monitoring of occupational exposure to N,N-dimethylformamide, *Int. Arch. Occup. Environ. Health*, 76, 121~128.

Chang, H.Y., Y.D. Yun, Y.C. Yu, T.S. Shih, M.S. Lin, H.W. Kuo, and K.M. Chen (2005) The effects of simultaneous exposure to methyl ethyl ketone and toluene on urinary biomarkers of occupational N,N-dimethylformamide exposure, *Toxicology Letters*, 155, 385~395.

Cheng, Y., S.C. Lee, Y. Huang, K.F. Ho, S.S.H. Ho, P.S. Yau, P.K.K. Louie, and R.J. Zhang (2014) Diurnal and seasonal trends of carbonyl compounds in roadside, urban, and suburban environment of Hong Kong, *Atmos. Environ.*, 89, 43~51.

Eeva Kivi-Etelatalo et al., (1997) Analysis of volatile organic compounds in air using retention indices together with a simple thermal desorption and cold trap method, *Journal of Chromatography A*, 787, 205~214.

Eiguren-Fernandez, A., A.H. Miguel, J.R. Froines, S. Thurairatnam, and E.L. Avol, (2004) Seasonal and spatial variation of polycyclic aromatic hydrocarbons in vaporphase and PM 2.5 in Southern California urban and rural communities. *Aerosol Science and Technology*, 38, 447~455.

Fiorite, A., F. Larese, S. Molinari, and T. Zanin (1997) Liver function alterations in synthetic leather workers exposed to dimethylformamide, *Am. J. Ind. Med.*, 32, 255~260.

Glaser, J.A., D.L. Forest, G.D. McKee, S.A. Quave, and W.L. Budd (1981) Trace analysis for wastewaters, *Environ. Sci. Technol.*, 15, 1426~1435.

Gros, V., J. Sciare, and T. Yu (2007) Air-quality measurements in megacities: Focus on gaseous organic and particulate pollutants and comparison between two contrasted cities, Paris and Beijing, *Geoscience*, 339, 764~774.

He, J. and R. Balasubramanian (2009) A study of gas/particle partitioning of SVOCs in the tropical atmosphere of Southeast Asia, *Atmos. Environ.*, 43, 4375~4383.

Hildenbrand, S., W. Gfrörer, F.W. Schmahl, and P.C. Dartsch (2000) New methods for determination of 2-butoxyethanol, butoxyacetaldehyde and butoxyacetic acid in aqueous systems, with special reference to cell culture conditions, *Archives of Toxicology*, 74, 72~78.

Ho-Yuan Chang et al., (2005) The effects of simultaneous exposure to methyl ethyl ketone and toluene on urinary biomarkers of occupational N,N-dimethylformamide exposure, *Toxicology Letters*, 155, 385~395.

Jedynska, A., G. Hoek, M. Eeftens, J. Cyrys, M. Keuken, C. Ampe, R. Beelen, G. Cesaroni, F. Forastiere, M. Cirach, K. de Hoogh, A.D. Nazelle, C. Madsen, C. Declercq, K.T. Eriksen, K. Katsouyanni, H.M. Akhlaghi, T. Lanki, K. Meliefste, M. Nieuwenhuijsen, M. Oldenwening, A. Pennanen, O. Raaschou-Nielsen, B. Brunekreef, and I.M. Kooter (2014) Spatial variations of PAH, hopanes/steranes and EC/OC concentrations within and between European study areas, *Atmos. Environ.*, 87, 239~248.

Jiping Zhu and Bio Aikawa (2004) Determination of aniline and related mono-aromatic amines in indoor air in selected Canadian residences by a modified thermal desorption GC/MS method, *Environment International*, 30, 135~143.

Kalaitzoglou, M., E. Terzi, and C. Samara (2004) Patterns and sources of particle-phase aliphatic and polycyclic aromatic hydrocarbons in urban and rural sites of western Greece, *Atmos. Environ.*, 38, 2545~2560.

Khwaja, H.A. and A. Narang (2008) Carbonyls and non-methane hydrocarbons at a rural mountain site in northeastern United States, *Chemosphere*, 71, 2030~2043.

Kivi-Etelätalo, E., O. Kostiainen, and M. Kokko (1997) Analysis of volatile organic compounds in air using retention indices together with a simple thermal desorption and cold trap method, *Journal of Chromatography A*, 787, 205~214.

Knupp, V.F., E.M.A. Leite, and Z.L. Cardeal (2005) Development of a solid phase microextraction-gas chromatography method to determine N-hydroxymethyl-N-methylformamide and N-methylformamide in urine, *J. Chromatogr. B*, 828, 103~107.

Krumal, K., P. Mikuska, and Z. Vecera (2013) Polycyclic aromatic hydrocarbons and hopanes in PM1 aerosols in urban areas, *Atmos. Environ.*, 67, 27~37.

Kurt Andersson et al., (1981) Sampling of epichlorohydrin and ethylene chlorohydrin in workroom air using Amberlite XAD-7 resin, *Chemosphere*, 10, 143~146.

Lareo, A.C., and L. Perbellini (1995) Biological monitoring of workers exposed to N,N-dimethylformamide. II. Dimethylformamide and its metabolites in urine of exposed workers, *Int. Arch. Occup. Environ. Health*, 67, 47~52.

Li, Y., J. Cao, J. Li, J. Zhou, H. Xu, R. Zhang, and Z. Ouyang (2013) Molecular distribution and seasonal variation of hydrocarbons in PM2.5 from Beijing during 2006, *Particuology*, 11, 78~85.

Li, Z., A. Sjodin, E.N. Porter, D.G. Patterson Jr., L.L. Needham, S. Lee, A.G. Russell, and J.A. Mulholland (2009) Characterization of $PM_{2.5}$-bound polycyclic aromatic hydrocarbons in Atlanta, *Atmos. Environ.*, 43, 1043~1050.

Li, Z., E.N. Porter, A. Sjodin, L.L. Needham, S. Lee, A.G. Russell, and J.A. Mulholland (2009) Characterization of $PM_{2.5}$-bound polycyclic aromatic hydrocarbons in Atlanta - Seasonal variations at urban, suburban, and rural ambient air monitoring sites, *Atmos. Environ.*, 43, 4187~4193.

Mantis, J., A. Chaloulakou, and C. Samara (2005) PM10-bound polycyclic aromatic hydrocarbons (PAHs) in the Greater Area of Athens, Greece, *Chemosphere*, 59, 593~604.

Marchand, N., J.L. Besombes, N. Chevron, P. Masclet, G. Aymoz, and J.L. Jaffrezo (2004) Polycyclic aromatic hydrocarbons (PAHs) in the atmospheres of two French alpine valleys: sources and temporal patterns, *Atmospheric Chemistry and Physics*, 4, 1167~1181.

Martellini, T., M. Giannoni, L. Lepri, A. Katsoyiannis, and A.Cincinelli (2012) One year intensive $PM_{2.5}$ bound polycyclic aromatic hydrocarbons monitoring in the area of Tuscany, Italy. Concentrations, source understanding and implications, *Environmental Pollution*, 164, 252~258.

Masiol, M., A. Hofer, S. Squizzato, R. Piazza, G. Rampazzo, and B. Pavoni (2012) Carcinogenic and mutagenic risk associated to airborne particle-phase polycyclic aromatic hydrocarbons: A source apportionment, *Atmos. Environ.*, 60, 375~382.

Meinardi, S., P. Nissenson, B. Barletta, D. Dabdub, F.S. Rowland, and D.R. Blake (2008) Influence of the public transportation system on the air quality of a major urban center. A case study: Milan, Italy, *Atmos. Environ.*, 42, 7915~7923.

Motelay-Massei, A., B. Garban, K. Tiphagne-larcher, M. Chevreuil, and D. Ollivon (2006) Mass balance for polycyclic aromatic hydrocarbons in the urban watershed of Le Havre (France): Transport and fate of PAHs from the atmosphere to the outlet, *Water Research*, 40, 1995~2006.

Palmiotto, G. et al., (2001) Determination of the levels of aromatic amines in indoor and outdoor air in Italy, *Chemosphere*, 43, 355~361.

Parmar, S.S. and D. Grosjean (1990) Laboratory tests of KI and alkaline annular denuders, *Atmos. Environ.*, 24A(10), 2695~2698.

Patil, S. F. (1992) Thermal desorption-gas chromatography for the determination of benzene, aniline, nitrobenzene and chlorobenzene in workplace air, *Journal of Chromatography A*, 600, 344~351.

Patil, S. F. and Lonkar, S. T. (1994) Determination of benzene, aniline and nitrobenzene in workplace air : a comparision of active and passive sampling, *Journal of Chromatography A*, 688, 189~199.

Pietrogrande, M.C., G. Abbaszade, J. Schnelle-Kreis, D. Bacco, M. Mercuriali, and R. Zimmermann (2011) Seasonal variation and source estimation of organic compounds in urban aerosol of Augsburg, Germany, *Environmental Pollution*, 159, 1861~1868.

Qadir, R.M., G. Abbaszade, J. Schnelle-Kreis, J.C. Chow, and R. Zimmermann (2013) Concentrations and source contributions of particulate organic matter before and after implementation of a low emission zone in Munich, Germany, *Environmental Pollution*, 175, 158~167.

Ramirez, N., A. Cuadras, E. Rovira, R.M. Marce, and F. Borrull (2011) Risk Assessment Related to Atmospheric Polycyclic Aromatic Hydrocarbons in Gas and Particle Phases near Industrial Sites, *Environmental Health Perspectives*, 119, 1110~1116.

Ras, M.R., R.M. Marce, A. Cuadras, M. Mari, M. Nadal, and Francesc Borrull (2009) Atmospheric levels of polycyclic aromatic hydrocarbons in gas and particulate phases from Tarragona Region (NE Spain), *Intern. J. Environ. Anal. Chem.*, 89, 543~556.

Ravindra, K., E. Wauters, and R.V. Grieken (2008) Variation in particulate PAHs levels and their relation with the transboundary movement of the air masses, *Science of the Total Environment*, 396, 100~110.

Ringuet, J., A. Albinet, E. Leoz-Garziandia, H. Budzinski, and E. Villenave (2012) Diurnal/nocturnal concentrations and sources of particulate-bound PAHs, OPAHs and NPAHs at traffic and suburban sites in the region of Paris (France), *Science of the Total Environment*, 437, 297~305.

Santarsiero, A. and S. Fuselli (2008) Indoor and outdoor air carbonyl compounds correlation elucidated by principal component analysis, *Environmental Research*, 106, 139~147.

Shepson, P.B., D.R. Hastie, H.I. Schiff, M. Polizzi, J.W. Bottenheim, K.G. Anlauf, G.I. Mackay, and D.R. Karecki (1991) Atmospheric concentrations and temporal variations of C1–C3 carbonyl compounds at two rural sites in central Ontario, *Atmos. Environ.*, 25A, 2001~2015.

Shih, T.S., S.H. Liou, C.Y. Chen, and J.S. Chou (1999) Correlation between urinary 2-methoxy acetic acid and exposure of 2-methoxy ethanol, *Occup. Environ. Med.*, 56, 674~678.

Sidhu, S., B. Gullett, R. Striebich, J. Klosterman, J. Contreras, and M. De Viro (2005) Endocrine disrupting chemical emissions from conbustion sources: diesel particulate emissions and domestic waste open burn emissions, *Atmos. Environ.*, 39, 801~811.

Sirju, A.P and P.B Shepson (1995) Laboratory and field investigation of the DNPH cartridge technique for the measurement of atmospheric carbonyl compounds, *Environ. Sci. Technol.*, 29(2), 384~392.

Sklorz, M., J.J. Briede, J. Schnelle-Kreis, Y. Liu, J. Cyrys, T.M. de Kok, and R. Zimmermann (2007) Concentration of Oxygenated Polycyclic Aromatic Hydrocarbons and Oxygen Free Radical Formation from Urban Particulate Matter, *Journal of Toxicology and Environmental Health*, 70, 1866~1869.

Sofowote, U.M., H. Hung, A.K. Rastogi, J.N. Westgate, Y. Su, E. Sverko, I. D'Sa, P. Roach, P. Fellin, and B.E. McCarry (2010) The gas/particle partitioning of polycyclic aromatic hydrocarbons collected at a sub-Arctic site in Canada, *Atmos. Environ.*, 44, 4919~4926.

Song, Y., M. Shao, Y. Liu, S. Lu, W. Kuster, P. Goldan, and S. Xie (2007) Source Apportionment of Ambient Volatile Organic Compounds in Beijing, *Environ. Sci. Technol.*, 41, 4348~4353.

Sweet, C. W. and S. J. Vermette, (1992) Toxic Volatile Organic Compounds in Urban Air in lllinois. *Environ. Sci. Technol.*, 26(1), 165~173.

Tung-Sheng Shih, Saou-Hsing Liou et al., (1999) Correlation between urinary 2-methoxy acetic acid and exposure of 2-methoxy ethanol, *Occupational and Environmental Medicine*, 56, 674~678.

US EPA (1990) Definition and procedure for the determination of the method detection limit, Code of Federal Regulations, Part 136, Appendix B, pp 537.

US EPA (1997) Compendium of methods TO-17. Determination of toxic organic compounds in ambient air, 2nd Ed., EPA/625/R-96/010b, 51 p.

US EPA (1999) Compendium of methods TO-15. Determination of volatile organic compounds(VOCs) in air collected in specially-prepared canisters and analyzed by gas chromatography/mass spectrometry(GC/MS), 2nd Ed., EPA/625/R-96/010b, 63 p.

U.S.EPA (1999) Method TO-8 : Method for the determination of phenol and methylphenols(cresols) in ambient air using high performance liquid chromatography, *Compendium of Methods for the Determination of Toxic Organic Compounds in Ambient Air*.

U.S.EPA (1999) Method TO-15 : Determination of volatile organic compounds(VOCs) in air collected in specially-prepared canisters and analyzed by gas chromatography/mass spectrometry(GC/MS), *Compendium of Methods for the Determination of Toxic Organic Compounds in Ambient Air*.

Vasilakos, Ch., N. Levi, Th. Maggos, J. Hatzianestis, J. Michopoulos, and C. Helmis (2007) Gas-particle concentration and characterization of sources of PAHs in the atmosphere of a suburban area in Athens, Greece, *Journal of Hazardous Materials*, 140, 45~51.

Vestenius, M., S. Leppanen, P. Anttila, K. Kyllonen, J. Hatakka, H. Hellen, A.P. Hyvarinen, and H. Hakola (2011) Background concentrations and source apportionment of polycyclic aromatic hydrocarbons in south-eastern Finland, *Atmos. Environ.*, 45, 3391~3399.

Wang, G., K. Kawamura, X. Zhao, Q. Li, Z. Dai, and H. Niu (2007) Identification, abundance and seasonal variation of anthropogenic organic aerosols from a mega-city in China, *Atmos. Environ.*, 41, 407~416.

Wrbitzky, R. (1999) Liver function in workers exposed to N,N-dimethylformamide during the production of synthetic textiles, *Int. Arch. Occup. Environ. Health*, 72, 19~25.

Xu, Z., J. Liu, Y. Zhang, P. Liang, and Y. Mu (2010) Ambient levels of atmospheric carbonyls in Beijing during the 2008 Olympic Games, *Journal of Environmental sciences*, 22(9), 1348~1356.

Zheng, J., J.P. Garzon, M.E. Huertas, R. Zhang, M. Levy, Y. Ma, J.I. Huertas, R.T. Jardon, L.G. Ruiz, H. Tan, and L.T. Molina (2013) Volatile organic compounds in Tijuana during the Cal-Mex 2010 campaign: Measurements and source apportionment, *Atmos. Environ.*, 70, 521~531.

참여연구원

참여연구원

가. 책임 및 공동연구원

구 분	이 름	소속기관	최종학위	직 위	담당업무
연구책임자	백성옥	영남대학교 건설환경공학부	공학박사	교 수	연구 총괄 PAH, VOC 분석 중금속분석, 종합검토 및 보고서 작성
공동연구원	김종호	한서대학교 환경공학과	공학박사	교 수	배출원 및 배출량 조사
공동연구원	강병욱	한국교통대학교 환경공학부	공학박사	교 수	OC/EC 현장 시료채취
공동연구원	최진수	(주)이앤비테크	공학박사	대 표	PAH 및 VOC 측정
공동연구원	서영교	영남대학교 박사후 연구원	공학박사	강 사	VOC 측정 PAH 측정 총괄진행

나. 연구보조원 인적 사항

이 름	소 속 기 관	최종학위	연구 참여기간	담당분야
전찬곤	영남대학교	석사과정	2013.7 - 2014.4	PAH 측정
정동희	영남대학교	석사과정	2013.7 - 2014.4	VOC 측정
최민석	영남대학교	석사과정	2013.7 - 2014.4	중금속 측정
방상현	한서대학교	석사과정	2013.7 - 2014.4	배출원 자료조사
김홍직	한서대학교	석사과정	2013.7 - 2014.4	배출원 자료조사
이성원	한서대학교	석사과정	2013.7 - 2014.4	배출원 자료조사
윤일호	한국교통대학교	학사과정	2013.7 - 2014.4	OC/EC 측정

부록. VOC, 카보닐, PAH, 중금속 측정자료

#1 구로구 - 2013년 8월 VOC Compounds 농도

No.	VOC Compounds (ppb)	8월 17일		8월 18일		8월 19일		8월 20일		8월 21일	
		09-12시	13-16시	09-12시	13-16시	09-12시	13-16시	09-12시	13-16시	09-12시	13-16시
1	Freon12	N.D	N.D	N.D	N.D	N.D	N.D	N.D	N.D	N.D	N.D
2	Freon114	<0.01	<0.01	<0.01	<0.01	N.D	N.D	N.D	N.D	N.D	N.D
3	Vinyl chloride (Chloroethene)	N.D	N.D	N.D	N.D	N.D	N.D	N.D	N.D	N.D	N.D
4	1,3-Butadiene	N.D	N.D	N.D	N.D	N.D	N.D	N.D	N.D	N.D	N.D
5	Bromomethane	N.D	N.D	N.D	N.D	N.D	N.D	N.D	N.D	N.D	N.D
6	Chloroethane (Ethyl chloride)	N.D	N.D	N.D	N.D	N.D	N.D	N.D	N.D	N.D	N.D
7	2-Propanol (Isopropyl alcohol)	0.15	0.09	0.12	0.10	0.18	0.07	0.12	0.51	0.07	0.07
8	Freon11	0.01	0.01	0.01	0.01	0.01	<0.01	<0.01	0.01	<0.01	<0.01
9	Acrylonitrile	0.02	0.02	0.02	0.02	0.02	N.D	N.D	N.D	0.02	0.02
10	1,1-Dichloroethene	<0.01	<0.01	N.D	N.D	N.D	N.D	N.D	N.D	N.D	N.D
11	Methylene chloride	<0.01	<0.01	<0.01	N.D	0.02	N.D	N.D	N.D	<0.01	0.01
12	Freon 113	0.02	0.02	0.02	0.02	0.02	0.01	0.02	0.02	0.02	0.02
13	Carbon disulfide	0.06	<0.01	0.01	0.01	0.01	0.01	0.01	0.02	<0.01	<0.01
14	trans-1,2-Dichloroethylene	N.D	<0.01	N.D	N.D	N.D	N.D	N.D	N.D	N.D	N.D
15	Methyl tert-butyl ether	0.24	0.14	0.35	0.20	0.35	0.19	0.37	0.33	0.21	0.14
16	1,1-Dichloroethane	<0.01	N.D	N.D	N.D	N.D	N.D	N.D	N.D	N.D	N.D
17	Vinyl acetate	0.58	0.23	0.48	0.37	0.69	0.38	0.38	0.54	N.D	0.28
18	cis-1,2-dichloroethylene	N.D	N.D	N.D	N.D	N.D	N.D	N.D	N.D	N.D	N.D
19	Ethyl acetate	1.99	0.09	0.22	0.11	2.46	0.29	1.11	1.14	0.92	1.66
20	Hexane	0.52	0.36	0.36	0.28	0.50	0.65	0.33	4.80	0.24	0.09
21	Chloroform	<0.01	<0.01	<0.01	<0.01	0.02	N.D	<0.01	0.02	<0.01	0.01
22	Tetrahydrofuran	0.01	N.D	N.D	N.D	0.04	N.D	0.01	0.04	0.01	<0.01
23	1,2-Dichloroethane	0.01	<0.01	<0.01	<0.01	0.03	N.D	<0.01	N.D	<0.01	<0.01
24	1,1,1-Trichloroethane	<0.01	<0.01	<0.01	<0.01	<0.01	N.D	N.D	N.D	N.D	<0.01
25	Benzene	0.21	0.20	0.17	0.09	0.31	0.31	0.46	0.36	0.28	0.21
26	Carbon tetrachloride	0.06	0.05	0.06	0.07	0.06	0.03	0.07	0.04	0.06	0.06
27	Cyclohexane	0.07	0.04	0.05	0.03	0.15	0.08	0.24	0.10	0.09	0.06
28	1,2-Dichloropropane	0.02	N.D	0.02	<0.01	0.09	0.05	0.05	0.04	0.03	0.05
29	1,4-Dioxane	N.D	N.D	0.02	0.02	0.02	N.D	N.D	N.D	N.D	N.D
30	Bromodichloromethane	<0.01	<0.01	N.D	N.D	N.D	N.D	N.D	N.D	N.D	N.D
31	Trichloroethylene	0.16	0.06	0.08	0.04	0.88	0.46	0.34	0.19	0.24	0.19
32	Heptane	0.08	0.04	0.06	0.03	0.16	0.12	0.25	0.13	0.07	0.05
33	Methyl isobutyl ketone	0.14	0.02	0.07	0.04	0.41	0.43	0.20	0.19	0.12	0.07
34	cis-1,3-Dichloropropene	N.D	N.D	N.D	N.D	N.D	N.D	N.D	N.D	N.D	N.D
35	trans-1,3-Dichloropropene	N.D	N.D	N.D	N.D	N.D	N.D	N.D	N.D	N.D	N.D
36	1,1,2-Trichloroethane	N.D	N.D	N.D	N.D	N.D	N.D	N.D	N.D	N.D	N.D
37	Toluene	3.07	0.69	0.81	0.53	4.75	4.26	6.42	13.91	2.95	2.12
38	2-Hexanone (Methyl butyl ketone)	N.D	N.D	N.D	N.D	N.D	N.D	N.D	N.D	N.D	N.D
39	Dibromochloromethane	N.D	N.D	N.D	N.D	N.D	N.D	N.D	N.D	N.D	N.D
40	Ethyl dibromide (1,2-Dibromoethane)	N.D	N.D	N.D	N.D	N.D	N.D	N.D	N.D	N.D	N.D
41	Tetrachloroethylene	0.02	4.11	<0.01	<0.01	0.04	0.04	0.04	0.02	0.04	0.03
42	Chlorobenzene	0.01	0.25	<0.01	<0.01	0.02	0.01	0.02	0.03	<0.01	<0.01
43	Ethylbenzene	0.38	0.23	0.31	0.17	0.61	0.63	1.18	0.71	0.53	0.23
44	m,p-Xylenes	0.54	0.18	0.36	0.22	0.73	0.58	1.46	0.85	0.59	0.18
45	Bromoform (Tribromomethane)	N.D	N.D	N.D	N.D	N.D	N.D	N.D	N.D	N.D	N.D
46	Styrene	0.43	0.19	0.19	0.18	0.09	0.07	0.11	0.29	0.07	0.04
47	1,1,2,2-Tetrachloroethane	<0.01	N.D	N.D	N.D	N.D	N.D	N.D	N.D	N.D	N.D
48	o-Xylene	0.22	0.12	0.14	0.09	0.30	0.25	0.59	0.36	0.25	0.09
49	4-Ethyltoluene	0.02	<0.01	N.D	<0.01	0.03	0.02	0.06	0.02	0.02	<0.01
50	1,3,5-Trimethylbenzene	0.02	<0.01	N.D	<0.01	0.02	0.01	0.03	0.01	0.01	<0.01
51	1,2,4-Trimethylbenzene	0.09	0.03	0.04	0.02	0.10	0.07	0.14	0.06	0.06	0.02
52	Benzyl chloride	N.D	N.D	N.D	N.D	N.D	N.D	N.D	N.D	N.D	N.D
53	1,3-Dichlorobenzene	<0.01	N.D	N.D	N.D	N.D	N.D	N.D	N.D	<0.01	N.D
54	1,4-Dichlorobenzene	0.01	<0.01	N.D	<0.01	N.D	N.D	N.D	<0.01	<0.01	N.D
55	1,2-Dichlorobenzene	<0.01	N.D	N.D	N.D	0.04	0.06	N.D	N.D	<0.01	N.D
56	1,2,4-Trichlorobenzene	0.02	N.D	N.D	N.D	N.D	N.D	N.D	N.D	N.D	N.D
57	Hexachloro-1,3-butadiene	<0.01	N.D	N.D	N.D	N.D	N.D	N.D	N.D	N.D	N.D
58	2-Methoxyethanol	N.D	N.D	N.D	N.D	N.D	N.D	N.D	N.D	N.D	N.D
59	2-Ethoxyethanol	0.04	<0.01	N.D	N.D	N.D	0.07	0.06	0.07	0.06	0.03
60	Epichlorohydrin	N.D	N.D	N.D	N.D	N.D	N.D	N.D	N.D	N.D	N.D
61	N,N-Dimethylformamide	0.04	N.D	0.11	0.01	0.27	N.D	N.D	0.13	N.D	0.03
62	2-Ethoxyethylacetate	<0.01	N.D	N.D	N.D	N.D	N.D	N.D	N.D	0.02	N.D
63	Phenol	0.06	0.02	0.05	0.06	0.04	0.04	0.03	0.08	0.06	0.05
64	Aniline	0.02	N.D	N.D	N.D	N.D	N.D	N.D	N.D	N.D	N.D
65	Nitrobenzene	N.D	N.D	N.D	N.D	N.D	N.D	N.D	N.D	N.D	N.D
66	Naphthalene	0.03	0.02	0.03	0.03	0.05	0.04	0.07	0.04	0.02	0.01

주) 검출한계(IDL) 이하의 값은 N.D로 표시함, 0.01 ppb 이하는 <0.01로 표시함

#1 구로구 - 2013년 8월 VOC Compounds 농도

No.	VOC Compounds (ppb)	8월 22일		8월 23일		8월 24일		8월 25일		8월 26일	
		09-12시	13-16시	09-12시	13-16시	09-12시	13-16시	09-12시	13-16시	09-12시	13-16시
1	Freon12	N.D	N.D	N.D	N.D	N.D	N.D	N.D	N.D	N.D	N.D
2	Freon114	N.D	N.D	N.D	N.D	N.D	N.D	N.D	N.D	N.D	N.D
3	Vinyl chloride (Chloroethene)	N.D	N.D	N.D	N.D	N.D	N.D	N.D	N.D	N.D	N.D
4	1,3-Butadiene	N.D	N.D	N.D	N.D	N.D	N.D	N.D	N.D	N.D	N.D
5	Bromomethane	N.D	N.D	N.D	N.D	N.D	N.D	N.D	N.D	N.D	N.D
6	Chloroethane (Ethyl chloride)	N.D	N.D	N.D	N.D	N.D	N.D	N.D	N.D	N.D	N.D
7	2-Propanol (Isopropyl alcohol)	0.11	0.05	0.07	0.17	0.07	N.D	0.04	0.05	0.06	0.06
8	Freon11	<0.01	<0.01	<0.01	0.01	0.01	0.01	<0.01	<0.01	<0.01	<0.01
9	Acrylonitrile	0.02	N.D	0.04	0.03	0.02	N.D	N.D	N.D	0.03	0.03
10	1,1-Dichloroethene	<0.01	N.D	N.D	N.D	N.D	<0.01	N.D	N.D	N.D	N.D
11	Methylene chloride	0.04	N.D	0.02	0.04	N.D	0.01	N.D	N.D	N.D	N.D
12	Freon 113	0.02	0.01	<0.01	0.02	0.02	0.03	0.02	0.02	0.02	0.02
13	Carbon disulfide	<0.01	0.01	<0.01	0.02	<0.01	<0.01	0.01	<0.01	0.01	<0.01
14	trans-1,2-Dichloroethylene	N.D	N.D	N.D	N.D	N.D	N.D	N.D	N.D	N.D	N.D
15	Methyl tert-butyl ether	0.23	0.11	0.25	0.47	0.56	N.D	0.28	0.11	0.24	0.16
16	1,1-Dichloroethane	N.D	N.D	N.D	N.D	N.D	N.D	N.D	N.D	N.D	N.D
17	Vinyl acetate	N.D	0.24	0.21	N.D	0.38	N.D	0.40	0.26	0.48	0.39
18	cis-1,2-dichloroethylene	N.D	N.D	N.D	N.D	N.D	N.D	N.D	N.D	0.04	N.D
19	Ethyl acetate	5.34	0.64	0.70	4.69	1.17	N.D	0.20	0.09	0.28	0.75
20	Hexane	0.58	0.32	0.39	0.95	0.45	0.31	0.16	0.12	0.36	0.21
21	Chloroform	0.01	<0.01	0.01	0.02	<0.01	<0.01	N.D	<0.01	<0.01	<0.01
22	Tetrahydrofuran	0.02	N.D	<0.01	0.05	0.01	N.D	0.01	<0.01	N.D	<0.01
23	1,2-Dichloroethane	0.01	<0.01	N.D	0.01	<0.01	N.D	<0.01	<0.01	<0.01	<0.01
24	1,1,1-Trichloroethane	<0.01	<0.01	<0.01	<0.01	<0.01	N.D	<0.01	<0.01	<0.01	<0.01
25	Benzene	0.47	0.25	0.24	0.32	0.40	0.33	0.27	0.21	0.28	0.25
26	Carbon tetrachloride	0.07	0.05	0.05	0.08	0.08	0.01	0.06	0.06	0.04	0.05
27	Cyclohexane	0.23	0.09	0.16	0.34	0.19	0.06	0.05	0.04	0.11	0.05
28	1,2-Dichloropropane	0.11	0.08	0.08	0.09	0.05	N.D	0.02	0.02	0.04	0.02
29	1,4-Dioxane	N.D	N.D	N.D	N.D	N.D	N.D	N.D	N.D	N.D	N.D
30	Bromodichloromethane	N.D	N.D	N.D	N.D	N.D	N.D	N.D	N.D	N.D	N.D
31	Trichloroethylene	0.55	0.62	1.18	2.02	0.27	0.30	0.04	0.03	0.33	0.13
32	Heptane	0.18	0.09	0.20	0.29	0.15	0.04	0.06	0.03	0.17	0.06
33	Methyl isobutyl ketone	0.26	0.17	0.49	1.25	0.19	N.D	0.08	0.03	0.24	0.08
34	cis-1,3-Dichloropropene	N.D	N.D	N.D	N.D	N.D	N.D	N.D	N.D	N.D	N.D
35	trans-1,3-Dichloropropene	N.D	N.D	N.D	N.D	N.D	N.D	N.D	N.D	N.D	N.D
36	1,1,2-Trichloroethane	N.D	N.D	N.D	N.D	N.D	N.D	N.D	N.D	N.D	N.D
37	Toluene	6.65	3.61	5.56	8.46	4.67	0.03	3.19	0.84	4.07	1.98
38	2-Hexanone (Methyl butyl ketone)	N.D	N.D	N.D	N.D	N.D	N.D	N.D	N.D	N.D	N.D
39	Dibromochloromethane	N.D	N.D	N.D	N.D	N.D	N.D	N.D	N.D	N.D	N.D
40	Ethyl dibromide (1,2-Dibromoethane)	N.D	N.D	N.D	N.D	N.D	N.D	N.D	N.D	N.D	N.D
41	Tetrachloroethylene	0.11	0.04	0.04	0.05	0.07	0.03	0.02	<0.01	0.04	0.02
42	Chlorobenzene	0.02	0.01	0.01	0.02	0.02	<0.01	0.01	<0.01	<0.01	<0.01
43	Ethylbenzene	0.71	0.50	0.76	1.45	0.95	N.D	2.06	0.38	0.82	0.32
44	m,p-Xylenes	0.70	0.45	0.99	1.68	1.02	N.D	1.27	0.26	1.40	0.32
45	Bromoform (Tribromomethane)	N.D	<0.01	N.D	N.D	N.D	N.D	N.D	N.D	N.D	N.D
46	Styrene	0.06	0.06	0.14	0.28	0.09	N.D	0.09	0.06	0.07	0.05
47	1,1,2,2-Tetrachloroethane	N.D	N.D	N.D	N.D	N.D	N.D	N.D	N.D	N.D	N.D
48	o-Xylene	0.31	0.22	0.39	0.66	0.44	N.D	0.39	0.10	0.61	0.14
49	4-Ethyltoluene	0.03	0.01	0.04	0.09	0.04	N.D	N.D	<0.01	0.06	N.D
50	1,3,5-Trimethylbenzene	0.01	<0.01	0.05	0.07	0.02	N.D	N.D	<0.01	0.03	N.D
51	1,2,4-Trimethylbenzene	0.07	0.04	0.19	0.30	0.11	N.D	0.03	0.01	0.18	0.03
52	Benzyl chloride	N.D	N.D	N.D	N.D	N.D	N.D	N.D	N.D	N.D	N.D
53	1,3-Dichlorobenzene	<0.01	<0.01	<0.01	0.01	<0.01	N.D	<0.01	<0.01	<0.01	<0.01
54	1,4-Dichlorobenzene	<0.01	<0.01	<0.01	N.D	0.02	0.01	<0.01	<0.01	<0.01	<0.01
55	1,2-Dichlorobenzene	<0.01	<0.01	0.02	0.09	0.01	<0.01	N.D	N.D	N.D	<0.01
56	1,2,4-Trichlorobenzene	N.D	N.D	N.D	N.D	N.D	N.D	N.D	N.D	N.D	N.D
57	Hexachloro-1,3-butadiene	N.D	N.D	N.D	N.D	N.D	N.D	N.D	N.D	N.D	N.D
58	2-Methoxyethanol	N.D	N.D	N.D	N.D	N.D	N.D	N.D	N.D	N.D	N.D
59	2-Ethoxyethanol	0.13	0.11	0.20	0.38	0.07	0.05	0.06	0.02	0.07	0.03
60	Epichlorohydrin	N.D	N.D	N.D	N.D	N.D	N.D	N.D	N.D	N.D	N.D
61	N,N-Dimethylformamide	0.15	0.29	0.12	0.33	0.11	N.D	0.02	N.D	N.D	0.02
62	2-Ethoxyethylacetate	N.D	N.D	0.02	0.09	0.03	N.D	0.70	0.16	N.D	0.02
63	Phenol	0.05	0.04	0.04	0.09	0.04	0.01	0.05	0.02	0.04	0.04
64	Aniline	N.D	N.D	N.D	N.D	N.D	N.D	N.D	N.D	N.D	N.D
65	Nitrobenzene	N.D	N.D	N.D	N.D	N.D	N.D	N.D	N.D	N.D	N.D
66	Naphthalene	0.03	0.03	0.08	0.07	0.05	N.D	0.02	0.01	0.03	0.02

주) 검출한계(IDL) 이하의 값은 N.D로 표시함, 0.01 ppb 이하는 <0.01로 표시함

#2 강남구 - 2013년 8월 VOC Compounds 농도

No.	VOC Compounds (ppb)	8월 17일		8월 18일		8월 19일		8월 20일		8월 21일	
		09-12시	13-16시	09-12시	13-16시	09-12시	13-16시	09-12시	13-16시	09-12시	13-16시
1	Freon12	N.D	N.D	N.D	N.D	N.D	N.D	N.D	N.D	N.D	N.D
2	Freon114	<0.01	N.D	N.D	N.D	N.D	N.D	N.D	N.D	N.D	N.D
3	Vinyl chloride (Chloroethene)	N.D	N.D	N.D	N.D	N.D	N.D	N.D	N.D	N.D	N.D
4	1,3-Butadiene	N.D	N.D	N.D	N.D	N.D	N.D	N.D	N.D	N.D	N.D
5	Bromomethane	N.D	N.D	N.D	N.D	N.D	N.D	N.D	N.D	N.D	N.D
6	Chloroethane (Ethyl chloride)	N.D	N.D	N.D	N.D	N.D	N.D	N.D	N.D	N.D	N.D
7	2-Propanol (Isopropyl alcohol)	0.15	N.D	0.13	0.13	0.08	0.08	0.14	0.14	0.04	0.05
8	Freon11	0.01	0.01	0.01	0.01	0.01	0.01	<0.01	<0.01	<0.01	<0.01
9	Acrylonitrile	0.02	N.D	N.D	0.02	0.02	0.02	0.03	0.02	0.02	0.02
10	1,1-Dichloroethene	<0.01	N.D	N.D	N.D	N.D	N.D	N.D	N.D	N.D	N.D
11	Methylene chloride	<0.01	N.D	N.D	N.D	0.01	0.01	<0.01	<0.01	N.D	N.D
12	Freon 113	0.02	0.02	0.02	0.02	0.02	0.02	0.02	0.02	0.02	0.02
13	Carbon disulfide	<0.01	N.D	0.01	0.02	<0.01	<0.01	<0.01	<0.01	0.01	<0.01
14	trans-1,2-Dichloroethylene	N.D	N.D	N.D	N.D	N.D	N.D	N.D	N.D	N.D	N.D
15	Methyl tert-butyl ether	0.20	N.D	0.17	0.14	0.62	0.63	0.49	0.74	0.19	0.19
16	1,1-Dichloroethane	<0.01	N.D	N.D	N.D	N.D	N.D	N.D	N.D	N.D	N.D
17	Vinyl acetate	0.37	N.D	0.44	0.37	0.58	N.D	0.45	N.D	0.27	0.26
18	cis-1,2-dichloroethylene	N.D	N.D	N.D	N.D	N.D	N.D	N.D	N.D	N.D	N.D
19	Ethyl acetate	2.07	N.D	0.36	0.16	1.21	2.86	1.32	1.50	1.01	0.59
20	Hexane	0.51	N.D	0.33	0.38	0.31	0.68	0.34	0.62	0.17	0.14
21	Chloroform	<0.01	N.D	<0.01	<0.01	<0.01	<0.01	<0.01	<0.01	<0.01	<0.01
22	Tetrahydrofuran	<0.01	N.D	0.01	<0.01	0.01	0.01	0.01	0.02	<0.01	N.D
23	1,2-Dichloroethane	<0.01	N.D	<0.01	<0.01	0.02	0.02	<0.01	<0.01	0.01	<0.01
24	1,1,1-Trichloroethane	<0.01	N.D	<0.01	<0.01	<0.01	<0.01	<0.01	<0.01	<0.01	<0.01
25	Benzene	0.14	0.15	0.13	0.10	0.26	0.34	0.39	0.37	0.28	0.23
26	Carbon tetrachloride	0.06	0.05	0.06	0.04	0.07	0.07	0.07	0.07	0.07	0.05
27	Cyclohexane	0.05	N.D	0.03	0.03	0.12	0.14	0.20	0.22	0.09	0.05
28	1,2-Dichloropropane	0.02	N.D	0.01	0.02	0.06	0.07	0.06	0.04	0.03	0.03
29	1,4-Dioxane	N.D	N.D	0.02	0.02	0.02	0.01	N.D	N.D	N.D	N.D
30	Bromodichloromethane	<0.01	N.D	<0.01	<0.01	N.D	N.D	N.D	N.D	N.D	<0.01
31	Trichloroethylene	0.13	N.D	0.03	0.03	0.21	0.71	0.29	0.31	0.14	0.07
32	Heptane	0.06	N.D	0.03	0.03	0.10	0.16	0.15	0.17	0.08	0.06
33	Methyl isobutyl ketone	0.16	N.D	0.06	0.07	0.17	0.32	0.24	0.20	0.54	0.14
34	cis-1,3-Dichloropropene	N.D	N.D	N.D	N.D	N.D	N.D	N.D	N.D	N.D	N.D
35	trans-1,3-Dichloropropene	N.D	N.D	N.D	N.D	N.D	N.D	N.D	N.D	N.D	N.D
36	1,1,2-Trichloroethane	N.D	N.D	N.D	N.D	<0.01	<0.01	N.D	N.D	N.D	N.D
37	Toluene	3.67	3.52	1.55	2.42	4.05	6.59	7.28	7.41	6.45	5.59
38	2-Hexanone (Methyl butyl ketone)	N.D	N.D	N.D	N.D	N.D	N.D	N.D	N.D	N.D	N.D
39	Dibromochloromethane	N.D	N.D	N.D	N.D	N.D	N.D	N.D	N.D	N.D	N.D
40	Ethyl dibromide (1,2-Dibromoethane)	N.D	N.D	N.D	N.D	N.D	N.D	N.D	N.D	N.D	N.D
41	Tetrachloroethylene	<0.01	N.D	<0.01	<0.01	0.05	0.05	0.09	0.14	0.02	0.01
42	Chlorobenzene	<0.01	N.D	<0.01	<0.01	0.02	0.02	0.02	0.02	0.01	<0.01
43	Ethylbenzene	1.21	0.68	0.76	1.21	1.48	1.97	2.79	2.93	2.16	2.10
44	m,p-Xylenes	1.28	N.D	0.57	0.75	1.09	1.25	1.83	1.83	1.29	1.15
45	Bromoform (Tribromomethane)	N.D	N.D	N.D	N.D	N.D	N.D	N.D	N.D	N.D	N.D
46	Styrene	0.57	0.18	0.21	0.25	0.09	0.10	0.11	0.11	0.11	0.17
47	1,1,2,2-Tetrachloroethane	<0.01	N.D	N.D	N.D	N.D	N.D	<0.01	N.D	N.D	N.D
48	o-Xylene	0.45	0.20	0.19	0.24	0.38	0.45	0.62	0.64	0.41	0.36
49	4-Ethyltoluene	0.02	N.D	0.01	0.01	0.03	0.03	0.03	0.03	0.02	0.01
50	1,3,5-Trimethylbenzene	0.02	N.D	0.01	0.01	0.03	0.02	0.02	0.02	0.02	0.01
51	1,2,4-Trimethylbenzene	0.07	N.D	0.03	0.04	0.11	0.09	0.10	0.07	0.05	0.03
52	Benzyl chloride	N.D	N.D	N.D	N.D	N.D	N.D	N.D	N.D	N.D	N.D
53	1,3-Dichlorobenzene	N.D	N.D	N.D	N.D	<0.01	<0.01	N.D	N.D	N.D	N.D
54	1,4-Dichlorobenzene	<0.01	N.D	<0.01	<0.01	0.02	<0.01	<0.01	<0.01	<0.01	<0.01
55	1,2-Dichlorobenzene	N.D	N.D	N.D	N.D	<0.01	0.06	<0.01	<0.01	N.D	<0.01
56	1,2,4-Trichlorobenzene	N.D	N.D	N.D	N.D	<0.01	N.D	N.D	N.D	N.D	N.D
57	Hexachloro-1,3-butadiene	N.D	N.D	N.D	N.D	N.D	N.D	N.D	N.D	N.D	N.D
58	2-Methoxyethanol	N.D	N.D	N.D	N.D	N.D	N.D	N.D	N.D	N.D	N.D
59	2-Ethoxyethanol	0.02	N.D	0.02	0.03	0.05	0.14	0.08	0.07	0.03	0.04
60	Epichlorohydrin	N.D	N.D	N.D	N.D	N.D	N.D	N.D	N.D	N.D	N.D
61	N,N-Dimethylformamide	N.D	N.D	N.D	N.D	0.05	0.07	0.08	0.06	N.D	0.03
62	2-Ethoxyethylacetate	N.D	N.D	N.D	N.D	N.D	0.02	0.02	0.01	<0.01	N.D
63	Phenol	0.04	N.D	0.08	0.07	0.04	0.06	0.03	0.04	0.03	0.04
64	Aniline	N.D	N.D	N.D	N.D	N.D	N.D	N.D	N.D	N.D	N.D
65	Nitrobenzene	N.D	N.D	N.D	N.D	N.D	N.D	N.D	N.D	N.D	N.D
66	Naphthalene	0.02	N.D	0.02	0.02	0.04	0.02	0.04	0.03	0.02	0.01

주) 검출한계(IDL) 이하의 값은 N.D로 표시함, 0.01 ppb 이하는 <0.01로 표시함

#2 강남구 - 2013년 8월 VOC Compounds 농도

No.	VOC Compounds (ppb)	8월 22일 09-12시	8월 22일 13-16시	8월 23일 09-12시	8월 23일 13-16시	8월 24일 09-12시	8월 24일 13-16시	8월 25일 09-12시	8월 25일 13-16시	8월 26일 09-12시	8월 26일 13-16시
1	Freon12	N.D	N.D	N.D	N.D	N.D	N.D	N.D	N.D	N.D	N.D
2	Freon114	N.D	N.D	N.D	N.D	N.D	N.D	N.D	N.D	N.D	N.D
3	Vinyl chloride (Chloroethene)	N.D	N.D	N.D	N.D	N.D	N.D	N.D	N.D	N.D	N.D
4	1,3-Butadiene	N.D	N.D	N.D	N.D	N.D	N.D	N.D	N.D	N.D	N.D
5	Bromomethane	N.D	N.D	N.D	N.D	N.D	N.D	N.D	N.D	N.D	N.D
6	Chloroethane (Ethyl chloride)	N.D	N.D	N.D	N.D	N.D	N.D	N.D	N.D	N.D	N.D
7	2-Propanol (Isopropyl alcohol)	0.21	0.06	0.05	0.10	0.12	0.04	0.05	0.04	0.14	0.07
8	Freon11	0.02	<0.01	<0.01	0.01	<0.01	0.01	<0.01	<0.01	0.01	<0.01
9	Acrylonitrile	0.03	0.02	0.03	0.05	0.05	0.04	0.03	0.03	0.04	0.03
10	1,1-Dichloroethene	N.D	N.D	N.D	N.D	N.D	N.D	N.D	N.D	N.D	N.D
11	Methylene chloride	0.02	<0.01	N.D	0.01	<0.01	<0.01	N.D	N.D	N.D	N.D
12	Freon 113	0.03	0.01	0.02	0.02	0.02	0.04	0.02	0.02	0.04	0.02
13	Carbon disulfide	0.01	<0.01	<0.01	0.01	<0.01	<0.01	<0.01	<0.01	<0.01	<0.01
14	trans-1,2-Dichloroethylene	N.D	N.D	N.D	N.D	N.D	N.D	N.D	N.D	N.D	N.D
15	Methyl tert-butyl ether	0.30	0.16	0.51	0.52	0.11	0.12	0.23	0.12	0.46	0.45
16	1,1-Dichloroethane	N.D	N.D	N.D	N.D	N.D	N.D	N.D	N.D	N.D	N.D
17	Vinyl acetate	0.43	0.25	0.27	0.32	0.19	0.17	0.38	0.32	0.57	0.57
18	cis-1,2-dichloroethylene	N.D	N.D	N.D	N.D	0.02	N.D	N.D	N.D	N.D	N.D
19	Ethyl acetate	1.56	0.83	0.37	1.02	0.20	0.02	0.17	0.10	0.52	0.47
20	Hexane	0.39	0.38	0.36	0.48	0.50	0.26	0.16	0.12	0.28	0.23
21	Chloroform	0.01	<0.01	<0.01	<0.01	<0.01	<0.01	<0.01	<0.01	<0.01	N.D
22	Tetrahydrofuran	0.03	<0.01	0.01	0.03	N.D	N.D	N.D	N.D	<0.01	<0.01
23	1,2-Dichloroethane	0.02	<0.01	<0.01	<0.01	<0.01	<0.01	<0.01	<0.01	N.D	<0.01
24	1,1,1-Trichloroethane	<0.01	<0.01	<0.01	<0.01	<0.01	<0.01	<0.01	<0.01	<0.01	<0.01
25	Benzene	0.39	0.31	0.23	0.28	0.34	0.29	0.27	0.21	0.35	0.28
26	Carbon tetrachloride	0.07	0.04	0.07	0.08	0.06	0.08	0.06	0.04	0.10	0.07
27	Cyclohexane	0.12	0.09	0.14	0.08	0.21	0.10	0.05	0.03	0.13	0.09
28	1,2-Dichloropropane	0.06	0.05	0.01	0.03	0.04	0.01	0.03	0.02	0.03	0.02
29	1,4-Dioxane	0.03	0.01	N.D	0.02	N.D	N.D	N.D	N.D	N.D	N.D
30	Bromodichloromethane	N.D	N.D	N.D	N.D	N.D	N.D	<0.01	N.D	<0.01	N.D
31	Trichloroethylene	0.19	0.35	0.10	0.39	0.34	0.13	0.03	0.02	0.06	0.04
32	Heptane	0.12	0.12	0.14	0.17	0.15	0.09	0.05	0.03	0.11	0.09
33	Methyl isobutyl ketone	0.21	0.29	0.41	0.33	0.12	0.02	0.06	0.03	0.14	0.12
34	cis-1,3-Dichloropropene	N.D	N.D	N.D	N.D	N.D	N.D	N.D	N.D	N.D	N.D
35	trans-1,3-Dichloropropene	N.D	N.D	N.D	N.D	N.D	N.D	N.D	N.D	N.D	N.D
36	1,1,2-Trichloroethane	N.D	N.D	N.D	N.D	N.D	N.D	N.D	N.D	N.D	N.D
37	Toluene	5.53	6.31	5.28	5.21	7.83	5.77	5.10	6.49	7.30	5.41
38	2-Hexanone (Methyl butyl ketone)	N.D	N.D	N.D	N.D	N.D	N.D	N.D	N.D	N.D	N.D
39	Dibromochloromethane	N.D	N.D	N.D	N.D	N.D	N.D	N.D	N.D	N.D	N.D
40	Ethyl dibromide (1,2-Dibromoethane)	N.D	N.D	N.D	N.D	N.D	N.D	N.D	N.D	N.D	N.D
41	Tetrachloroethylene	0.04	0.08	0.06	0.06	0.08	0.03	0.01	<0.01	0.04	0.04
42	Chlorobenzene	0.01	0.01	0.01	0.01	0.02	<0.01	0.01	0.01	0.02	0.01
43	Ethylbenzene	2.05	1.76	1.35	1.29	2.61	2.05	2.47	3.24	2.83	1.98
44	m,p-Xylenes	1.60	1.53	1.27	1.26	1.96	1.16	1.46	1.85	2.43	1.95
45	Bromoform (Tribromomethane)	N.D	N.D	N.D	N.D	N.D	N.D	N.D	N.D	N.D	N.D
46	Styrene	0.10	0.12	0.10	0.11	0.10	0.16	0.09	0.16	0.15	0.12
47	1,1,2,2-Tetrachloroethane	N.D	N.D	N.D	N.D	<0.01	N.D	N.D	N.D	N.D	N.D
48	o-Xylene	0.57	0.57	0.46	0.47	0.70	0.41	0.48	0.58	0.87	0.39
49	4-Ethyltoluene	0.03	0.03	0.04	0.06	0.04	0.02	0.01	0.02	0.03	0.02
50	1,3,5-Trimethylbenzene	0.03	0.02	0.05	0.05	0.02	0.01	0.01	0.01	0.03	0.01
51	1,2,4-Trimethylbenzene	0.11	0.07	0.16	0.18	0.10	0.04	0.04	0.05	0.09	0.05
52	Benzyl chloride	N.D	N.D	N.D	N.D	N.D	N.D	N.D	N.D	N.D	N.D
53	1,3-Dichlorobenzene	N.D	<0.01	N.D	N.D	N.D	N.D	N.D	N.D	N.D	N.D
54	1,4-Dichlorobenzene	0.01	0.01	0.02	0.02	<0.01	0.01	<0.01	<0.01	<0.01	<0.01
55	1,2-Dichlorobenzene	<0.01	0.01	<0.01	0.02	0.01	<0.01	N.D	N.D	N.D	N.D
56	1,2,4-Trichlorobenzene	N.D	N.D	N.D	N.D	N.D	N.D	N.D	N.D	N.D	N.D
57	Hexachloro-1,3-butadiene	N.D	N.D	N.D	N.D	N.D	N.D	N.D	N.D	N.D	N.D
58	2-Methoxyethanol	0.01	N.D	0.01	N.D	N.D	N.D	N.D	N.D	N.D	N.D
59	2-Ethoxyethanol	0.05	0.09	0.04	0.08	0.07	0.03	0.03	0.03	0.04	0.04
60	Epichlorohydrin	N.D	N.D	N.D	N.D	N.D	N.D	N.D	N.D	N.D	N.D
61	N,N-Dimethylformamide	0.04	0.11	0.04	0.03	<0.01	N.D	0.03	0.02	0.05	0.02
62	2-Ethoxyethylacetate	N.D	0.01	0.01	0.01	0.02	N.D	0.04	N.D	0.05	0.03
63	Phenol	0.04	0.03	0.03	0.05	0.03	0.02	0.04	0.04	0.03	0.03
64	Aniline	N.D	N.D	N.D	N.D	N.D	N.D	N.D	N.D	N.D	N.D
65	Nitrobenzene	N.D	N.D	N.D	N.D	N.D	N.D	N.D	N.D	N.D	N.D
66	Naphthalene	0.03	0.02	0.07	0.06	0.03	0.01	0.02	0.01	0.03	0.02

주) 검출한계(IDL) 이하의 값은 N.D로 표시함, 0.01 ppb 이하는 <0.01로 표시함

#3 서울역 - 2013년 8월 VOC Compounds 농도

No.	VOC Compounds (ppb)	8월 17일		8월 18일		8월 19일		8월 20일		8월 21일	
		09-12시	13-16시	09-12시	13-16시	09-12시	13-16시	09-12시	13-16시	09-12시	13-16시
1	Freon12	N.D	N.D	N.D	N.D	N.D	N.D	N.D	N.D	N.D	N.D
2	Freon114	N.D	N.D	<0.01	N.D	N.D	N.D	N.D	N.D	N.D	N.D
3	Vinyl chloride (Chloroethene)	N.D	N.D	N.D	N.D	N.D	N.D	N.D	N.D	N.D	N.D
4	1,3-Butadiene	N.D	N.D	N.D	N.D	N.D	N.D	N.D	N.D	N.D	N.D
5	Bromomethane	N.D	N.D	N.D	N.D	N.D	N.D	N.D	N.D	N.D	N.D
6	Chloroethane (Ethyl chloride)	N.D	0.06	0.03	0.06	0.06	0.07	N.D	N.D	0.05	0.12
7	2-Propanol (Isopropyl alcohol)	0.14	0.10	0.28	0.09	0.09	0.08	0.18	0.17	0.05	0.03
8	Freon11	<0.01	<0.01	<0.01	<0.01	<0.01	<0.01	0.01	0.01	0.01	0.01
9	Acrylonitrile	N.D	N.D	N.D	N.D	N.D	N.D	N.D	N.D	0.02	0.13
10	1,1-Dichloroethene	N.D	N.D	N.D	N.D	N.D	N.D	N.D	N.D	N.D	<0.01
11	Methylene chloride	N.D	0.01	<0.01	N.D	<0.01	N.D	<0.01	N.D	N.D	N.D
12	Freon 113	0.01	0.02	0.02	0.02	0.02	0.02	0.02	0.02	0.03	0.03
13	Carbon disulfide	0.25	0.02	0.01	0.01	0.04	<0.01	0.01	<0.01	0.02	0.01
14	trans-1,2-Dichloroethylene	N.D	N.D	N.D	N.D	N.D	N.D	N.D	N.D	N.D	N.D
15	Methyl tert-butyl ether	0.32	0.29	0.38	0.78	0.97	0.73	1.49	1.31	0.59	0.09
16	1,1-Dichloroethane	N.D	N.D	N.D	N.D	N.D	N.D	N.D	N.D	N.D	N.D
17	Vinyl acetate	N.D	N.D	0.49	N.D	0.51	0.43	N.D	N.D	0.40	0.08
18	cis-1,2-dichloroethylene	N.D	N.D	N.D	N.D	N.D	N.D	N.D	N.D	N.D	N.D
19	Ethyl acetate	1.10	0.37	0.21	0.30	0.04	0.29	2.45	1.53	0.98	N.D
20	Hexane	0.59	0.48	1.09	0.32	0.72	0.60	1.00	0.75	0.29	0.27
21	Chloroform	<0.01	<0.01	<0.01	<0.01	0.01	0.07	<0.01	<0.01	<0.01	0.01
22	Tetrahydrofuran	0.02	0.01	0.02	N.D	N.D	N.D	N.D	N.D	N.D	N.D
23	1,2-Dichloroethane	<0.01	<0.01	<0.01	<0.01	0.02	<0.01	N.D	0.01	0.01	0.01
24	1,1,1-Trichloroethane	<0.01	<0.01	N.D	<0.01	<0.01	<0.01	<0.01	<0.01	<0.01	<0.01
25	Benzene	0.24	0.30	0.21	0.18	0.42	0.38	0.59	0.48	0.34	0.33
26	Carbon tetrachloride	0.05	0.04	0.04	0.07	0.04	0.06	0.08	0.08	0.09	0.08
27	Cyclohexane	0.10	0.08	0.06	0.06	0.31	0.18	0.41	0.32	0.13	0.11
28	1,2-Dichloropropane	0.02	<0.01	<0.01	<0.01	0.04	0.04	0.05	0.04	0.02	0.02
29	1,4-Dioxane	N.D	N.D	N.D	N.D	N.D	N.D	0.02	0.02	N.D	N.D
30	Bromodichloromethane	N.D	N.D	N.D	N.D	N.D	N.D	N.D	N.D	N.D	N.D
31	Trichloroethylene	0.11	0.08	0.06	0.05	0.48	0.37	0.33	0.11	0.13	0.16
32	Heptane	0.12	0.10	0.09	0.08	0.23	0.17	0.34	0.31	0.13	0.11
33	Methyl isobutyl ketone	0.16	0.12	0.11	0.08	0.12	0.14	0.32	0.19	0.12	N.D
34	cis-1,3-Dichloropropene	N.D	N.D	N.D	N.D	N.D	N.D	N.D	N.D	N.D	N.D
35	trans-1,3-Dichloropropene	N.D	N.D	N.D	N.D	N.D	N.D	N.D	N.D	N.D	N.D
36	1,1,2-Trichloroethane	N.D	N.D	N.D	N.D	N.D	N.D	N.D	N.D	N.D	N.D
37	Toluene	3.63	1.71	1.49	0.95	8.15	5.28	7.54	6.02	2.55	2.87
38	2-Hexanone (Methyl butyl ketone)	N.D	N.D	N.D	N.D	N.D	N.D	N.D	N.D	N.D	N.D
39	Dibromochloromethane	N.D	N.D	N.D	N.D	N.D	N.D	N.D	N.D	N.D	N.D
40	Ethyl dibromide (1,2-Dibromoethane)	N.D	N.D	N.D	N.D	N.D	N.D	N.D	N.D	N.D	N.D
41	Tetrachloroethylene	0.03	0.03	<0.01	0.01	0.03	0.03	0.14	0.06	0.05	0.07
42	Chlorobenzene	0.14	0.01	<0.01	<0.01	0.02	0.01	0.02	0.02	<0.01	<0.01
43	Ethylbenzene	0.53	0.33	0.34	0.24	0.62	0.67	2.15	1.35	0.55	0.44
44	m,p-Xylenes	0.92	0.54	0.43	0.32	0.82	0.63	2.04	1.14	0.55	0.51
45	Bromoform (Tribromomethane)	N.D	N.D	N.D	N.D	N.D	N.D	N.D	N.D	N.D	N.D
46	Styrene	4.63	0.13	0.25	0.11	0.09	0.05	0.12	0.07	0.06	0.05
47	1,1,2,2-Tetrachloroethane	N.D	N.D	N.D	N.D	N.D	N.D	N.D	N.D	N.D	N.D
48	o-Xylene	0.34	0.20	0.16	0.13	0.33	0.27	0.77	0.47	0.22	0.21
49	4-Ethyltoluene	0.11	0.18	0.04	0.08	0.08	0.06	0.10	0.12	0.03	0.08
50	1,3,5-Trimethylbenzene	0.06	0.05	0.03	0.03	0.05	0.04	0.08	0.06	0.03	0.03
51	1,2,4-Trimethylbenzene	0.25	0.18	0.11	0.11	0.23	0.17	0.34	0.22	0.10	0.10
52	Benzyl chloride	N.D	N.D	N.D	N.D	N.D	N.D	N.D	N.D	N.D	N.D
53	1,3-Dichlorobenzene	0.02	0.01	<0.01	<0.01	0.01	<0.01	<0.01	<0.01	<0.01	<0.01
54	1,4-Dichlorobenzene	<0.01	<0.01	<0.01	<0.01	<0.01	<0.01	0.02	<0.01	<0.01	0.01
55	1,2-Dichlorobenzene	N.D	N.D	<0.01	<0.01	0.03	0.04	0.01	<0.01	N.D	<0.01
56	1,2,4-Trichlorobenzene	N.D	N.D	N.D	N.D	N.D	N.D	N.D	N.D	N.D	N.D
57	Hexachloro-1,3-butadiene	N.D	N.D	N.D	N.D	N.D	N.D	N.D	N.D	N.D	N.D
58	2-Methoxyethanol	N.D	N.D	N.D	N.D	N.D	N.D	N.D	N.D	N.D	N.D
59	2-Ethoxyethanol	0.13	0.13	0.04	0.03	0.07	0.08	0.09	0.04	0.04	0.02
60	Epichlorohydrin	N.D	N.D	N.D	N.D	N.D	N.D	N.D	N.D	N.D	N.D
61	N,N-Dimethylformamide	0.35	0.22	0.27	0.16	N.D	N.D	0.17	0.10	0.06	N.D
62	2-Ethoxyethylacetate	N.D	N.D	N.D	N.D	N.D	N.D	N.D	N.D	N.D	N.D
63	Phenol	0.22	0.20	0.13	0.07	0.03	0.06	0.05	0.04	0.05	0.01
64	Aniline	N.D	N.D	N.D	N.D	N.D	N.D	N.D	N.D	N.D	N.D
65	Nitrobenzene	N.D	N.D	N.D	N.D	N.D	N.D	N.D	N.D	N.D	N.D
66	Naphthalene	0.12	0.08	0.05	0.04	0.05	0.04	0.13	0.08	0.04	0.04

주) 검출한계(IDL) 이하의 값은 N.D로 표시함, 0.01 ppb 이하는 <0.01로 표시함

#3 서울역 - 2013년 8월 VOC Compounds 농도

No.	VOC Compounds (ppb)	8월 22일 09-12시	8월 22일 13-16시	8월 23일 09-12시	8월 23일 13-16시	8월 24일 09-12시	8월 24일 13-16시	8월 25일 09-12시	8월 25일 13-16시	8월 26일 09-12시	8월 26일 13-16시
1	Freon12	N.D	N.D	N.D	N.D	N.D	N.D	N.D	N.D	N.D	N.D
2	Freon114	N.D	N.D	N.D	N.D	N.D	N.D	N.D	N.D	N.D	N.D
3	Vinyl chloride (Chloroethene)	N.D	N.D	N.D	N.D	N.D	N.D	N.D	N.D	N.D	N.D
4	1,3-Butadiene	N.D	N.D	N.D	N.D	N.D	N.D	N.D	N.D	N.D	N.D
5	Bromomethane	N.D	N.D	N.D	N.D	N.D	N.D	N.D	N.D	N.D	N.D
6	Chloroethane (Ethyl chloride)	0.04	N.D	0.26	N.D	N.D	N.D	N.D	N.D	0.14	N.D
7	2-Propanol (Isopropyl alcohol)	0.08	0.09	0.06	0.19	0.12	0.13	0.05	0.05	0.09	0.06
8	Freon11	<0.01	<0.01	<0.01	<0.01	<0.01	0.01	0.01	0.01	0.01	<0.01
9	Acrylonitrile	0.06	0.04	N.D	0.03	0.06	0.10	0.04	0.05	0.05	0.02
10	1,1-Dichloroethene	N.D	N.D	N.D	N.D	N.D	N.D	N.D	N.D	N.D	N.D
11	Methylene chloride	N.D	0.01	N.D	0.02	N.D	N.D	N.D	N.D	N.D	N.D
12	Freon 113	0.02	0.02	0.02	0.02	0.03	0.03	0.03	0.03	0.02	0.02
13	Carbon disulfide	0.02	0.01	0.10	0.03	<0.01	<0.01	0.01	<0.01	<0.01	0.01
14	trans-1,2-Dichloroethylene	N.D	N.D	N.D	N.D	N.D	N.D	N.D	N.D	N.D	N.D
15	Methyl tert-butyl ether	0.56	0.75	0.40	0.65	0.95	1.28	0.73	0.83	0.16	0.55
16	1,1-Dichloroethane	N.D	N.D	N.D	N.D	N.D	N.D	N.D	N.D	N.D	N.D
17	Vinyl acetate	N.D	N.D	0.23	N.D	0.56	0.65	0.60	0.75	0.46	N.D
18	cis-1,2-dichloroethylene	N.D	N.D	N.D	N.D	N.D	N.D	N.D	N.D	N.D	N.D
19	Ethyl acetate	2.16	1.59	0.44	2.42	1.43	0.91	0.22	0.38	0.31	0.96
20	Hexane	0.70	0.71	0.45	0.69	0.68	0.53	0.31	0.26	0.40	0.33
21	Chloroform	<0.01	<0.01	<0.01	0.01	0.01	0.01	<0.01	<0.01	<0.01	<0.01
22	Tetrahydrofuran	N.D	N.D	0.01	N.D	0.02	0.02	0.01	<0.01	N.D	0.01
23	1,2-Dichloroethane	<0.01	0.01	N.D	0.01	0.01	0.01	N.D	<0.01	<0.01	0.01
24	1,1,1-Trichloroethane	<0.01	<0.01	<0.01	<0.01	<0.01	<0.01	<0.01	<0.01	<0.01	<0.01
25	Benzene	0.52	0.47	0.23	0.37	0.44	0.41	0.30	0.28	0.43	0.33
26	Carbon tetrachloride	0.07	0.07	0.05	0.06	0.09	0.10	0.08	0.10	0.06	0.08
27	Cyclohexane	0.24	0.22	0.25	0.24	0.30	0.21	0.08	0.08	0.16	0.15
28	1,2-Dichloropropane	0.09	0.04	<0.01	0.01	0.04	0.03	0.02	0.03	0.01	0.02
29	1,4-Dioxane	N.D	N.D	0.02	0.03	N.D	N.D	N.D	N.D	N.D	N.D
30	Bromodichloromethane	N.D	N.D	N.D	N.D	N.D	N.D	N.D	N.D	N.D	0.01
31	Trichloroethylene	0.60	0.41	0.09	0.35	0.29	0.17	0.04	0.02	0.05	0.06
32	Heptane	0.25	0.21	0.16	0.22	0.25	0.17	0.08	0.09	0.14	0.10
33	Methyl isobutyl ketone	0.25	0.31	0.14	0.34	0.20	0.13	0.11	0.08	0.05	0.08
34	cis-1,3-Dichloropropene	N.D	N.D	N.D	N.D	N.D	N.D	N.D	N.D	N.D	N.D
35	trans-1,3-Dichloropropene	N.D	N.D	N.D	N.D	N.D	N.D	N.D	N.D	N.D	N.D
36	1,1,2-Trichloroethane	N.D	N.D	N.D	N.D	N.D	N.D	N.D	N.D	N.D	N.D
37	Toluene	5.87	6.19	3.88	6.55	7.05	4.02	1.34	0.95	3.44	3.73
38	2-Hexanone (Methyl butyl ketone)	N.D	N.D	N.D	N.D	N.D	N.D	N.D	N.D	N.D	N.D
39	Dibromochloromethane	N.D	N.D	N.D	N.D	N.D	N.D	N.D	N.D	N.D	N.D
40	Ethyl dibromide (1,2-Dibromoethane)	N.D	N.D	N.D	N.D	N.D	N.D	N.D	N.D	N.D	N.D
41	Tetrachloroethylene	0.07	0.02	0.01	0.02	0.05	0.03	0.02	0.02	0.03	0.02
42	Chlorobenzene	0.02	0.01	0.01	0.01	0.02	0.01	<0.01	<0.01	0.01	<0.01
43	Ethylbenzene	0.99	0.89	0.84	0.86	0.84	0.51	0.30	0.21	0.75	0.64
44	m,p-Xylenes	1.00	0.92	0.81	0.96	0.98	0.49	0.34	0.27	0.81	0.90
45	Bromoform (Tribromomethane)	N.D	N.D	N.D	N.D	N.D	N.D	N.D	N.D	N.D	N.D
46	Styrene	0.08	0.08	0.10	0.13	0.11	0.05	0.05	0.04	0.08	0.05
47	1,1,2,2-Tetrachloroethane	N.D	N.D	N.D	N.D	N.D	N.D	N.D	N.D	N.D	N.D
48	o-Xylene	0.42	0.38	0.32	0.37	0.42	0.23	0.14	0.11	0.32	0.35
49	4-Ethyltoluene	0.06	0.09	0.04	0.08	0.06	0.07	0.02	0.06	0.04	0.05
50	1,3,5-Trimethylbenzene	0.04	0.04	0.04	0.05	0.04	0.03	0.02	0.02	0.03	0.03
51	1,2,4-Trimethylbenzene	0.18	0.14	0.13	0.17	0.16	0.12	0.08	0.08	0.13	0.12
52	Benzyl chloride	N.D	N.D	N.D	N.D	N.D	N.D	N.D	N.D	N.D	N.D
53	1,3-Dichlorobenzene	<0.01	<0.01	<0.01	<0.01	<0.01	<0.01	<0.01	<0.01	<0.01	<0.01
54	1,4-Dichlorobenzene	<0.01	<0.01	<0.01	<0.01	0.01	<0.01	<0.01	<0.01	<0.01	<0.01
55	1,2-Dichlorobenzene	0.01	0.03	<0.01	0.03	0.01	<0.01	N.D	N.D	<0.01	N.D
56	1,2,4-Trichlorobenzene	N.D	N.D	N.D	N.D	N.D	N.D	N.D	N.D	N.D	N.D
57	Hexachloro-1,3-butadiene	N.D	N.D	N.D	N.D	N.D	N.D	N.D	N.D	N.D	N.D
58	2-Methoxyethanol	N.D	N.D	N.D	N.D	N.D	N.D	N.D	N.D	N.D	N.D
59	2-Ethoxyethanol	0.12	0.11	N.D	0.10	0.07	0.05	0.03	0.01	N.D	0.03
60	Epichlorohydrin	N.D	N.D	N.D	N.D	N.D	N.D	N.D	N.D	N.D	N.D
61	N,N-Dimethylformamide	0.10	0.11	N.D	0.11	N.D	N.D	N.D	N.D	N.D	N.D
62	2-Ethoxyethylacetate	N.D	0.02	N.D	N.D	N.D	N.D	N.D	N.D	N.D	N.D
63	Phenol	0.04	0.04	0.05	0.08	0.03	0.04	0.06	0.04	0.04	0.04
64	Aniline	N.D	N.D	N.D	N.D	N.D	N.D	N.D	N.D	N.D	N.D
65	Nitrobenzene	N.D	N.D	N.D	N.D	N.D	N.D	N.D	N.D	N.D	N.D
66	Naphthalene	0.06	0.04	0.06	0.06	0.06	0.05	0.05	0.04	0.05	0.04

주) 검출한계(IDL) 이하의 값은 N.D로 표시함, 0.01 ppb 이하는 <0.01로 표시함

#1 구로구 - 2013년 11월 VOC Compounds 농도

No.	VOC Compounds (ppb)	11월 12일		11월 13일		11월 14일		11월 15일		11월 16일	
		09-12시	13-16시	09-12시	13-16시	09-12시	13-16시	09-12시	13-16시	09-12시	13-16시
1	Freon12	N.D	N.D	N.D	N.D	N.D	N.D	N.D	N.D	N.D	N.D
2	Freon114	N.D	N.D	N.D	N.D	N.D	N.D	N.D	N.D	N.D	N.D
3	Vinyl chloride (Chloroethene)	N.D	N.D	N.D	N.D	N.D	N.D	N.D	N.D	N.D	N.D
4	1,3-Butadiene	N.D	N.D	N.D	N.D	N.D	N.D	N.D	N.D	N.D	N.D
5	Bromomethane	N.D	N.D	N.D	N.D	N.D	N.D	N.D	N.D	N.D	N.D
6	Chloroethane (Ethyl chloride)	N.D	N.D	N.D	N.D	N.D	N.D	N.D	N.D	N.D	N.D
7	2-Propanol (Isopropyl alcohol)	0.29	0.10	0.34	0.58	0.84	1.02	0.38	0.34	0.68	0.47
8	Freon11	0.04	0.04	0.04	0.04	0.04	0.04	0.03	0.03	0.04	0.03
9	Acrylonitrile	N.D	N.D	N.D	N.D	N.D	N.D	N.D	N.D	N.D	N.D
10	1,1-Dichloroethene	N.D	N.D	N.D	N.D	N.D	N.D	N.D	N.D	N.D	N.D
11	Methylene chloride	N.D	N.D	N.D	N.D	0.07	0.06	0.21	0.20	0.41	0.24
12	Freon 113	0.08	0.09	0.09	0.08	0.08	0.08	0.09	0.08	0.10	0.09
13	Carbon disulfide	N.D	N.D	N.D	N.D	N.D	N.D	N.D	N.D	N.D	N.D
14	trans-1,2-Dichloroethylene	N.D	N.D	N.D	N.D	N.D	N.D	N.D	N.D	N.D	N.D
15	Methyl tert-butyl ether	0.45	0.16	0.12	0.09	0.80	0.73	0.67	0.68	1.66	2.16
16	1,1-Dichloroethane	N.D	N.D	N.D	N.D	N.D	N.D	N.D	N.D	N.D	N.D
17	Vinyl acetate	0.28	0.21	0.23	0.25	0.53	0.44	0.25	0.33	0.87	1.07
18	cis-1,2-dichloroethylene	N.D	N.D	N.D	N.D	N.D	N.D	N.D	N.D	N.D	N.D
19	Ethyl acetate	0.37	5.00	2.88	0.76	8.10	5.44	2.40	1.98	6.15	9.16
20	Hexane	0.28	0.24	0.43	0.61	0.99	1.04	1.10	0.93	2.61	1.67
21	Chloroform	0.02	0.03	0.02	0.02	0.05	0.04	0.05	0.05	0.08	0.05
22	Tetrahydrofuran	N.D	N.D	0.03	0.07	0.12	0.11	0.09	0.08	0.15	0.10
23	1,2-Dichloroethane	N.D	0.03	0.01	N.D	0.04	0.04	0.09	0.09	0.13	0.08
24	1,1,1-Trichloroethane	N.D	N.D	N.D	N.D	N.D	N.D	N.D	N.D	N.D	N.D
25	Benzene	0.32	0.27	0.38	0.50	0.75	0.70	0.89	0.76	1.43	1.22
26	Carbon tetrachloride	0.09	0.11	0.09	0.07	0.10	0.09	0.11	0.09	0.12	0.11
27	Cyclohexane	0.11	0.09	0.13	0.17	0.42	0.39	0.33	0.24	0.79	0.51
28	1,2-Dichloropropane	N.D	N.D	N.D	N.D	0.08	0.08	0.10	0.11	0.22	0.18
29	1,4-Dioxane	N.D	N.D	N.D	N.D	N.D	N.D	N.D	N.D	N.D	N.D
30	Bromodichloromethane	N.D	N.D	N.D	N.D	0.04	N.D	0.03	N.D	N.D	N.D
31	Trichloroethylene	0.02	0.06	0.15	0.25	0.53	0.50	0.14	0.26	0.63	0.45
32	Heptane	0.12	0.07	0.12	0.17	0.38	0.35	0.22	0.21	0.68	0.38
33	Methyl isobutyl ketone	0.06	0.05	0.07	0.08	0.44	0.43	0.20	0.35	0.37	0.37
34	cis-1,3-Dichloropropene	N.D	N.D	N.D	N.D	N.D	N.D	N.D	N.D	N.D	N.D
35	trans-1,3-Dichloropropene	N.D	N.D	N.D	N.D	N.D	N.D	N.D	N.D	N.D	N.D
36	1,1,2-Trichloroethane	N.D	N.D	N.D	N.D	N.D	N.D	N.D	N.D	N.D	N.D
37	Toluene	5.78	5.55	5.26	4.98	13.94	9.61	6.28	6.26	23.69	13.31
38	2-Hexanone (Methyl butyl ketone)	N.D	N.D	N.D	N.D	N.D	N.D	N.D	N.D	N.D	N.D
39	Dibromochloromethane	N.D	N.D	N.D	N.D	N.D	N.D	N.D	N.D	N.D	N.D
40	Ethyl dibromide (1,2-Dibromoethane)	N.D	N.D	N.D	N.D	N.D	N.D	N.D	N.D	N.D	N.D
41	Tetrachloroethylene	0.01	0.01	0.05	0.10	0.17	0.26	0.17	0.13	0.13	0.08
42	Chlorobenzene	<0.01	N.D	<0.01	0.02	0.03	0.02	0.02	0.02	0.04	0.03
43	Ethylbenzene	0.52	0.27	0.50	0.74	2.71	1.81	1.29	1.27	2.68	1.66
44	m,p-Xylenes	0.56	0.27	0.73	1.18	6.42	3.00	2.45	1.82	4.53	2.09
45	Bromoform (Tribromomethane)	N.D	N.D	N.D	N.D	N.D	N.D	N.D	N.D	N.D	N.D
46	Styrene	0.06	0.03	0.06	0.08	0.23	0.14	0.16	0.08	0.37	0.18
47	1,1,2,2-Tetrachloroethane	N.D	N.D	N.D	N.D	N.D	N.D	N.D	N.D	N.D	N.D
48	o-Xylene	0.20	0.10	0.27	0.45	2.43	1.13	0.93	0.69	2.00	0.80
49	4-Ethyltoluene	0.02	0.01	0.03	0.05	0.19	0.09	0.07	0.05	0.11	0.06
50	1,3,5-Trimethylbenzene	0.03	0.01	0.03	0.04	0.16	0.08	0.06	0.04	0.09	0.05
51	1,2,4-Trimethylbenzene	0.10	0.04	0.12	0.20	0.70	0.34	0.23	0.17	0.38	0.20
52	Benzyl chloride	N.D	N.D	N.D	N.D	N.D	N.D	N.D	N.D	N.D	N.D
53	1,3-Dichlorobenzene	N.D	N.D	N.D	N.D	N.D	N.D	N.D	N.D	N.D	N.D
54	1,4-Dichlorobenzene	N.D	N.D	N.D	N.D	N.D	N.D	N.D	N.D	N.D	N.D
55	1,2-Dichlorobenzene	N.D	N.D	N.D	N.D	N.D	N.D	N.D	N.D	N.D	N.D
56	1,2,4-Trichlorobenzene	N.D	N.D	N.D	N.D	N.D	N.D	N.D	N.D	N.D	N.D
57	Hexachloro-1,3-butadiene	N.D	N.D	N.D	N.D	N.D	N.D	N.D	N.D	N.D	N.D
58	2-Methoxyethanol	N.D	N.D	N.D	N.D	N.D	N.D	N.D	N.D	N.D	N.D
59	2-Ethoxyethanol	N.D	N.D	N.D	N.D	N.D	N.D	N.D	N.D	N.D	N.D
60	Epichlorohydrin	N.D	N.D	N.D	N.D	N.D	N.D	N.D	N.D	N.D	N.D
61	N,N-Dimethylformamide	N.D	N.D	N.D	N.D	N.D	N.D	N.D	N.D	N.D	N.D
62	2-Ethoxyethylacetate	N.D	N.D	N.D	N.D	N.D	N.D	N.D	N.D	N.D	N.D
63	Phenol	N.D	0.02	<0.01	N.D	N.D	N.D	N.D	N.D	N.D	N.D
64	Aniline	N.D	N.D	N.D	N.D	N.D	N.D	N.D	N.D	N.D	N.D
65	Nitrobenzene	N.D	N.D	N.D	N.D	N.D	N.D	N.D	N.D	N.D	N.D
66	Naphthalene	0.02	0.01	0.01	0.02	0.04	0.03	0.03	0.03	0.03	0.04

주) 검출한계(IDL) 이하의 값은 N.D로 표시함, 0.01 ppb 이하는 <0.01로 표시함

#1 구로구 - 2013년 11월 VOC Compounds 농도

No.	VOC Compounds (ppb)	11월 17일		11월 18일		11월 19일		11월 20일		11월 21일	
		09-12시	13-16시	09-12시	13-16시	09-12시	13-16시	09-12시	13-16시	09-12시	13-16시
1	Freon12	N.D	N.D	N.D	N.D	N.D	N.D	N.D	N.D	N.D	N.D
2	Freon114	N.D	N.D	N.D	N.D	N.D	N.D	N.D	N.D	N.D	N.D
3	Vinyl chloride (Chloroethene)	N.D	N.D	N.D	N.D	N.D	N.D	N.D	N.D	N.D	N.D
4	1,3-Butadiene	N.D	N.D	N.D	N.D	N.D	N.D	0.03	N.D	N.D	N.D
5	Bromomethane	N.D	N.D	N.D	N.D	N.D	N.D	N.D	N.D	N.D	N.D
6	Chloroethane (Ethyl chloride)	N.D	N.D	N.D	N.D	N.D	N.D	N.D	N.D	N.D	N.D
7	2-Propanol (Isopropyl alcohol)	0.07	N.D	0.11	0.27	N.D	N.D	0.17	0.11	0.41	0.26
8	Freon11	0.07	0.07	0.08	0.10	0.08	0.08	0.07	0.07	0.09	0.03
9	Acrylonitrile	N.D	N.D	N.D	N.D	N.D	N.D	N.D	N.D	N.D	N.D
10	1,1-Dichloroethene	N.D	N.D	N.D	N.D	N.D	N.D	N.D	N.D	N.D	N.D
11	Methylene chloride	N.D	N.D	N.D	0.21	0.12	0.10	N.D	N.D	N.D	N.D
12	Freon 113	0.09	0.09	0.08	0.10	0.09	0.08	0.08	0.08	0.09	0.08
13	Carbon disulfide	N.D	N.D	N.D	N.D	N.D	N.D	N.D	N.D	N.D	N.D
14	trans-1,2-Dichloroethylene	N.D	N.D	N.D	N.D	N.D	N.D	N.D	N.D	N.D	N.D
15	Methyl tert-butyl ether	0.12	0.18	0.21	0.23	0.16	0.16	0.19	0.16	0.20	0.20
16	1,1-Dichloroethane	N.D	N.D	N.D	N.D	N.D	N.D	N.D	N.D	N.D	N.D
17	Vinyl acetate	0.11	0.17	0.22	0.27	0.14	0.14	0.26	0.23	0.23	0.20
18	cis-1,2-dichloroethylene	N.D	N.D	N.D	N.D	N.D	N.D	N.D	N.D	N.D	N.D
19	Ethyl acetate	0.05	0.14	0.45	0.49	N.D	N.D	3.13	1.84	5.37	11.75
20	Hexane	0.16	0.21	0.43	2.08	1.25	1.13	0.90	0.31	0.62	1.10
21	Chloroform	N.D	N.D	0.03	0.03	0.04	0.03	0.04	N.D	0.04	N.D
22	Tetrahydrofuran	N.D	N.D	N.D	0.08	N.D	N.D	N.D	N.D	N.D	0.05
23	1,2-Dichloroethane	N.D	N.D	N.D	N.D	N.D	N.D	N.D	N.D	N.D	N.D
24	1,1,1-Trichloroethane	N.D	N.D	N.D	N.D	N.D	N.D	N.D	N.D	N.D	N.D
25	Benzene	0.26	0.30	0.31	0.32	0.42	0.35	0.34	0.25	0.47	0.46
26	Carbon tetrachloride	0.10	0.11	0.10	0.10	0.08	0.08	0.10	0.08	0.10	0.10
27	Cyclohexane	0.04	0.06	0.08	0.07	0.09	0.07	0.14	0.06	0.16	0.22
28	1,2-Dichloropropane	N.D	N.D	N.D	N.D	N.D	N.D	N.D	N.D	N.D	0.05
29	1,4-Dioxane	N.D	N.D	N.D	N.D	N.D	N.D	N.D	N.D	N.D	N.D
30	Bromodichloromethane	N.D	N.D	N.D	N.D	N.D	N.D	N.D	N.D	N.D	N.D
31	Trichloroethylene	0.07	N.D	0.06	0.09	0.09	0.05	0.05	0.04	0.19	0.46
32	Heptane	0.04	0.09	0.09	0.08	0.08	0.07	0.18	0.05	0.14	0.22
33	Methyl isobutyl ketone	0.03	0.04	0.07	0.10	N.D	N.D	0.08	0.03	0.19	0.53
34	cis-1,3-Dichloropropene	N.D	N.D	N.D	N.D	N.D	N.D	N.D	N.D	N.D	N.D
35	trans-1,3-Dichloropropene	N.D	N.D	N.D	N.D	N.D	N.D	N.D	N.D	N.D	N.D
36	1,1,2-Trichloroethane	N.D	N.D	N.D	N.D	N.D	N.D	N.D	N.D	N.D	N.D
37	Toluene	1.03	0.68	1.30	1.23	2.77	1.57	3.46	1.76	5.89	8.59
38	2-Hexanone (Methyl butyl ketone)	N.D	N.D	N.D	N.D	N.D	N.D	N.D	N.D	N.D	N.D
39	Dibromochloromethane	N.D	N.D	N.D	N.D	N.D	N.D	N.D	N.D	N.D	N.D
40	Ethyl dibromide (1,2-Dibromoethane)	N.D	N.D	N.D	N.D	N.D	N.D	N.D	N.D	N.D	N.D
41	Tetrachloroethylene	N.D	N.D	N.D	N.D	N.D	N.D	0.03	N.D	N.D	N.D
42	Chlorobenzene	N.D	N.D	N.D	N.D	N.D	N.D	N.D	N.D	N.D	N.D
43	Ethylbenzene	0.10	0.12	0.14	0.14	0.27	0.17	0.32	0.13	0.47	0.54
44	m,p-Xylenes	0.11	0.14	0.21	0.18	0.32	0.21	0.33	0.15	0.47	0.63
45	Bromoform (Tribromomethane)	N.D	N.D	N.D	N.D	N.D	N.D	N.D	N.D	N.D	N.D
46	Styrene	N.D	N.D	0.04	0.04	0.05	0.04	0.06	0.03	0.07	0.07
47	1,1,2,2-Tetrachloroethane	N.D	N.D	N.D	N.D	N.D	N.D	N.D	N.D	N.D	N.D
48	o-Xylene	0.04	0.05	0.07	0.06	0.11	0.08	0.11	0.06	0.17	0.17
49	4-Ethyltoluene	N.D	N.D	<0.01	0.01	0.01	<0.01	0.01	N.D	0.02	0.02
50	1,3,5-Trimethylbenzene	N.D	N.D	0.01	0.01	0.01	<0.01	0.02	N.D	0.02	0.01
51	1,2,4-Trimethylbenzene	0.02	0.02	0.03	0.05	0.03	0.03	0.05	0.03	0.06	0.06
52	Benzyl chloride	N.D	N.D	N.D	N.D	N.D	N.D	N.D	N.D	N.D	N.D
53	1,3-Dichlorobenzene	N.D	N.D	N.D	N.D	N.D	N.D	N.D	N.D	N.D	N.D
54	1,4-Dichlorobenzene	N.D	N.D	N.D	N.D	N.D	N.D	N.D	N.D	N.D	N.D
55	1,2-Dichlorobenzene	N.D	N.D	N.D	N.D	N.D	N.D	N.D	N.D	N.D	N.D
56	1,2,4-Trichlorobenzene	N.D	N.D	N.D	N.D	N.D	N.D	N.D	N.D	N.D	N.D
57	Hexachloro-1,3-butadiene	N.D	N.D	N.D	N.D	N.D	N.D	N.D	N.D	N.D	N.D
58	2-Methoxyethanol	N.D	N.D	N.D	N.D	N.D	N.D	N.D	N.D	N.D	N.D
59	2-Ethoxyethanol	N.D	N.D	N.D	N.D	N.D	N.D	N.D	N.D	N.D	N.D
60	Epichlorohydrin	N.D	N.D	N.D	N.D	N.D	N.D	N.D	N.D	N.D	N.D
61	N,N-Dimethylformamide	N.D	N.D	N.D	N.D	N.D	N.D	N.D	N.D	N.D	N.D
62	2-Ethoxyethylacetate	N.D	N.D	N.D	N.D	N.D	N.D	N.D	N.D	N.D	N.D
63	Phenol	N.D	N.D	N.D	N.D	N.D	N.D	N.D	N.D	N.D	N.D
64	Aniline	N.D	N.D	N.D	N.D	N.D	N.D	N.D	N.D	N.D	N.D
65	Nitrobenzene	N.D	N.D	N.D	N.D	N.D	N.D	N.D	N.D	N.D	N.D
66	Naphthalene	<0.01	<0.01	<0.01	<0.01	<0.01	<0.01	0.01	<0.01	0.02	0.01

주) 검출한계(IDL) 이하의 값은 N.D로 표시함, 0.01 ppb 이하는 <0.01로 표시함

#2 강남구 - 2013년 11월 VOC Compounds 농도

No.	VOC Compounds (ppb)	11월 12일 09-12시	11월 12일 13-16시	11월 13일 09-12시	11월 13일 13-16시	11월 14일 09-12시	11월 14일 13-16시	11월 15일 09-12시	11월 15일 13-16시	11월 16일 09-12시	11월 16일 13-16시
1	Freon12	N.D	N.D	N.D	N.D	N.D	N.D	N.D	N.D	N.D	N.D
2	Freon114	N.D	N.D	N.D	N.D	N.D	N.D	N.D	N.D	N.D	N.D
3	Vinyl chloride (Chloroethene)	N.D	N.D	N.D	N.D	N.D	N.D	N.D	N.D	N.D	N.D
4	1,3-Butadiene	N.D	N.D	0.05	0.04	N.D	N.D	N.D	N.D	N.D	N.D
5	Bromomethane	N.D	N.D	N.D	N.D	N.D	N.D	N.D	N.D	N.D	N.D
6	Chloroethane (Ethyl chloride)	N.D	N.D	N.D	N.D	N.D	N.D	N.D	N.D	N.D	N.D
7	2-Propanol (Isopropyl alcohol)	0.29	0.28	0.20	0.75	0.61	0.36	0.26	0.21	0.46	0.27
8	Freon11	0.05	0.05	0.05	0.04	0.04	0.03	0.03	0.03	0.04	0.03
9	Acrylonitrile	N.D	N.D	N.D	N.D	N.D	N.D	N.D	N.D	N.D	N.D
10	1,1-Dichloroethene	N.D	N.D	N.D	N.D	N.D	N.D	N.D	N.D	N.D	N.D
11	Methylene chloride	N.D	N.D	0.03	0.07	0.08	0.06	0.16	0.33	0.16	0.34
12	Freon 113	0.08	0.09	0.08	0.08	0.08	0.08	0.08	0.08	0.08	0.09
13	Carbon disulfide	N.D	N.D	N.D	N.D	N.D	N.D	N.D	N.D	N.D	N.D
14	trans-1,2-Dichloroethylene	N.D	N.D	N.D	N.D	N.D	N.D	N.D	N.D	N.D	N.D
15	Methyl tert-butyl ether	0.25	0.31	0.41	1.05	0.82	0.58	0.58	0.64	1.00	0.98
16	1,1-Dichloroethane	N.D	N.D	N.D	N.D	N.D	N.D	N.D	N.D	N.D	N.D
17	Vinyl acetate	0.22	0.25	0.45	0.88	0.40	0.44	0.32	0.41	0.60	0.68
18	cis-1,2-dichloroethylene	N.D	N.D	N.D	N.D	N.D	N.D	N.D	N.D	N.D	N.D
19	Ethyl acetate	0.24	0.65	1.12	9.75	7.82	7.55	2.01	1.36	5.91	11.10
20	Hexane	0.55	0.30	0.65	1.38	1.32	1.06	1.06	2.15	0.94	3.38
21	Chloroform	0.03	N.D	0.03	0.04	0.06	0.03	0.04	0.04	0.07	0.05
22	Tetrahydrofuran	N.D	N.D	0.07	0.11	0.17	0.12	0.07	0.09	0.07	0.21
23	1,2-Dichloroethane	0.03	N.D	N.D	N.D	N.D	N.D	0.08	0.08	0.12	0.10
24	1,1,1-Trichloroethane	N.D	N.D	N.D	N.D	N.D	N.D	N.D	N.D	N.D	N.D
25	Benzene	0.42	0.33	0.57	1.07	0.97	0.80	0.84	0.80	1.02	1.20
26	Carbon tetrachloride	0.10	0.10	0.10	0.10	0.10	0.10	0.09	0.10	0.10	0.11
27	Cyclohexane	0.28	0.20	0.27	0.57	0.49	0.39	0.28	0.33	0.41	0.49
28	1,2-Dichloropropane	N.D	N.D	N.D	0.09	0.08	0.07	0.09	0.10	0.14	0.25
29	1,4-Dioxane	N.D	N.D	N.D	N.D	N.D	N.D	N.D	N.D	N.D	N.D
30	Bromodichloromethane	N.D	N.D	N.D	N.D	N.D	N.D	N.D	N.D	N.D	N.D
31	Trichloroethylene	0.04	N.D	0.09	0.57	0.61	0.52	0.17	0.18	0.38	0.44
32	Heptane	0.22	0.11	0.29	0.46	0.40	0.29	0.19	0.16	0.28	0.37
33	Methyl isobutyl ketone	0.06	0.07	0.11	0.50	0.46	0.38	0.23	0.15	0.32	0.59
34	cis-1,3-Dichloropropene	N.D	N.D	N.D	N.D	N.D	N.D	N.D	N.D	N.D	N.D
35	trans-1,3-Dichloropropene	N.D	N.D	N.D	N.D	N.D	N.D	N.D	N.D	N.D	N.D
36	1,1,2-Trichloroethane	N.D	N.D	N.D	N.D	N.D	N.D	N.D	N.D	N.D	N.D
37	Toluene	5.03	3.54	6.84	13.74	12.00	10.81	5.81	4.93	11.44	13.34
38	2-Hexanone (Methyl butyl ketone)	N.D	N.D	N.D	N.D	N.D	N.D	N.D	N.D	N.D	N.D
39	Dibromochloromethane	N.D	N.D	N.D	N.D	N.D	N.D	N.D	N.D	N.D	N.D
40	Ethyl dibromide (1,2-Dibromoethane)	N.D	N.D	N.D	N.D	N.D	N.D	N.D	N.D	N.D	N.D
41	Tetrachloroethylene	0.04	0.02	0.05	0.10	0.12	0.25	0.06	0.15	0.07	0.12
42	Chlorobenzene	<0.01	N.D	0.02	0.03	0.03	0.02	0.03	0.02	0.03	0.03
43	Ethylbenzene	0.77	0.53	1.10	2.14	2.66	1.85	1.33	1.04	1.62	2.00
44	m,p-Xylenes	0.79	0.52	1.27	2.86	3.27	2.31	1.38	1.00	1.82	1.79
45	Bromoform (Tribromomethane)	N.D	N.D	N.D	N.D	N.D	N.D	N.D	N.D	N.D	N.D
46	Styrene	0.08	0.05	0.11	0.24	0.29	0.19	0.22	0.12	0.23	0.18
47	1,1,2,2-Tetrachloroethane	N.D	N.D	N.D	N.D	N.D	N.D	N.D	N.D	N.D	N.D
48	o-Xylene	0.27	0.18	0.47	1.02	1.17	0.87	0.50	0.37	0.66	0.63
49	4-Ethyltoluene	0.03	0.02	0.06	0.09	0.09	0.07	0.05	0.04	0.06	0.04
50	1,3,5-Trimethylbenzene	0.04	0.02	0.04	0.09	0.08	0.05	0.05	0.03	0.05	0.03
51	1,2,4-Trimethylbenzene	0.12	0.07	0.17	0.37	0.30	0.23	0.17	0.12	0.18	0.13
52	Benzyl chloride	N.D	N.D	N.D	N.D	N.D	N.D	N.D	N.D	N.D	N.D
53	1,3-Dichlorobenzene	N.D	N.D	N.D	N.D	N.D	N.D	N.D	N.D	N.D	N.D
54	1,4-Dichlorobenzene	N.D	N.D	N.D	N.D	N.D	N.D	N.D	N.D	N.D	N.D
55	1,2-Dichlorobenzene	N.D	N.D	N.D	N.D	N.D	N.D	N.D	N.D	N.D	N.D
56	1,2,4-Trichlorobenzene	N.D	N.D	N.D	N.D	N.D	N.D	N.D	N.D	N.D	N.D
57	Hexachloro-1,3-butadiene	N.D	N.D	N.D	N.D	N.D	N.D	N.D	N.D	N.D	N.D
58	2-Methoxyethanol	N.D	N.D	N.D	N.D	N.D	N.D	N.D	N.D	N.D	N.D
59	2-Ethoxyethanol	N.D	N.D	N.D	N.D	N.D	N.D	N.D	0.06	N.D	N.D
60	Epichlorohydrin	N.D	N.D	N.D	N.D	N.D	N.D	N.D	N.D	N.D	N.D
61	N,N-Dimethylformamide	N.D	N.D	N.D	N.D	N.D	N.D	N.D	N.D	N.D	N.D
62	2-Ethoxyethylacetate	N.D	N.D	N.D	N.D	N.D	N.D	N.D	0.46	N.D	N.D
63	Phenol	0.01	N.D	N.D	N.D	N.D	N.D	N.D	N.D	N.D	N.D
64	Aniline	N.D	N.D	N.D	N.D	N.D	N.D	N.D	N.D	N.D	N.D
65	Nitrobenzene	N.D	N.D	N.D	N.D	N.D	N.D	N.D	N.D	N.D	N.D
66	Naphthalene	0.03	0.02	0.02	0.04	0.05	0.04	0.03	0.02	0.03	0.02

주) 검출한계(IDL) 이하의 값은 N.D로 표시함, 0.01 ppb 이하는 <0.01로 표시함

#2 강남구 - 2013년 11월 VOC Compounds 농도

No.	VOC Compounds (ppb)	11월 17일 09-12시	11월 17일 13-16시	11월 18일 09-12시	11월 18일 13-16시	11월 19일 09-12시	11월 19일 13-16시	11월 20일 09-12시	11월 20일 13-16시	11월 21일 09-12시	11월 21일 13-16시
1	Freon12	N.D	N.D	N.D	N.D	N.D	N.D	N.D	N.D	N.D	N.D
2	Freon114	N.D	N.D	N.D	N.D	N.D	N.D	N.D	N.D	N.D	N.D
3	Vinyl chloride (Chloroethene)	N.D	N.D	N.D	N.D	N.D	N.D	N.D	N.D	N.D	N.D
4	1,3-Butadiene	N.D	N.D	N.D	N.D	N.D	N.D	N.D	N.D	N.D	N.D
5	Bromomethane	N.D	N.D	N.D	N.D	N.D	N.D	N.D	N.D	N.D	N.D
6	Chloroethane (Ethyl chloride)	N.D	N.D	N.D	N.D	N.D	N.D	N.D	N.D	N.D	N.D
7	2-Propanol (Isopropyl alcohol)	0.07	0.06	N.D	0.18	0.37	0.15	0.09	0.14	0.42	0.71
8	Freon11	0.08	0.07	0.13	0.12	0.10	0.06	0.14	0.07	0.10	0.14
9	Acrylonitrile	N.D	N.D	N.D	N.D	N.D	N.D	N.D	N.D	N.D	N.D
10	1,1-Dichloroethene	N.D	N.D	N.D	N.D	N.D	N.D	N.D	N.D	N.D	N.D
11	Methylene chloride	N.D	N.D	0.11	0.06	N.D	N.D	N.D	N.D	0.07	0.14
12	Freon 113	0.10	0.08	0.09	0.08	0.07	0.08	0.09	0.07	0.08	0.09
13	Carbon disulfide	N.D	N.D	N.D	N.D	N.D	N.D	N.D	N.D	N.D	N.D
14	trans-1,2-Dichloroethylene	N.D	N.D	N.D	N.D	N.D	N.D	N.D	N.D	N.D	N.D
15	Methyl tert-butyl ether	0.15	0.13	N.D	0.12	0.25	0.23	0.13	0.15	0.16	0.18
16	1,1-Dichloroethane	N.D	N.D	N.D	N.D	N.D	N.D	N.D	N.D	N.D	N.D
17	Vinyl acetate	N.D	0.14	0.13	0.20	0.27	0.31	0.14	0.13	0.19	0.24
18	cis-1,2-dichloroethylene	N.D	N.D	N.D	N.D	N.D	N.D	N.D	N.D	N.D	N.D
19	Ethyl acetate	0.21	0.09	N.D	0.95	1.89	1.37	0.58	0.71	2.45	4.19
20	Hexane	0.37	0.33	1.42	0.80	0.17	0.26	0.39	0.56	0.66	0.76
21	Chloroform	N.D	N.D	N.D	0.01	0.03	N.D	0.04	N.D	0.02	0.04
22	Tetrahydrofuran	N.D	N.D	N.D	N.D	N.D	N.D	N.D	N.D	N.D	N.D
23	1,2-Dichloroethane	N.D	N.D	N.D	N.D	N.D	N.D	N.D	N.D	N.D	N.D
24	1,1,1-Trichloroethane	N.D	N.D	N.D	N.D	N.D	N.D	N.D	N.D	N.D	N.D
25	Benzene	0.35	0.26	0.29	0.34	0.40	0.45	0.39	0.26	0.33	0.40
26	Carbon tetrachloride	0.11	0.08	0.07	0.08	0.08	0.06	0.09	0.07	0.08	0.08
27	Cyclohexane	0.07	0.04	0.11	0.09	0.08	0.06	0.09	0.05	0.09	0.12
28	1,2-Dichloropropane	N.D	N.D	N.D	N.D	N.D	N.D	N.D	N.D	N.D	N.D
29	1,4-Dioxane	N.D	N.D	N.D	N.D	N.D	N.D	N.D	N.D	N.D	N.D
30	Bromodichloromethane	N.D	N.D	N.D	N.D	N.D	N.D	N.D	N.D	N.D	N.D
31	Trichloroethylene	N.D	N.D	N.D	N.D	N.D	N.D	N.D	N.D	0.06	0.13
32	Heptane	0.07	0.05	0.07	0.07	0.07	0.06	0.07	0.04	0.08	0.11
33	Methyl isobutyl ketone	0.62	0.05	N.D	0.03	0.06	0.03	N.D	0.02	0.07	0.12
34	cis-1,3-Dichloropropene	N.D	N.D	N.D	N.D	N.D	N.D	N.D	N.D	N.D	N.D
35	trans-1,3-Dichloropropene	N.D	N.D	N.D	N.D	N.D	N.D	N.D	N.D	N.D	N.D
36	1,1,2-Trichloroethane	N.D	N.D	N.D	N.D	N.D	N.D	N.D	N.D	N.D	N.D
37	Toluene	1.42	0.64	1.35	2.28	3.21	1.70	2.04	1.49	3.07	4.65
38	2-Hexanone (Methyl butyl ketone)	N.D	N.D	N.D	N.D	N.D	N.D	N.D	N.D	N.D	N.D
39	Dibromochloromethane	N.D	N.D	N.D	N.D	N.D	N.D	N.D	N.D	N.D	N.D
40	Ethyl dibromide (1,2-Dibromoethane)	N.D	N.D	N.D	N.D	N.D	N.D	N.D	N.D	N.D	N.D
41	Tetrachloroethylene	N.D	N.D	N.D	N.D	N.D	N.D	N.D	0.03	0.01	N.D
42	Chlorobenzene	N.D	N.D	N.D	N.D	N.D	N.D	N.D	N.D	N.D	N.D
43	Ethylbenzene	0.94	0.31	0.23	0.30	0.37	0.26	0.24	0.16	0.33	0.50
44	m,p-Xylenes	0.92	0.34	0.23	0.32	0.41	0.29	0.28	0.18	0.37	0.57
45	Bromoform (Tribromomethane)	N.D	N.D	N.D	N.D	N.D	N.D	N.D	N.D	N.D	N.D
46	Styrene	0.07	0.04	0.03	0.06	0.09	0.05	0.04	N.D	0.04	0.07
47	1,1,2,2-Tetrachloroethane	N.D	N.D	N.D	N.D	N.D	N.D	N.D	N.D	N.D	N.D
48	o-Xylene	0.28	0.11	0.08	0.11	0.14	0.10	0.09	0.06	0.13	0.20
49	4-Ethyltoluene	N.D	N.D	<0.01	0.01	0.02	0.01	0.01	N.D	<0.01	0.01
50	1,3,5-Trimethylbenzene	N.D	N.D	<0.01	0.01	0.02	0.01	N.D	N.D	<0.01	0.02
51	1,2,4-Trimethylbenzene	0.01	0.02	0.03	0.04	0.06	0.04	0.03	0.02	0.04	0.05
52	Benzyl chloride	N.D	N.D	N.D	N.D	N.D	N.D	N.D	N.D	N.D	N.D
53	1,3-Dichlorobenzene	N.D	N.D	N.D	N.D	N.D	N.D	N.D	N.D	N.D	N.D
54	1,4-Dichlorobenzene	N.D	N.D	N.D	N.D	N.D	N.D	N.D	N.D	N.D	N.D
55	1,2-Dichlorobenzene	N.D	N.D	N.D	N.D	N.D	N.D	N.D	N.D	N.D	N.D
56	1,2,4-Trichlorobenzene	N.D	N.D	N.D	N.D	N.D	N.D	N.D	N.D	N.D	N.D
57	Hexachloro-1,3-butadiene	N.D	N.D	N.D	N.D	N.D	N.D	N.D	N.D	N.D	N.D
58	2-Methoxyethanol	N.D	N.D	N.D	N.D	N.D	N.D	N.D	N.D	N.D	N.D
59	2-Ethoxyethanol	N.D	N.D	N.D	N.D	N.D	N.D	N.D	N.D	N.D	N.D
60	Epichlorohydrin	N.D	N.D	N.D	N.D	N.D	N.D	N.D	N.D	N.D	N.D
61	N,N-Dimethylformamide	N.D	N.D	N.D	N.D	N.D	N.D	N.D	N.D	N.D	N.D
62	2-Ethoxyethylacetate	N.D	N.D	N.D	N.D	N.D	N.D	N.D	N.D	N.D	N.D
63	Phenol	N.D	N.D	N.D	N.D	N.D	N.D	N.D	N.D	N.D	N.D
64	Aniline	N.D	N.D	N.D	N.D	N.D	N.D	N.D	N.D	N.D	N.D
65	Nitrobenzene	N.D	N.D	N.D	N.D	N.D	N.D	N.D	N.D	N.D	N.D
66	Naphthalene	<0.01	<0.01	<0.01	0.01	0.01	0.01	<0.01	<0.01	0.01	0.01

주) 검출한계(IDL) 이하의 값은 N.D로 표시함, 0.01 ppb 이하는 <0.01로 표시함

#3 서울역 - 2013년 11월 VOC Compounds 농도

No.	VOC Compounds (ppb)	11월 12일 09-12시	11월 12일 13-16시	11월 13일 09-12시	11월 13일 13-16시	11월 14일 09-12시	11월 14일 13-16시	11월 15일 09-12시	11월 15일 13-16시	11월 16일 09-12시	11월 16일 13-16시
1	Freon12	N.D	N.D	N.D	N.D	N.D	N.D	N.D	N.D	N.D	N.D
2	Freon114	N.D	N.D	N.D	N.D	N.D	N.D	N.D	N.D	N.D	N.D
3	Vinyl chloride (Chloroethene)	N.D	N.D	N.D	N.D	N.D	N.D	N.D	N.D	N.D	N.D
4	1,3-Butadiene	N.D	N.D	N.D	N.D	N.D	N.D	N.D	N.D	N.D	N.D
5	Bromomethane	N.D	N.D	N.D	N.D	N.D	N.D	N.D	N.D	N.D	N.D
6	Chloroethane (Ethyl chloride)	N.D	N.D	N.D	N.D	N.D	N.D	N.D	N.D	N.D	N.D
7	2-Propanol (Isopropyl alcohol)	0.22	0.08	0.13	0.20	0.40	0.25	0.40	0.07	0.38	0.26
8	Freon11	0.02	0.03	N.D	N.D	N.D	N.D	N.D	N.D	N.D	N.D
9	Acrylonitrile	N.D	N.D	N.D	N.D	N.D	N.D	N.D	N.D	N.D	N.D
10	1,1-Dichloroethene	N.D	N.D	N.D	N.D	N.D	N.D	N.D	N.D	N.D	N.D
11	Methylene chloride	N.D	N.D	N.D	N.D	0.12	0.15	0.19	0.27	0.23	0.32
12	Freon 113	0.04	0.07	0.06	0.05	0.02	0.04	0.05	0.05	0.04	0.04
13	Carbon disulfide	N.D	N.D	N.D	N.D	N.D	N.D	N.D	N.D	N.D	N.D
14	trans-1,2-Dichloroethylene	N.D	N.D	N.D	N.D	N.D	N.D	N.D	N.D	N.D	N.D
15	Methyl tert-butyl ether	0.57	0.43	0.48	0.54	0.88	0.71	1.77	0.33	1.62	1.46
16	1,1-Dichloroethane	N.D	N.D	N.D	N.D	N.D	N.D	N.D	N.D	N.D	N.D
17	Vinyl acetate	0.30	0.26	N.D	0.27	0.48	0.48	0.59	0.50	0.65	0.74
18	cis-1,2-dichloroethylene	N.D	N.D	N.D	N.D	N.D	N.D	N.D	N.D	N.D	N.D
19	Ethyl acetate	0.53	0.44	0.67	0.97	3.80	1.20	3.25	N.D	5.51	6.40
20	Hexane	1.88	0.37	0.49	0.95	1.64	1.46	1.79	2.92	2.35	1.94
21	Chloroform	N.D	N.D	N.D	N.D	N.D	0.03	0.03	0.03	0.03	0.03
22	Tetrahydrofuran	N.D	N.D	0.05	0.13	N.D	N.D	0.08	0.11	0.16	0.13
23	1,2-Dichloroethane	N.D	N.D	N.D	N.D	N.D	N.D	N.D	0.05	0.05	0.05
24	1,1,1-Trichloroethane	N.D	N.D	N.D	N.D	N.D	N.D	N.D	N.D	N.D	N.D
25	Benzene	0.47	0.39	0.46	0.44	0.89	0.88	1.01	1.15	1.37	1.18
26	Carbon tetrachloride	0.10	0.11	0.09	0.09	0.08	0.10	0.10	0.10	0.11	0.11
27	Cyclohexane	0.21	0.17	0.15	0.21	0.84	0.50	0.65	0.71	0.77	0.70
28	1,2-Dichloropropane	N.D	N.D	N.D	N.D	0.08	0.05	0.10	0.06	0.20	0.20
29	1,4-Dioxane	N.D	N.D	N.D	N.D	N.D	N.D	N.D	N.D	N.D	N.D
30	Bromodichloromethane	N.D	N.D	N.D	N.D	0.03	0.02	N.D	0.05	0.05	0.03
31	Trichloroethylene	0.03	N.D	0.06	0.09	1.09	0.56	0.43	0.36	0.66	0.46
32	Heptane	0.18	0.13	0.18	0.18	0.58	0.42	0.49	0.49	0.57	0.39
33	Methyl isobutyl ketone	0.12	0.07	0.11	0.18	0.57	0.27	0.33	N.D	0.45	0.72
34	cis-1,3-Dichloropropene	N.D	N.D	N.D	N.D	N.D	N.D	N.D	N.D	N.D	N.D
35	trans-1,3-Dichloropropene	N.D	N.D	N.D	N.D	N.D	N.D	N.D	N.D	N.D	N.D
36	1,1,2-Trichloroethane	N.D	N.D	N.D	N.D	N.D	N.D	N.D	N.D	N.D	N.D
37	Toluene	7.83	2.85	2.73	3.71	18.51	9.88	19.70	18.75	15.93	13.38
38	2-Hexanone (Methyl butyl ketone)	N.D	N.D	N.D	N.D	N.D	N.D	N.D	N.D	N.D	N.D
39	Dibromochloromethane	N.D	N.D	N.D	N.D	N.D	N.D	N.D	N.D	N.D	N.D
40	Ethyl dibromide (1,2-Dibromoethane)	N.D	N.D	N.D	N.D	N.D	N.D	N.D	N.D	N.D	N.D
41	Tetrachloroethylene	0.02	N.D	0.03	0.04	0.08	0.07	0.08	0.08	0.07	0.06
42	Chlorobenzene	0.07	0.01	N.D	N.D	0.03	0.02	0.03	0.04	0.03	0.02
43	Ethylbenzene	0.80	0.34	0.65	0.80	2.14	1.69	1.19	1.46	1.62	1.46
44	m,p-Xylenes	0.93	0.44	0.95	0.97	3.01	2.30	1.60	1.81	1.75	1.45
45	Bromoform (Tribromomethane)	N.D	N.D	N.D	N.D	N.D	N.D	N.D	N.D	N.D	N.D
46	Styrene	0.81	0.07	0.08	0.09	0.28	0.19	0.21	0.15	0.18	0.14
47	1,1,2,2-Tetrachloroethane	N.D	N.D	N.D	N.D	N.D	N.D	N.D	N.D	N.D	N.D
48	o-Xylene	0.34	0.17	0.35	0.35	1.06	0.81	0.66	0.70	0.65	0.53
49	4-Ethyltoluene	0.07	0.05	0.06	0.05	0.12	0.10	0.09	0.09	0.08	0.06
50	1,3,5-Trimethylbenzene	0.08	0.03	0.05	0.05	0.11	0.09	0.08	0.08	0.07	0.05
51	1,2,4-Trimethylbenzene	0.33	0.16	0.20	0.18	0.42	0.34	0.32	0.31	0.25	0.20
52	Benzyl chloride	N.D	N.D	N.D	N.D	N.D	N.D	N.D	N.D	N.D	N.D
53	1,3-Dichlorobenzene	N.D	N.D	N.D	N.D	N.D	N.D	N.D	N.D	N.D	N.D
54	1,4-Dichlorobenzene	<0.01	N.D	N.D	N.D	N.D	N.D	N.D	N.D	N.D	N.D
55	1,2-Dichlorobenzene	N.D	N.D	N.D	N.D	N.D	N.D	N.D	N.D	N.D	N.D
56	1,2,4-Trichlorobenzene	N.D	N.D	N.D	N.D	N.D	N.D	N.D	N.D	N.D	N.D
57	Hexachloro-1,3-butadiene	N.D	N.D	N.D	N.D	N.D	N.D	N.D	N.D	N.D	N.D
58	2-Methoxyethanol	N.D	N.D	N.D	N.D	N.D	N.D	N.D	N.D	N.D	N.D
59	2-Ethoxyethanol	N.D	N.D	N.D	N.D	N.D	N.D	N.D	N.D	N.D	N.D
60	Epichlorohydrin	N.D	N.D	N.D	N.D	N.D	N.D	N.D	N.D	N.D	N.D
61	N,N-Dimethylformamide	N.D	N.D	N.D	N.D	N.D	N.D	N.D	N.D	N.D	N.D
62	2-Ethoxyethylacetate	N.D	N.D	N.D	N.D	N.D	N.D	N.D	N.D	N.D	N.D
63	Phenol	0.26	0.07	N.D	N.D	N.D	N.D	N.D	N.D	N.D	N.D
64	Aniline	N.D	N.D	N.D	N.D	N.D	N.D	N.D	N.D	N.D	N.D
65	Nitrobenzene	N.D	N.D	N.D	N.D	N.D	N.D	N.D	N.D	N.D	N.D
66	Naphthalene	0.09	0.06	0.02	0.02	0.05	0.04	0.04	0.04	0.04	0.03

주) 검출한계(IDL) 이하의 값은 N.D로 표시함, 0.01 ppb 이하는 <0.01로 표시함

#3 서울역 - 2013년 11월 VOC Compounds 농도

No.	VOC Compounds (ppb)	11월 17일		11월 18일		11월 19일		11월 20일		11월 21일	
		09-12시	13-16시	09-12시	13-16시	09-12시	13-16시	09-12시	13-16시	09-12시	13-16시
1	Freon12	N.D	N.D	N.D	N.D	N.D	N.D	N.D	N.D	N.D	N.D
2	Freon114	N.D	N.D	N.D	N.D	N.D	N.D	N.D	N.D	N.D	N.D
3	Vinyl chloride (Chloroethene)	N.D	N.D	N.D	N.D	N.D	N.D	N.D	N.D	N.D	N.D
4	1,3-Butadiene	N.D	N.D	N.D	N.D	N.D	N.D	N.D	N.D	N.D	N.D
5	Bromomethane	N.D	N.D	N.D	N.D	N.D	N.D	N.D	N.D	N.D	N.D
6	Chloroethane (Ethyl chloride)	N.D	N.D	N.D	N.D	N.D	N.D	N.D	N.D	N.D	N.D
7	2-Propanol (Isopropyl alcohol)	0.13	N.D	N.D	N.D	0.09	0.10	0.23	N.D	N.D	0.09
8	Freon11	N.D	N.D	N.D	N.D	0.03	0.04	0.06	N.D	N.D	N.D
9	Acrylonitrile	N.D	N.D	N.D	N.D	N.D	N.D	N.D	N.D	N.D	N.D
10	1,1-Dichloroethene	N.D	N.D	N.D	N.D	N.D	N.D	N.D	N.D	N.D	N.D
11	Methylene chloride	0.16	N.D	0.05	0.10	N.D	N.D	N.D	N.D	N.D	N.D
12	Freon 113	0.06	0.07	0.04	N.D	0.08	0.08	0.08	0.07	0.06	0.04
13	Carbon disulfide	N.D	N.D	N.D	N.D	N.D	N.D	N.D	N.D	N.D	N.D
14	trans-1,2-Dichloroethylene	N.D	N.D	N.D	N.D	N.D	N.D	N.D	N.D	N.D	N.D
15	Methyl tert-butyl ether	0.84	0.22	0.31	0.40	0.35	0.39	0.26	0.14	0.29	0.42
16	1,1-Dichloroethane	N.D	N.D	N.D	N.D	N.D	N.D	N.D	N.D	N.D	N.D
17	Vinyl acetate	0.45	0.16	0.35	0.54	0.32	0.34	0.24	0.17	0.23	0.39
18	cis-1,2-dichloroethylene	N.D	N.D	N.D	N.D	N.D	N.D	N.D	N.D	N.D	N.D
19	Ethyl acetate	3.20	N.D	0.19	0.37	0.27	1.89	0.78	0.12	0.59	4.85
20	Hexane	1.24	0.55	0.93	1.32	0.42	0.39	1.12	0.47	1.09	0.68
21	Chloroform	0.01	N.D	N.D	N.D	N.D	N.D	N.D	N.D	N.D	N.D
22	Tetrahydrofuran	0.06	N.D	N.D	N.D	N.D	N.D	N.D	N.D	N.D	N.D
23	1,2-Dichloroethane	0.02	N.D	N.D	N.D	N.D	N.D	N.D	N.D	N.D	N.D
24	1,1,1-Trichloroethane	N.D	N.D	N.D	N.D	N.D	N.D	N.D	N.D	N.D	N.D
25	Benzene	0.76	0.35	0.32	0.29	0.41	0.41	0.42	0.34	0.41	0.44
26	Carbon tetrachloride	0.11	0.10	0.08	0.07	0.09	0.10	0.09	0.09	0.09	0.09
27	Cyclohexane	0.39	0.07	0.11	0.14	0.12	0.15	0.14	0.13	0.17	0.22
28	1,2-Dichloropropane	0.10	N.D	N.D	N.D	N.D	N.D	N.D	N.D	N.D	N.D
29	1,4-Dioxane	N.D	N.D	N.D	N.D	N.D	N.D	N.D	N.D	N.D	N.D
30	Bromodichloromethane	0.02	N.D	N.D	N.D	N.D	N.D	N.D	N.D	N.D	N.D
31	Trichloroethylene	0.23	N.D	N.D	N.D	N.D	N.D	N.D	N.D	N.D	0.09
32	Heptane	0.23	0.07	0.07	0.08	0.08	0.09	0.11	0.09	0.13	0.18
33	Methyl isobutyl ketone	0.40	0.08	0.05	0.03	0.03	0.05	0.03	0.04	0.05	0.10
34	cis-1,3-Dichloropropene	N.D	N.D	N.D	N.D	N.D	N.D	N.D	N.D	N.D	N.D
35	trans-1,3-Dichloropropene	N.D	N.D	N.D	N.D	N.D	N.D	N.D	N.D	N.D	N.D
36	1,1,2-Trichloroethane	N.D	N.D	N.D	N.D	N.D	N.D	N.D	N.D	N.D	N.D
37	Toluene	7.29	1.19	1.45	1.71	2.10	2.63	2.95	2.52	4.46	8.66
38	2-Hexanone (Methyl butyl ketone)	N.D	N.D	N.D	N.D	N.D	N.D	N.D	N.D	N.D	0.04
39	Dibromochloromethane	N.D	N.D	N.D	N.D	N.D	N.D	N.D	N.D	N.D	N.D
40	Ethyl dibromide (1,2-Dibromoethane)	N.D	N.D	N.D	N.D	N.D	N.D	N.D	N.D	N.D	N.D
41	Tetrachloroethylene	0.03	N.D	N.D	N.D	N.D	N.D	N.D	N.D	N.D	0.03
42	Chlorobenzene	0.01	N.D	N.D	N.D	N.D	N.D	N.D	N.D	N.D	N.D
43	Ethylbenzene	0.81	0.16	0.19	0.23	0.23	0.20	0.17	0.22	0.42	0.78
44	m,p-Xylenes	0.84	0.22	0.25	0.28	0.26	0.27	0.24	0.32	0.41	0.71
45	Bromoform (Tribromomethane)	N.D	N.D	N.D	N.D	N.D	N.D	N.D	N.D	N.D	N.D
46	Styrene	0.07	N.D	0.02	0.04	0.04	0.04	0.04	0.03	0.05	0.07
47	1,1,2,2-Tetrachloroethane	N.D	N.D	N.D	N.D	N.D	N.D	N.D	N.D	N.D	N.D
48	o-Xylene	0.31	0.08	0.09	0.10	0.09	0.10	0.09	0.11	0.15	0.24
49	4-Ethyltoluene	0.04	0.02	0.02	0.02	0.02	0.02	0.02	0.02	0.02	0.03
50	1,3,5-Trimethylbenzene	0.04	0.02	0.02	0.02	0.02	0.03	0.02	0.02	0.03	0.04
51	1,2,4-Trimethylbenzene	0.13	0.06	0.06	0.07	0.09	0.09	0.06	0.07	0.09	0.12
52	Benzyl chloride	N.D	N.D	N.D	N.D	N.D	N.D	N.D	N.D	N.D	N.D
53	1,3-Dichlorobenzene	N.D	N.D	N.D	N.D	N.D	N.D	N.D	N.D	N.D	N.D
54	1,4-Dichlorobenzene	N.D	N.D	N.D	N.D	N.D	N.D	N.D	N.D	N.D	N.D
55	1,2-Dichlorobenzene	N.D	N.D	N.D	N.D	N.D	N.D	N.D	N.D	N.D	N.D
56	1,2,4-Trichlorobenzene	N.D	N.D	N.D	N.D	N.D	N.D	N.D	N.D	N.D	N.D
57	Hexachloro-1,3-butadiene	N.D	N.D	N.D	N.D	N.D	N.D	N.D	N.D	N.D	N.D
58	2-Methoxyethanol	N.D	N.D	N.D	N.D	N.D	N.D	N.D	N.D	N.D	N.D
59	2-Ethoxyethanol	N.D	N.D	N.D	N.D	N.D	N.D	N.D	N.D	N.D	N.D
60	Epichlorohydrin	N.D	N.D	N.D	N.D	N.D	N.D	N.D	N.D	N.D	N.D
61	N,N-Dimethylformamide	N.D	N.D	N.D	N.D	N.D	N.D	N.D	N.D	N.D	N.D
62	2-Ethoxyethylacetate	N.D	N.D	N.D	N.D	N.D	N.D	N.D	N.D	N.D	N.D
63	Phenol	N.D	N.D	N.D	N.D	N.D	N.D	N.D	N.D	N.D	N.D
64	Aniline	N.D	N.D	N.D	N.D	N.D	N.D	N.D	N.D	N.D	N.D
65	Nitrobenzene	N.D	N.D	N.D	N.D	N.D	N.D	N.D	N.D	N.D	N.D
66	Naphthalene	0.03	0.02	0.02	0.02	0.01	0.02	0.01	0.01	0.02	0.02

주) 검출한계(IDL) 이하의 값은 N.D로 표시함, 0.01 ppb 이하는 <0.01로 표시함

#1 구로구 - 2014년 2월 VOC Compounds 농도

No.	VOC Compounds (ppb)	2월 4일 09-12시	2월 4일 13-16시	2월 5일 09-12시	2월 5일 13-16시	2월 6일 09-12시	2월 6일 13-16시	2월 7일 09-12시	2월 7일 13-16시	2월 8일 09-12시	2월 8일 13-16시
1	Freon12	N.D	N.D	N.D	N.D	N.D	N.D	N.D	N.D	N.D	N.D
2	Freon114	N.D	N.D	N.D	N.D	N.D	N.D	N.D	N.D	N.D	N.D
3	Vinyl chloride (Chloroethene)	N.D	N.D	N.D	N.D	N.D	N.D	N.D	N.D	N.D	N.D
4	1,3-Butadiene	N.D	N.D	N.D	N.D	N.D	N.D	N.D	N.D	N.D	N.D
5	Bromomethane	N.D	N.D	N.D	N.D	N.D	N.D	N.D	N.D	N.D	N.D
6	Chloroethane (Ethyl chloride)	N.D	N.D	N.D	N.D	N.D	N.D	N.D	N.D	N.D	N.D
7	2-Propanol (Isopropyl alcohol)	0.63	0.45	3.24	3.64	3.83	2.60	1.36	0.42	1.19	1.91
8	Freon11	0.15	0.16	0.16	0.11	0.07	0.07	0.07	0.06	0.09	0.06
9	Acrylonitrile	N.D	N.D	N.D	N.D	N.D	N.D	N.D	N.D	N.D	N.D
10	1,1-Dichloroethene	N.D	N.D	N.D	N.D	N.D	N.D	N.D	N.D	N.D	N.D
11	Methylene chloride	N.D	N.D	N.D	N.D	N.D	N.D	N.D	N.D	N.D	N.D
12	Freon 113	0.10	0.09	0.09	0.09	0.09	0.08	0.08	0.08	0.08	0.08
13	Carbon disulfide	0.01	N.D	0.01	N.D	N.D	N.D	N.D	N.D	0.04	N.D
14	trans-1,2-Dichloroethylene	N.D	N.D	N.D	N.D	N.D	N.D	N.D	N.D	N.D	N.D
15	Methyl tert-butyl ether	0.15	0.13	0.25	0.42	0.40	0.29	0.18	0.11	0.17	0.18
16	1,1-Dichloroethane	N.D	N.D	N.D	N.D	N.D	N.D	N.D	N.D	N.D	N.D
17	Vinyl acetate	0.48	0.31	0.50	0.71	0.60	0.45	0.30	0.25	0.21	0.22
18	cis-1,2-dichloroethylene	N.D	N.D	N.D	N.D	N.D	0.04	0.08	N.D	N.D	N.D
19	Ethyl acetate	0.18	0.24	1.06	0.65	3.53	2.32	1.10	0.68	0.29	0.37
20	Hexane	0.75	0.09	0.23	0.31	0.48	0.39	0.29	0.19	0.31	0.33
21	Chloroform	0.03	0.02	0.03	0.03	0.04	0.03	0.02	0.02	0.02	0.02
22	Tetrahydrofuran	N.D	N.D	N.D	N.D	0.05	0.03	N.D	N.D	N.D	N.D
23	1,2-Dichloroethane	0.03	0.02	0.03	N.D	0.03	0.01	N.D	N.D	N.D	N.D
24	1,1,1-Trichloroethane	N.D	N.D	N.D	N.D	N.D	N.D	N.D	N.D	N.D	N.D
25	Benzene	0.42	0.29	0.61	0.60	0.89	0.72	0.40	0.31	0.37	0.39
26	Carbon tetrachloride	0.12	0.12	0.11	0.12	0.11	0.10	0.10	0.10	0.10	0.10
27	Cyclohexane	0.06	0.07	0.09	0.13	0.22	0.19	0.16	0.09	0.12	0.13
28	1,2-Dichloropropane	N.D	N.D	N.D	N.D	N.D	N.D	N.D	N.D	N.D	N.D
29	1,4-Dioxane	N.D	N.D	N.D	N.D	N.D	N.D	N.D	N.D	N.D	N.D
30	Bromodichloromethane	N.D	N.D	N.D	N.D	N.D	N.D	N.D	N.D	N.D	N.D
31	Trichloroethylene	0.03	0.02	0.06	0.06	0.29	0.22	0.14	0.07	0.18	0.13
32	Heptane	0.05	0.02	0.08	0.11	0.22	0.16	0.09	0.07	0.10	0.11
33	Methyl isobutyl ketone	0.03	0.02	0.03	0.08	0.19	0.12	0.05	0.09	0.16	0.11
34	cis-1,3-Dichloropropene	N.D	N.D	N.D	N.D	N.D	N.D	N.D	N.D	N.D	N.D
35	trans-1,3-Dichloropropene	N.D	N.D	N.D	N.D	N.D	N.D	N.D	N.D	N.D	N.D
36	1,1,2-Trichloroethane	N.D	N.D	N.D	N.D	N.D	N.D	N.D	N.D	N.D	N.D
37	Toluene	2.84	0.75	1.88	2.93	5.87	5.44	5.01	4.24	2.76	4.43
38	2-Hexanone (Methyl butyl ketone)	0.06	N.D	N.D	N.D	N.D	N.D	N.D	N.D	N.D	N.D
39	Dibromochloromethane	N.D	N.D	N.D	N.D	N.D	N.D	N.D	N.D	N.D	N.D
40	Ethyl dibromide (1,2-Dibromoethane)	N.D	N.D	N.D	N.D	N.D	N.D	N.D	N.D	N.D	N.D
41	Tetrachloroethylene	N.D	N.D	0.02	0.04	0.03	0.05	0.06	0.03	N.D	0.03
42	Chlorobenzene	N.D	N.D	N.D	N.D	0.01	<0.01	N.D	N.D	N.D	N.D
43	Ethylbenzene	0.07	0.07	0.13	0.20	0.48	0.49	0.50	0.42	0.34	0.47
44	m,p-Xylenes	0.14	0.14	0.24	0.29	0.70	1.04	1.37	1.02	0.94	1.22
45	Bromoform (Tribromomethane)	N.D	N.D	N.D	N.D	N.D	N.D	N.D	N.D	N.D	N.D
46	Styrene	0.02	N.D	0.02	0.02	0.08	0.07	0.06	0.04	0.05	0.07
47	1,1,2,2-Tetrachloroethane	N.D	N.D	N.D	N.D	N.D	N.D	N.D	N.D	N.D	N.D
48	o-Xylene	0.05	0.04	0.09	0.11	0.26	0.39	0.51	0.37	0.35	0.46
49	4-Ethyltoluene	<0.01	<0.01	0.01	0.01	0.03	0.03	0.02	0.01	0.02	0.03
50	1,3,5-Trimethylbenzene	<0.01	<0.01	0.01	0.01	0.03	0.03	0.02	<0.01	0.02	0.03
51	1,2,4-Trimethylbenzene	0.02	0.01	0.04	0.05	0.12	0.11	0.10	0.07	0.07	0.11
52	Benzyl chloride	N.D	N.D	N.D	N.D	N.D	N.D	N.D	N.D	N.D	N.D
53	1,3-Dichlorobenzene	N.D	N.D	N.D	N.D	N.D	N.D	N.D	N.D	N.D	N.D
54	1,4-Dichlorobenzene	N.D	N.D	N.D	N.D	N.D	N.D	N.D	N.D	N.D	N.D
55	1,2-Dichlorobenzene	N.D	N.D	N.D	N.D	N.D	N.D	N.D	N.D	N.D	N.D
56	1,2,4-Trichlorobenzene	N.D	N.D	N.D	N.D	N.D	N.D	N.D	N.D	N.D	N.D
57	Hexachloro-1,3-butadiene	N.D	N.D	N.D	N.D	N.D	N.D	N.D	N.D	N.D	N.D
58	2-Methoxyethanol	N.D	N.D	N.D	N.D	N.D	N.D	N.D	N.D	N.D	N.D
59	2-Ethoxyethanol	N.D	N.D	N.D	N.D	0.05	0.02	N.D	N.D	N.D	N.D
60	Epichlorohydrin	0.13	N.D	N.D	0.63	2.83	1.50	N.D	N.D	0.97	1.04
61	N,N-Dimethylformamide	N.D	N.D	N.D	N.D	N.D	N.D	N.D	N.D	N.D	N.D
62	2-Ethoxyethylacetate	0.04	N.D	0.06	0.10	0.22	0.15	0.08	N.D	0.08	0.09
63	Phenol	0.02	0.02	0.02	0.02	0.02	0.02	0.02	N.D	N.D	N.D
64	Aniline	N.D	N.D	N.D	N.D	N.D	N.D	N.D	N.D	N.D	N.D
65	Nitrobenzene	N.D	N.D	N.D	N.D	N.D	N.D	N.D	N.D	N.D	N.D
66	Naphthalene	0.04	0.02	0.06	0.06	0.11	0.08	0.04	0.02	0.03	0.03

주) 검출한계(IDL) 이하의 값은 N.D로 표시함, 0.01 ppb 이하는 <0.01로 표시함

#1 구로구 - 2014년 2월 VOC Compounds 농도

No.	VOC Compounds (ppb)	2월 9일 09-12시	2월 9일 13-16시	2월 10일 09-12시	2월 10일 13-16시	2월 11일 09-12시	2월 11일 13-16시	2월 12일 09-12시	2월 12일 13-16시	2월 13일 09-12시	2월 13일 13-16시
1	Freon12	N.D	N.D	N.D	N.D	N.D	N.D	N.D	N.D	N.D	N.D
2	Freon114	N.D	N.D	N.D	N.D	N.D	N.D	N.D	N.D	N.D	N.D
3	Vinyl chloride (Chloroethene)	N.D	N.D	N.D	N.D	N.D	N.D	N.D	N.D	N.D	N.D
4	1,3-Butadiene	N.D	N.D	N.D	N.D	N.D	N.D	N.D	N.D	N.D	N.D
5	Bromomethane	N.D	N.D	N.D	N.D	N.D	N.D	N.D	N.D	N.D	N.D
6	Chloroethane (Ethyl chloride)	N.D	N.D	N.D	N.D	N.D	N.D	N.D	N.D	N.D	N.D
7	2-Propanol (Isopropyl alcohol)	0.22	0.38	0.24	0.14	0.68	0.32	0.14	0.13	0.26	0.25
8	Freon11	0.11	0.08	0.09	0.08	0.15	0.13	0.07	0.06	0.06	0.04
9	Acrylonitrile	N.D	N.D	N.D	N.D	N.D	N.D	N.D	N.D	N.D	N.D
10	1,1-Dichloroethene	N.D	N.D	N.D	N.D	N.D	N.D	N.D	N.D	N.D	N.D
11	Methylene chloride	N.D	N.D	N.D	N.D	N.D	N.D	N.D	N.D	N.D	N.D
12	Freon 113	0.08	0.09	0.08	0.08	0.08	0.16	0.08	0.08	0.08	0.08
13	Carbon disulfide	N.D	N.D	N.D	N.D	N.D	N.D	N.D	N.D	N.D	N.D
14	trans-1,2-Dichloroethylene	N.D	N.D	N.D	N.D	N.D	N.D	N.D	N.D	N.D	N.D
15	Methyl tert-butyl ether	0.09	0.10	0.13	0.08	0.19	0.09	0.22	0.14	0.19	0.16
16	1,1-Dichloroethane	N.D	N.D	N.D	N.D	N.D	N.D	N.D	N.D	N.D	N.D
17	Vinyl acetate	0.15	0.10	0.09	0.08	0.17	0.10	0.15	0.13	0.15	0.12
18	cis-1,2-dichloroethylene	N.D	N.D	N.D	N.D	N.D	N.D	N.D	N.D	N.D	N.D
19	Ethyl acetate	0.07	0.24	0.17	0.17	0.65	0.88	0.44	0.63	0.70	0.39
20	Hexane	0.11	0.13	0.27	0.23	0.33	0.14	0.25	0.39	0.27	0.30
21	Chloroform	0.02	0.02	N.D	0.02	0.03	N.D	0.03	0.02	0.03	N.D
22	Tetrahydrofuran	N.D	N.D	N.D	N.D	N.D	N.D	N.D	N.D	N.D	N.D
23	1,2-Dichloroethane	N.D	N.D	N.D	N.D	N.D	N.D	N.D	N.D	N.D	N.D
24	1,1,1-Trichloroethane	N.D	N.D	N.D	N.D	N.D	N.D	N.D	N.D	N.D	N.D
25	Benzene	0.45	0.52	0.45	0.42	0.45	0.36	0.41	0.37	0.43	0.42
26	Carbon tetrachloride	0.09	0.10	0.09	0.09	0.09	0.09	0.09	0.09	0.10	0.09
27	Cyclohexane	0.05	0.06	0.11	0.09	0.14	0.07	0.13	0.09	0.13	0.13
28	1,2-Dichloropropane	N.D	N.D	N.D	N.D	N.D	N.D	N.D	N.D	N.D	N.D
29	1,4-Dioxane	N.D	N.D	N.D	N.D	N.D	N.D	N.D	N.D	N.D	N.D
30	Bromodichloromethane	N.D	N.D	N.D	N.D	N.D	N.D	N.D	N.D	N.D	N.D
31	Trichloroethylene	N.D	N.D	0.10	0.09	0.11	0.05	0.10	0.07	0.07	0.08
32	Heptane	0.05	0.05	0.08	0.07	0.18	0.04	0.09	0.07	0.14	0.10
33	Methyl isobutyl ketone	0.05	0.04	0.04	N.D	0.07	0.03	0.07	0.08	0.11	0.15
34	cis-1,3-Dichloropropene	N.D	N.D	N.D	N.D	N.D	N.D	N.D	N.D	N.D	N.D
35	trans-1,3-Dichloropropene	N.D	N.D	N.D	N.D	N.D	N.D	N.D	N.D	N.D	N.D
36	1,1,2-Trichloroethane	N.D	N.D	N.D	N.D	N.D	N.D	N.D	N.D	N.D	N.D
37	Toluene	1.22	1.29	1.28	1.37	5.28	1.16	1.98	2.62	3.95	3.79
38	2-Hexanone (Methyl butyl ketone)	N.D	N.D	N.D	N.D	N.D	N.D	N.D	N.D	N.D	N.D
39	Dibromochloromethane	N.D	N.D	N.D	N.D	N.D	N.D	N.D	N.D	N.D	N.D
40	Ethyl dibromide (1,2-Dibromoethane)	N.D	N.D	N.D	N.D	N.D	N.D	N.D	N.D	N.D	N.D
41	Tetrachloroethylene	N.D	N.D	0.07	0.09	0.07	0.04	N.D	0.04	0.09	0.05
42	Chlorobenzene	N.D	N.D	N.D	N.D	N.D	N.D	N.D	N.D	N.D	N.D
43	Ethylbenzene	0.11	0.16	0.14	0.12	0.67	0.09	0.29	0.34	0.58	0.52
44	m,p-Xylenes	0.18	0.23	0.23	0.25	1.86	0.15	0.70	0.94	1.25	1.40
45	Bromoform (Tribromomethane)	N.D	N.D	N.D	N.D	N.D	N.D	N.D	N.D	N.D	N.D
46	Styrene	0.02	N.D	0.03	N.D	0.04	N.D	0.06	0.02	0.05	N.D
47	1,1,2,2-Tetrachloroethane	N.D	N.D	N.D	N.D	N.D	N.D	N.D	N.D	N.D	N.D
48	o-Xylene	0.06	0.08	0.09	0.09	0.73	0.06	0.27	0.35	0.47	0.53
49	4-Ethyltoluene	<0.01	<0.01	<0.01	<0.01	0.03	N.D	0.02	0.02	0.03	0.01
50	1,3,5-Trimethylbenzene	<0.01	<0.01	<0.01	<0.01	0.03	N.D	0.02	0.02	0.02	0.02
51	1,2,4-Trimethylbenzene	0.02	0.03	0.03	0.02	0.13	0.02	0.06	0.07	0.08	0.06
52	Benzyl chloride	N.D	N.D	N.D	N.D	N.D	N.D	N.D	N.D	N.D	N.D
53	1,3-Dichlorobenzene	N.D	N.D	N.D	N.D	N.D	N.D	N.D	N.D	N.D	N.D
54	1,4-Dichlorobenzene	N.D	N.D	N.D	N.D	N.D	N.D	N.D	N.D	N.D	N.D
55	1,2-Dichlorobenzene	N.D	N.D	N.D	N.D	N.D	N.D	N.D	N.D	N.D	N.D
56	1,2,4-Trichlorobenzene	N.D	N.D	N.D	N.D	N.D	N.D	N.D	N.D	N.D	N.D
57	Hexachloro-1,3-butadiene	N.D	N.D	N.D	N.D	N.D	N.D	N.D	N.D	N.D	N.D
58	2-Methoxyethanol	N.D	N.D	N.D	N.D	N.D	N.D	N.D	N.D	N.D	N.D
59	2-Ethoxyethanol	N.D	N.D	N.D	N.D	N.D	N.D	N.D	N.D	N.D	N.D
60	Epichlorohydrin	0.27	0.21	N.D	N.D	1.24	0.30	1.42	0.92	N.D	N.D
61	N,N-Dimethylformamide	N.D	N.D	N.D	N.D	N.D	N.D	N.D	N.D	N.D	N.D
62	2-Ethoxyethylacetate	0.05	0.04	0.06	N.D	0.14	N.D	0.09	0.06	0.11	0.09
63	Phenol	N.D	N.D	N.D	N.D	0.02	N.D	N.D	N.D	N.D	N.D
64	Aniline	N.D	N.D	N.D	N.D	N.D	N.D	N.D	N.D	N.D	N.D
65	Nitrobenzene	N.D	N.D	N.D	N.D	N.D	N.D	N.D	N.D	N.D	N.D
66	Naphthalene	0.04	0.04	0.03	0.01	0.04	0.02	0.04	0.03	0.02	0.03

주) 검출한계(IDL) 이하의 값은 N.D로 표시함, 0.01 ppb 이하는 <0.01로 표시함

#2 강남구 - 2014년 2월 VOC Compounds 농도

No.	VOC Compounds (ppb)	2월 4일 09-12시	2월 4일 13-16시	2월 5일 09-12시	2월 5일 13-16시	2월 6일 09-12시	2월 6일 13-16시	2월 7일 09-12시	2월 7일 13-16시	2월 8일 09-12시	2월 8일 13-16시
1	Freon12	N.D	N.D	N.D	N.D	N.D	N.D	N.D	N.D	N.D	N.D
2	Freon114	N.D	N.D	N.D	N.D	N.D	N.D	N.D	N.D	N.D	N.D
3	Vinyl chloride (Chloroethene)	N.D	N.D	N.D	N.D	N.D	N.D	N.D	N.D	N.D	N.D
4	1,3-Butadiene	N.D	N.D	N.D	1.47	N.D	0.72	N.D	N.D	N.D	N.D
5	Bromomethane	N.D	N.D	N.D	N.D	N.D	N.D	N.D	N.D	N.D	N.D
6	Chloroethane (Ethyl chloride)	N.D	N.D	N.D	N.D	N.D	N.D	N.D	N.D	N.D	N.D
7	2-Propanol (Isopropyl alcohol)	0.88	0.89	4.61	3.58	0.53	6.27	N.D	N.D	0.17	0.11
8	Freon11	0.19	0.19	0.17	0.16	0.06	0.13	0.05	0.05	0.09	0.05
9	Acrylonitrile	N.D	N.D	N.D	N.D	N.D	N.D	N.D	N.D	N.D	N.D
10	1,1-Dichloroethene	N.D	N.D	N.D	N.D	N.D	N.D	N.D	N.D	N.D	N.D
11	Methylene chloride	N.D	N.D	N.D	0.04	N.D	0.05	N.D	N.D	N.D	N.D
12	Freon 113	0.09	0.09	0.09	0.21	0.08	0.19	0.07	0.08	0.08	0.08
13	Carbon disulfide	N.D	N.D	N.D	0.03	0.02	0.04	N.D	N.D	N.D	N.D
14	trans-1,2-Dichloroethylene	N.D	N.D	N.D	N.D	N.D	N.D	N.D	N.D	N.D	N.D
15	Methyl tert-butyl ether	0.14	0.22	0.28	0.31	0.22	0.65	0.16	0.12	0.08	0.13
16	1,1-Dichloroethane	N.D	N.D	N.D	N.D	N.D	N.D	N.D	N.D	N.D	N.D
17	Vinyl acetate	0.48	0.44	0.63	0.93	0.58	1.91	0.28	0.30	0.16	0.14
18	cis-1,2-dichloroethylene	N.D	N.D	N.D	N.D	N.D	N.D	N.D	N.D	N.D	N.D
19	Ethyl acetate	0.58	1.22	0.63	0.59	2.55	8.00	0.14	0.12	0.08	0.12
20	Hexane	0.15	0.11	0.45	1.53	0.26	2.02	0.14	0.11	0.13	0.15
21	Chloroform	0.02	0.02	0.03	0.08	0.03	0.09	0.02	0.02	N.D	N.D
22	Tetrahydrofuran	N.D	N.D	N.D	0.06	N.D	0.13	N.D	N.D	N.D	N.D
23	1,2-Dichloroethane	0.03	0.03	0.03	0.08	0.03	0.07	0.02	0.02	N.D	N.D
24	1,1,1-Trichloroethane	N.D	N.D	N.D	0.02	N.D	0.02	N.D	N.D	N.D	N.D
25	Benzene	0.46	0.33	0.61	1.52	0.66	1.69	0.33	0.31	0.33	0.35
26	Carbon tetrachloride	0.12	0.12	0.11	0.21	0.09	0.21	0.09	0.10	0.09	0.10
27	Cyclohexane	0.06	0.09	0.21	0.72	0.14	0.99	0.04	N.D	0.03	0.05
28	1,2-Dichloropropane	N.D	N.D	N.D	0.05	N.D	0.07	N.D	N.D	N.D	N.D
29	1,4-Dioxane	N.D	N.D	N.D	N.D	N.D	N.D	N.D	N.D	N.D	N.D
30	Bromodichloromethane	N.D	N.D	N.D	0.01	N.D	0.02	N.D	N.D	N.D	N.D
31	Trichloroethylene	N.D	N.D	0.26	0.59	0.15	1.11	N.D	N.D	N.D	N.D
32	Heptane	0.05	0.04	0.11	0.47	0.10	0.61	0.08	0.03	0.06	0.06
33	Methyl isobutyl ketone	0.03	0.02	0.06	0.24	0.08	0.87	0.05	0.04	0.06	N.D
34	cis-1,3-Dichloropropene	N.D	N.D	N.D	N.D	N.D	N.D	N.D	N.D	N.D	N.D
35	trans-1,3-Dichloropropene	N.D	N.D	N.D	N.D	N.D	N.D	N.D	N.D	N.D	N.D
36	1,1,2-Trichloroethane	N.D	N.D	N.D	N.D	N.D	N.D	N.D	N.D	N.D	N.D
37	Toluene	1.72	1.73	2.86	7.32	2.77	11.89	0.99	0.68	0.66	0.78
38	2-Hexanone (Methyl butyl ketone)	0.03	N.D	N.D	N.D	N.D	N.D	N.D	N.D	N.D	N.D
39	Dibromochloromethane	N.D	N.D	N.D	N.D	N.D	N.D	N.D	N.D	N.D	N.D
40	Ethyl dibromide (1,2-Dibromoethane)	N.D	N.D	N.D	N.D	N.D	N.D	N.D	N.D	N.D	N.D
41	Tetrachloroethylene	0.02	N.D	0.02	0.03	0.03	0.03	0.02	0.05	0.25	0.28
42	Chlorobenzene	N.D	N.D	<0.01	0.01	N.D	N.D	N.D	N.D	N.D	N.D
43	Ethylbenzene	0.18	0.17	0.31	0.69	0.35	1.09	0.15	0.18	0.17	0.22
44	m,p-Xylenes	0.33	0.26	0.42	0.81	0.33	1.19	0.19	0.15	0.15	0.18
45	Bromoform (Tribromomethane)	N.D	N.D	N.D	N.D	N.D	N.D	N.D	N.D	N.D	N.D
46	Styrene	0.02	0.02	0.03	0.05	0.05	0.07	0.02	0.02	0.02	0.02
47	1,1,2,2-Tetrachloroethane	N.D	N.D	N.D	N.D	N.D	0.02	N.D	N.D	N.D	N.D
48	o-Xylene	0.11	0.09	0.21	0.29	0.12	0.42	0.06	0.05	0.05	0.06
49	4-Ethyltoluene	<0.01	<0.01	0.01	0.02	0.01	0.02	<0.01	<0.01	<0.01	<0.01
50	1,3,5-Trimethylbenzene	<0.01	<0.01	0.02	0.01	0.01	0.02	<0.01	<0.01	<0.01	<0.01
51	1,2,4-Trimethylbenzene	0.03	0.02	0.05	0.07	0.05	0.09	0.03	0.02	0.02	0.02
52	Benzyl chloride	N.D	N.D	0.04	N.D	N.D	N.D	N.D	N.D	N.D	N.D
53	1,3-Dichlorobenzene	N.D	N.D	N.D	N.D	N.D	N.D	N.D	N.D	N.D	N.D
54	1,4-Dichlorobenzene	N.D	N.D	N.D	N.D	N.D	N.D	N.D	N.D	N.D	N.D
55	1,2-Dichlorobenzene	N.D	N.D	N.D	N.D	N.D	N.D	N.D	N.D	N.D	N.D
56	1,2,4-Trichlorobenzene	N.D	N.D	N.D	N.D	N.D	N.D	N.D	N.D	N.D	N.D
57	Hexachloro-1,3-butadiene	N.D	N.D	N.D	N.D	N.D	N.D	N.D	N.D	N.D	N.D
58	2-Methoxyethanol	N.D	N.D	N.D	N.D	N.D	N.D	N.D	N.D	N.D	N.D
59	2-Ethoxyethanol	N.D	N.D	0.04	N.D	N.D	0.22	N.D	N.D	N.D	N.D
60	Epichlorohydrin	0.17	N.D	0.59	N.D	1.88	5.58	1.12	0.75	0.93	1.20
61	N,N-Dimethylformamide	N.D	N.D	N.D	N.D	0.06	0.44	N.D	N.D	N.D	N.D
62	2-Ethoxyethylacetate	0.04	N.D	0.04	N.D	0.10	0.45	0.04	N.D	N.D	0.05
63	Phenol	0.02	0.02	0.03	N.D	0.01	0.04	N.D	0.03	N.D	N.D
64	Aniline	N.D	N.D	N.D	N.D	N.D	N.D	N.D	N.D	N.D	N.D
65	Nitrobenzene	N.D	N.D	N.D	N.D	N.D	N.D	N.D	N.D	N.D	N.D
66	Naphthalene	0.05	0.03	0.05	0.04	0.07	0.05	0.02	0.02	0.02	0.02

주) 검출한계(IDL) 이하의 값은 N.D로 표시함, 0.01 ppb 이하는 <0.01로 표시함

#2 강남구 - 2014년 2월 VOC Compounds 농도

No.	VOC Compounds (ppb)	2월 9일		2월 10일		2월 11일		2월 12일		2월 13일	
		09-12시	13-16시	09-12시	13-16시	09-12시	13-16시	09-12시	13-16시	09-12시	13-16시
1	Freon12	N.D	N.D	N.D	N.D	N.D	N.D	N.D	N.D	N.D	N.D
2	Freon114	N.D	N.D	N.D	N.D	N.D	N.D	N.D	N.D	N.D	N.D
3	Vinyl chloride (Chloroethene)	N.D	N.D	N.D	N.D	N.D	N.D	N.D	N.D	N.D	N.D
4	1,3-Butadiene	N.D	N.D	N.D	N.D	N.D	0.09	0.16	N.D	N.D	N.D
5	Bromomethane	N.D	N.D	N.D	N.D	N.D	N.D	N.D	N.D	N.D	N.D
6	Chloroethane (Ethyl chloride)	N.D	N.D	N.D	N.D	N.D	N.D	N.D	N.D	N.D	N.D
7	2-Propanol (Isopropyl alcohol)	0.52	0.13	0.12	N.D	0.06	0.19	0.12	0.26	0.08	0.17
8	Freon11	0.18	0.06	0.15	0.04	0.06	0.08	0.05	0.09	0.06	0.12
9	Acrylonitrile	N.D	N.D	N.D	N.D	N.D	N.D	N.D	N.D	N.D	N.D
10	1,1-Dichloroethene	N.D	N.D	N.D	N.D	N.D	N.D	N.D	N.D	N.D	N.D
11	Methylene chloride	N.D	N.D	N.D	N.D	N.D	N.D	N.D	N.D	N.D	N.D
12	Freon 113	0.17	0.08	0.17	0.08	0.08	0.17	0.08	0.16	0.07	0.14
13	Carbon disulfide	0.02	N.D	N.D	N.D	N.D	0.02	N.D	N.D	N.D	N.D
14	trans-1,2-Dichloroethylene	N.D	N.D	N.D	N.D	N.D	N.D	N.D	N.D	N.D	N.D
15	Methyl tert-butyl ether	0.20	0.13	0.18	0.04	0.10	0.19	0.12	0.22	0.10	0.22
16	1,1-Dichloroethane	N.D	N.D	N.D	N.D	N.D	N.D	N.D	N.D	N.D	N.D
17	Vinyl acetate	0.23	0.08	0.21	0.06	0.09	0.29	0.12	0.33	0.11	0.22
18	cis-1,2-dichloroethylene	N.D	N.D	N.D	N.D	N.D	N.D	N.D	N.D	N.D	N.D
19	Ethyl acetate	0.37	0.15	0.12	0.06	0.11	1.78	0.68	3.95	0.30	1.05
20	Hexane	0.57	0.18	0.38	0.12	0.19	0.45	0.25	1.03	0.29	1.06
21	Chloroform	0.05	0.02	0.05	N.D	0.02	0.04	N.D	0.04	0.02	0.05
22	Tetrahydrofuran	0.05	N.D	N.D	N.D	N.D	N.D	N.D	N.D	N.D	N.D
23	1,2-Dichloroethane	0.06	N.D	0.05	N.D	N.D	0.05	N.D	0.05	N.D	0.05
24	1,1,1-Trichloroethane	N.D	N.D	N.D	N.D	N.D	N.D	N.D	N.D	N.D	N.D
25	Benzene	0.87	0.44	1.05	0.40	0.40	0.88	0.41	0.76	0.41	0.70
26	Carbon tetrachloride	0.17	0.09	0.16	0.08	0.09	0.17	0.09	0.16	0.09	0.16
27	Cyclohexane	0.19	0.06	0.20	0.07	0.07	0.15	0.08	0.21	0.08	0.23
28	1,2-Dichloropropane	N.D	N.D	N.D	N.D	N.D	N.D	N.D	N.D	N.D	N.D
29	1,4-Dioxane	N.D	N.D	N.D	N.D	N.D	N.D	N.D	N.D	N.D	N.D
30	Bromodichloromethane	N.D	N.D	N.D	N.D	N.D	N.D	N.D	N.D	N.D	N.D
31	Trichloroethylene	0.10	N.D	N.D	N.D	0.05	0.03	0.07	0.16	0.05	0.19
32	Heptane	0.17	0.06	0.14	0.04	0.06	0.11	0.07	0.17	0.10	0.20
33	Methyl isobutyl ketone	0.09	0.04	0.04	N.D	0.04	0.12	0.11	0.24	0.04	0.22
34	cis-1,3-Dichloropropene	N.D	N.D	N.D	N.D	N.D	N.D	N.D	N.D	N.D	N.D
35	trans-1,3-Dichloropropene	N.D	N.D	N.D	N.D	N.D	N.D	N.D	N.D	N.D	N.D
36	1,1,2-Trichloroethane	N.D	N.D	N.D	N.D	N.D	N.D	N.D	N.D	N.D	N.D
37	Toluene	2.35	1.41	1.37	0.74	1.35	2.82	1.92	4.43	1.61	3.56
38	2-Hexanone (Methyl butyl ketone)	N.D	N.D	N.D	N.D	N.D	N.D	N.D	N.D	N.D	N.D
39	Dibromochloromethane	N.D	N.D	N.D	N.D	N.D	N.D	N.D	N.D	N.D	N.D
40	Ethyl dibromide (1,2-Dibromoethane)	N.D	N.D	N.D	N.D	N.D	N.D	N.D	N.D	N.D	N.D
41	Tetrachloroethylene	N.D	N.D	0.19	0.18	0.12	0.07	0.09	0.14	0.04	0.08
42	Chlorobenzene	N.D	N.D	N.D	N.D	N.D	N.D	N.D	N.D	N.D	N.D
43	Ethylbenzene	0.40	0.31	0.25	0.19	0.26	0.51	0.41	0.70	0.33	0.61
44	m,p-Xylenes	0.33	0.25	0.21	0.14	0.23	0.42	0.36	0.60	0.27	0.57
45	Bromoform (Tribromomethane)	N.D	N.D	N.D	N.D	N.D	N.D	N.D	N.D	N.D	N.D
46	Styrene	0.03	0.02	0.02	0.02	0.02	0.04	0.04	0.04	0.03	0.04
47	1,1,2,2-Tetrachloroethane	N.D	N.D	N.D	N.D	N.D	N.D	N.D	N.D	N.D	N.D
48	o-Xylene	0.11	0.09	0.07	0.05	0.07	0.14	0.12	0.20	0.09	0.19
49	4-Ethyltoluene	<0.01	<0.01	<0.01	N.D	<0.01	<0.01	0.01	0.01	<0.01	0.01
50	1,3,5-Trimethylbenzene	<0.01	<0.01	<0.01	N.D	<0.01	<0.01	0.01	<0.01	0.01	0.01
51	1,2,4-Trimethylbenzene	0.03	0.02	0.02	0.01	0.03	0.03	0.03	0.03	0.03	0.03
52	Benzyl chloride	N.D	N.D	N.D	N.D	N.D	N.D	N.D	N.D	N.D	N.D
53	1,3-Dichlorobenzene	N.D	N.D	N.D	N.D	N.D	N.D	N.D	N.D	N.D	N.D
54	1,4-Dichlorobenzene	N.D	N.D	N.D	N.D	N.D	N.D	N.D	N.D	N.D	N.D
55	1,2-Dichlorobenzene	N.D	N.D	N.D	N.D	N.D	N.D	N.D	N.D	N.D	N.D
56	1,2,4-Trichlorobenzene	N.D	N.D	N.D	N.D	N.D	N.D	N.D	N.D	N.D	N.D
57	Hexachloro-1,3-butadiene	N.D	N.D	N.D	N.D	N.D	N.D	N.D	N.D	N.D	N.D
58	2-Methoxyethanol	N.D	N.D	N.D	N.D	N.D	N.D	N.D	N.D	N.D	N.D
59	2-Ethoxyethanol	N.D	N.D	N.D	N.D	N.D	N.D	N.D	N.D	N.D	N.D
60	Epichlorohydrin	0.59	N.D	N.D	N.D	0.86	1.70	1.15	1.88	N.D	N.D
61	N,N-Dimethylformamide	N.D	N.D	N.D	N.D	N.D	N.D	N.D	N.D	N.D	N.D
62	2-Ethoxyethylacetate	0.15	N.D	0.10	N.D	0.14	N.D	0.06	N.D	0.05	0.14
63	Phenol	0.02	N.D	N.D	N.D	N.D	0.03	N.D	N.D	N.D	N.D
64	Aniline	N.D	N.D	N.D	N.D	N.D	N.D	N.D	N.D	N.D	N.D
65	Nitrobenzene	N.D	N.D	N.D	N.D	N.D	N.D	N.D	N.D	N.D	N.D
66	Naphthalene	0.03	0.03	0.01	0.01	0.01	0.02	0.03	0.02	0.03	0.02

주) 검출한계(IDL) 이하의 값은 N.D로 표시함, 0.01 ppb 이하는 <0.01로 표시함

#3 서울역 - 2014년 2월 VOC Compounds 농도

No.	VOC Compounds (ppb)	2월 4일		2월 5일		2월 6일		2월 7일		2월 8일	
		09-12시	13-16시	09-12시	13-16시	09-12시	13-16시	09-12시	13-16시	09-12시	13-16시
1	Freon12	N.D	N.D	N.D	N.D	N.D	N.D	N.D	N.D	N.D	N.D
2	Freon114	N.D	N.D	N.D	N.D	N.D	N.D	N.D	N.D	N.D	N.D
3	Vinyl chloride (Chloroethene)	N.D	N.D	N.D	N.D	N.D	N.D	N.D	N.D	N.D	N.D
4	1,3-Butadiene	N.D	N.D	N.D	N.D	N.D	N.D	N.D	N.D	0.13	N.D
5	Bromomethane	N.D	N.D	N.D	N.D	N.D	N.D	N.D	N.D	N.D	N.D
6	Chloroethane (Ethyl chloride)	N.D	N.D	N.D	N.D	N.D	N.D	N.D	N.D	N.D	N.D
7	2-Propanol (Isopropyl alcohol)	0.39	0.17	1.84	0.42	3.75	0.49	1.17	0.66	1.20	0.45
8	Freon11	0.07	0.02	0.02	0.01	0.01	N.D	0.01	N.D	0.03	0.01
9	Acrylonitrile	N.D	N.D	N.D	N.D	N.D	N.D	N.D	N.D	N.D	N.D
10	1,1-Dichloroethene	N.D	N.D	N.D	N.D	N.D	N.D	N.D	N.D	N.D	N.D
11	Methylene chloride	N.D	N.D	N.D	N.D	N.D	N.D	N.D	N.D	N.D	N.D
12	Freon 113	0.08	0.08	0.06	0.05	0.09	0.03	0.03	0.04	0.09	0.02
13	Carbon disulfide	N.D	N.D	N.D	N.D	N.D	N.D	0.03	N.D	N.D	N.D
14	trans-1,2-Dichloroethylene	N.D	N.D	N.D	N.D	N.D	N.D	N.D	N.D	0.02	N.D
15	Methyl tert-butyl ether	0.38	0.53	0.41	0.57	0.47	0.58	0.43	0.24	0.70	0.06
16	1,1-Dichloroethane	N.D	N.D	N.D	N.D	N.D	N.D	N.D	N.D	N.D	N.D
17	Vinyl acetate	0.84	0.86	0.66	0.75	0.70	0.78	0.59	0.42	0.90	0.09
18	cis-1,2-dichloroethylene	N.D	N.D	N.D	N.D	N.D	N.D	N.D	N.D	N.D	N.D
19	Ethyl acetate	0.71	0.86	0.56	1.23	2.57	3.46	1.58	0.65	4.58	0.16
20	Hexane	0.14	0.22	0.26	0.41	0.54	0.58	0.49	0.42	1.11	0.09
21	Chloroform	0.02	N.D	N.D	N.D	0.01	N.D	N.D	N.D	0.02	N.D
22	Tetrahydrofuran	N.D	N.D	N.D	N.D	N.D	N.D	N.D	N.D	N.D	N.D
23	1,2-Dichloroethane	N.D	0.02	0.02	N.D	N.D	N.D	N.D	N.D	0.03	N.D
24	1,1,1-Trichloroethane	N.D	N.D	N.D	N.D	N.D	N.D	N.D	N.D	N.D	N.D
25	Benzene	0.51	0.35	0.51	0.60	0.62	0.68	0.50	0.50	0.95	0.13
26	Carbon tetrachloride	0.09	0.11	0.09	0.10	0.08	0.10	0.08	0.05	0.16	0.02
27	Cyclohexane	0.12	0.11	0.14	0.18	0.25	0.26	0.21	0.14	0.49	0.04
28	1,2-Dichloropropane	N.D	N.D	N.D	N.D	N.D	N.D	N.D	N.D	0.03	N.D
29	1,4-Dioxane	N.D	N.D	N.D	N.D	N.D	N.D	N.D	N.D	N.D	N.D
30	Bromodichloromethane	N.D	N.D	N.D	N.D	N.D	N.D	N.D	N.D	N.D	N.D
31	Trichloroethylene	N.D	0.02	0.02	0.04	0.17	0.11	0.06	0.05	0.18	0.02
32	Heptane	0.09	0.09	0.11	0.16	0.22	0.22	0.18	0.17	0.54	0.03
33	Methyl isobutyl ketone	0.03	0.03	0.04	0.10	0.18	0.26	0.21	0.23	0.45	0.03
34	cis-1,3-Dichloropropene	N.D	N.D	N.D	N.D	N.D	N.D	N.D	N.D	N.D	N.D
35	trans-1,3-Dichloropropene	N.D	N.D	N.D	N.D	N.D	N.D	N.D	N.D	N.D	N.D
36	1,1,2-Trichloroethane	N.D	N.D	N.D	N.D	N.D	N.D	N.D	N.D	N.D	N.D
37	Toluene	1.72	1.67	2.53	4.39	10.32	8.58	9.13	7.20	16.58	1.11
38	2-Hexanone (Methyl butyl ketone)	N.D	N.D	N.D	N.D	N.D	N.D	N.D	N.D	N.D	N.D
39	Dibromochloromethane	N.D	N.D	N.D	N.D	N.D	N.D	N.D	N.D	N.D	N.D
40	Ethyl dibromide (1,2-Dibromoethane)	N.D	N.D	N.D	N.D	N.D	N.D	N.D	N.D	N.D	N.D
41	Tetrachloroethylene	N.D	<0.01	0.01	0.03	0.03	0.04	0.05	0.06	0.04	0.02
42	Chlorobenzene	N.D	<0.01	<0.01	0.01	N.D	0.02	N.D	0.02	N.D	N.D
43	Ethylbenzene	0.10	0.14	0.13	0.31	0.46	0.71	0.36	0.35	0.52	0.07
44	m,p-Xylenes	0.15	0.18	0.20	0.41	0.49	0.77	0.44	0.48	0.63	0.09
45	Bromoform (Tribromomethane)	N.D	N.D	N.D	N.D	N.D	N.D	N.D	N.D	N.D	N.D
46	Styrene	0.04	0.04	0.03	0.04	0.06	0.07	0.07	0.07	0.06	0.02
47	1,1,2,2-Tetrachloroethane	N.D	N.D	N.D	N.D	N.D	N.D	N.D	N.D	N.D	N.D
48	o-Xylene	0.05	0.07	0.07	0.15	0.17	0.26	0.16	0.17	0.22	0.03
49	4-Ethyltoluene	0.01	0.02	0.02	0.03	0.03	0.03	0.03	0.04	0.03	<0.01
50	1,3,5-Trimethylbenzene	0.02	0.03	0.02	0.04	0.03	0.05	0.04	0.07	0.05	<0.01
51	1,2,4-Trimethylbenzene	0.08	0.10	0.07	0.12	0.11	0.15	0.13	0.22	0.14	0.03
52	Benzyl chloride	N.D	N.D	N.D	N.D	N.D	N.D	N.D	N.D	N.D	N.D
53	1,3-Dichlorobenzene	N.D	N.D	N.D	N.D	N.D	N.D	N.D	N.D	N.D	N.D
54	1,4-Dichlorobenzene	N.D	N.D	N.D	N.D	N.D	N.D	N.D	N.D	N.D	N.D
55	1,2-Dichlorobenzene	N.D	N.D	N.D	N.D	N.D	N.D	N.D	N.D	N.D	N.D
56	1,2,4-Trichlorobenzene	N.D	N.D	N.D	N.D	N.D	N.D	N.D	N.D	N.D	N.D
57	Hexachloro-1,3-butadiene	N.D	N.D	N.D	N.D	N.D	N.D	N.D	N.D	N.D	N.D
58	2-Methoxyethanol	N.D	N.D	N.D	N.D	N.D	N.D	N.D	N.D	N.D	N.D
59	2-Ethoxyethanol	N.D	N.D	N.D	N.D	0.03	N.D	N.D	N.D	0.03	N.D
60	Epichlorohydrin	0.34	0.21	0.70	0.80	N.D	N.D	3.50	5.07	6.47	0.37
61	N,N-Dimethylformamide	N.D	N.D	N.D	N.D	N.D	0.14	0.09	0.06	0.33	N.D
62	2-Ethoxyethylacetate	0.07	0.07	0.12	0.18	0.20	0.23	0.16	0.14	0.38	0.03
63	Phenol	0.09	0.14	0.06	0.13	0.08	0.16	0.15	0.27	0.28	0.05
64	Aniline	N.D	N.D	N.D	N.D	N.D	N.D	N.D	N.D	N.D	N.D
65	Nitrobenzene	N.D	N.D	N.D	N.D	N.D	N.D	N.D	N.D	0.01	N.D
66	Naphthalene	0.10	0.13	0.08	0.12	0.09	0.14	0.11	0.15	0.10	0.03

주) 검출한계(IDL) 이하의 값은 N.D로 표시함, 0.01 ppb 이하는 <0.01로 표시함

#3 서울역 - 2014년 2월 VOC Compounds 농도

No.	VOC Compounds (ppb)	2월 9일		2월 10일		2월 11일		2월 12일		2월 13일	
		09-12시	13-16시	09-12시	13-16시	09-12시	13-16시	09-12시	13-16시	09-12시	13-16시
1	Freon12	N.D	N.D	N.D	N.D	N.D	N.D	N.D	N.D	N.D	N.D
2	Freon114	N.D	N.D	N.D	N.D	N.D	N.D	N.D	N.D	N.D	N.D
3	Vinyl chloride (Chloroethene)	N.D	N.D	N.D	N.D	N.D	N.D	N.D	N.D	N.D	N.D
4	1,3-Butadiene	N.D	N.D	0.10	N.D	N.D	N.D	N.D	N.D	N.D	N.D
5	Bromomethane	N.D	N.D	N.D	N.D	N.D	N.D	N.D	N.D	N.D	N.D
6	Chloroethane (Ethyl chloride)	N.D	N.D	N.D	N.D	N.D	N.D	N.D	N.D	N.D	N.D
7	2-Propanol (Isopropyl alcohol)	0.07	0.06	0.25	0.09	0.07	0.16	0.22	0.12	0.15	0.12
8	Freon11	0.01	N.D	0.03	N.D	N.D	0.02	N.D	0.03	N.D	N.D
9	Acrylonitrile	N.D	N.D	N.D	N.D	N.D	N.D	N.D	N.D	N.D	N.D
10	1,1-Dichloroethene	N.D	N.D	N.D	N.D	N.D	N.D	N.D	N.D	N.D	N.D
11	Methylene chloride	N.D	N.D	N.D	N.D	N.D	N.D	N.D	N.D	N.D	N.D
12	Freon 113	0.08	0.03	0.11	0.24	0.03	0.07	0.04	0.05	0.05	0.04
13	Carbon disulfide	N.D	N.D	N.D	N.D	0.02	N.D	N.D	N.D	N.D	N.D
14	trans-1,2-Dichloroethylene	N.D	N.D	N.D	N.D	N.D	N.D	N.D	N.D	N.D	N.D
15	Methyl tert-butyl ether	0.23	0.17	0.55	0.22	0.26	0.25	0.28	0.29	0.29	0.42
16	1,1-Dichloroethane	N.D	N.D	N.D	N.D	N.D	N.D	N.D	N.D	N.D	N.D
17	Vinyl acetate	0.24	0.14	0.36	0.16	0.21	0.21	0.22	0.20	0.21	0.27
18	cis-1,2-dichloroethylene	N.D	N.D	N.D	N.D	N.D	N.D	N.D	N.D	N.D	N.D
19	Ethyl acetate	0.40	0.25	0.94	0.30	0.31	0.34	0.97	0.59	0.81	0.87
20	Hexane	0.28	0.19	0.77	0.27	0.35	0.43	0.46	0.43	0.33	0.45
21	Chloroform	N.D	N.D	0.01	N.D	N.D	N.D	N.D	N.D	N.D	N.D
22	Tetrahydrofuran	N.D	N.D	N.D	N.D	N.D	N.D	N.D	N.D	N.D	N.D
23	1,2-Dichloroethane	N.D	N.D	0.03	N.D	N.D	N.D	N.D	N.D	N.D	N.D
24	1,1,1-Trichloroethane	N.D	N.D	N.D	N.D	N.D	N.D	N.D	N.D	N.D	N.D
25	Benzene	0.90	0.58	1.12	0.43	0.42	0.42	0.44	0.45	0.42	0.44
26	Carbon tetrachloride	0.16	0.09	0.15	0.08	0.08	0.10	0.09	0.09	0.10	0.09
27	Cyclohexane	0.14	0.09	0.31	0.12	0.14	0.13	0.21	0.21	0.14	0.18
28	1,2-Dichloropropane	N.D	N.D	N.D	N.D	N.D	N.D	N.D	N.D	N.D	N.D
29	1,4-Dioxane	N.D	N.D	N.D	N.D	N.D	N.D	N.D	N.D	N.D	N.D
30	Bromodichloromethane	N.D	N.D	N.D	N.D	N.D	N.D	N.D	N.D	N.D	N.D
31	Trichloroethylene	0.02	N.D	0.11	0.03	0.07	0.05	0.16	0.06	0.09	0.10
32	Heptane	0.13	0.12	0.31	0.11	0.12	0.11	0.18	0.15	0.12	0.15
33	Methyl isobutyl ketone	0.07	0.04	0.16	0.04	0.05	0.07	0.11	0.08	0.08	0.09
34	cis-1,3-Dichloropropene	N.D	N.D	N.D	N.D	N.D	N.D	N.D	N.D	N.D	N.D
35	trans-1,3-Dichloropropene	N.D	N.D	N.D	N.D	N.D	N.D	N.D	N.D	N.D	N.D
36	1,1,2-Trichloroethane	N.D	N.D	N.D	N.D	N.D	N.D	N.D	N.D	N.D	N.D
37	Toluene	2.89	1.29	5.23	2.35	3.57	3.23	5.14	3.33	3.75	3.95
38	2-Hexanone (Methyl butyl ketone)	N.D	N.D	N.D	N.D	N.D	N.D	N.D	N.D	N.D	N.D
39	Dibromochloromethane	N.D	N.D	N.D	N.D	N.D	N.D	N.D	N.D	N.D	N.D
40	Ethyl dibromide (1,2-Dibromoethane)	N.D	N.D	N.D	N.D	N.D	N.D	N.D	N.D	N.D	N.D
41	Tetrachloroethylene	N.D	N.D	0.03	0.02	N.D	0.04	0.04	N.D	0.04	0.05
42	Chlorobenzene	<0.01	N.D	<0.01	0.01	0.01	N.D	N.D	N.D	N.D	N.D
43	Ethylbenzene	0.26	0.20	0.30	0.24	0.28	0.28	0.36	0.32	0.29	0.37
44	m,p-Xylenes	0.31	0.20	0.41	0.24	0.29	0.38	0.50	0.44	0.37	0.45
45	Bromoform (Tribromomethane)	N.D	N.D	N.D	N.D	N.D	N.D	N.D	N.D	N.D	N.D
46	Styrene	0.06	0.03	0.05	0.03	0.04	0.03	0.04	0.03	N.D	0.04
47	1,1,2,2-Tetrachloroethane	N.D	N.D	N.D	N.D	N.D	N.D	N.D	N.D	N.D	N.D
48	o-Xylene	0.11	0.08	0.15	0.08	0.10	0.15	0.19	0.18	0.14	0.16
49	4-Ethyltoluene	0.02	0.02	0.02	0.02	0.02	0.06	0.04	0.04	0.03	0.03
50	1,3,5-Trimethylbenzene	0.04	0.02	0.02	0.03	0.03	0.05	0.04	0.04	0.03	0.03
51	1,2,4-Trimethylbenzene	0.12	0.08	0.08	0.08	0.09	0.18	0.13	0.15	0.08	0.10
52	Benzyl chloride	N.D	N.D	N.D	N.D	N.D	N.D	N.D	N.D	N.D	N.D
53	1,3-Dichlorobenzene	N.D	N.D	N.D	N.D	N.D	N.D	N.D	N.D	N.D	N.D
54	1,4-Dichlorobenzene	N.D	N.D	N.D	N.D	N.D	N.D	N.D	N.D	N.D	N.D
55	1,2-Dichlorobenzene	N.D	N.D	N.D	N.D	N.D	N.D	N.D	N.D	N.D	N.D
56	1,2,4-Trichlorobenzene	N.D	N.D	N.D	N.D	N.D	N.D	N.D	N.D	N.D	N.D
57	Hexachloro-1,3-butadiene	N.D	N.D	N.D	N.D	N.D	N.D	N.D	N.D	N.D	N.D
58	2-Methoxyethanol	N.D	N.D	N.D	N.D	N.D	N.D	N.D	N.D	N.D	N.D
59	2-Ethoxyethanol	N.D	N.D	0.03	N.D	N.D	N.D	N.D	N.D	N.D	N.D
60	Epichlorohydrin	N.D	N.D	N.D	0.16	2.24	2.23	1.97	1.98	N.D	N.D
61	N,N-Dimethylformamide	N.D	N.D	N.D	N.D	N.D	N.D	N.D	N.D	N.D	N.D
62	2-Ethoxyethylacetate	N.D	0.11	0.34	0.11	0.10	N.D	0.22	0.26	0.13	0.13
63	Phenol	0.21	0.06	0.03	0.07	0.11	N.D	0.03	0.03	0.02	0.03
64	Aniline	N.D	N.D	N.D	N.D	N.D	N.D	N.D	N.D	N.D	N.D
65	Nitrobenzene	N.D	N.D	N.D	N.D	N.D	N.D	N.D	N.D	N.D	N.D
66	Naphthalene	0.14	0.05	0.04	0.06	0.07	0.10	0.07	0.08	0.06	0.06

주) 검출한계(IDL) 이하의 값은 N.D로 표시함, 0.01 ppb 이하는 <0.01로 표시함

#1 구로구 - 2013년 8월 Carbonyl Compounds 농도

No.	Carbonyl Compounds (ppb)	8월 17일		8월 18일		8월 19일		8월 20일		8월 21일	
		오전	오후	오전	오후	오전	오후	오전	오후	오전	오후
1	Formaldehyde	3.94	3.79	2.97	2.92	5.04	5.93	6.28	6.66	5.71	6.33
2	Acetaldehyde	2.09	2.26	1.95	1.87	2.70	2.61	3.43	3.39	2.99	2.99
3	Acetone	7.45	7.42	6.94	6.33	11.56	10.88	11.79	12.88	10.05	10.51
4	Acrolein	N.D	N.D	N.D	N.D	N.D	N.D	N.D	N.D	N.D	N.D
5	Propionaldehyde	0.18	0.14	0.17	0.11	0.30	0.11	0.21	0.15	0.24	0.15
6	Crotonaldehyde	0.14	0.07	0.08	0.03	0.23	0.17	0.29	0.19	0.14	0.19
7	Methyl ethyl ketone	0.70	0.41	0.51	0.37	1.42	1.06	1.71	1.20	0.96	1.17
8	Methacrolein	N.D	N.D	N.D	N.D	N.D	N.D	N.D	N.D	N.D	N.D
9	Butyraldehyde	0.27	0.24	0.25	0.23	0.20	0.14	0.21	0.11	N.D	N.D
10	Benzaldehyde	3.99	2.10	4.08	2.43	6.60	8.56	6.73	12.97	4.46	1.03
11	Valeraldehyde	0.08	0.03	0.06	0.06	0.07	0.06	0.08	0.06	0.07	0.11
12	m-Tolualdehyde	0.09	0.11	0.10	0.10	0.16	0.11	0.12	0.20	0.16	0.08
13	Hexaldehyde	0.07	0.07	0.06	0.06	0.09	0.07	0.10	0.10	0.08	0.08

No.	Carbonyl Compounds (ppb)	8월 22일		8월 23일		8월 24일		8월 25일		8월 26일	
		오전	오후	오전	오후	오전	오후	오전	오후	오전	오후
1	Formaldehyde	7.23	6.27	N.A	N.A	5.63	5.75	5.26	4.65	5.87	5.33
2	Acetaldehyde	3.64	2.78	N.A	N.A	3.22	3.70	2.56	2.03	2.78	2.45
3	Acetone	13.21	10.61	N.A	N.A	10.92	10.88	10.10	10.14	10.30	11.41
4	Acrolein	N.D	N.D	N.A	N.A	N.D	N.D	N.D	N.D	N.D	N.D
5	Propionaldehyde	0.26	0.19	N.A	N.A	0.26	0.27	0.19	0.10	0.24	0.21
6	Crotonaldehyde	0.39	0.24	N.A	N.A	0.18	0.14	0.12	0.10	0.13	0.15
7	Methyl ethyl ketone	2.44	1.53	N.A	N.A	1.05	0.95	0.69	0.63	0.90	0.92
8	Methacrolein	N.D	N.D	N.A	N.A	N.D	N.D	N.D	N.D	N.D	N.D
9	Butyraldehyde	0.37	0.29	N.A	N.A	0.24	0.27	0.18	0.15	0.21	0.19
10	Benzaldehyde	4.15	1.19	N.A	N.A	8.91	1.38	4.58	3.31	8.40	7.15
11	Valeraldehyde	0.13	0.11	N.A	N.A	0.08	0.09	0.09	0.06	0.07	0.09
12	m-Tolualdehyde	0.16	0.11	N.A	N.A	0.17	0.12	0.16	0.12	0.21	0.14
13	Hexaldehyde	0.11	0.08	N.A	N.A	0.11	0.07	0.08	0.06	0.11	0.13

주) 검출한계(IDL) 이하의 값은 N.D로 표시함, 우천등으로 인한 분석이상치는 N.A로 표시함.
오전은 10~12시, 오후는 13~15시 동안 채취하였음.

#2 강남구 - 2013년 8월 Carbonyl Compounds 농도

No.	Carbonyl Compounds (ppb)	8월 17일		8월 18일		8월 19일		8월 20일		8월 21일	
		오전	오후	오전	오후	오전	오후	오전	오후	오전	오후
1	Formaldehyde	2.06	2.77	1.65	2.03	3.58	6.14	5.35	6.86	4.92	5.51
2	Acetaldehyde	1.05	1.06	1.01	0.94	1.97	3.11	3.13	3.74	2.35	2.04
3	Acetone	4.75	4.36	4.45	4.55	6.53	10.94	10.67	12.15	6.44	7.06
4	Acrolein	N.D	N.D	N.D	N.D	N.D	N.D	N.D	N.D	N.D	N.D
5	Propionaldehyde	0.11	0.08	0.08	0.09	0.13	0.19	0.16	0.23	0.22	0.12
6	Crotonaldehyde	0.08	0.06	0.04	0.04	0.07	0.20	0.17	0.21	0.27	0.12
7	Methyl ethyl ketone	0.57	0.31	0.28	0.24	0.48	1.25	0.98	1.19	0.37	0.73
8	Methacrolein	N.D	N.D	N.D	N.D	N.D	N.D	N.D	N.D	N.D	N.D
9	Butyraldehyde	0.13	0.12	0.15	0.11	0.19	0.29	0.16	0.27	N.D	N.D
10	Benzaldehyde	2.01	0.93	1.44	0.51	1.91	1.63	2.07	1.37	0.35	8.52
11	Valeraldehyde	0.04	0.03	0.07	0.02	0.06	0.09	0.07	0.14	0.12	0.05
12	m-Tolualdehyde	0.05	0.04	0.05	0.05	0.08	0.16	0.18	0.12	0.22	0.15
13	Hexaldehyde	0.04	0.04	0.04	0.03	0.06	0.08	0.07	0.09	0.07	0.07

No.	Carbonyl Compounds (ppb)	8월 22일		8월 23일		8월 24일		8월 25일		8월 26일	
		오전	오후	오전	오후	오전	오후	오전	오후	오전	오후
1	Formaldehyde	4.91	6.23	N.A	N.A	5.10	4.31	4.10	3.83	5.18	5.24
2	Acetaldehyde	3.66	2.55	N.A	N.A	3.36	2.94	1.97	1.86	2.97	2.49
3	Acetone	8.57	7.89	N.A	N.A	7.75	8.28	5.86	5.24	7.28	6.70
4	Acrolein	N.D	N.D	N.A	N.A	N.D	N.D	N.D	N.D	N.D	N.D
5	Propionaldehyde	0.29	0.20	N.A	N.A	0.27	0.25	0.19	0.12	0.30	0.18
6	Crotonaldehyde	0.19	0.23	N.A	N.A	0.14	0.12	0.07	0.08	0.15	0.08
7	Methyl ethyl ketone	1.07	1.37	N.A	N.A	0.89	0.71	0.48	0.46	0.89	0.65
8	Methacrolein	N.D	N.D	N.A	N.A	N.D	N.D	N.D	N.D	N.D	N.D
9	Butyraldehyde	0.19	0.24	N.A	N.A	0.22	0.22	0.27	0.27	0.30	0.18
10	Benzaldehyde	4.32	1.28	N.A	N.A	3.06	1.76	1.60	1.20	2.09	1.15
11	Valeraldehyde	0.07	0.10	N.A	N.A	0.10	0.08	0.08	0.03	0.11	0.06
12	m-Tolualdehyde	0.19	0.10	N.A	N.A	0.19	0.15	0.11	0.06	0.19	0.10
13	Hexaldehyde	0.08	0.08	N.A	N.A	0.09	0.08	0.07	0.06	0.11	0.06

주) 검출한계(IDL) 이하의 값은 N.D로 표시함, 우천등으로 인한 분석이상치는 N.A로 표시함.
오전은 10~12시, 오후는 13~15시 동안 채취하였음.

#3 서울역 - 2013년 8월 Carbonyl Compounds 농도

No.	Carbonyl Compounds (ppb)	8월 17일		8월 18일		8월 19일		8월 20일		8월 21일	
		오전	오후	오전	오후	오전	오후	오전	오후	오전	오후
1	Formaldehyde	4.63	4.52	3.50	3.70	5.01	5.54	7.41	8.57	6.20	7.61
2	Acetaldehyde	2.32	2.28	1.95	1.75	2.68	1.96	4.08	3.60	2.52	2.71
3	Acetone	4.23	4.02	3.87	3.72	4.30	5.29	9.22	15.20	5.82	7.39
4	Acrolein	N.D	N.D	N.D	N.D	N.D	N.D	N.D	N.D	N.D	N.D
5	Propionaldehyde	0.32	0.28	0.30	0.25	0.42	0.24	0.55	0.35	0.22	0.24
6	Crotonaldehyde	0.13	0.07	0.09	0.03	0.22	0.15	0.27	0.16	0.13	0.14
7	Methyl ethyl ketone	0.52	0.38	0.46	0.42	1.26	1.02	1.46	N.D	0.94	0.99
8	Methacrolein	N.D	N.D	N.D	N.D	N.D	N.D	N.D	N.D	N.D	N.D
9	Butyraldehyde	0.31	0.23	0.29	0.26	0.23	0.15	0.30	N.D	N.D	N.D
10	Benzaldehyde	2.40	1.45	3.23	1.98	4.01	3.46	9.70	5.05	9.74	9.69
11	Valeraldehyde	0.09	0.06	0.10	0.08	0.09	0.07	0.15	0.12	0.09	0.05
12	m-Tolualdehyde	0.14	0.18	0.16	0.15	0.27	0.24	0.22	0.29	0.24	0.33
13	Hexaldehyde	0.10	0.09	0.09	0.08	0.11	0.09	0.21	0.13	0.12	0.13

No.	Carbonyl Compounds (ppb)	8월 22일		8월 23일		8월 24일		8월 25일		8월 26일	
		오전	오후	오전	오후	오전	오후	오전	오후	오전	오후
1	Formaldehyde	8.27	7.13	N.A	N.A	6.39	7.38	5.64	5.37	6.54	6.14
2	Acetaldehyde	3.11	2.68	N.A	N.A	3.10	3.35	2.19	1.83	2.70	2.29
3	Acetone	7.53	6.14	N.A	N.A	6.52	8.05	6.47	5.83	7.09	8.07
4	Acrolein	N.D	N.D	N.A	N.A	N.D	N.D	N.D	N.D	N.D	N.D
5	Propionaldehyde	0.36	0.36	N.A	N.A	0.38	0.37	0.29	0.15	0.25	0.24
6	Crotonaldehyde	0.39	0.21	N.A	N.A	0.17	0.15	0.11	0.08	0.12	0.16
7	Methyl ethyl ketone	1.95	1.00	N.A	N.A	1.11	0.90	0.73	0.43	0.84	1.02
8	Methacrolein	N.D	N.D	N.A	N.A	N.D	N.D	N.D	N.D	N.D	N.D
9	Butyraldehyde	0.29	0.23	N.A	N.A	0.28	0.24	0.19	0.10	N.D	0.16
10	Benzaldehyde	7.16	5.53	N.A	N.A	8.61	10.46	4.64	3.49	3.85	4.21
11	Valeraldehyde	0.18	0.14	N.A	N.A	0.08	0.10	N.D	N.D	0.08	0.05
12	m-Tolualdehyde	0.26	0.24	N.A	N.A	0.22	0.35	0.23	0.20	0.24	0.23
13	Hexaldehyde	0.15	0.12	N.A	N.A	0.12	0.14	0.10	0.08	0.12	0.11

주) 검출한계(IDL) 이하의 값은 N.D로 표시함, 우천등으로 인한 분석이상치는 N.A로 표시함.
  오전은 10~12시, 오후는 13~15시 동안 채취하였음.

#1 구로구 - 2013년 11월 Carbonyl Compounds 농도

No.	Carbonyl Compounds (ppb)	11월 12일		11월 13일		11월 14일		11월 15일		11월 16일	
		오전	오후	오전	오후	오전	오후	오전	오후	오전	오후
1	Formaldehyde	1.60	1.44	2.42	1.97	4.21	3.51	2.96	3.29	3.54	3.52
2	Acetaldehyde	1.41	1.25	1.82	1.80	2.93	2.59	2.30	2.63	2.64	2.66
3	Acetone	2.63	2.65	2.72	2.76	5.50	5.05	3.86	5.21	5.39	5.74
4	Acrolein	N.D	N.D	N.D	N.D	N.D	N.D	N.D	N.D	N.D	N.D
5	Propionaldehyde	0.06	0.05	0.12	0.08	0.34	0.29	0.30	0.33	0.37	0.37
6	Crotonaldehyde	0.07	0.10	0.10	0.10	0.50	0.33	0.18	0.18	0.37	0.30
7	Methyl ethyl ketone	0.41	0.61	0.61	0.64	2.90	1.88	0.98	1.01	1.95	1.74
8	Methacrolein	N.D	N.D	N.D	N.D	N.D	N.D	N.D	N.D	N.D	N.D
9	Butyraldehyde	0.16	0.13	0.18	0.16	0.20	0.13	0.25	0.29	0.31	0.31
10	Benzaldehyde	3.36	6.85	2.93	2.55	9.49	3.55	3.30	7.60	7.83	7.04
11	Valeraldehyde	0.07	0.04	0.04	0.03	0.10	0.06	0.08	0.08	0.09	0.11
12	m-Tolualdehyde	0.12	0.10	0.10	0.11	0.15	0.12	0.10	0.12	0.04	0.13
13	Hexaldehyde	0.05	0.07	0.11	0.08	0.13	0.16	0.08	0.12	0.15	0.14
No.	Carbonyl Compounds (ppb)	11월 17일		11월 18일		11월 19일		11월 20일		11월 21일	
		오전	오후	오전	오후	오전	오후	오전	오후	오전	오후
1	Formaldehyde	1.00	1.03	1.07	1.00	1.27	1.11	1.28	1.23	1.81	2.16
2	Acetaldehyde	1.10	1.09	1.16	1.08	1.20	1.26	1.14	1.38	1.48	1.79
3	Acetone	1.79	1.73	2.54	2.71	2.68	3.10	2.56	2.52	2.95	4.03
4	Acrolein	N.D	N.D	N.D	N.D	N.D	N.D	N.D	N.D	N.D	N.D
5	Propionaldehyde	0.10	0.11	0.12	0.11	0.17	0.15	0.07	0.07	0.13	0.11
6	Crotonaldehyde	0.07	0.06	0.08	0.06	0.10	0.10	0.09	0.09	0.11	0.23
7	Methyl ethyl ketone	0.34	0.37	0.47	0.39	0.62	0.57	0.51	0.52	0.70	1.30
8	Methacrolein	N.D	N.D	N.D	N.D	N.D	N.D	N.D	N.D	N.D	N.D
9	Butyraldehyde	0.15	0.15	0.18	0.16	0.18	0.19	0.10	0.05	0.05	0.07
10	Benzaldehyde	3.11	3.04	6.82	5.82	5.50	6.13	2.46	7.23	2.21	3.87
11	Valeraldehyde	0.04	0.04	0.03	0.03	0.03	0.04	N.D	0.03	0.03	0.05
12	m-Tolualdehyde	0.09	0.08	0.09	0.08	0.06	0.08	0.08	0.02	0.02	0.05
13	Hexaldehyde	0.06	0.13	0.07	0.14	0.09	0.15	0.06	0.12	0.16	0.21

주) 검출한계(IDL) 이하의 값은 N.D로 표시함, 우천등으로 인한 분석이상치는 N.A로 표시함.
　　오전은 10~12시, 오후는 13~15시 동안 채취하였음.

#2 강남구 - 2013년 11월 Carbonyl Compounds 농도

No.	Carbonyl Compounds (ppb)	11월 12일		11월 13일		11월 14일		11월 15일		11월 16일	
		오전	오후	오전	오후	오전	오후	오전	오후	오전	오후
1	Formaldehyde	1.93	1.81	2.42	1.94	4.00	3.80	2.63	2.77	2.73	2.62
2	Acetaldehyde	1.48	1.33	1.96	1.69	2.85	2.90	2.11	2.02	2.10	2.07
3	Acetone	2.03	2.50	3.03	2.39	4.81	4.95	4.00	3.86	4.52	4.34
4	Acrolein	N.D	N.D	N.D	N.D	0.06	0.06	N.D	N.D	N.D	N.D
5	Propionaldehyde	0.13	0.06	0.18	0.08	0.34	0.40	0.31	0.29	0.31	0.22
6	Crotonaldehyde	0.08	0.07	0.13	0.14	0.37	0.43	0.14	0.14	0.22	0.28
7	Methyl ethyl ketone	0.49	0.38	0.78	0.80	2.22	2.26	0.82	0.73	1.30	1.53
8	Methacrolein	N.D	N.D	N.D	N.D	N.D	N.D	N.D	N.D	N.D	N.D
9	Butyraldehyde	0.21	0.14	0.23	0.18	0.17	0.22	0.22	0.22	0.28	0.21
10	Benzaldehyde	6.41	3.14	7.66	3.04	6.58	6.19	3.42	5.91	7.11	3.14
11	Valeraldehyde	0.05	0.02	0.05	0.03	0.09	0.11	0.07	0.07	0.10	0.07
12	m-Tolualdehyde	0.09	0.09	0.11	0.11	0.12	0.09	0.09	0.09	0.05	0.14
13	Hexaldehyde	0.15	0.10	0.13	0.16	0.11	0.15	0.09	0.11	0.15	0.16

No.	Carbonyl Compounds (ppb)	11월 17일		11월 18일		11월 19일		11월 20일		11월 21일	
		오전	오후	오전	오후	오전	오후	오전	오후	오전	오후
1	Formaldehyde	0.90	0.18	0.99	1.17	1.44	1.47	1.18	1.09	1.44	1.65
2	Acetaldehyde	1.02	0.61	1.15	1.29	1.42	1.48	1.22	1.24	1.49	1.43
3	Acetone	1.78	1.47	1.87	1.67	2.43	2.91	2.06	2.28	2.43	2.72
4	Acrolein	N.D	N.D	N.D	N.D	0.05	N.D	N.D	N.D	0.07	N.D
5	Propionaldehyde	0.15	0.05	0.12	0.12	0.19	0.20	0.10	0.09	0.17	0.10
6	Crotonaldehyde	0.07	0.04	0.08	0.08	0.10	0.08	0.08	0.09	0.10	0.15
7	Methyl ethyl ketone	0.38	0.22	0.44	0.45	0.56	0.53	0.43	0.49	0.53	0.84
8	Methacrolein	N.D	N.D	N.D	N.D	N.D	N.D	N.D	N.D	N.D	N.D
9	Butyraldehyde	0.17	0.14	0.17	0.16	0.22	0.18	0.07	0.06	0.07	0.06
10	Benzaldehyde	6.67	3.36	6.39	3.96	6.89	3.36	6.36	3.35	7.59	7.23
11	Valeraldehyde	0.04	0.05	0.03	0.03	0.04	0.04	0.04	0.04	0.04	0.03
12	m-Tolualdehyde	0.03	0.07	0.11	0.09	0.10	0.09	0.02	0.02	0.03	0.03
13	Hexaldehyde	0.09	0.06	0.08	0.15	0.15	0.21	0.14	0.17	0.15	0.14

주) 검출한계(IDL) 이하의 값은 N.D로 표시함, 우천등으로 인한 분석이상치는 N.A로 표시함.
　　오전은 10~12시, 오후는 13~15시 동안 채취하였음.

#3 서울역 - 2013년 11월 Carbonyl Compounds 농도

No.	Carbonyl Compounds (ppb)	11월 12일		11월 13일		11월 14일		11월 15일		11월 16일	
		오전	오후	오전	오후	오전	오후	오전	오후	오전	오후
1	Formaldehyde	2.18	1.90	2.47	2.40	4.72	4.18	4.01	4.30	3.37	2.99
2	Acetaldehyde	2.16	1.94	2.23	2.44	3.42	3.25	3.61	3.43	2.67	2.43
3	Acetone	2.96	3.20	3.47	4.14	6.99	5.53	6.30	6.00	5.76	6.03
4	Acrolein	N.D	N.D	N.D	N.D	N.D	N.D	0.21	N.D	N.D	N.D
5	Propionaldehyde	0.25	0.18	0.23	0.30	0.50	0.51	0.48	0.46	0.32	0.27
6	Crotonaldehyde	0.11	0.10	0.10	0.15	0.43	0.35	0.33	0.25	0.26	0.25
7	Methyl ethyl ketone	0.63	0.61	0.63	0.86	2.50	1.91	1.66	1.32	1.50	1.47
8	Methacrolein	N.D	N.D	N.D	N.D	N.D	N.D	N.D	N.D	N.D	N.D
9	Butyraldehyde	0.34	0.28	0.26	0.35	0.44	0.44	0.47	0.34	0.39	0.28
10	Benzaldehyde	10.89	6.39	4.75	5.26	11.44	12.01	15.83	6.18	11.46	4.32
11	Valeraldehyde	0.08	0.04	0.04	0.08	0.13	0.18	0.11	0.13	0.11	0.08
12	m-Tolualdehyde	0.18	0.16	0.14	0.13	0.16	0.19	0.34	0.32	0.22	0.16
13	Hexaldehyde	0.15	0.16	0.16	0.11	0.16	0.16	0.17	0.13	0.14	0.11
No.	Carbonyl Compounds (ppb)	11월 17일		11월 18일		11월 19일		11월 20일		11월 21일	
		오전	오후	오전	오후	오전	오후	오전	오후	오전	오후
1	Formaldehyde	1.49	1.42	1.28	1.18	1.27	1.38	1.49	1.51	1.68	2.19
2	Acetaldehyde	1.61	1.64	1.60	1.70	1.56	1.87	1.81	1.74	2.04	1.90
3	Acetone	3.21	3.37	3.66	2.84	6.53	4.40	3.06	2.85	5.34	3.61
4	Acrolein	N.D	N.D	N.D	N.D	0.13	N.D	N.D	N.D	0.19	N.D
5	Propionaldehyde	0.15	0.15	0.18	0.18	0.12	0.17	0.15	0.16	0.27	0.18
6	Crotonaldehyde	0.10	0.08	0.10	0.10	0.10	0.13	0.12	0.14	0.16	0.20
7	Methyl ethyl ketone	0.57	0.52	0.59	0.59	0.58	0.76	0.69	0.73	0.94	1.14
8	Methacrolein	N.D	N.D	N.D	N.D	N.D	N.D	N.D	N.D	N.D	N.D
9	Butyraldehyde	0.27	0.28	0.29	0.31	0.22	0.30	0.10	0.09	0.13	0.09
10	Benzaldehyde	4.63	5.16	5.50	12.60	4.40	13.31	5.88	11.45	13.05	3.94
11	Valeraldehyde	0.05	0.05	0.06	0.05	0.09	0.05	0.05	0.04	0.06	0.04
12	m-Tolualdehyde	0.14	0.06	0.17	0.18	0.13	0.16	0.05	0.04	0.05	0.05
13	Hexaldehyde	0.10	0.13	0.18	0.12	0.11	0.18	0.14	0.16	0.10	0.14

주) 검출한계(IDL) 이하의 값은 N.D로 표시함, 우천등으로 인한 분석이상치는 N.A로 표시함.
  오전은 10~12시, 오후는 13~15시 동안 채취하였음.

#1 구로구 - 2014년 2월 Carbonyl Compounds 농도

No.	Carbonyl Compounds (ppb)	2월 4일		2월 5일		2월 6일		2월 7일		2월 8일	
		오전	오후	오전	오후	오전	오후	오전	오후	오전	오후
1	Formaldehyde	1.34	0.83	1.58	1.93	3.33	3.00	1.52	1.16	1.43	1.31
2	Acetaldehyde	0.97	0.81	1.41	1.49	1.99	2.03	1.27	1.18	1.22	1.23
3	Acetone	1.95	1.23	1.48	3.06	3.12	3.14	2.76	2.60	1.76	1.70
4	Acrolein	N.D	N.D	N.D	N.D	N.D	N.D	N.D	N.D	N.D	N.D
5	Propionaldehyde	N.D	0.02	0.07	0.05	0.18	0.11	0.14	0.09	0.21	0.24
6	Crotonaldehyde	0.05	0.04	0.08	0.08	0.22	0.16	0.09	0.08	0.06	0.09
7	Methyl ethyl ketone	0.14	0.11	0.24	0.24	0.62	0.47	0.29	0.27	0.26	0.35
8	Methacrolein	N.D	N.D	N.D	N.D	N.D	N.D	N.D	N.D	N.D	N.D
9	Butyraldehyde	0.12	0.11	0.18	0.17	0.25	0.20	0.17	0.05	0.15	0.22
10	Benzaldehyde	6.83	6.13	7.06	2.95	8.23	7.41	7.99	2.83	2.99	7.80
11	Valeraldehyde	0.04	0.03	0.08	0.05	0.06	0.03	0.03	0.05	0.03	0.05
12	m-Tolualdehyde	0.10	0.10	0.10	0.11	0.12	0.13	0.09	0.09	0.04	0.09
13	Hexaldehyde	0.05	0.10	0.09	0.11	0.10	0.10	0.09	0.10	0.07	0.10

No.	Carbonyl Compounds (ppb)	2월 9일		2월 10일		2월 11일		2월 12일		2월 13일	
		오전	오후	오전	오후	오전	오후	오전	오후	오전	오후
1	Formaldehyde	1.66	1.82	1.63	1.46	1.66	1.40	1.74	1.46	1.69	1.84
2	Acetaldehyde	1.32	1.57	1.35	1.48	1.45	1.23	1.64	1.53	1.37	1.63
3	Acetone	2.29	2.27	2.14	1.97	2.76	2.57	2.10	2.52	2.58	2.71
4	Acrolein	N.D	N.D	N.D	N.D	N.D	N.D	N.D	N.D	N.D	N.D
5	Propionaldehyde	0.25	0.22	0.17	0.14	0.14	0.08	0.17	0.16	0.16	0.17
6	Crotonaldehyde	0.06	0.07	0.07	0.08	0.10	0.07	0.05	0.09	0.07	0.10
7	Methyl ethyl ketone	0.23	0.24	0.23	0.25	0.31	0.26	0.19	0.26	0.24	0.28
8	Methacrolein	N.D	N.D	N.D	N.D	N.D	N.D	N.D	N.D	N.D	N.D
9	Butyraldehyde	0.14	0.21	0.19	0.18	0.19	0.12	0.17	0.17	0.16	0.18
10	Benzaldehyde	3.12	4.37	4.21	4.66	7.72	3.61	4.68	3.25	3.71	3.04
11	Valeraldehyde	0.03	0.08	0.04	0.03	0.06	0.04	0.04	0.05	0.05	0.05
12	m-Tolualdehyde	0.09	0.09	0.11	0.12	0.12	0.10	0.11	0.10	0.09	0.11
13	Hexaldehyde	0.11	0.11	0.11	0.12	0.08	0.14	0.09	0.23	0.12	0.17

주) 검출한계(IDL) 이하의 값은 N.D로 표시함, 우천등으로 인한 분석이상치는 N.A로 표시함.
　　오전은 10~12시, 오후는 13~15시 동안 채취하였음.

#2 강남구 - 2014년 2월 Carbonyl Compounds 농도

No.	Carbonyl Compounds (ppb)	2월 4일		2월 5일		2월 6일		2월 7일		2월 8일	
		오전	오후	오전	오후	오전	오후	오전	오후	오전	오후
1	Formaldehyde	1.37	1.07	1.60	1.67	2.39	2.52	1.22	1.29	0.96	1.18
2	Acetaldehyde	1.34	1.21	1.55	1.83	1.88	1.91	1.32	1.57	1.04	1.12
3	Acetone	1.99	2.03	2.13	2.83	3.03	3.55	1.64	2.63	2.41	1.51
4	Acrolein	N.D	N.D	N.D	N.D	N.D	N.D	N.D	N.D	N.D	N.D
5	Propionaldehyde	0.07	0.07	0.09	0.14	0.15	0.14	0.10	0.11	0.15	0.15
6	Crotonaldehyde	0.06	0.06	0.07	0.07	0.14	0.14	0.05	0.08	0.05	0.03
7	Methyl ethyl ketone	0.20	0.20	0.24	0.22	0.45	0.43	0.19	0.29	0.18	0.14
8	Methacrolein	N.D	N.D	N.D	N.D	N.D	N.D	N.D	N.D	N.D	N.D
9	Butyraldehyde	0.15	0.13	0.19	0.18	0.22	0.19	0.15	0.22	0.14	0.12
10	Benzaldehyde	1.00	1.34	3.10	0.73	3.77	6.19	8.26	9.32	7.67	3.45
11	Valeraldehyde	0.05	0.04	0.02	0.04	0.05	0.04	0.02	0.05	0.06	0.04
12	m-Tolualdehyde	0.06	0.06	0.12	0.25	0.11	0.04	0.11	0.13	0.10	0.09
13	Hexaldehyde	0.05	0.05	0.06	0.05	0.08	0.10	0.12	0.10	0.08	0.08

No.	Carbonyl Compounds (ppb)	2월 9일		2월 10일		2월 11일		2월 12일		2월 13일	
		오전	오후	오전	오후	오전	오후	오전	오후	오전	오후
1	Formaldehyde	1.35	1.42	1.28	1.48	1.25	1.14	1.61	1.37	1.63	1.49
2	Acetaldehyde	1.22	1.29	1.41	1.45	1.43	1.30	1.40	1.42	1.39	1.46
3	Acetone	1.88	2.45	2.32	2.19	2.38	2.04	2.38	2.32	2.27	2.64
4	Acrolein	N.D	N.D	N.D	N.D	N.D	N.D	N.D	N.D	N.D	N.D
5	Propionaldehyde	0.14	0.23	0.16	0.14	0.07	0.08	0.15	0.14	0.16	0.11
6	Crotonaldehyde	0.04	0.05	0.06	0.06	0.08	0.08	0.09	0.10	0.07	0.09
7	Methyl ethyl ketone	0.17	0.22	0.23	0.24	0.21	0.24	0.28	0.32	0.22	0.25
8	Methacrolein	N.D	N.D	N.D	N.D	N.D	N.D	N.D	N.D	N.D	N.D
9	Butyraldehyde	0.15	0.17	0.20	0.20	0.19	0.16	0.18	0.18	0.17	0.17
10	Benzaldehyde	3.71	6.28	5.07	7.50	8.92	3.38	4.09	6.96	3.86	6.80
11	Valeraldehyde	0.03	0.04	0.04	0.04	0.03	0.03	0.05	0.03	0.03	0.03
12	m-Tolualdehyde	0.04	0.08	0.08	0.09	0.11	0.09	0.09	0.10	0.10	0.11
13	Hexaldehyde	0.09	0.12	0.11	0.11	0.13	0.08	0.10	0.12	0.16	0.10

주) 검출한계(IDL) 이하의 값은 N.D로 표시함, 우천등으로 인한 분석이상치는 N.A로 표시함.
 오전은 10~12시, 오후는 13~15시 동안 채취하였음.

#3 서울역 - 2014년 2월 Carbonyl Compounds 농도

No.	Carbonyl Compounds (ppb)	2월 4일		2월 5일		2월 6일		2월 7일		2월 8일	
		오전	오후	오전	오후	오전	오후	오전	오후	오전	오후
1	Formaldehyde	1.41	1.39	2.59	2.92	3.63	2.84	1.74	2.18	1.82	1.91
2	Acetaldehyde	2.37	2.16	2.56	2.89	2.53	2.42	2.15	1.86	1.60	2.04
3	Acetone	4.12	3.87	3.56	3.93	3.91	4.82	3.46	2.76	3.30	3.38
4	Acrolein	N.D	N.D	N.D	N.D	N.D	N.D	N.D	N.D	N.D	N.D
5	Propionaldehyde	0.17	0.15	0.31	0.41	0.31	0.28	0.22	0.26	0.15	0.28
6	Crotonaldehyde	0.13	0.09	0.15	0.21	0.22	0.28	0.13	0.12	0.12	0.14
7	Methyl ethyl ketone	0.41	0.31	0.49	0.62	0.66	0.78	0.48	0.46	0.42	0.46
8	Methacrolein	N.D	N.D	N.D	N.D	N.D	N.D	N.D	N.D	N.D	N.D
9	Butyraldehyde	0.46	0.34	0.55	0.56	0.35	0.37	0.36	0.32	0.26	0.38
10	Benzaldehyde	19.27	6.90	16.44	17.96	5.32	9.08	13.33	6.24	4.96	12.93
11	Valeraldehyde	0.08	0.06	0.17	0.15	0.07	0.10	0.06	0.07	0.07	0.07
12	m-Tolualdehyde	0.29	0.30	0.24	0.21	0.05	0.04	0.30	0.22	0.18	0.22
13	Hexaldehyde	0.14	0.10	0.21	0.22	0.21	0.15	0.14	0.13	0.13	0.14

No.	Carbonyl Compounds (ppb)	2월 9일		2월 10일		2월 11일		2월 12일		2월 13일	
		오전	오후	오전	오후	오전	오후	오전	오후	오전	오후
1	Formaldehyde	1.91	1.93	1.86	1.80	1.71	1.52	1.91	1.91	1.89	1.92
2	Acetaldehyde	2.24	2.33	1.98	1.92	1.52	1.74	1.83	2.09	1.84	1.69
3	Acetone	3.24	4.33	4.00	4.13	2.39	3.67	3.15	3.21	3.33	3.27
4	Acrolein	N.D	N.D	N.D	N.D	N.D	N.D	N.D	0.04	N.D	N.D
5	Propionaldehyde	0.19	0.19	0.26	0.23	0.14	0.12	0.23	0.27	0.16	0.23
6	Crotonaldehyde	0.16	0.17	0.14	0.13	0.06	0.07	0.11	0.16	0.10	0.08
7	Methyl ethyl ketone	0.50	0.58	0.53	0.50	0.30	0.25	0.41	0.46	0.36	0.37
8	Methacrolein	N.D	N.D	N.D	N.D	N.D	N.D	N.D	N.D	N.D	N.D
9	Butyraldehyde	0.31	0.41	0.36	0.32	0.29	0.23	0.29	0.37	0.26	0.24
10	Benzaldehyde	7.48	17.07	7.18	6.46	9.42	5.05	8.77	10.90	4.34	5.52
11	Valeraldehyde	0.05	0.12	0.09	0.09	0.06	0.08	0.07	0.08	0.06	0.05
12	m-Tolualdehyde	0.25	0.24	0.19	0.07	0.12	0.13	0.12	0.14	0.10	0.10
13	Hexaldehyde	0.12	0.16	0.13	0.12	0.18	0.12	0.25	0.13	0.17	0.11

주) 검출한계(IDL) 이하의 값은 N.D로 표시함, 우천등으로 인한 분석이상치는 N.A로 표시함.
오전은 10~12시, 오후는 13~15시 동안 채취하였음.

#1 구로구 - 2013년 8월 PAH, TSP 농도

No.	입자상 PAH (ng/m³)	8.17(토)	8.18(일)	8.19(월)	8.20(화)	8.21(수)	8.22(목)	8.23(금)	8.24(토)	8.25(일)	8.26(월)
1	Naphthalene	0.107	0.106	0.154	0.112	0.117	0.112	0.105	0.106	0.105	0.121
2	Biphenyl	0.061	0.081	0.103	0.097	0.082	0.086	0.088	0.072	0.072	0.102
3	Acenaphthylene	0.011	0.032	0.038	0.033	0.024	0.027	0.027	0.026	0.020	0.026
4	Acenaphthene	0.131	0.154	0.135	0.096	0.073	0.055	0.018	0.028	0.025	0.026
5	Fluorene	0.242	0.296	0.302	0.299	0.270	0.243	0.145	0.164	0.164	0.168
6	Dibenzothiophene	0.095	0.106	0.106	0.105	0.092	0.088	0.044	0.059	0.049	0.053
7	Phenanthrene	1.781	1.949	2.033	1.994	1.830	1.706	0.703	0.990	0.807	0.864
8	Anthracene	0.143	0.172	0.165	0.163	0.169	0.143	0.065	0.084	0.077	0.079
9	4CdefP	0.109	0.118	0.139	0.129	0.121	0.109	0.041	0.069	0.045	0.058
10	Fluoranthene	0.504	0.522	0.916	0.653	0.599	0.545	0.248	0.652	0.289	0.470
11	Pyrene	0.262	0.287	0.569	0.376	0.344	0.282	0.195	0.463	0.234	0.380
12	Benzo[c]phenanthrene	0.033	0.027	0.045	0.031	0.028	0.024	0.027	0.036	0.017	0.026
13,14	CcdP + BghiF	0.039	0.046	0.101	0.068	0.054	0.043	0.063	0.105	0.059	0.098
15	Benz[a]anthracene	0.036	0.031	0.084	0.049	0.052	0.037	0.050	0.085	0.046	0.077
16	Triphenylene	0.028	0.031	0.070	0.040	0.042	0.029	0.037	0.063	0.031	0.049
17	Chrysene	0.072	0.068	0.236	0.107	0.107	0.079	0.104	0.238	0.098	0.186
18,19	Benzo[b+j]fluoranthene	0.266	0.193	0.918	0.450	0.410	0.294	0.373	1.097	0.456	0.818
20	Benzo[k]fluoranthene	0.064	0.041	0.237	0.104	0.110	0.077	0.092	0.303	0.108	0.238
21	Benzo[a]fluoranthene	0.030	0.026	0.082	0.046	0.041	0.034	0.049	0.103	0.048	0.094
22	Benzo[e]pyrene	0.117	0.084	0.379	0.181	0.179	0.129	0.162	0.464	0.194	0.352
23	Benzo[a]pyrene	0.089	0.071	0.351	0.189	0.166	0.116	0.142	0.424	0.185	0.324
24	Perylene	0.025	0.021	0.046	0.034	0.032	0.028	0.030	0.062	0.034	0.051
25	Dibenz[a,j]anthracene	0.040	0.024	0.059	0.023	0.048	0.018	0.020	0.134	0.052	0.092
26	Indeno[1,2,3-cd]pyrene	0.119	0.090	0.463	0.208	0.191	0.131	0.171	0.587	0.211	0.438
27,28	Dibenz[a,h+a,c]anthracene	0.063	0.038	0.127	0.068	0.068	0.051	0.056	0.151	0.037	0.120
29	Benzo[b]chrysene	0.048	0.029	0.071	0.040	0.040	N.D	N.D	0.082	N.D	0.071
30	Picene	0.053	0.029	0.149	0.063	0.064	0.041	0.051	0.185	0.066	0.130
31	Benzo[ghi]perylene	0.196	0.134	0.578	0.299	0.253	0.196	0.278	0.645	0.304	0.536
32	Anthanthrene	0.030	0.028	0.125	0.075	0.048	0.049	0.048	0.151	0.061	0.135
33	Dibenzo[b,k]fluoranthene	0.085	0.042	0.169	0.095	0.111	0.068	0.082	0.302	0.113	0.241
34	Dibenzo[a,h]pyrene	0.059	N.D	0.221	0.077	0.071	0.057	0.061	0.232	0.069	0.148
35	Coronene	0.111	0.098	0.392	0.248	0.197	0.146	0.218	0.421	0.225	0.355
36	Dibenzo[a,e]pyrene	N.D	N.D	N.D	N.D	N.D	N.D	N.D	N.D	N.D	N.D
	Σ PAH	5.05	4.97	9.56	6.55	6.03	5.04	3.80	8.58	4.30	6.93
-	TSP (㎍/m³)	65.4	68.8	84.6	69.0	109.5	65.3	69.7	96.6	72.9	123.5

주) 검출한계(IDL)이하의 값은 N.D(Not Detected)로 표시함
4CdefP : 4H-Cyclopenta[def]phenanthrene
CcdP+BghiF : Cyclopenta[cd]pyrene +Benzo[ghi]fluoranthene

#2 강남구 - 2013년 8월 PAH, TSP 농도

No.	입자상 PAH (ng/m^3)	8.17(토)	8.18(일)	8.19(월)	8.20(화)	8.21(수)	8.22(목)	8.23(금)	8.24(토)	8.25(일)	8.26(월)
1	Naphthalene	0.090	0.083	0.142	0.113	0.104	0.089	0.117	0.137	0.104	0.103
2	Biphenyl	0.074	0.070	0.104	0.076	0.076	0.076	0.096	0.100	0.077	0.081
3	Acenaphthylene	0.010	0.010	0.025	0.018	0.016	0.014	0.019	0.025	0.016	0.019
4	Acenaphthene	0.024	0.020	0.026	0.024	0.029	0.012	0.019	0.021	0.020	0.022
5	Fluorene	0.167	0.151	0.112	0.099	0.083	0.077	0.089	0.142	0.076	0.078
6	Dibenzothiophene	0.050	0.050	0.042	0.037	0.029	0.028	0.029	0.041	0.027	0.030
7	Phenanthrene	0.795	0.769	0.561	0.494	0.389	0.375	0.429	0.528	0.373	0.426
8	Anthracene	0.065	0.061	0.050	0.044	0.036	0.031	0.041	0.043	0.038	0.038
9	4CdefP	0.040	0.040	0.036	0.029	0.026	0.021	0.027	0.040	0.025	0.033
10	Fluoranthene	0.174	0.180	0.462	0.232	0.210	0.163	0.223	0.521	0.232	0.396
11	Pyrene	0.121	0.131	0.347	0.199	0.173	0.148	0.208	0.389	0.216	0.338
12	Benzo[c]phenanthrene	0.009	0.007	0.059	0.029	0.046	0.028	0.045	0.072	0.029	0.047
13,14	CcdP + BghiF	0.018	0.026	0.209	0.117	0.087	0.088	0.185	0.222	0.151	0.212
15	Benz[a]anthracene	0.031	0.023	0.135	0.068	0.065	0.053	0.108	0.156	0.093	0.126
16	Triphenylene	0.019	0.020	0.140	0.064	0.076	0.056	0.086	0.152	0.077	0.112
17	Chrysene	0.055	0.051	0.358	0.170	0.181	0.126	0.214	0.431	0.194	0.317
18,19	Benzo[b+j]fluoranthene	0.211	0.164	0.800	0.375	0.366	0.267	0.429	1.062	0.469	0.711
20	Benzo[k]fluoranthene	0.061	0.038	0.189	0.094	0.090	0.063	0.080	0.259	0.118	0.176
21	Benzo[a]fluoranthene	0.024	0.017	0.069	0.032	0.030	0.025	0.044	0.086	0.058	0.066
22	Benzo[e]pyrene	0.091	0.074	0.374	0.179	0.181	0.136	0.204	0.490	0.226	0.349
23	Benzo[a]pyrene	0.088	0.067	0.271	0.121	0.119	0.095	0.157	0.333	0.177	0.266
24	Perylene	0.022	0.016	0.046	0.021	0.023	0.020	N.D	0.051	0.030	0.044
25	Dibenz[a,j]anthracene	0.024	0.019	0.054	N.D	0.013	N.D	N.D	0.063	0.024	0.043
26	Indeno[1,2,3-cd]pyrene	0.085	0.071	0.289	0.132	0.118	0.089	0.136	0.409	0.166	0.278
27,28	Dibenz[a,h+a,c]anthracene	0.040	0.029	0.081	0.038	0.046	0.029	0.042	0.108	0.048	0.068
29	Benzo[b]chrysene	N.D	N.D	0.022	N.D	N.D	N.D	N.D	0.037	0.017	0.024
30	Picene	0.029	N.D	0.054	0.025	0.030	N.D	N.D	0.079	0.028	0.052
31	Benzo[ghi]perylene	0.123	0.119	0.477	0.237	0.284	0.191	0.302	0.598	0.289	0.451
32	Anthanthrene	0.029	0.028	0.066	0.029	0.036	0.026	0.043	0.077	0.036	0.064
33	Dibenzo[b,k]fluoranthene	0.051	N.D	0.101	0.053	0.063	0.034	0.038	0.177	0.047	0.113
34	Dibenzo[a,h]pyrene	N.D	N.D	0.099	0.037	0.047	N.D	N.D	0.138	0.049	0.081
35	Coronene	0.075	0.075	0.476	0.258	0.309	0.207	0.324	0.544	0.278	0.434
36	Dibenzo[a,e]pyrene	N.D	N.D	N.D	N.D	N.D	N.D	N.D	N.D	N.D	N.D
	Σ PAH	2.69	2.41	6.27	3.44	3.38	2.57	3.73	7.53	3.81	5.60
-	TSP (μg/m^3)	66.4	65.0	79.9	71.9	108.6	64.8	54.1	78.0	57.6	73.4

주) 검출한계(IDL)이하의 값은 N.D(Not Detected)로 표시함
4CdefP : 4H-Cyclopenta[def]phenanthrene
CcdP+BghiF : Cyclopenta[cd]pyrene +Benzo[ghi]fluoranthene

#3 서울역 - 2013년 8월 PAH, TSP 농도

No.	입자상 PAH (ng/m³)	8.17(토)	8.18(일)	8.19(월)	8.20(화)	8.21(수)	8.22(목)	8.23(금)	8.24(토)	8.25(일)	8.26(월)
1	Naphthalene	0.098		0.114		0.112		0.103		0.152	
2	Biphenyl	0.063		0.068		0.074		0.072		0.086	
3	Acenaphthylene	0.014		0.017		0.017		0.017		0.022	
4	Acenaphthene	0.028		0.024		0.023		0.023		0.029	
5	Fluorene	0.091		0.081		0.082		0.075		0.098	
6	Dibenzothiophene	0.031		0.029		0.028		0.028		0.033	
7	Phenanthrene	0.498		0.464		0.430		0.429		0.493	
8	Anthracene	0.042		0.033		0.034		0.032		0.037	
9	4CdefP	0.027		0.033		0.025		0.029		0.034	
10	Fluoranthene	0.328		0.391		0.287		0.389		0.393	
11	Pyrene	0.277		0.331		0.261		0.324		0.346	
12	Benzo[c]phenanthrene	0.032		0.038		0.026		0.047		0.038	
13,14	CcdP + BghiF	0.189		0.197		0.151		0.220		0.206	
15	Benz[a]anthracene	0.111		0.104		0.084		0.124		0.124	
16	Triphenylene	0.082		0.095		0.070		0.098		0.091	
17	Chrysene	0.202		0.245		0.168		0.273		0.256	
18,19	Benzo[b+j]fluoranthene	0.233		0.473		0.312		0.577		0.564	
20	Benzo[k]fluoranthene	0.057		0.112		0.067		0.145		0.146	
21	Benzo[a]fluoranthene	0.026		0.043		0.032		0.051		0.063	
22	Benzo[e]pyrene	0.124		0.255		0.164		0.301		0.277	
23	Benzo[a]pyrene	0.090		0.186		0.121		0.218		0.217	
24	Perylene	0.019		0.029		0.021		0.036		0.036	
25	Dibenz[a,j]anthracene	N.D		0.022		N.D		0.025		0.027	
26	Indeno[1,2,3-cd]pyrene	0.076		0.172		0.116		0.210		0.220	
27,28	Dibenz[a,h+a,c]anthracene	0.027		0.047		0.029		0.051		0.057	
29	Benzo[b]chrysene	N.D		N.D		N.D		N.D		0.021	
30	Picene	N.D		0.028		0.021		0.034		0.034	
31	Benzo[ghi]perylene	0.215		0.380		0.302		0.417		0.426	
32	Anthanthrene	0.035		0.057		0.044		0.062		0.071	
33	Dibenzo[b,k]fluoranthene	N.D		0.065		0.036		0.075		0.064	
34	Dibenzo[a,h]pyrene	N.D		0.055		N.D		0.063		0.069	
35	Coronene	0.252		0.413		0.354		0.461		0.459	
36	Dibenzo[a,e]pyrene	N.D		N.D		N.D		N.D		N.D	
	Σ PAH	3.27		4.60		3.49		5.01		5.19	
-	TSP (㎍/m³)	N.A		N.A		N.A		N.A		N.A	

주) 검출한계(IDL)이하의 값은 N.D(Not Detected)로 표시함, 2013년 8월 서울역 PAH시료는 검출한계 문제로 2일 시료를 묶어 분석
4CdefP : 4H-Cyclopenta[def]phenanthrene, N.A: Not available
CcdP+BghiF : Cyclopenta[cd]pyrene +Benzo[ghi]fluoranthene

#1 구로구 - 2013년 11월 PAH, TSP 농도

No.	입자상 PAH (ng/m³)	11.12(화)	11.13(수)	11.14(목)	11.15(금)	11.16(토)	11.17(일)	11.18(월)	11.19(화)	11.20(수)	11.21(목)
1	Naphthalene	0.222	0.251	0.250	0.255	0.218	0.174	0.154	0.213	0.246	0.225
2	Biphenyl	0.084	0.114	0.106	0.113	0.096	0.092	0.058	0.087	0.091	0.109
3	Acenaphthylene	0.071	0.070	0.059	0.062	0.039	0.057	0.072	0.098	0.095	0.098
4	Acenaphthene	0.147	0.052	0.071	0.068	0.061	0.106	0.027	0.034	0.029	0.077
5	Fluorene	0.253	0.267	0.294	0.304	0.301	0.303	0.147	0.189	0.169	0.173
6	Dibenzothiophene	0.103	0.107	0.098	0.114	0.098	0.100	0.065	0.099	0.097	0.104
7	Phenanthrene	1.983	1.997	1.715	1.791	1.719	1.736	1.050	1.599	1.745	1.651
8	Anthracene	0.154	0.164	0.130	0.168	0.124	0.119	0.092	0.110	0.136	0.127
9	4CdefP	0.191	0.173	0.152	0.173	0.149	0.154	0.163	0.206	0.225	0.225
10	Fluoranthene	1.818	1.809	1.712	2.219	1.452	1.304	1.504	2.052	2.496	2.944
11	Pyrene	1.587	1.620	1.396	1.879	1.089	0.886	1.123	1.555	1.992	2.535
12	Benzo[c]phenanthrene	0.326	0.259	0.224	0.038	0.130	0.099	0.124	0.148	0.225	0.261
13,14	CcdP + BghiF	1.107	1.115	0.854	1.484	0.555	0.351	0.443	0.555	0.866	1.022
15	Benz[a]anthracene	0.731	0.923	0.771	1.341	0.399	0.334	0.433	0.463	0.698	0.870
16	Triphenylene	0.476	0.343	0.378	0.528	0.268	0.149	0.187	0.213	0.260	0.349
17	Chrysene	1.148	1.371	1.323	1.944	0.881	0.615	0.744	0.876	1.235	1.413
18,19	Benzo[b+j]fluoranthene	1.905	2.073	2.379	3.452	1.636	0.981	1.126	1.309	1.781	2.149
20	Benzo[k]fluoranthene	0.440	0.529	0.596	0.920	0.429	0.287	0.333	0.362	0.510	0.602
21	Benzo[a]fluoranthene	0.310	0.378	0.362	0.622	0.172	0.140	0.160	0.181	0.270	0.336
22	Benzo[e]pyrene	0.851	0.922	1.026	1.525	0.713	0.431	0.486	0.564	0.789	0.931
23	Benzo[a]pyrene	0.851	1.091	1.062	1.764	0.579	0.428	0.481	0.581	0.865	1.060
24	Perylene	0.267	0.188	0.181	0.305	0.104	0.089	0.090	0.093	0.139	0.202
25	Dibenz[a,j]anthracene	0.169	0.160	0.176	0.274	0.118	0.061	0.082	0.076	0.133	0.122
26	Indeno[1,2,3-cd]pyrene	0.617	0.800	0.898	1.375	0.579	0.333	0.375	0.447	0.652	0.779
27,28	Dibenz[a,h+a,c]anthracene	0.130	0.219	0.233	0.351	0.147	0.101	0.118	0.128	0.175	0.204
29	Benzo[b]chrysene	0.161	0.120	0.133	0.110	0.067	0.050	0.062	0.070	0.097	0.121
30	Picene	0.172	0.152	0.182	0.306	0.122	0.071	0.077	0.125	0.140	0.210
31	Benzo[ghi]perylene	0.955	1.249	1.251	2.014	0.792	0.446	0.506	0.594	0.898	1.069
32	Anthanthrene	0.254	0.397	0.312	0.598	0.142	0.117	0.135	0.158	0.255	0.306
33	Dibenzo[b,k]fluoranthene	0.279	0.357	0.453	0.676	0.279	0.181	0.186	0.205	0.259	0.368
34	Dibenzo[a,h]pyrene	0.232	0.247	0.283	0.361	0.152	0.114	0.109	0.125	0.095	0.122
35	Coronene	0.419	0.722	0.663	1.134	0.441	0.205	0.235	0.283	0.469	0.532
36	Dibenzo[a,e]pyrene	0.159	0.036	0.023	N.D	0.026	N.D	N.D	N.D	N.D	0.017
	Σ PAH	18.57	20.27	19.74	28.27	14.08	10.61	10.95	13.80	18.13	21.31
-	TSP (㎍/m³)	97.9	109.3	97.9	172.7	117.1	48.0	63.9	58.2	76.6	87.5

주) 검출한계(IDL)이하의 값은 N.D(Not Detected)로 표시함
4CdefP : 4H-Cyclopenta[def]phenanthrene
CcdP+BghiF : Cyclopenta[cd]pyrene +Benzo[ghi]fluoranthene

#2 강남구 - 2013년 11월 PAH, TSP 농도

No.	입자상 PAH (ng/m³)	11.12(화)	11.13(수)	11.14(목)	11.15(금)	11.16(토)	11.17(일)	11.18(월)	11.19(화)	11.20(수)	11.21(목)
1	Naphthalene	0.194	0.219	0.234	0.259	0.230	0.194	0.143	0.204	0.191	0.174
2	Biphenyl	0.077	0.093	0.059	0.077	0.064	0.066	0.053	0.070	0.083	0.081
3	Acenaphthylene	0.073	0.023	0.053	0.057	0.037	0.062	0.090	0.120	0.105	0.081
4	Acenaphthene	0.042	0.037	0.029	0.042	0.024	0.026	0.028	0.034	0.027	0.038
5	Fluorene	0.152	0.125	0.102	0.128	0.114	0.131	0.152	0.208	0.159	0.127
6	Dibenzothiophene	0.065	0.070	0.061	0.076	0.053	0.068	0.080	0.111	0.126	0.085
7	Phenanthrene	1.237	1.221	0.102	1.072	0.831	1.051	1.195	2.318	1.953	1.388
8	Anthracene	0.099	0.117	0.119	0.129	0.077	0.130	0.123	0.190	0.198	0.122
9	4CdefP	0.175	0.165	0.130	0.155	0.117	0.181	0.212	0.378	0.371	0.224
10	Fluoranthene	1.787	1.837	1.679	1.973	1.581	1.909	2.039	3.375	3.819	2.685
11	Pyrene	1.524	1.700	1.450	1.638	1.304	1.552	1.605	2.725	3.344	2.333
12	Benzo[c]phenanthrene	0.190	0.313	0.209	0.276	0.178	0.156	0.185	0.273	0.401	0.285
13,14	CcdP + BghiF	0.685	1.251	0.900	1.144	0.715	0.548	0.638	0.938	1.348	1.071
15	Benz[a]anthracene	0.528	1.209	0.803	1.069	0.550	0.516	0.625	0.909	1.319	0.973
16	Triphenylene	0.224	0.366	0.354	0.421	0.283	0.174	0.207	0.277	0.338	0.326
17	Chrysene	0.894	1.635	1.335	1.628	1.048	0.814	0.986	1.352	1.762	1.536
18,19	Benzo[b+j]fluoranthene	1.427	2.532	2.467	2.993	1.964	1.244	1.467	2.164	2.398	2.227
20	Benzo[k]fluoranthene	0.383	0.772	0.670	0.813	0.489	0.374	0.405	0.608	0.641	0.642
21	Benzo[a]fluoranthene	0.219	0.560	0.384	0.529	0.212	0.183	0.214	0.344	0.452	0.381
22	Benzo[e]pyrene	0.607	1.108	1.051	1.298	0.816	0.530	0.604	0.899	0.995	0.951
23	Benzo[a]pyrene	0.692	1.477	1.164	1.475	0.734	0.597	0.670	1.090	1.358	1.149
24	Perylene	0.109	0.239	0.170	0.229	0.115	0.104	0.123	0.169	0.263	0.169
25	Dibenz[a,j]anthracene	0.080	0.154	0.139	0.249	0.106	0.072	0.098	0.193	0.149	0.132
26	Indeno[1,2,3-cd]pyrene	0.509	0.989	0.947	1.174	0.739	0.447	0.512	0.823	0.939	0.809
27,28	Dibenz[a,h+a,c]anthracene	0.136	0.282	0.235	0.303	0.169	0.122	0.151	0.258	0.247	0.226
29	Benzo[b]chrysene	0.071	0.181	0.146	0.192	0.091	0.065	0.093	0.136	0.168	0.120
30	Picene	0.104	0.268	0.222	0.320	0.150	0.087	0.472	0.167	0.228	0.167
31	Benzo[ghi]perylene	0.720	1.442	1.288	1.666	0.944	0.588	0.686	1.096	1.193	1.090
32	Anthanthrene	0.209	0.513	0.353	0.470	0.187	0.164	0.188	0.327	0.428	N.D
33	Dibenzo[b,k]fluoranthene	0.180	0.473	0.423	0.615	0.352	0.245	0.237	0.381	0.053	0.375
34	Dibenzo[a,h]pyrene	0.131	0.300	0.252	0.358	0.203	0.114	0.147	0.232	0.299	0.229
35	Coronene	0.341	0.693	0.669	0.831	0.470	0.239	0.278	0.436	0.554	0.458
36	Dibenzo[a,e]pyrene	0.052	N.D	N.D	N.D	N.D	N.D	N.D	N.D	N.D	N.D
	Σ PAH	13.92	22.37	18.20	23.66	14.95	12.76	14.70	22.81	25.91	20.65
-	TSP (㎍/m³)	82.5	93.7	125.5	178.1	141.8	86.5	92.4	79.8	93.9	80.6

주) 검출한계(IDL)이하의 값은 N.D(Not Detected)로 표시함
4CdefP : 4H-Cyclopenta[def]phenanthrene
CcdP+BghiF : Cyclopenta[cd]pyrene +Benzo[ghi]fluoranthene

#3 서울역 - 2013년 11월 PAH, TSP 농도

No.	입자상 PAH (ng/m^3)	11.12(화)	11.13(수)	11.14(목)	11.15(금)	11.16(토)	11.17(일)	11.18(월)	11.19(화)	11.20(수)	11.21(목)
1	Naphthalene	0.346	0.322	0.314	0.354	0.253	0.282	0.358	0.391	0.337	0.314
2	Biphenyl	0.078	0.112	0.086	0.091	0.073	0.072	0.088	0.091	0.074	0.102
3	Acenaphthylene	0.056	0.060	0.042	0.046	0.028	0.047	0.065	0.066	0.094	0.099
4	Acenaphthene	0.026	0.030	0.021	0.027	0.027	0.024	0.023	0.023	0.023	0.022
5	Fluorene	0.151	0.141	0.124	0.140	0.109	0.119	0.139	0.149	0.147	0.192
6	Dibenzothiophene	0.056	0.062	0.053	0.063	0.045	0.046	0.067	0.072	0.055	0.092
7	Phenanthrene	1.203	1.164	0.885	1.030	0.748	0.804	1.291	1.333	0.975	1.720
8	Anthracene	0.102	0.148	0.121	0.127	0.050	0.112	0.164	0.133	0.153	0.129
9	4CdefP	0.169	0.149	0.104	0.130	0.098	0.113	0.164	0.155	0.153	0.221
10	Fluoranthene	1.703	1.726	1.333	1.788	0.045	1.134	1.650	1.752	1.316	2.209
11	Pyrene	1.654	1.704	1.174	1.611	0.971	0.966	1.403	1.480	1.089	1.771
12	Benzo[c]phenanthrene	0.164	0.227	0.143	0.186	0.091	0.080	0.154	0.169	0.106	0.170
13,14	CcdP + BghiF	0.676	1.000	0.634	0.786	0.468	0.329	0.625	0.783	0.447	0.672
15	Benz[a]anthracene	0.518	0.865	0.542	0.635	0.340	0.294	0.506	0.581	0.413	0.563
16	Triphenylene	0.213	0.308	0.277	0.327	0.202	0.133	0.210	0.269	0.151	0.236
17	Chrysene	0.812	1.227	0.980	1.129	0.665	0.504	0.846	1.018	0.625	0.985
18,19	Benzo[b+j]fluoranthene	1.360	1.954	1.770	2.010	1.269	0.820	1.246	1.539	0.960	1.422
20	Benzo[k]fluoranthene	0.376	0.513	0.431	0.535	0.363	0.235	0.329	0.407	0.262	0.396
21	Benzo[a]fluoranthene	0.242	0.386	0.228	0.267	0.154	0.105	0.168	0.185	0.119	0.174
22	Benzo[e]pyrene	0.584	0.832	0.748	0.917	0.562	0.362	0.547	0.680	0.406	0.624
23	Benzo[a]pyrene	0.684	1.066	0.788	0.970	0.538	0.381	0.623	0.716	0.425	0.670
24	Perylene	0.098	0.180	0.115	0.154	0.075	0.057	0.093	0.104	0.072	0.095
25	Dibenz[a,j]anthracene	0.081	0.123	0.106	0.092	0.064	0.050	0.108	0.127	0.066	0.114
26	Indeno[1,2,3-cd]pyrene	0.513	0.754	0.696	0.879	0.581	0.336	0.521	0.623	0.368	0.544
27,28	Dibenz[a,h+a,c]anthracene	0.147	0.200	0.185	0.223	0.161	0.093	0.086	0.165	0.113	0.151
29	Benzo[b]chrysene	0.073	0.117	0.094	0.102	0.077	0.053	0.084	0.080	0.058	0.081
30	Picene	0.104	0.147	0.148	0.171	0.116	0.084	0.135	0.132	0.070	0.119
31	Benzo[ghi]perylene	0.770	1.146	0.997	1.366	0.857	0.495	0.788	0.919	0.554	0.813
32	Anthanthrene	0.205	0.350	0.260	0.344	0.189	0.096	0.200	0.251	0.139	0.189
33	Dibenzo[b,k]fluoranthene	0.214	0.299	0.277	0.381	0.230	0.130	0.238	0.226	0.145	0.233
34	Dibenzo[a,h]pyrene	0.145	0.164	N.D	0.278	N.D	0.081	0.154	0.170	0.121	0.165
35	Coronene	0.200	0.278	0.464	0.715	0.418	0.220	0.401	0.458	0.242	0.359
36	Dibenzo[a,e]pyrene	N.D	N.D	N.D	N.D	N.D	N.D	N.D	N.D	N.D	N.D
	Σ PAH	13.72	17.75	14.14	17.87	9.87	8.66	13.47	15.25	10.28	15.65
-	TSP (㎍/m^3)	N.A	N.A	N.A	N.A	N.A	N.A	N.A	N.A	N.A	N.A

주) 검출한계(IDL)이하의 값은 N.D(Not Detected)로 표시함, N.A: Not available
4CdefP : 4H-Cyclopenta[def]phenanthrene
CcdP+BghiF : Cyclopenta[cd]pyrene +Benzo[ghi]fluoranthene

#1 구로구 - 2014년 2월 PAH, TSP 농도

No.	입자상 PAH (ng/m³)	2.4(화)	2.5(수)	2.6(목)	2.7(금)	2.8(토)	2.9(일)	2.10(월)	2.11(화)	2.12(수)	2.13(목)
1	Naphthalene	0.358	0.438	0.292	0.132	0.143	0.210	0.155	0.148	0.130	0.123
2	Biphenyl	0.165	0.216	0.142	0.057	0.053	0.109	0.074	0.082	0.083	0.047
3	Acenaphthylene	0.261	0.301	0.167	0.035	0.045	0.142	0.102	0.087	0.086	0.063
4	Acenaphthene	0.026	0.039	0.036	0.034	0.028	0.039	0.025	0.028	0.025	0.020
5	Fluorene	0.430	0.459	0.241	0.090	0.104	0.212	0.133	0.107	0.104	0.090
6	Dibenzothiophene	0.230	0.282	0.144	0.033	0.035	0.102	0.059	0.061	0.054	0.037
7	Phenanthrene	5.232	6.968	3.447	0.609	0.757	2.206	1.383	1.149	1.178	0.806
8	Anthracene	0.270	0.376	0.193	0.037	0.046	0.127	0.077	0.101	0.111	0.060
9	4CdefP	0.565	0.716	0.368	0.063	0.094	0.257	0.174	0.181	0.216	0.119
10	Fluoranthene	4.851	6.550	3.825	0.564	0.865	2.610	1.586	1.724	2.359	1.095
11	Pyrene	3.483	4.786	3.172	0.447	0.675	2.056	1.244	1.592	2.267	0.998
12	Benzo[c]phenanthrene	0.356	0.544	0.491	0.070	0.128	0.276	0.139	0.226	0.316	0.147
13,14	CcdP + BghiF	1.141	1.880	1.703	0.301	0.499	1.014	0.559	0.868	1.189	0.556
15	Benz[a]anthracene	0.793	1.239	0.110	0.173	0.267	0.589	0.333	0.646	0.715	0.362
16	Triphenylene	0.413	0.555	0.479	0.078	0.140	0.353	0.155	0.221	0.278	0.166
17	Chrysene	1.566	2.509	2.188	0.390	0.653	1.426	0.671	1.042	1.397	0.728
18,19	Benzo[b+j]fluoranthene	2.081	2.942	2.613	0.551	0.909	2.040	1.000	1.357	1.841	0.983
20	Benzo[k]fluoranthene	0.540	0.764	0.669	0.151	0.236	0.546	0.264	0.356	0.536	0.269
21	Benzo[a]fluoranthene	0.293	0.429	0.367	0.069	0.103	0.264	0.144	0.241	0.301	0.149
22	Benzo[e]pyrene	0.889	1.247	1.138	0.243	0.388	0.832	0.390	0.581	0.784	0.426
23	Benzo[a]pyrene	0.870	1.344	1.169	0.229	0.349	0.776	0.401	0.687	0.912	0.436
24	Perylene	0.222	0.217	0.191	0.045	0.062	0.115	0.060	0.112	0.142	0.064
25	Dibenz[a,j]anthracene	0.206	0.228	0.174	0.059	0.066	0.115	0.073	0.091	0.124	0.094
26	Indeno[1,2,3-cd]pyrene	0.673	1.046	0.984	0.212	0.357	0.769	0.395	0.531	0.741	0.423
27,28	Dibenz[a,h+a,c]anthracene	0.310	0.306	0.292	0.084	0.109	0.202	0.122	0.163	0.202	0.137
29	Benzo[b]chrysene	0.205	0.160	0.152	0.042	0.058	0.102	0.063	0.094	0.126	0.067
30	Picene	0.239	0.242	0.212	0.053	0.075	0.170	0.095	0.106	0.149	0.094
31	Benzo[ghi]perylene	0.914	1.419	1.394	0.318	0.472	0.958	0.541	0.766	1.013	0.625
32	Anthanthrene	0.264	0.424	0.374	0.077	0.110	0.243	0.134	0.229	0.306	0.153
33	Dibenzo[b,k]fluoranthene	0.270	0.424	0.349	0.089	0.116	0.311	0.182	0.242	0.318	0.156
34	Dibenzo[a,h]pyrene	0.242	0.299	0.315	0.070	0.103	0.189	0.130	0.132	0.183	0.127
35	Coronene	0.338	0.527	0.595	0.156	0.205	0.410	0.251	0.317	0.377	0.315
36	Dibenzo[a,e]pyrene	0.138	N.D	N.D	N.D	N.D	N.D	N.D	N.D	N.D	N.D
	Σ PAH	28.84	39.88	27.99	5.56	8.25	19.77	11.11	14.27	18.56	9.94
-	TSP (㎍/m³)	112.0	128.4	111.1	16.7	31.6	106.7	67.4	71.0	87.9	73.5

주) 검출한계(IDL)이하의 값은 N.D(Not Detected)로 표시함
4CdefP : 4H-Cyclopenta[def]phenanthrene
CcdP+BghiF : Cyclopenta[cd]pyrene +Benzo[ghi]fluoranthene

#2 강남구 - 2014년 2월 PAH, TSP 농도

No.	입자상 PAH (ng/m³)	2.4(화)	2.5(수)	2.6(목)	2.7(금)	2.8(토)	2.9(일)	2.10(월)	2.11(화)	2.12(수)	2.13(목)
1	Naphthalene	0.294	0.350	0.195	0.104	0.074	0.126	0.150	0.127	0.127	0.126
2	Biphenyl	0.183	0.240	0.120	0.052	0.052	0.081	0.068	0.074	0.074	0.059
3	Acenaphthylene	0.292	0.308	0.127	0.036	0.046	0.097	0.088	0.079	0.068	0.052
4	Acenaphthene	0.028	0.073	0.028	0.021	0.017	0.027	0.024	0.027	0.028	0.057
5	Fluorene	0.415	0.412	0.169	0.065	0.068	0.131	0.123	0.096	0.090	0.079
6	Dibenzothiophene	0.237	0.280	0.115	0.023	0.032	0.064	0.051	0.043	0.045	0.031
7	Phenanthrene	4.842	5.969	2.626	0.433	0.601	1.387	1.242	0.998	0.945	0.729
8	Anthracene	0.245	0.291	0.131	0.034	0.045	0.078	0.062	0.084	0.085	0.057
9	4CdefP	0.532	0.575	0.280	0.059	0.096	0.176	0.163	0.175	0.157	0.106
10	Fluoranthene	4.452	5.851	3.130	0.587	0.863	1.904	1.463	1.505	1.539	0.949
11	Pyrene	3.171	4.250	2.528	0.502	0.743	1.486	1.144	1.374	1.448	0.847
12	Benzo[c]phenanthrene	0.277	0.511	0.367	0.060	0.129	0.207	0.132	0.191	0.298	0.101
13,14	CcdP + BghiF	0.902	1.568	1.200	0.255	0.530	0.734	0.531	0.713	0.895	0.400
15	Benz[a]anthracene	0.672	1.055	0.751	0.153	0.292	0.403	0.349	0.618	0.555	0.260
16	Triphenylene	0.287	0.455	0.350	0.065	0.136	0.244	0.164	0.215	0.246	0.116
17	Chrysene	1.439	2.241	1.579	0.294	0.653	1.018	0.747	1.073	1.092	0.497
18,19	Benzo[b+j]fluoranthene	1.696	2.594	1.930	0.410	0.863	1.439	0.954	1.231	1.465	0.690
20	Benzo[k]fluoranthene	0.456	0.745	0.515	0.111	0.232	0.370	0.253	0.341	0.388	0.189
21	Benzo[a]fluoranthene	0.236	0.374	0.256	0.059	0.110	0.174	0.137	0.225	0.230	0.099
22	Benzo[e]pyrene	0.722	1.100	0.815	0.174	0.375	0.579	0.398	0.564	0.630	0.291
23	Benzo[a]pyrene	0.779	1.205	0.852	0.183	0.362	0.523	0.393	0.628	0.682	0.321
24	Perylene	0.110	0.166	0.121	0.028	0.060	0.080	0.055	0.093	0.106	0.047
25	Dibenz[a,j]anthracene	0.125	0.162	0.125	0.042	0.063	0.086	0.076	0.103	0.122	0.028
26	Indeno[1,2,3-cd]pyrene	0.674	0.986	0.765	0.178	0.380	0.544	0.394	0.525	0.580	0.313
27,28	Dibenz[a,h+a,c]anthracene	0.188	0.265	0.207	0.059	0.114	0.145	0.127	0.178	0.162	0.043
29	Benzo[b]chrysene	0.111	0.139	0.110	0.032	0.062	0.076	0.074	0.105	0.096	0.051
30	Picene	0.197	0.220	0.166	0.038	0.082	0.126	0.125	0.121	0.117	0.066
31	Benzo[ghi]perylene	0.896	1.326	1.090	0.267	0.528	0.690	0.532	0.734	0.834	0.426
32	Anthanthrene	0.275	0.396	0.302	0.067	0.136	0.172	0.138	0.238	0.235	0.121
33	Dibenzo[b,k]fluoranthene	0.328	0.422	0.278	0.076	0.154	0.198	0.199	0.270	0.256	0.145
34	Dibenzo[a,h]pyrene	0.230	0.279	0.223	0.059	0.113	0.127	0.137	0.198	0.172	0.108
35	Coronene	0.393	0.615	0.522	0.128	0.250	0.299	0.244	0.347	0.367	0.200
36	Dibenzo[a,e]pyrene	N.D	N.D	N.D	N.D	N.D	N.D	N.D	N.D	N.D	N.D
	Σ PAH	25.68	35.43	21.98	4.65	8.26	13.79	10.74	13.29	14.14	7.60
-	TSP (μg/m³)	102.7	136.3	88.8	18.3	23.8	77.5	55.4	54.8	87.4	51.9

주) 검출한계(IDL)이하의 값은 N.D(Not Detected)로 표시함
4CdefP : 4H-Cyclopenta[def]phenanthrene
CcdP+BghiF : Cyclopenta[cd]pyrene +Benzo[ghi]fluoranthene

#3 서울역 - 2014년 2월 PAH, TSP 농도

No.	입자상 PAH (ng/m³)	2.4(화)	2.5(수)	2.6(목)	2.7(금)	2.8(토)	2.9(일)	2.10(월)	2.11(화)	2.12(수)	2.13(목)
1	Naphthalene	0.435	0.560	0.373	0.219	0.227	0.227	0.212	0.165	0.143	0.170
2	Biphenyl	0.209	0.227	0.155	0.078	0.084	0.101	0.088	0.077	0.072	0.088
3	Acenaphthylene	0.277	0.264	0.116	0.038	0.069	0.124	0.096	0.074	0.063	0.060
4	Acenaphthene	0.225	0.245	0.111	0.033	0.053	0.083	0.078	0.062	0.050	0.061
5	Fluorene	0.400	0.400	0.202	0.106	0.136	0.218	0.206	0.143	0.133	0.131
6	Dibenzothiophene	0.208	0.231	0.117	0.031	0.041	0.070	0.060	0.050	0.035	0.042
7	Phenanthrene	4.295	5.219	2.415	0.663	0.673	1.536	1.250	0.896	0.920	0.790
8	Anthracene	0.256	0.250	0.123	0.045	0.063	0.100	0.086	0.086	0.081	0.070
9	4CdefP	0.451	0.496	0.235	0.073	0.094	0.189	0.159	0.123	0.138	0.108
10	Fluoranthene	3.790	4.906	2.597	0.630	0.858	1.991	1.577	1.294	1.439	1.161
11	Pyrene	2.909	3.885	2.251	0.577	0.820	1.656	1.391	1.299	1.485	1.184
12	Benzo[c]phenanthrene	0.243	0.386	0.305	0.067	0.108	0.188	0.130	0.162	0.265	0.117
13,14	CcdP + BghiF	0.881	1.395	1.136	0.325	0.455	0.717	0.557	0.653	0.881	0.532
15	Benz[a]anthracene	0.614	0.881	0.696	0.192	0.268	0.416	0.313	0.407	0.463	0.323
16	Triphenylene	0.249	0.384	0.333	0.077	0.128	0.239	0.142	0.173	0.235	0.143
17	Chrysene	1.223	1.802	1.423	0.347	0.585	0.979	0.575	0.711	0.949	0.586
18,19	Benzo[b+j]fluoranthene	1.396	2.154	1.687	0.498	0.824	1.421	0.777	0.956	1.339	0.822
20	Benzo[k]fluoranthene	0.386	0.528	0.431	0.119	0.189	0.396	0.205	0.238	0.314	0.188
21	Benzo[a]fluoranthene	0.171	0.249	0.185	0.063	0.102	0.148	0.099	0.126	0.158	0.102
22	Benzo[e]pyrene	0.610	0.908	0.760	0.226	0.350	0.600	0.342	0.435	0.594	0.372
23	Benzo[a]pyrene	0.643	1.018	0.757	0.257	0.289	0.499	0.331	0.430	0.552	0.353
24	Perylene	0.095	0.137	0.118	0.039	0.049	0.075	0.048	0.070	0.092	0.054
25	Dibenz[a,j]anthracene	0.096	0.133	0.125	0.042	0.031	0.047	0.035	0.078	0.050	0.033
26	Indeno[1,2,3-cd]pyrene	0.562	0.832	0.692	0.278	0.324	0.516	0.350	0.364	0.511	0.316
27,28	Dibenz[a,h+a,c]anthracene	0.151	0.232	0.199	0.089	0.051	0.140	0.093	0.105	0.078	0.087
29	Benzo[b]chrysene	0.083	0.123	0.106	0.076	0.054	0.075	0.050	0.061	0.083	0.050
30	Picene	0.124	0.214	0.156	0.057	0.076	0.121	0.082	0.077	0.118	0.061
31	Benzo[ghi]perylene	0.819	1.272	1.060	0.471	0.471	0.712	0.537	0.606	0.833	0.497
32	Anthanthrene	0.238	0.363	0.278	0.113	0.093	0.137	0.119	0.127	0.185	0.108
33	Dibenzo[b,k]fluoranthene	0.261	0.370	0.310	0.147	0.118	0.178	0.164	0.120	0.149	0.107
34	Dibenzo[a,h]pyrene	0.197	0.279	0.246	0.146	0.114	0.172	0.129	0.132	0.177	0.117
35	Coronene	0.413	0.658	0.569	0.298	0.219	0.308	0.311	0.310	0.449	0.277
36	Dibenzo[a,e]pyrene	N.D	N.D	N.D	N.D	N.D	N.D	N.D	N.D	N.D	N.D
	Σ PAH	22.91	31.00	20.27	6.42	8.02	14.38	10.59	10.61	13.03	9.11
-	TSP (㎍/m³)	N.A	N.A	N.A	N.A	N.A	N.A	N.A	N.A	N.A	N.A

주) 검출한계(IDL)이하의 값은 N.D(Not Detected)로 표시함
4CdefP : 4H-Cyclopenta[def]phenanthrene
CcdP+BghiF : Cyclopenta[cd]pyrene +Benzo[ghi]fluoranthene

#1 구로구 - 중금속 농도

(단위 : ng/m³)

중금속		Cd	Co	총Cr	Cr^{6+}	Ni	Pb	Fe	Mn	Zn	Be	V	Se	As
8/17	(토)	0.66	0.20	5.18	N.A	3.30	26.58	736.50	21.39	124.48	N.D	8.62	10.8	N.D
8/18	(일)	0.70	0.20	4.26	N.A	5.22	14.72	544.73	14.73	63.18	N.D	14.32	7.1	6.50
8/19	(월)	0.90	0.87	12.14	N.A	5.43	44.72	1697.99	48.99	190.75	N.D	7.61	4.5	N.D
8/20	(화)	N.D	0.55	10.38	N.A	3.03	23.83	1277.09	30.36	102.95	N.D	2.01	1.3	N.D
8/21	(수)	0.83	1.14	24.83	N.A	11.80	48.40	1887.27	54.30	205.59	N.D	10.59	8.7	N.D
8/22	(목)	0.46	1.07	17.03	N.A	7.61	25.13	1079.37	31.90	114.43	N.D	8.50	1.9	N.D
8/23	(금)	0.35	1.39	60.35	N.A	31.22	36.17	1171.39	32.08	125.99	N.D	11.94	8.4	N.D
8/24	(토)	0.75	0.97	1.45	N.A	4.14	47.72	1792.20	45.58	136.20	N.D	3.99	N.D	4.17
8/25	(일)	1.37	0.58	4.72	N.A	1.48	20.19	1109.27	25.75	79.18	N.D	1.44	N.D	5.09
8/26	(월)	0.79	0.95	28.62	N.A	13.54	51.51	2013.96	54.07	180.54	N.D	5.97	N.D	13.4
11/12	(화)	1.59	1.15	19.49	N.A	8.50	34.32	2065.01	57.98	118.66	N.D	3.81	N.D	6.87
11/13	(수)	1.56	1.46	21.78	N.A	8.04	64.57	2636.08	80.04	252.38	N.D	5.77	N.D	3.82
11/14	(목)	1.45	0.94	2.11	N.A	7.42	57.42	1677.86	51.82	241.79	N.D	5.70	0.7	4.87
11/15	(금)	3.19	1.85	14.68	N.A	11.16	142.42	3762.30	109.11	394.39	N.D	7.90	4.9	9.48
11/16	(토)	1.86	1.00	2.81	N.A	5.67	75.80	1944.19	54.50	192.30	N.D	4.33	2.0	8.50
11/17	(일)	0.35	0.42	0.77	N.A	2.09	18.20	633.11	16.44	98.96	N.D	1.04	N.D	1.05
11/18	(월)	1.57	0.57	1.55	N.A	3.49	19.03	962.44	25.90	81.20	N.D	1.46	N.D	4.21
11/19	(화)	0.72	0.59	5.89	N.A	3.90	24.12	1330.16	36.38	144.59	N.D	2.21	1.1	4.75
11/20	(수)	1.03	1.22	3.75	N.A	4.59	30.62	1583.03	45.93	131.83	N.D	2.75	N.D	7.05
11/21	(목)	1.41	1.07	10.18	N.A	7.49	50.07	1682.59	57.76	187.31	N.D	4.65	N.D	7.67
2/4	(화)	1.99	1.31	11.78	N.A	7.39	35.50	2840.94	77.80	102.85	N.D	6.15	N.D	7.04
2/5	(수)	1.60	1.03	11.90	N.A	5.07	32.55	2233.59	53.41	119.11	N.D	5.40	N.D	4.51
2/6	(목)	1.70	1.17	7.37	N.A	6.01	33.46	2274.94	51.04	160.65	N.D	5.52	N.D	8.12
2/7	(금)	0.16	0.59	N.D	N.A	2.29	9.98	1180.30	22.64	59.06	N.D	1.70	N.D	N.D
2/8	(토)	0.40	0.13	N.D	N.A	0.84	15.06	257.33	5.66	28.11	N.D	0.39	1.8	8.86
2/9	(일)	0.68	0.17	N.D	N.A	2.20	37.33	542.60	11.13	38.71	N.D	1.81	3.5	15.64
2/10	(월)	N.D	0.25	N.D	N.A	1.73	11.72	735.82	13.96	50.78	N.D	2.46	N.D	2.15
2/11	(화)	0.22	0.46	7.47	N.A	3.40	14.56	1179.45	21.24	73.68	N.D	1.61	1.2	1.43
2/12	(수)	10.95	0.56	0.22	N.A	3.25	21.60	960.45	20.88	71.49	N.D	3.03	2.9	5.14
2/13	(목)	0.85	0.48	N.D	N.A	2.36	15.16	1106.77	22.31	72.91	N.D	1.94	N.D	0.8

주) 검출한계(IDL) 이하값은 N.D 로 표시함, N.D: Not Available.

#1 강남구 - 중금속 농도 (단위 : ng/m³)

중금속		Cd	Co	총Cr	Cr⁶⁺	Ni	Pb	Fe	Mn	Zn	Be	V	Se	As
8/17	(토)	N.D	0.09	3.63	N.A	2.12	18.45	620.00	16.08	95.80	N.D	7.14	1.7	4.90
8/18	(일)	N.D	0.62	3.61	N.A	4.19	16.46	498.86	12.73	67.64	N.D	10.61	3.9	7.88
8/19	(월)	0.37	0.64	9.59	N.A	4.20	38.02	1580.01	41.60	150.75	N.D	5.04	N.D	N.D
8/20	(화)	N.D	0.11	3.92	N.A	0.56	18.31	1089.11	23.14	78.87	N.D	1.61	4.7	2.43
8/21	(수)	0.89	0.74	36.30	N.A	16.45	47.28	1668.19	45.40	172.59	N.D	7.11	N.D	5.02
8/22	(목)	0.19	0.75	13.84	N.A	7.17	26.32	1218.30	35.79	116.32	N.D	6.64	2.8	0.66
8/23	(금)	0.37	0.63	12.44	N.A	6.07	33.09	1162.30	31.99	126.52	N.D	8.40	N.D	1.77
8/24	(토)	0.69	0.90	7.61	N.A	2.43	38.51	1537.31	36.55	132.99	N.D	3.54	3.3	1.24
8/25	(일)	N.D	0.55	53.40	N.A	25.41	17.02	1034.70	18.88	58.60	N.D	0.84	0.8	3.25
8/26	(월)	0.52	0.92	62.66	N.A	25.79	43.97	1911.82	45.41	154.28	N.D	4.53	1.0	8.0
11/12	(화)	1.04	0.95	N.D	N.A	3.87	30.67	1908.47	47.89	116.84	N.D	3.66	N.D	4.11
11/13	(수)	1.85	1.42	6.91	N.A	7.52	55.65	2604.14	76.05	245.34	N.D	4.56	N.D	2.47
11/14	(목)	1.64	0.83	10.41	N.A	4.95	50.85	1787.69	51.75	212.80	N.D	5.39	2.8	3.67
11/15	(금)	2.99	1.11	16.32	N.A	7.47	126.42	2892.38	79.14	315.86	N.D	5.97	4.5	6.09
11/16	(토)	1.69	0.76	9.70	N.A	4.38	75.89	1803.18	52.59	241.16	N.D	3.74	0.4	4.76
11/17	(일)	0.31	0.46	21.72	N.A	5.74	19.53	881.49	21.11	121.11	N.D	1.19	N.D	1.36
11/18	(월)	0.29	0.50	6.56	N.A	1.88	18.38	1105.18	27.69	102.54	N.D	1.42	0.6	0.63
11/19	(화)	0.30	0.51	6.60	N.A	1.89	18.48	1111.28	27.85	103.11	N.D	1.43	0.6	0.63
11/20	(수)	0.64	0.64	6.86	N.A	2.31	21.02	1560.29	43.48	91.57	N.D	1.64	1.4	4.65
11/21	(목)	1.33	0.78	11.78	N.A	3.57	39.38	1708.34	57.81	145.71	N.D	2.95	0.3	8.34
2/4	(화)	1.88	1.45	13.40	N.A	5.50	33.51	2704.14	72.55	134.92	N.D	5.32	N.D	5.62
2/5	(수)	1.60	0.77	9.31	N.A	5.20	35.25	2198.82	50.80	126.64	N.D	5.86	0.4	4.11
2/6	(목)	1.79	0.75	10.09	N.A	4.15	28.38	1832.00	39.21	219.57	N.D	5.23	1.3	3.00
2/7	(금)	0.38	0.26	38.96	N.A	1.69	6.61	1146.88	16.25	45.77	N.D	1.20	N.D	1.29
2/8	(토)	0.45	N.D	N.D	N.A	0.65	10.74	284.53	6.31	23.13	N.D	0.61	1.5	1.99
2/9	(일)	0.50	0.18	N.D	N.A	1.81	34.09	542.39	9.42	32.57	N.D	1.16	0.4	13.12
2/10	(월)	0.07	0.29	51.11	N.A	5.53	11.05	915.54	11.32	29.83	N.D	0.58	N.D	1.73
2/11	(화)	0.06	0.36	3.21	N.A	1.78	14.44	926.57	15.40	54.81	N.D	1.24	N.D	N.D
2/12	(수)	6.14	0.47	19.82	N.A	3.35	19.71	1234.22	22.20	86.91	N.D	3.67	N.D	1.28
2/13	(목)	0.43	0.27	9.21	N.A	1.68	10.73	902.26	14.53	47.74	N.D	1.19	0.8	0.3

주) 검출한계(IDL) 이하값은 N.D 로 표시함, N.A: Not Available.

#3 서울역 - 중금속 농도 (단위 : ng/m^3)

중금속		Cd	Co	총Cr	Cr^{6+}	Ni	Pb	Fe	Mn	Zn	Be	V	Se	As
8/17	(토)	0.25	0.61	11.03	N.A	4.88	20.29	3092.04	68.70	138.86	N.D	9.37	N.D	N.D
8/18	(일)													
8/19	(월)	0.45	0.97	12.32	N.A	4.17	29.59	2339.48	51.56	161.18	N.D	3.56	N.D	3.36
8/20	(화)													
8/21	(수)	0.63	1.26	16.38	N.A	7.09	29.17	3150.78	84.67	181.83	N.D	7.46	0.6	4.77
8/22	(목)													
8/23	(금)	0.66	0.86	9.58	N.A	4.22	30.05	2259.11	41.99	138.26	N.D	5.62	N.D	2.54
8/24	(토)													
8/25	(일)	1.07	0.84	15.55	N.A	5.63	33.03	3111.10	57.14	144.10	N.D	3.40	N.D	2.18
8/26	(월)													
11/12	(화)	0.95	0.95	8.70	N.A	3.99	32.90	2794.15	56.53	169.62	N.D	3.99	N.D	4.58
11/13	(수)	1.47	1.54	17.17	N.A	7.91	54.99	3756.27	84.70	281.70	N.D	4.93	N.D	2.54
11/14	(목)	1.29	0.82	9.55	N.A	5.80	50.96	3553.91	63.96	232.40	N.D	5.50	N.D	5.36
11/15	(금)	2.65	1.35	14.99	N.A	8.54	122.42	3712.95	87.53	349.12	N.D	6.54	2.0	6.54
11/16	(토)	2.98	0.82	7.03	N.A	4.66	64.07	2432.39	52.86	216.69	N.D	3.54	3.1	4.23
11/17	(일)	0.30	0.41	3.40	N.A	2.44	20.89	1501.95	26.47	130.64	N.D	1.42	N.D	1.82
11/18	(월)	0.59	0.60	4.28	N.A	3.07	19.37	1745.16	34.09	120.41	N.D	1.90	N.D	2.43
11/19	(화)	0.70	0.56	3.07	N.A	1.99	23.26	1727.92	40.01	135.90	N.D	2.31	0.2	9.92
11/20	(수)	0.72	0.65	4.93	N.A	3.00	23.06	1922.84	44.16	119.48	N.D	2.68	N.D	3.78
11/21	(목)	1.36	0.94	8.93	N.A	4.41	57.56	3184.74	73.90	237.71	N.D	3.67	1.0	10.55
2/4	(화)	0.71	1.24	11.11	N.A	4.36	32.60	3189.19	72.28	138.69	N.D	5.80	N.D	3.67
2/5	(수)	1.19	1.10	11.63	N.A	5.53	36.56	3287.03	63.61	198.95	N.D	5.55	N.D	3.94
2/6	(목)	1.09	1.03	10.61	N.A	4.80	33.70	2769.09	50.75	231.48	N.D	5.70	N.D	6.07
2/7	(금)	0.01	0.75	32.66	N.A	2.74	14.43	2260.05	29.98	105.44	N.D	1.83	N.D	N.D
2/8	(토)	0.72	0.15	N.D	N.A	0.91	12.61	542.62	7.61	27.09	N.D	0.86	N.D	7.62
2/9	(일)	0.65	0.27	N.D	N.A	1.17	28.59	889.87	13.79	50.04	N.D	3.00	1.7	12.94
2/10	(월)	0.31	0.56	7.45	N.A	4.07	18.08	1998.58	29.73	122.41	N.D	2.68	N.D	N.D
2/11	(화)	0.55	0.73	69.56	N.A	3.75	19.93	2684.69	39.51	128.64	N.D	3.22	N.D	0.92
2/12	(수)	12.15	0.68	9.75	N.A	4.04	24.51	2097.26	37.30	147.43	N.D	4.52	N.D	2.70
2/13	(목)	0.78	0.70	5.46	N.A	2.57	20.21	2427.67	36.95	117.99	N.D	2.81	N.D	N.D

주) 검출한계(IDL) 이하값은 N.D 로 표시함, N.D: Not Available.

연구수행기관 : (사)한국대기환경학회

연구 책임자	영남대학교 교수	백 성 옥	
공동 연구원	한서대학교 교수	김 종 호	
	한국교통대학교 교수	강 병 욱	
	(주) 이앤비테크 대표	최 진 수	
	영남대학교 박사후연구원	서 영 교	

도시지역 유해대기오염물질(HAPs) 모니터링

초판 인쇄 2014년 12월 08일
초판 발행 2014년 12월 11일
저자 국립환경과학원
발행인 김갑용
발행처 진한엠앤비
주소 서울시 서대문구 독립문로 14길 66 210호
　　　(냉천동 260, 동부센트레빌아파트상가동)
전화 02) 364 - 8491(대) / 팩스 02) 319 - 3537
홈페이지주소 http://www.jinhanbook.co.kr
등록번호 제313-2010-21호 (등록일자 : 1993년 05월 25일)
ⓒ2014 jinhan M&B INC, Printed in Korea

ISBN 978-89-8432-872-3 (93530)　　[정 가 : 33,000원]

☞ 이 책에 담긴 내용의 무단 전재 및 복제 행위를 금합니다.
☞ 잘못 만들어진 책자는 구입처에서 교환해드립니다.
☞ 본 도서는 「공공데이터 제공 및 이용 활성화에 관한 법률」을 근거로 출판되었습니다.